農林資源開発史論 I

農林資源開発の世紀

「資源化」と総力戦体制の比較史

野田公夫 編

京都大学学術出版会

はしがき

本書は『日本帝国圏の農林資源開発―「資源化」と総力戦の東アジア―』と対をなす「シリーズ　農林資源開発史論」の一冊である。二冊に共通する問題意識を述べておきたい。

昭和戦前期の日本では「資源」という言葉が急浮上し、あらゆるものが「資源化（＝資源開発）」の対象として眼差されることになった。「資源」とは、自然の素材的富をさす「富源」とは異なり、典型的には、なんらかの経済的価値を見出されかつアクセス可能となった自然のことである。自然がもつ経済価値に注意がはらわれることは新しいことではないが、「資源」という概念は、自然に対する接し方を根本的に変える大きな能動性をもっていた。科学・技術等の力によりすべての「自然」を「資源」化できるかもしれないという野放図な「期待」と「欲望」を生み出したからである。そして興味深いのは、このような「（能動的）資源」概念が総力戦期に急浮上したこと自体が、極めて「日本的」な現象であったことである。それはなぜであろうか。

本シリーズでは、「資源」概念をクローズアップした「時代」に注目しつつ、その実相を農林業に照準を定めて考察する。資源問題を扱った研究は多いが、これまでは鉱物・化石燃料等の非生物資源か採集産業としての漁業・林業における資源枯渇問題に関心が集中しており、「再生産性を本質とする農林業[1]」を扱ったものはないように思う。自然に依拠し再生産を基本原理とする農林業（したがってまた農林業現場は「二次自然」としての性格をもつ）において、「（さらなる）資源化」の要請はいかに遂行され何をもたらしたのだろうか。執筆者の多くは日本をフィールドにしているが、ドイツ・アメリカの研究も加えて、可能な限り比較史的な検討を行いたい。

翻って「今」を見ると、地球環境問題が前面化されている。その問題の中心は二酸化炭素排出量に規定された地球温暖化だと説明され、問題解決のためには排出量が少ないクリーンエネルギーと、エネルギー消費が少ないエコ製品への切り替えが必要だとされることが多い。かかる文脈のもとに、二〇一一年三月一一日（東日本大震災）までは、原子力発電が最も現実性の高いクリーンエネルギーだと称揚され、エコ製品はあたかも消費すればするほど「環境にやさしく」なるかのように宣伝されてきた。

他方、「資源戦争」というアナクロな言葉が復活したことにも驚かされる。それは、生産力と人口の爆発のなかで「命綱としての資源」という命題が急速にリアリティを増したことに加え、金融工学（バーチャル世界）の暴走に対する不安が「実体（確かさ）への執着」を助長したことの反映なのであろうか。いずれにしても、国境の壁がどんどん低くなりつつあるグローバル化世界のなかで、再び「資源支配とそのための土地支配」への衝動が異常に強まるという、一見すると奇妙な事態が進展しているのである。いずれの問題の背景にも、資源すなわち「経済行為の対象としての自然」が無限定な拡大を遂げることによって生み出された「地球（総体）の資源化」があるのであろう。

農林業の発展過程の特色をその長期においてとらえた言葉に「形成均衡[2]」というものがある。たとえば農業は、農地拡大と集約化（――これらが「形成」の意味である）の過程でしばしば自然破壊の元凶になったが、農産物の多くは「生命（人間）の再生産」を維持する必需品であるうえ、限定された農地のうえで「農業の再生産」をする以外には確保できないため、自ずと持続可能な形態にリニューアルされる（――これが「均衡」の意味である）必要があった。かかる過程で形成・発動される強力な社会的力が共同体規制とよばれるものである。日本の水田には一〇〇〇年以上の歴史をもつものすらあるが、かかる驚異的持続を支えたのは、技術と社会組織および規範（共同体規制）とエートスの「巧みな革新」であった。これこそが、〈採掘（採集）・製錬―汚染・放棄・荒廃―人々の放逐〉を繰り返し「環境対策」などその弥縫策でしかないような他の資源現象とは決定的に異なる、農林資源の本来的特質（形成均衡的性格）である。衣・食・住・燃料＝生命に直結する農林業は、それが維持できなければ直に集団の滅亡（もしくは移動）に帰結したのであり、それを防ぐための厳しさと巧みさと住民一人一人への配慮は、現代科学の「画一的で目の粗すぎる処方箋」が忘れ去ってしまったものである。環境問題研究は農林業が積み上げてきた「形成均衡」の分厚い歴史を深く学ぶべきであろうと思う。

本書は現在の資源問題を直接扱うものではないが、カテゴリーの時代性と比較史的差異および農林資源問題に着目することを通じて、現代社会に対し若干の議論素材を提供することはできるかもしれない。高望みであることは重々自覚しつつも、単なる過去の研究には終わらせたくないという、ひそやかな期待をいだいている。

二〇一二年一一月

執筆者を代表して

野田　公夫

注

（1）ここでの林業は単なる採集産業ではなく育林過程に裏付けられたものを指す。
（2）祖田修の造語である。同著『農学原論』岩波書店、二〇〇〇年を参照されたい。

目次

野田公夫編（農林資源開発史論第Ⅱ巻）

『日本帝国圏の農林資源開発
——「資源化」と総力戦体制の東アジア——』

序章　日本帝国圏の農林資源開発
　——課題と構成——　野田公夫

第Ⅰ部　日本帝国と農林資源問題

第一章　日本帝国圏における農林資源開発組織
　——産業組合の比較研究——　坂根嘉弘

第二章　総力戦体制下における「農村人口定有」論
　——『人口政策確立要綱』の人口戦略に関連して——　足立泰紀

第三章　日満間における馬資源移動
　——満洲移植馬事業一九三九—四四年——　大瀧真俊

第四章　帝国圏における牛肉供給体制
　——役肉兼用の制約下での食肉資源開発——　野間万里子

第Ⅱ部　帝国圏農林資源開発の実態

第五章　戦時期華北占領地区における綿花生産と流通　白木沢旭児

第六章　「満洲」における地域資源の収奪と農業技術の導入
　——北海道農法と「満洲」農業開拓民——　今井良一

第七章　植民地樺太の農林資源開発と樺太の農学
　——樺太庁中央試験所の技術と思想——　中山大将

第八章　委任統治領南洋群島における開発過程と沖縄移民
　——開発主体・地域・資源の変化に着目して——　森亜紀子

終章　帝国圏農林資源開発の実態と論理　野田公夫

序章　農林資源開発の世紀

――課題と構成――

野田公夫

はじめに

日本で「資源」という言葉が急浮上し、あらゆるものが「資源化」すなわち資源開発の対象として注目されるようになったのは昭和戦前期のことである。本書「はじめに」で述べたように、資源とは、典型的には、なんらかの経済的価値を見出された自然のことである。(1) 後述するように、西欧諸国に比べれば資源という言葉が登場したのは遅かったが、その後の普及は急速かつ全面的であった。一九二〇年代にこの言葉を積極的に使い始めたのが軍や官僚・政治家であったことをあわせ考えれば、日本における資源概念の急浮上は、総力戦体制(2)への対応という性格が強かったと言ってよかろう。

資源が経済的価値を見出された自然であるにしても、何に経済的価値を見出すか、言いかえれば何を資源として認識するかは、時代と地域（現代世界における基本単位としては国民国家・国民経済）によって大きく左右される。単なる自然が資源になるためには、その素材自体に経済的価値が発見されねばならないが、それは基本的に人間の側の事情と働きかけによって決まる。「資源化」を促進する最大のプロモーターは、第一に、人間が必要とする財の拡大、すなわち新しい財に対する需要（市場経済の発展）であり、第二に、新しい需要に自然を応えさせる手立て、すなわち科学技術の発展である。さらに、第一・第二を可能にするためには、その素材にアクセス（獲得）できなければならない。存在が知られていようと獲得不能であればなお資源にはならないからである。したがって素材へのアクセス能力の進歩を第三のそれに加えることができよう。以上をまとめれば、資源とは人間社会が生み出す需要とそれを満たしうる人為的な働きかけ（中軸は科学技術）によって再把握された自然のことであるといえよう。それは、市場経済の膨張と併行して拡大していく傾向をもっているが、とりわけ日本においては総力戦体制と抱き合わせで軍と政策サイドによって積極的に採用され、いわば政治的に、国を挙げて「資源化」が促進されたところに大きな特徴があった。

農林業は、そもそも自然を対象とし自然に立脚することによって成立しているという点で他の産業とは根本的に異なっている。それは、土地・水および気候という強い制約性をもった条件下で成立する個性的営みであり、かつ再生産を本質とする生物（さらに林業についていえば再生産単位の――人間の世代を超えるほどの――長期性が指摘されるべきであろう）を対象にしているため、人びとは長い歴史過程で試行錯誤を繰り返しつつ、諸環境を熟知しそれに的確に順応する術を生み出してきた。自然に対する強力な介入である生産・収穫行為を永続的な営みとして可能にするような諸慣行を生み出し育ててきたのである。固有の自然とそれに対応した固有の社会によって再生産を継続してきたもの、これが農林業という営みであった。このような農林業にとって、「資源／資源化」という眼差しが加えられることはどんな意味を持ったのであろうか。そのことはまた、人と自然（農林）のかかわり方や人びとの自然（農林）に対する眼差しおよび自然（農林）をめぐる国家・社会・人の関係にどんな変化をもたらし、さらには当該期の日本および帝国の経営にいかなる特質を付与したのであろうか。本シリーズ『農林資源開発史論』では、総力戦体制期の農林と地域をめぐる諸現象・諸問題を資源化という視角から見なおし位置づけなおしてみたい。そのことは、資源にまつわる現代の諸状況を考えるうえでも一つの素材を提供してくれるはずである。

本書では、総力戦体制期の一側面を〈資源化と生産力主義の時代〉として把握する。生産力とは生産の物的な量（生産物量）で表現される生産能力／水準のことであり、生産力主義とは経済合理性を犠牲にしてでも生産物量の増加（もしくは確保）を第一義的にめざす思想／政策を意味している。他方「資源化」とは、ここでは戦争が必要とする諸物資を生み出すためにあらゆるものが「資源」としての可能性を追求されることである。まさになりふり構わない「資源化」がすすめられたことが明らかにされるが、いずれも「何をしてでも」勝たねばならない戦争（とりわけ総力戦）というものが強制する同じ現象の裏表であった。そして、本書が分析対象とするものは、生産力一般・資源一般ではなく、生命・生物、再生産・循環・長期、大地・自然・生態系、伝統・慣行・地域という一連のキーワードの上に成立する農林資源である。

第一節　「資源」概念の形成とその浮上

まず日本における資源概念の成立とその意味の変化および普及過程を概括しておきたい。この過程そのものが、きわめて日本的であり時代的であるからである。以下、佐藤仁の詳細な研究[3]にしたがって要点を記せば、およそ次のようであった。

（資源と富源）

①現在確かめえた「資源」という用語の最も古い使用例は、商法第二八六条三項に「資源ノ開発」と記された一八九九（明治三二）年であり、言葉としては明治の半ば頃にはすでに存在していたと考えられる。

②資源の類義語として「富源」という用語もまた明治期に登場するが、これは文字通り「富の源」としての天然資源のことであった。他方、資源もまた明治期には財源の意味に用いられており現在の意味とは異なってい

た。

③その後、富源は当初の意味を持続させたが、資源には「社会性」が付されその意味を大きく変えた。たとえば一九三四年版の『広辞苑』によれば、「ある目的のために利用せられる、物的および人的資源の意」とされた。

（軍と資源）

ⅰ「資源」概念を最も早い段階で使い始めたのは陸軍である。すでに一八九六（明治二九）年の陸軍勅令中に見られ、一九一七（大正六）年には「資源」を冠した初めての書物である小磯国昭陸軍少佐の『帝国国防資源』が刊行された。

ⅱ資源がその求心力を強めるのは陸軍が第一次世界大戦の分析をすすめた一九一八～一九（大正七～八）年頃からである。軍部では木材や石油といった一定の目的に合わせて加工された原料を「資源」と称し、土地に埋没した天然の有用物である「富源」と区別した。

ⅲ動員の対象が物質だけでなく人へと拡張される過程で、それまで主に森林や地下資源を指していた「富源」では不十分になり、人こそが国力増進の手段であると位置づけられることで「資源」概念は新たな意義を宿す。一九三〇年代を境にして資源研究が活発になり「資源」を多用する文献も急増する。

ⅳ資源概念に内包された潜在性や発展性は、欧米列強と比較して物量面で劣っているという劣等感にさいなまれていた日本にはすこぶる魅力的であった。また物的基盤の乏しい日本であったからこそ、資源としての「人」（人的資源）に注目が集まり、資源の手段的側面が強調されるようになった。

(資源概念の定着)

ⓥ資源概念が日本社会に定着する昭和一〇年代は「持たざる国」言説が完成する時期であると同時に、軍の対外進出が正当化された時期でもある。ここに日本軍がいち早く資源概念に飛びついた理由があり、軍の戦略的な狙いを不可視化する効果もまた期待されたのであろう。

以上の経緯が正しいものとして（経緯の理解そのものに違和感はない）、それに対する私の理解を述べておきたい。単なる自然的富・素材的富を表現する「富源」ではなく、人の働きかけを通じて人にとっての有用性という新たな意味において認識されなおしたもの、それが「富源」とは異なる「資源」概念の新しさであった。これは、人の経済世界が質量ともに急速に拡大してきていることの当然の反映であり、資本主義市場経済の発展が自ずと必要とした概念であろう。これが上述の整理①〜③から読み取りうる第一である。他方、その普及を一気に進めたのは総力戦体制の完成を期する軍であり、それも第一次世界大戦の一応の総括を終えつつあった陸軍であるという別事情があった。同大戦の分析から陸軍が導いた重要な結論は、これからの戦争では前線と銃後の区別が失せ、軍事力のみならず経済力・教育力・政治力などの総体、要するに「国力」挙げての持久戦となりTotal War（総力戦）とよぶべきものに一新されたということである。総力戦体制のもとでは、国力を担保するものとして資源こそが決定的な意味を持つとともに、国力というトータルな概念に対処すべく資源概念自体が包括的なものへと拡張された。しかもそれが人為によって増殖可能なものとして把握できることは、当時八方塞がりであった戦況見通しに大きな〈可能性〉を付加するものであった。要するに、資源概念が必要とされてくるいわば現代資本主義化の流れ（市場経済の発展・高度化 —— これは先進諸国における共通事象であったろう）とは別に、昭和期日本においては陸軍（のみならず革新官僚層）を中心とする総力戦体制対応（国力増進）という強力なベクトルが、それに見合った「質と量」を「資源」概念に付加したと考えられること、これがⓘ〜ⓥから導き出される第二の内容である。

さらに日本では、物的資源に乏しいうえ経済の高度化も未達成という条件のもとで、人までも資源とみなす（人的資源）という資源概念の拡張が起こった。これがⅲ〜ⅴの内容である。問題はこのことをどのように受けとめるかである。佐藤は、「資源概念が日本社会に定着する昭和十年代は「持たざる国」言説が完成する時期であると同時に、軍の対外進出が正当化された時期でもある。……日本の軍がいち早く資源の概念に飛びついたのもうなずけることであった。軍の戦略的な狙いを、そうとはわからないように中和させる意味でも資源の概念は有用であったに違いない」（五四頁）と総力戦という時代の要請と軍の積極的関与を指摘しながら、そのことの意味をそれ以上掘り下げることはせず、むしろこのような苦闘のなかで獲得した「人的資源」という概念を、「人のもつ能動性・可能性に正しく向き合ったもの」として、それゆえに資源概念に動態性／可能性および包括性を付与したものとして高く評価している。確かに世界の本当の豊かさを築き上げるのは「モノよりヒト」であろうし、それはむしろいつの時代においても忘れてはならない真理だと思うが、「モノとともにヒト」を「資源」という概念で括ることがそれと同じことかどうか？　問われるべきはこのことである。

これは、「資源」というものおよび「資源化」がもたらす変化の意味を考えようとする本書にとっては、当然判断を要求される論点である。ひとまず形式的にいえば、経過と状況の認識（総力戦体制下の軍の主導性）においてさしたる違いがないにもかかわらず、その評価において大きな相違（私は「人的資本」には危うさを感じる）が生まれるのは、（形式的な経過や抽象的な状況ではなく）具体的な事実認識において決定的な差があるか、社会現象というものへの理解（もしくは要求される視座）が異なるかのいずれか／いずれもであろう。したがって、この点について、本書における分析をふまえた後に終章で論じることにしたい。

第二節　日本（内地）における農林資源問題と総力戦体制

一・農林省の編成替えにみる農林資源概念の普及過程

すでに一九二五（大正一四）年には馬政局に資源部と称する部局が置かれていたが、日中戦争を契機に資源開発をベースとする編成方向は一気に強まった。(4) 一九三七（昭和一二）年九月には農林大臣官房に企画課が新設され、「重要農林政策ノ統合調査」「資源統制運用準備」等を所掌することとなり、農林技術委員会もあわせ設置されたのである。また本書第三章を執筆した岡田知弘によれば、農業生産に必要な生産手段を「農業資材」とよんだのもこの年のことであった。これこそ、調査・計画・科学動員という三つの契機の農林業部面における制度化であったといえよう。資源として把握された（もしくは把握すべき）農林業・農林産物は、まずはその実態がくまなく調査・把握され、それらは科学技術の力によって最大限の資源化がめざされ、得られた資源（資材）は国家的統制のもとで計画的に運用される、そのような政策的対応方向が制度化されたのである。

一九四一（昭和一六）年一月には、これらの諸変化をうけて農林省分課規程が改定され組織体制が一新された。本章の観点から重要なものを列記すれば次のようである。

総務局

（総務課）「重要農林政策総合調査」「農林国土計画ノ総合」など。

（企画課）「物資動員」「生産力拡充」「労務動員」「試験研究・科学動員」など。

（農政課）「農村整備計画」「農地調整法施行」「農業水利調整」「河水統制」など。

（耕地課）「開墾国営事業」など。

山林局　「木材需供総合企画」「薪炭需供総合企画」など。

食品局　「資材部設置」など。

馬政局　「牧野法施行／国営牧野」「軍馬資源保護法」「軍馬資源調査」など。

ここには、日本農林業が資源という概念で再把握されることにより、いかなる視野と問題を浮上させているかがよく示されている。

第一は、先述した「調査をふまえて計画を」という手法の普遍化・総合化である。具体的には「重要農林政策総合調査」をベースにして種々の農林資源開発計画を立案し実行するという政策姿勢である。「総合」という表現には、個々の資源をそれ自体として把握するのではなく、多様な諸資源を有機的な関連性において広領域（空間的）に把握しようとする姿勢がみてとれよう。

第二は、総合性・広領域性を持った種々の資源開発が生み出す諸矛盾への対応である。既得権や既得権をめぐる対立を反映して、「調整」が大きな行政課題に浮上したのである。農業内的にみれば「農業水利調整」が、地域レベルでみれば「農村整備」が、農業と非農業との関係でみれば「河水統制」が課題となっており、さらに「農林国土計画ノ総合」という構想が登場していることに注目したい。

第三は、いわば各論的問題である。「科学動員」「開墾国営事業」「生産力」という用語について付言したい。「科学動員」とは印象的な言葉であろう。これは、総力戦体制と資源化の夢を結ぶための最もポジティブな絆であったが、[5]改めて次項で論じることにし、ここでは「開墾国営事業」「生産力」の二つについて補足したい。

先に、総力戦体制の要請する「国力」は経済的価値を二義的なものに貶めると述べた。[6]たとえば、第一次世界大戦で「戦争には勝ったが食糧で負けた」とドイツ陸軍が総括したように、食糧の確保は（いかに経済的に不合理であろうとも）総力戦を戦ううえでは必須条件として理解されよう。「開墾国営事業」と「生産力」という言葉はこの問題を想起させる。ちなみに「生産力」とは生産の物的な量を表す概念である。二〇世紀前半においては、山岳地帯が国土の七割を占める日本では当時の技術水準からみた（すなわち経済合理性を持った）開墾適地はすでに消滅しており、残る「可能地」の経済性はきわめて乏しいものであった。にもかかわらず戦時体制最末期に「国営開墾」が課題となるのは、採算を度外視しても最低量を確保する必要があったからである。経済的側面を捨象し物的視点に純化した「生産力」こそ総力戦体制下の経済行為における最も基本的な概念であったのである。

最後に、資源という名を課したセクションがまず馬政局でつくられたことについて付言したい。本シリーズ第Ⅱ巻の執筆者・大瀧真俊が論じてきたように、日清戦争における騎兵戦の惨敗以来、日本馬政は徹底的に優良軍馬の育成とその確保に努めてきた（大瀧「近代馬匹改良政策と馬産地域の対応」『農業史研究』三七号、二〇〇三年三月ほか）。そのためには、優秀な軍用適正馬を育成（馬匹改良）しつつ、平時にはそれらを農耕馬として農村に定着させておく（軍馬の農業的利用）という困難（ストックの難しさ）を克服することが必要である。しかも軍馬適正と農耕馬適正は異なるので、軍馬を農村に定着させておくこと自体が矛盾を孕む（馬匹改良目標の調整）。さらに馬を生産する馬産地帯と馬を使用する使役地帯とは異なっており、馬をめぐる農家・農村自体の利害が一致するわけではない（地域分化）。他方、畜産を本格的に発展させる経験をもたないまま近代に突入し、かつ牧野適地の多くを国有林野として囲い込んでしまった（林野官民有区分）日本では、軍馬育成は牧野の不足という制約も受ける（林野行政との調整）。優良軍馬の育成とその安定的確保は、以上のような様々な隘路を適切に調整することによってこそ初めて可能になる。そして、再生産を本質とする家畜だからこそ、適切な対処（人為的対応）ができれば（大げさにいえば無限の）「増殖」が可能になるのである。このようなものとして、すなわち「在るもの」としての「富源」ではなく、工夫を凝らしてこそ「創ることができる」「資源」として把握することが早い時期に求められていたと考えられるからである。

二・科学動員と農林業

「科学動員」とは総力戦体制の資源論を特徴づけるキーワードの一つである。ここでは、東京帝大教授として河川工学の研究に従事しつつ一九三八年に設立された興亜院技術部長を務めるとともに、一貫して科学動員の熱心な主唱者の一人であった宮本武之輔の著書『科学の動員』（改造社、一九四一年）から、それが意味するところを概括しておきたい。

宮本によれば、「国力の要素は天然資源、人的資源、科学の三つ」であった。「天然資源及び人的資源とはいずれも限定資源であるのに対して、科学が無限の想像力を有する意味において、科学こそは人類に残された最も貴重なる最後の資源」（一四二～三頁）である。「これ科学がいはゆる「持たざる国」の最後の活路だといはれる所以であり、優秀な科学を所有することによって、しかしそれによってのみ、昨日の「持たざる国」を今日は立派に「持てる国」たらしめ得るのである」。宮本が実例としてあげるのは、「天然石油不足を人造石油、合成燃料をもって補ひ、天然繊維の不足を人造繊維をもって補ひ、天然ゴムの不足を人造ゴムをもって補ひ、天然硝石の不足を人造硝石をもって補ふることの出来る」ことであり、このような〝奇跡〟を実現しうるのは「ひとり現代科学あるのみである」という。「持たざる国」における資源論の特徴が代替資源化への強い関心であり、そこにおける科学の能動性と可能性に過剰な期待が寄せられていることがわかるであろう。しかし、政治家のプロパガンダであればともかく、技術研究・技術行政の中軸に位置した宮本がこのように語るのは、日本における総力戦体制の危うさを端的に示すものであった(7)。

ところで、宮本によれば「農林畜水産部門」がとるべき対策は次のようなものであった（一八〇～一頁）。

・土地および水面の計画的利用

・土地および漁場制度の改革
・農業用地の保全並びに生産統制
・休耕地の利用、森林施業、牧野管理の国家統制の強化
・土地および農事改良の総合的計画実施
・農業労務者本位の土地制度の確立
・入会権の整理
・産業組合と農会との統合による、強力なる農業団体の組織
・生産用資材の確保
・配給機構の整理
・米穀専売制を含む生産物集荷機構の確立
・労力調整並びに転業対策の確立
・農民精神の涵養と、農民生活の向上安定
・移住政策の強化

「科学動員を軸とする国力増進」という先の主張にもかかわらず、これらの諸課題にその要素を見いだすことは困難であり、むしろここには科学動員（＝資源開発）の無力すらにじみ出ているようにみえる。戦時食糧問題に対応しうる生産力対策（土地利用形態と土地生産性・労働生産性の抜本的改善）を追求する姿勢はほとんどみられず、中心は農業統制の強化が生み出す諸矛盾の調整緩和におかれているといってよい。「休耕地の利用、森林施業、牧野管理の国家統制の強化」にしても、本来は私経済的モチベーションに基づいて対処されるべき諸課題を、国家の強制によって遂行せざるを得ない状況を物語っており、「移住政策の強化」に至っては日本内地農業の抜本

的再編を放棄したことの証明でもある。このようななかで「入会権の整理」が挙げられているのは印象的である。それは入会慣行という日本の伝統社会の生み出した資源保全管理の仕組みがここでは農林資源開発の阻害物とみなされているからであり、にもかかわらずそれに代わる農林資源保全の思想があるとは見てとれないからである。

「資源化のための科学動員」が声高に語られる一方で、その具体化ははなはだお粗末なものであったと言わざるを得ない。農林業の根本的な構造変化を避けつつ増幅する軋轢を調整で対処する方向がとられたため、結局収奪性を増幅させることになり、構造変革をともなう資源化の努力は満洲と植民地で試みられることになったのである（その実態は本シリーズ第Ⅱ巻で明らかにすることにしたい）。

第三節　日本総力戦体制の困難と農林資源問題

一・「持たざる国」ドイツとの比較

以上のような日本における農林資源開発の弱みは、既に同時代において指摘されていた。それは、「経済の高度化」を達成したうえに組まれた総力戦体制ではなく、「経済の高度化」自体を同時目標として追求しなければならないという、いわば日本資本主義の段階的遅れがもたらす困難として認識されていた。風早八十二の見解を、柳澤治の叙述を借りてみておきたい。柳澤によれば、風早は日本とドイツの差を次のように理解していたという(8)。

…ナチス政権掌握時においてドイツの資本機構は、すでに高度化しており、重工業化・機械工業化は高い水準に達していた。そのため政策の中心は、重工業化それ自体にはなく、むしろ食糧確保のための農業生産拡充、そのための非工業部面への労働力の配置に置かれていた。…これに対して日本の機構改革は、軍需生産力拡充と物資需給調整及びこれと関連する価格統制を目的としている。軽工業が産業構成の中心であった日本では、産業の新機構の創出は、何よりも重化学工業化を不可欠の内容とし、「重工業化」と「機構編成替え」との同時的な実現が要請されている…

ここでは、高度化された工業を基盤にして農業（食糧）対応に全力を傾注できたドイツと、逆に農業（食糧）に矛盾をしわ寄せしつつ過度の傾斜生産（重点的工業化）を強行せざるを得なかった日本という、まことに興味深い論点がクリアに指摘されている。(9)

「遅れ」の一側面を伝えるもう一つのエピソードに次のようなものがある。それは、第二次近衛内閣時の企画院次長であった小畑忠良が、当時の統計は基礎数値自体が全く「いい加減」なもので、「結局ぼくには日本に油がいくらあったかわからずじまい」だったと述べていることである。(10)経済統計畑のトップが最重要資源である石油の量も不明なまま計画を立案していたというのは想像を絶する事態であろう。先述した「動員の前提としての総合調査」という、出発点を支える必須条件自体が、破綻していたのである。また、傾斜生産の最大受益者である軍が、一方では陸軍／海軍にわかれ激しい資源争奪戦を演じ、他方では統一した判断を欠いたことが合理的軍事行動を不可能にしていた。これと似た状況は科学動員の領域においてもみられ、同様に「科学研究体制の近代化のうえに成り立つ」それではなく、近代化それ自体が課題にならざるを得ないという遅れに起因する困難があったと理解されていた。(11)

二・傾斜生産という圧力、原料物動・代替資源開発という努力

以上のような、いわば発展段階に規定された困難とは別に、資源自体の極度の欠乏（特に現代戦を制する石油・鉄・ボーキサイトほか）という決定的な隘路があった。石油についてみると、[12]①インドネシア製油場（パリグパパン）の制圧、②国内油田からの採掘強化、③イモなどを原料としたアルコール生産、④満州のオイルシェールからの石油採取、⑤ドイツからの石炭液化技術の導入、などによって対処することになっていたが、現実的効果があったのは輸送船舶に余裕のあった初期の①のみであり、⑤はドイツの許可を得ることにならず、②③④はもともとしれたものであった。制空権の喪失とアメリカ潜水艦の活躍により、①の効果は急速に減少し、石油燃料の供給は危機的状況に陥ったのである。

かかる現実がもたらした帰結が、傾斜生産の更なる徹底であり「原料物動への矮小化[13]」であった。傾斜生産とは、限られた資源を特定産業部門（五大重点領域）に集中することであり[14]、総力戦をたたかう国では程度の差はあれどこでも採用せざるを得ない政策であるが、経済高度化の不全と資源欠乏に悩む日本における「傾斜」程度は極めて著しいものとなった[15]。その結果、直接の軍需とは最も遠いところにある産業領域（農林業）と生活領域とが集中的な犠牲を被ったのであり、他方では、再生資源である農林産物は軍需資源の絶望的不足を緩和するための「代替資源」創出素材としての期待を集めることになった。皮肉なことに、農林資源における科学動員は、農林資源の拡大ではなくその転用（軍需資源化）において発動されたのである。その多くは苦肉の策としか言いようのないものであったが、これもまた日本における戦時農林資源開発の忘れてはならない一コマであった[16]。これについては第一章で述べることとしたい。

第四節　課題と構成

一・日本（内地）における農林資源問題

第一の課題は、日本（内地）における農林資源（開発）問題の実態と性格を明らかにすることである。日本における農林資源開発の特色を端的に言えば、「生産構造変革なき努力」に終始し、最大の投入資源は労働力（人的資源）たらざるを得なかったことである。日本農林資源開発が与件とせざるをえなかった諸制約とそのもとでの開発形態・開発実績と科学動員の実態について野田公夫「第一章　日本における農林資源開発―農林生産構造変革なき総力戦―」が担当した。「経済の高度化」を欠いた農林資源開発の特異な性格が明らかにされるであろう。日本農政の対象として明示的に人（農民）が眼差されたのは昭和恐慌下の農山漁村経済更生運動においてである。伊藤淳史「第二章　「石黒農政」における戦時と戦後―資源としての人の動員に着目して―」は、恐慌期以後の日本農政を貫く主軸の一つになった農民政策の実態と性格を考察するが、意外なことに当該期日本農政の柱として農民政策という政策領域を設定すること自体いままでなされておらず本論文が初めてである。農民政策の担い手はいわゆる内原グループであったが、本論文では、これまで看過されてきた「戦後の内原グループ」にまで分析を及ぼした。そこから逆照射することを通じて、一枚岩であるかのようにみられていた「内原グループ」＝農民政策が孕んでいた深い対立＝思想的分岐点が明らかにされる。

また農業は人口の半ばをかかえると同時に、限定的な平坦部における土地資源と水資源の大部分を占有していたがために、総力戦の要求する工業化と農村への工業再配置および軍事基地の建設は人および農地と水をめぐる深刻なコンフリクト（農工調整問題）を引き起こした。さらに、防空が課題になる戦時期には物資運搬問題の深刻化・自給的能力の強化を要請し、かかる課題に対応するために、行政単位の拡大（道州制）と国土計画への志向が生まれた。これらの経緯と性格を岡田知弘「第三章　戦時期日本における資源動員政策の展開と国土開発―国家と「東北」―」が解明した。さらに岡田は、昭和戦前期における東北振興事業をとりあげ、それが災害（冷害と津波）復旧・地域振興策であると標榜されながら、その実態は東北経済の自立性を奪い、中央経済への物資・エネルギー供給基地として従属的に再編するものであったことを明らかにする。岡田が国家／地方という視点で明らかにした「資源化」をめぐる戦時の対抗関係を、戦後に目を転じ、敗戦後の自衛隊発足に伴う基地闘争のなかに住民内部の対立を含め具体的に考察したのが安岡健一「第四章　基地反対闘争の政治―茨城県鹿島地域・神之池基地闘争にみる土地利用をめぐる対立―」である。農業的利用を通じて未来を語り、その力を強力な運動につなげ得たこの時代の「土地」の意味と、しかし「土地」の「資源化」方向をめぐる輻輳した対立に苛まれていく「時代」の意味とが、様々なアクターたちの対抗運動を通じて明らかにされる。大田伊久雄「第五章　森林の資源化と戦後林政へのアメリカの影響」によれば、富源という言葉は死語になったかにみえる一九四八年においてすら、林業においては、同年に刊行された島田錦蔵『林政学概論』が次のように「資源」と「富源」を使い分けていたという。曰く、「残されたる森林資源として注目されているのは、ソ連、南アメリカおよび中部アフリカの三大富源」である（ちなみに日本の森林は資源とよばれている）。本論文では、明治維新以降の近代化の過程で、富源としての森林が資源として位置づけられていく過程が明らかにされる。ドイツ林学に学んだ日本では「ドイツ恒続林思想」が導入されながら、戦時体制には簡単にそれを打ち捨てて濫伐に走るという事態が起こった――それはなぜであったのかが、アメリカ人フォレスターの目を通して明らかにされることになろう。

二．日本およびドイツ・アメリカの比較農林資源論

第二の課題は、ドイツ・アメリカの考察を加え、三国の特質を比較史的に明らかにすることである。ところで、同じ「持たざる国」であってもドイツは、敗戦直前（ソ連軍のオストプロイセン侵入）に至るまで食料供給能力を維持し続けたという興味深い事実がある。第一次大戦の反省どおり、ナチス・ドイツは戦時体制の相当期間、「パンとバター」を平年と大きくは異ならない水準で供給し続けたのである。世界市場から遮断されながら、敗戦に追い込まれつつもなぜそのような対応が可能であったのだろうか。ナチスによるドイツ農業資源化方策とその実績を解明したのが足立芳宏（「第六章　「第三帝国」の農業・食糧政策と農業資源開発—戦時ドイツ食糧アウタルキー政策の実態—」）である。読者は、日本との大きな違いに愕然とするであろう。菊池智裕（「第七章　冷戦期における農業・園芸空間の再編—戦後東独における農林資源開発の構想と実態—」）は、戦後東ドイツにおける社会主義農業の建設過程を、これまで研究のなかった園芸部門を取り上げて考察する。本来集団化に馴染みにくい園芸部門で集団化がいかに進められたかに興味が湧くが、のみならず集団化という言葉で表現されていた社会主義農業の別の側面に光を当てることにもなろう。

対するアメリカ農業は、第一次世界大戦を経て商品作物生産を飛躍的に発展させ、巨大な輸出産業として成長してきていた。したがって世界戦争がもたらしたものは、ドイツ・日本が被った「輸入できない困難」とは正反対、すなわち「輸出できない（世界市場の喪失）困難」であった。「持てる国」であり「自由主義の国」であるアメリカであっても、総力戦体制は別の角度から大きな打撃を農林業に及ぼしたのである。「輸出作物の一挙的な過剰化」と「農業の戦時体制構築」という二つの課題は、アメリカ農業に如何なる対応を要請したであろうか。かかる論点の検討を名和洋人「第八章　アメリカ合衆国における戦時農林資源政策—南東部における生産調整と土地利用計画を中心に—」が担当した。

三．資源概念と資源論の検討

一・二・の考察をふまえ、佐藤仁が提起した戦前期日本における資源論の評価について再検討したい（終章）。「資源」という言葉は、汎用性が高く使い勝手がよいうえ、現代社会にはそれ（資源化）を後押しする巨大な「力」があるように思う。ここでのポイントは、佐藤氏が専ら資源論すなわち論理の問題として整理することによって与えた評価を、農林資源という「対象および場」とそれが被った資源論的現実問題との緊張感において捉え直すことであり、それをふまえて資源概念とその論理構成自体の問題としても再検討することである。

なお、本シリーズ第Ⅱ巻『日本帝国圏の農林資源開発―「資源化」と総力戦体制の東アジア―』が日本帝国圏内の「農林資源開発の現場」を捉えているので、ぜひ参照されたい。

注

（1）資源問題の重要性をいち早く説いた一人に資源局長官を務めた松井春生がいる。松井によれば、「しかしながら、昭和二年五月内閣に資源局が設置せられ、其の官制の規定乃至其の後制定施行せられたる資源調査法令等に於ては、資源という言葉を、もっと広い意味に使用し、今や普通の用例として理解せられるようになった」（松井春生『日本資源政策』千鳥書房、一九三八年、一七頁）。松井流にいえば、資源は人的資源と物的資源（もしくは天然資源）および其の他の資源にわかたれ、「凡そ国社会の存立反映に資する一切の源泉を指称し、其れが独立の資用関係に立つ限り、有形、無形の別を問わない」（同一七頁）ものである。「其の他の資源」に関しては次のように述べている。「人的及物的資源の外、各般の制度、組織の如きも、或は其の国社会の歴史の如きも、何れも至大の関係を有し、極めて重要なる資源と言ふことが出来る。更に又、曩に土地に関連して、一国の地理的のみならず、人文的なる地位が、資源としての重要性の大なることを述べたのに対応して、其の国の外社会それ自体が、一国の重大なる資源を形造ると、言ふことも出来よう」「歴史体制の如きは、第二次的資源たる特色を濃厚にし、後者、外社会の如きは、一国の外的資源を成すものと謂ふべきである。本書に於ては、内的、第一次資源を中心とし、便宜、人的又は物的の何れかに属せしむるを旨として、論述しようと思ふ」(同二九〜三〇頁)。

以上のように、新たに浮上した「資源」という言葉は、かつての類義語であった「自然」や「天然資源」よりもはるかに包括的な内容をもったものであり、それは総力戦体制が要求する「国力」に対応したものとして再定義されたものだと考えられる。本書では、以上のような事実があったにもかかわらず、あえて限定して用いている。その意味は終章を参照されたい。

(2) 総力戦体制とは、第一次世界大戦を画期として、基本的に軍事力で決したそれまでの戦争とは異なり、軍事力のみならず経済力、およびそれを支える技術力や科学力、そして国民的結集力を支える政治力・文化力・教育力・精神力等のすべての力(国力)によってこそ戦われる「総力戦」になったことに対応し、そのような総合的「国力」を準備することを第一義においた体制のこと。

(3) 佐藤仁『「持たざる国」の資源論—持続可能な国土をめぐるもう一つの知—』東京大学出版会、二〇一一年。以下の引用は、同書三九〜五四頁。

(4) 農林水産省百年史編纂委員会編『農林水産省百年史　中巻』農林統計協会、一九八〇年を参考にした。

(5) 科学動員の中心人物であった宮本武之輔は著書『科学の動員』改造社、一九四一年、で次のように述べている。「科学の応用が必須とせられることについては、常識として国民のすべてが、これを認識しているが、科学は遂にその原料資材にさえ代換されるといふことは、いまだ広く知られていない。／例えば貧鉱に科学を加えたものは富鉱に代換せられ、木材繊維に科学を加えたものは綿花に代換せられ、石炭に科学を加えたものは石油に代換せられ、石炭と石灰とに科学を加えたものは護謨に代換せられる。即ち天然資源の利用価値は科学によって、いかようにも左右され得るのである。／これ科学が物資の偏在を匡正し、資源の独占を打破するといわれるゆえんである」(一一頁)。「これ科学がいわゆる「持たざる国」の最後の活路だといわれる所以であり、優秀な科学を所有することによって、しかしてそれによってのみ、昨日の「持たざる国」を今日は立派に「持てる国」たらしめ得るのである」(一四二頁)。

先の松井も前掲『日本資源政策』において次のように述べる。「水力を利用して電気を起こし、空中より窒素を固定する如き、其の発明以前に於て、誰が其の所謂資源たることを考えたであろうか。我が国資源の貧弱なるを説くべくんば、之を嘆くに先立って、其の創造に於て欠くる所なきかを三思すべきである。……我が国資源に関する悲観論者の多くは、資源の一半に足らぬ天然資源にのみ着目し、汲めども尽きぬ貴重なる此の智力資源を閑却したる憾みはないか」(一〇六〜七頁)。

また廣重徹『科学の社会史（上）戦争と科学』岩波現代文庫、二〇〇二年復刊（原著は一九七三年）第五章は次のような印象的な叙述から始まる。「マルクス主義哲学者として知られていた戸坂潤も一九三六年（昭和一一年）に、『日本の政府が自然科学の奨励には最近相当に熱心であることを忘れてはならぬ』と書いている。自然科学が活気を呈しつつあるというのは、当時すでに人目につく事実だったのである。しかし、いうまでもなくそれは軍事国家をめざしての科学振興であった」（一七一頁）。なお同書には大戦末期の次のようなエピソード（科学主義のカリカチュア）が紹介されている。「……一九四五年一月の第八六議会では、新兵器実現の見通しについていくつかの質問が出た。二四日の衆院予算総会での質問にたいして八木技術院総裁は、科学技術動員にはまだまだ余力があり、期待してもらってもよいと答えるにとどめたが、二六日の再度の質問にたいしては新兵器の「神風」がすでに吹きはじめていると答えた。しかし、もちろんそのような「神風」は吹かず、八月六日広島への原爆投下、九日ソ連対日参戦をへて、八月一五日の降伏を迎えたのであった」。

資源開発と科学主義との関連について付言しておきたい。単なる自然が資源化する過程には、大きくいって二つのコースがある。一つは、科学の力によって新たな有用性（用途）が発見されたり付加されたりすることであり、二つは、立地上利用不可能であった自然が、採掘（鉱業）や道路・鉄道建設により市場へのアクセスを実現することである。科学の効用が直裁にあらわれるのは前者であるが、これまで不可能であったものを可能にするという点で、後者においても科学（技術）は重要な貢献をなしている。当時の科学主義においては前者が際立っておりそれがまた当該期の特色だと考えられるが、それを「狭義の（当該期に際立つ）科学主義」、後者を「広義の科学主義」と把握しておきたい。

（6）この点で、総力戦体制が資本主義経済システムの高度化・組織化を要求するにせよ、両者の間には歴然とした違いがある。

（7）その危うさを象徴的に示したのが、日本が石油戦略の柱の一つにしていたドイツによる石油液化技術提供の拒否であった（前掲『科学の動員』一九一頁）。

（8）柳澤治『戦前・戦時日本の経済思想とナチズム』岩波書店、二〇〇八年、二五三頁。

（9）前掲柳澤書によれば、ある意味ではそれとは対極的な議論が大塚久雄によってなされている。柳澤によれば「大塚はナチス・ドイツの発展の方向をイギリス的な農工分離の型と区別される中小工業重視の農工調和型として捉え、農村への工業分散、農村の中小工業の創設のためのナチスの政策を積極的に評価して、これを近代工業力の建設のもう一つの可能性として位置づけた。ナチス・ドイツに関するこの理解は、戦時経済体制下の日本の農村工業の肯定的評価と一体となり、その論拠となった」（二七六頁）。この種の議論（小農という形態的類似性によるドイツ・日本農業の同一視）は今でも姿を変えて繰り返されている。柳澤の議論は、もっぱらイギリスとの関連でなされているが、これでは日本に即した評価は不明なままである。ヨーロッパモデルの批判はイギリスのみならずドイツに対してもなされなければいけない。

（10）小畑忠良「住友から企画院へ」安藤良雄編著『昭和政治経済史への証言　中』毎日新聞社、一九六六年、一二一頁。興味深い証言なので、関連する部分を掲載しておく。「……その当時の日本の数字は実に信頼すべからざるものだったんです。役人や軍人がたくさん企画院で作業するんです。実に綿密に、こまかい数字をいって、百円でも粗末にしないような、むずかしい計算をやってちゃんと数字が出て来るんですが、みると統計の基礎となっている統計自身が民間から出してきた数字なんですね。民間から出している数字は、われわれが出しているんですから、はじめからいい加減な数字です。それを集めてるんでどんなに丁寧にやっても狂っているんですよ。『大量観察でいこうじゃないか』というのがわたしたちの気持ちですが、承知しません。一生懸命やっとるんです。兵隊なんかはえらいもんですよ。結局ぼくはついに日本に油がいくらあったかということについては、本当にはわからずじまいです。あの中におって」という。なお、「小畑氏は住友入社以来栄進をつづけ、未来の総理事（住友財閥の）の呼び声が高かったが、昭和十五年第二次近衛内閣が成立したとき、とくに請われて一高以来の親友、星野直樹企画院総裁の下で次長に就任」した人物であり、この思い出は企画院次長時代のものである。

（11）前掲廣重『科学の社会史』の第八章「科学動員の終局」。たとえば六七頁。

（12）三輪宗弘『太平洋戦争と石油』日本経済評論社、二〇〇四年、および山本裕「事業化された調査─資源・鉱産物調査とオイルシェール事業」松村高夫・柳沢遊・江田憲治編『満鉄の調査と研究─その「神話」と実像─』青木書店、二〇〇八年などによる。

（13）岡崎文勲（海軍にて資源・兵備を担当）の表現。物資動員を略して物動とよんだ。動員とはある目的をもって物や人を集中することである。動員という語が制度に付されたのは一九三九年に制定された物資動員計画綱領であり、次年度以降物資動員計画が策定された。岡崎によれば、一九四〇年時点の物動対象品目数は三五〇あり、そのすべてが原料であった。前掲安藤編著『昭和政治経済史への証言　中』二八五頁。しかも、陸軍・海軍の激しい対立のなかで原料物動自体が機能不全に陥っていた。

（14）五重点産業とは、鉄鋼・石炭・軽金属・船舶・航空機。太平洋戦争に突入すると、航空機と電波兵器への傾斜が顕著になったという。以上は、沢井実「戦争と技術発展─総力戦を支えた技術─」『日本の時代史25　大日本帝国の崩壊』吉川弘文館、二〇〇四年、二四〇頁。

（15）間接的データにすぎないが二つを示したい。一つは、生産指数である。一九三四／三六年平均を一〇〇として一九四四年の数値をみると、成長産業は、機械三八九・非鉄金属二二三・鉄鋼一九一・製造業一六二・鉱山一二八などであり、衰退産業は繊維二〇・食料品五三・紙パルプ五四・農業八六などとなる。以上は吉田裕・森茂樹著『アジア・太平洋戦争』吉川弘文館、二〇〇七年。二つは、有業人口変化である。一九三六年一〇月と一九四四年二月の両時点を比較すると、激減したのは「商業」（－）六一％・「飲食店その他」（－）四三％などでわずか七年半でほぼ半減しているのに対し、増加したのは「機械工業」（＋）四二六％・「化学工業」（＋）一五〇％・「鉱業」（＋）一四八％などとなり、その伸びは驚異的であった。また一九三四／三六年平均を基準（一〇〇）にして「個人消費支出」の変化をみると、「個人支出合計」では一九三七年（一〇六）をピークに以後漸減し一九四四年には六四になった。一番低下が著しいのは「被服費」で、一九三四〜三六年（一〇〇）以後一度も上昇することはなく一九四四年には二六にまで低下した。「飲食費」のピークは一九三七年であり、同様に敗戦まで一度も回復することはなかった。以上は渡辺純子「戦時下の民需産業」石井寛治・原朗・武田晴人編『日本経済史（四）戦時・戦後期』東京大学出版会、二〇〇七年。

（16）前掲沢井「戦争と技術発展」は「機械工業の急成長と技術発展」を「敗戦をもたらした技術と高度成長を準備した技術（という区別）」に注目して叙述している。この二つの課題と論点を重視することはよくわかるが、経済の高度編成に遅れ資源の欠乏に苦しんだ日本戦時体制の特色は、代替資源創出のあくなき追及とそのための農林産物の動員（その意味では「敗戦をもたらした技術」）にあったと考えている。沢井の場合は、「総力戦を支えた技術」という魅力的な副題を付しながら、かかる観点が欠落している。なお「高度経済成長を準備した技術」は、あえてウエイトをかけていえば、風早（経済編成）や広重（科学研究）のいうように、経営・経済および科学研究システムの合理化・近代化にあったのではないか。

参考文献

安藤良雄編著『昭和政治経済史への証言　中』毎日新聞社、一九六六年。

佐藤仁『「持たざる国」の資源論─持続可能な国土をめぐるもう一つの知─』東京大学出版会、二〇一一年。

東京大学社会科学研究所編『戦時経済』東京大学出版会、一九七九年。

農林水産省百年史編纂委員会編『農林水産省百年史　中巻』農林統計協会、一九八〇年。

野田公夫編著『戦時日本の食料・農業・農村　戦時体制期』農林統計協会、二〇〇三年。

廣重徹『科学の社会史（上）戦争と科学』岩波現代文庫、二〇〇二年復刊（原著刊行は一九七三年）。

松井春生『日本資源政策』千鳥書房、一九三八年。

マクニール、J・R　海津正倫・溝口常俊『二〇世紀環境史』名古屋大学出版会、二〇一一年（原著刊行二〇〇〇年）。

松村高夫・柳沢遊・江田憲治編『満鉄の調査と研究―その「神話」と実像―』青木書店、二〇〇八年。

宮本武之輔『科学の動員』改造社、一九四一年。

三輪宗弘『太平洋戦争と石油』日本経済評論社、二〇〇四年。

柳澤治『戦前・戦時日本の経済思想とナチズム』岩波書店、二〇〇八年。

第Ⅰ部　日本

第一章　日本における農林資源開発

――農林生産構造変革なき総力戦――

野田公夫

写真には「小麦増収競技会優等賞入賞出品田（天田郡下豊富村藤田庫之助氏）」との説明が付されている。現在は京都府福知山市。説明文からは、畑麦ではなく水田裏作として栽培された小麦であることがわかる。1931（昭和6）年～35（同10）年にかけてとりくまれた小麦増産五か年計画は当初目標を達成した数少ないものの一つであり、1935年に日本は小麦自給率100％を実現した。この写真は同計画期間のちょうど半ばにあたる1933（昭和8）年夏のものである。
出典：京都府農会『京都府農会報』第492号（1933年7月）

はじめに

日本内地の戦時農業資源開発は、当初より大きな制約を被っていた。第一に、戦時農業増産体制への切り替えが決定的に遅れたことであり、第二に、極度の傾斜生産方式のもとで農業資材への投資が大幅に制約されたことであり、第三に、農業構造の特質に制約されて農業政策の主軸は多分に社会政策的性格を帯びており、抜本的な生産政策をとりえなかったことである。

第一の状況は、戦時体制期直前の昭和恐慌（市場の縮小）と朝鮮米流入（供給圧力）[1]による米価低迷＝農村不況の持続という印象がなお強烈であったことに加え長期戦化の見通しを持たなかったことから、戦時体制に突入してもなお戦争のもたらすインフレ効果（農村不況の解決）への期待が勝っていたからである。本格的に戦時食糧増産に取り組んだのは、一九三九年（戦時体制突入三年目）に西日本と朝鮮半島を襲った大干ばつ以降のことであった。以後は戦争のもたらす需給逼迫が顕在化し、農林資源開発は直面した事態に対する応急対策として後手に回ることを余儀なくされ、以来一度も人々の食糧事情を好転させることはなかったのである。そして第二（生産手段）・第三（経営主体と労働力）の条件は、農業生産構造の変革を阻止することになった。戦時期には土地改良において成果をあげたものの、生産力の構成要素である生産手段と経営主体（および労働力）はいずれも強い制約を受け、前者（生産手段）の改善は頓挫し後者（経営主体と労働力）は顕著な弱化を示したのである。したがって、「弱化した労働力の動員」の問題として、すなわち老人・女性及び生徒・学生の新規動員とその組織化を通じて「生産力化」することが主たる方策になった。そしてその成果を、連帯責任性で担保された「供出＝配給」体制によって把握するという方法がとられた。〈生産構造変革なき増産・集荷努力〉——これが内地農業資源開発の実態であったといってよいのである。したがって、生産構造改革を通じた農業資源開発の主要な舞台は満洲を中心とする帝国圏に設定された（この実態解明が本シリーズ第Ⅱ巻の課題である）が、上述の諸事情は大なり小なり帝国圏においても同様であった。

林業資源開発をめぐる状況は、農業とは大きく異なっていた。林業は再生産期間が長いうえ、とくに日本の場合は対象となる林分の多くがアクセス困難な奥地に広がるという特性があるからである（日本はすでに平地林をほぼ失っており、森林の殆んどは山林として存在していた）。前者は、数十年という長期の再生産サイクルを要するため、一朝一夕では効果的対処は不可能であるという難問をもたらす。したがって、輸入途絶のもとでは必要量が増えれば伐採せざるをえないため、それは直ちに再生産サイクルを破壊する過伐となったのである。日本は敗戦後に度重なる水害に見舞われるが、その大きな原因をつくったのが戦時濫伐であったといわれている[2]。後者の事情は、アクセス可能性すなわち伐採対象林分を増やすための林道づくりに全力をあげさせることになったが、重機不足のもとでは困難が大きく、「奥地の森林は急場の間に合わ[3]」なかった。興味深いことに、林道の延伸とともに濫伐被害は拡大していったが、逆にまた林道建設における限界がそれ以上の破壊を防ぐ最も確かな条件となったのである。

なお、里山に広がる農民的林野・入会林野の存在は、かかる濫伐に対する大きな抵抗要因となった。戦時下に掲げられた「入会制度の廃止」（序章　野田論文）とは、伐採対象の拡大と全面林地化をすすめようとする国家の対処策であったのである。また一時、ドイツから天然更新を柱とする恒続林思想が導入され試行されたこともあった（第四章　大田論文）。これもまた無制限の濫伐に対する一つの抵抗思想であったが、戦争経済においては現実の力にはなりえなかった（しかしその事情はやや意外なものであった。前掲大田論文を参照されたい）。他方、このようなチェックすら働きにくい帝国圏では、事態はきわめて深刻であった。里山を守るという内地農民の伝統的倫理から切断され、帝国の威力をバックにして入植した農業移民のビヘイビアは入植地の自然に対してきわめて刹那的・略奪的であり、農民自らが最も直截な森林破壊者として登場したからである（満洲・本シリーズ第Ⅱ巻第六

章　今井論文）。また、パルプ原料を求めて「無主の地」と強弁された樺太に進出した製紙資本も、当然のことながら再生産の視点を持ちうるものではなく、戦時体制前夜にして樺太山林は「総はげ山化」の状況を呈したのであった（樺太・同第Ⅱ巻第七章　中山論文）。入植農民による森林破壊がもっとも深刻な形で現れたのは満洲であるが、それは入植規模が巨大であっただけではなく、「満人」の怒りを受けた緊張感とそれゆえに増幅される蔑視および帝国の権威に直截に庇護された国策移民であったことなどが重畳した現実であったのであろう。なお農林資源開発と一語で表現したが、農と林とは必ずしも親和的存在ではなかったことにも注意を払いたい。森林・林業に対する最大のかく乱因子の一つこそ農業開発であったからである。

本章では、農業資源開発の内容を戦時農業増産政策の変遷において概括し（第一節）、その実績を農地・経営・農産物において総括する（第二節）。続いて、総力戦体制下農業資源化の鍵を握るはずであった科学動員の実態（第三節）と、その日本的形態であるともいえる「農産物の軍需資源化」の実相を明らかにしたい（第四節）。本章の主たる貢献は後半の二節である。科学動員が農業生産力増強と代替食品の製造に威力を発揮し戦時食糧事情を支える力となったドイツとは異なり、むしろ農産物を軍需転用するために科学力が動員されるという日本農業資源問題の奇形的位相を明らかにしたい。

第一節　戦時増産政策の概要④

本格的な増産体制をつくるには生産構造の抜本的改善が必要である。それは①農地の拡張と改良、②労働対象（とくに多収性品種と高性能肥料）の改良・創出と供給、③労働手段（とくに耕耘過程への機械力導入）の改良と体系化などの生産手段レベルの高度化と、④これらを効果的に生産力化できる経営体の育成が不可欠である。しかし、

「傾斜生産（五重点産業への資本の集中）」という絶対条件の下でその余地はきわめて限定されていた。とくに、①の農地拡張はほとんどすすまず（適地自体がきわめて限定されていた）、②の化学肥料（中心は硫安）は軍需と競合して供給が続かず、③の耕耘機は児島湾干拓地以外での普及はきわめて限定的であり、発動機（と結合した揚水機および脱穀調整過程の諸機械）には石油不足が直撃した。

一・重要農林水産物増産助成規則（一九三九）から農地開発法（一九四一）へ

先に述べたように、戦時体制に突入した一九三七年段階ではまだ農産物過剰感が強かったため、同期間にうたれた諸政策は、燃料国策遂行のための酒精（エタノール）原料用作物と、国際収支改善（外貨獲得）のための輸出農産物の増産奨励が中心であった。しかし、労働力をはじめとする生産諸要素の逼迫が現れてきており、また物動員計画の改定を受けて農業側も本格的な対応を余儀なくされた。三八年には臨時農村対策部が設置され、翌年四月に重要農林水産物増産助成規則が公布された。本規則に基づき、同年より諸品目の増産と労力調整対策を内容とする重要農林水産物増産計画（四一年以降は「生産計画」）が樹立され、これが戦時増産政策の事実上の出発点になった。初年（三九年）度は、耕種改善と病虫害防除を中心に、奨励金によるインセンティブ付与を通じて増産を実現しようとするものであったが、三九年の西日本（から朝鮮半島に及ぶ）旱魃を受けて次年度からは急きょ農地基盤整備にも本格的に取り組むこととなった。同年には受益面積三〇万町歩に達する大規模な用排水改良工事等が、四〇年・四一年度には産米増産を目的とする主要農産物増産施設耕地事業が実施された。

四一年三月には、より抜本的な増産対策のため農地開発法が制定され、同法および国家総動員法による諸法令に基づき、主要食糧等自給強化十ヵ年計画が樹立された。本計画は四一年度を初年度とし、五二年度までに米を一一七一万八〇〇〇石、五三年度までに麦類（大麦、裸麦）を一二三二万一〇〇〇石（裸麦に換算）増産することを目標とし、そのための基本方策を農地の造成と改良においた。大規模な農地事業を担うために、農地開発営団が設置された。計画初年（四一年）度には全国三四府県が水害に見舞われ内地米の大減収をきたしたが、朝鮮米の豊作により辛うじてこれを補い得た。しかし四二年度には、一方では内地米の豊作にもかかわらず朝鮮半島の旱魃と麦不作のため需給が逼迫し、他方では戦況の悪化にともない船舶事情がタイトになり、制空権・制海権も脅かされはじめるなかで輸移入への依存は困難になった。食糧事情は一気に緊張の度を加え、急遽内地米の応急的な増産が必要となった。かかる事態に対応すべく立案されたのが、以下に述べる、三次にわたる食糧増産対策である。

二　食糧増産応急対策第一次（一九四三）・第二次（同）・第三次（一九四四）へ

一九四三年六月に閣議決定された第一次食糧増産応急対策は、①不耕作地の解消及雑穀等の増産、②イモ類増産、③労力補給、④肥料の補給、⑤其の他であり、臨時的な彌縫策に過ぎなかった。そこで、急ぎ樹立されたのが第二次食糧増産対策要綱（八月）であり、四四米穀年度において米一八〇万石・麦一一二万石、四五米穀年度以降において米二一八万石、麦一二二万石の増収を目標とし、①土地改良、②裏作の拡張改良、③土地利用強化、④イモ類増産、⑤優良種苗の確保普及、⑥農業労務動員強化、⑦農業技術指導の刷新充実に取り組むこととなった。農地造成に力点をおいた十ヵ年計画とは対照的に、農地事業のすべてが既墾地改良に向けられ、開墾・開拓は原則的に中止された。また、土地利用の高度化や耕種法の改善に一層大きな比重がかけられるとともに、作物別にみれば、とくに甘藷増産に大きな力が入れられることになった。四四年九月には第三次対策が樹立された。小用排水改良を中心とする土地改良と大規模な農道整備を内容としており、新たに耕地整理が加えられ、農道と客土に大きな重点が振り向けられた。農道整備や耕地整理は運搬や労働の能率をあげることが焦眉の課題とされていたためであり、客土はその速効的効果が重視されたのである。

以上のように、「十ヵ年計画」（四一年）で大規模農地造成を中心に立案された増産政策は、「応急対策」（四三年）では既墾地改良と耕種改善に重点が切り替えられた。通常この転換は、「時間のかかる開田・開畑を避けて、簡易な土地改良事業中心へ」の後退と評価されているが、当時の大槻正男の目を通して、次のような論点があったこともあわせ指摘しておきたい[5]。大槻によれば、①第一の「リミティングファクター」が労働量であるという状況下では、新耕地に多量の労働力を振り向けることは既耕地の労働粗放化につながり総体として生産量を減少させる可能性が高く、②「開拓至上主義」が「作付増加の割当て及びその完遂には甚だ熱心だが、本来の目的たる増産達成には割合鈍感」であるというミスマッチを現場指導層のなかに醸成しており、農地造成政策は「速効性に欠ける」というよりも生産力後退要因になりかねない。したがって増産方策は「耕地改良と食糧作物作付け割合増加」に置かれるべきで、とくに前者は、「必要資材も少なく」また「農閑期の冬季労働を利用して実施可能」な点で「今日の事態下に於て最も合理的」である。後者の中心眼目は裏作麦の増加にあるが、面積拡大は可能であるにしても一定の収量レベルを実現することが難しい。そのためには「作付け方式の変換をこなしうる」技術と創意工夫が必要だが、農家の経営能力は未だその水準にはない。この点で鍵を握るのは、「町村農会技術員がどこまできめ細かな指導ができるか」だという。この点で、どのような手が打たれどのような実績をあげたのか、改めて振り返ることにしたい（第三節）。

三・増産対象と増産根拠の変遷―「重要農林水産物増産（生産）計画」[6]の分析―

（柱立てとその変遷） 一九三九年に樹立された増産計画（以下、三九年度計画と略記）の柱立て（大項目）は、「一　重要農林水産物ノ増産施設、二　肥料ノ配給調整、三　農林漁業用資材ノ配給調整、四　農山漁村ニ於ケル労力調整」であったが、四〇年度計画では、「配給調整」が「配給統制」に「漁業」が「水産業」に字句修正されたほか、新たに「飼料ノ需給調整」が「第三」（大項目の番号表記が第一・第二に改められた）として設けられ、五項目となった。四一年度計画では、「肥料ノ配給統制」が「肥料ノ供給確保及配給統制」と変更されるとともに、新たに「道府県別生産割当表」が付加された。四二年度計画では、「農山漁村ニ於ケル労力調整」が「農業生産統制施設」に変更され、その内部に「農業生産統制施設／農山漁村ニ於ケル労力調整／農業機械移動配給調整施設」という小項目がたてられた。さらに四四年度計画において「農林水産業用資材ノ配給統制」に「藁工品ノ増産確保」という文言が加えられた。なお、当初より各作目の道府県別増産目標が示されていたが、四一年度計画からは「道府県別生産割当表」として大項目の一つを構成することとなった。指導・掌握レベルがより具体的になったといえよう。また、四三年度計画までは生産目標数量のみが示されていたが、四四年度からは作付面積計画もあわせ明示することとなり、かつ生産基準数量自体の再検討も行われた。

以上をまとめれば次のようになる。①当初（三九年度計画）にはなかった「飼料」が四〇年度から加えられた（飼料問題の登場）、②「肥料」については三九年度計画における「配給調整」の表現が四〇年度では「配給統制」となり、さらに四一年度では新たに「供給確保」が付加された（肥料問題の深刻化＝分配問題では対処不能な生産の急減）、③四一年度計画で「道府県別生産割当」の重要性が強調され、四四年度計画ではその適正化がはかられるとともに作付面積割当が付加された（増産政策の組織化と責任の明確化）、④四二年度計画で「労力調整」がより包括的な「農業生産統制」に切り替えられた（生産統制の包括化）、⑤最末期の四四年度には「藁工品」が「農林水産業用資材」として特記された（農家副業の軍事産業への編入）。

（増産作物と増産理由の変遷）

一九三九年度計画：本計画であげられた増産対象作物は、米穀・小麦・大麦・甘藷・馬鈴薯・麻類（苧麻・大麻・亜麻）・蚕糸類（繭）・林産物（木炭）・畜産物（牛・豚・緬羊・家兎・鶏）である。むろん米穀は「国民ノ主要食糧」

である。麦類のなかでは小麦の位置づけが高く、小麦粉は輸出品でもあったことから「内地」のみならず「外地」の需要に応えることが増産理由となっている。他方、大麦・裸麦・燕麦は、この段階では具体的な増産計画はなく「今後ニ於ケル軍需ノ決定ヲ俟」つとされている。甘藷・馬鈴薯は専ら「酒精（エタノール……野田）原料」である。林産物では、石油代替エネルギーとしてのガス用木炭が重視されているが、土木・建築資材（軍需および軍需産業用）としての木材に関する言及はこの時点ではまだない。また、繊維資源としての麻類・蚕糸類および畜産物の増産に力がいれられているが、うち、「輸出（＝国際収支改善）」のための増産が意図された作目は苧麻・蚕糸および乳製品・鶏卵であった。日中戦争以降軍の牛肉需要は急増しており、そのことが増産理由（軍需としての牛肉・牛皮）に現れているが、豚肉は単に「民需」とされており、この時期にはまだ軍の肉需要は豚肉には及んでいなかったようである。本計画においては、国民生活において深刻化した（軍需による）牛肉不足を豚肉で補おうとしていたといえよう。

一九四二年度計画：四二年度計画には大きな変更がみられる。第一は、増産対象作目の増加である。新たに大豆・トウモロコシ・黄麻が加わった。大麦・裸麦にも新たに増産計画がたてられた。大豆や大麦は「食糧事情ノ緊迫」への対応であり、トウモロコシは食糧とともに不足を極める濃厚飼料として、また黄麻は繊維資源の国内確保策として位置づけられた。また、「林産物」においては、それまでの木炭に木材が加わり、かつ造林が課題として取り上げられた。第二は増産理由の変化である。端的にいえば、①輸出（国際収支改善）を目的とするものの消滅と、②工芸作物と畜産を中心とする「軍需」の圧倒・全面化、および③とくに食糧農産物における「需給逼迫」の強調、である。主食である米麦は「需給逼迫」ゆえ「緊要」なものとして重大な位置づけを与えられ、三九年段階では輸出用として奨励されていた諸作目は、内需（＝不足）に応えるものとして位置づけ直された。例えば、乳製品は悪化する栄養状態下の子供や病人用に、蚕糸類は輸入杜絶した繊維資源の代替物へと増産目的を変更され、鶏卵輸出のための濃厚飼料に依存した商業的養鶏は家庭残渣物を利用した自給的養鶏に切り替えられた。

また三九年度計画では専ら酒精（エタノール）原料として位置づけられていた甘藷・馬鈴薯は、新たに食糧資源としての役割が重視され、その位置づけが強化された。そして、多くの作目で「軍需」が前面に出た。「民需」に応えるために企図された三九年段階の豚増産も、四二年度計画では新たに「軍需」に応えるものとされた。なお、計画の文言のうえでは明示的ではないが、もう一つ、海上輸送の困難化にともなって余儀なくされた、〈満洲および植民地から国内への生産シフト〉という事情があった――大豆・トウモロコシである。これらは食糧のみならず飼料としても工業原料としても多大の需要があり、従来不足分を大量の輸移入によって補ってきたが、船舶事情がタイトになるなかで、国内での増産が急務となったのである。

一九四四年度計画：増産作目がさらに大幅に増やされた。それは、必需野菜（一八品目）とコンニャク芋・除虫菊・菜種・薄荷・桑皮・三椏・楮および馬である。また林産物においても、木炭・木材のみならず薪までも増産の対象となり、「附則」においてではあるが松脂も加えられた。これまで積極的な増産対策が打たれないまま、労力（労働集約性の高さ）および肥料・農薬の欠乏（資本集約性の高さ）および輸送事情の悪化（保存の困難）等のために衰退の一途にあった野菜に対し大きな梃入れが講じられたこと、および油料資源としてすでに実績のある菜種が新たに増産作目に指定されたことなどは十分首肯しうるものであるが、コンニャク芋・薄荷・松脂などのきわめて特殊な品目が押しなべて「国家的増産品目」にあげられたのは、一見すると奇異であろう。これらの新品目は、戦争末期の資源枯渇のもとで、新たにその資源的価値（そのほとんどが軍需資源としての）を見出され、不足資源の代替物として動員されたものである（あらゆる農産物の軍需資源化……後述）。薄荷・除虫菊は、医薬（ほとんどは軍需）および農薬原料として、桑皮は繊維資源として、楮・三椏は軍票・紙幣等の軍需および国家的需要に対応した和紙原料としてである。特異なのは「軍需」とされたコンニャク芋と、「特殊軍需」とされた楮であるが、第四節にてその意味を述べたい。なお、馬が本計画に加えられるのは四三年度計画からである。四二年度計画までは、馬に関しては「軍用に徴発された馬への代替として牛を増やす」という形で、間接的に（要するに、牛増殖の理由として）ふれられるにとどまっていた。四三年度計画では、「馬ハ作戦上不可欠ノ要素ノミナラズ一般産業上ニ於テハ食糧其ノ他ノ生産力増強ニ少カラザル寄与」をするものと位置づけられたが、四四年度計画では、趣旨は同じだが後者の側面がより詳しく「農業労力補給・自給肥料増産・輸送力確保」と具体的に記されている。すでに制海権・制空権はなく、軍馬の搬出自体がきわめて困難になるなかで、農耕用・運搬用としての内需（民需）に応えることがより重視されてきたのであろうか[7]（本シリーズ第Ⅱ巻の大瀧真俊論文を参照）。なお、四三年度計画において「軍需並ニ生産拡充資材タルベキ木材」として増産対象木材の位置付けが明示され、さらに四四年度計画では「作戦ノ進展ニ伴ヒ航空機材、兵器材、建築材、造艦材等ノ軍需用材及坑木、鉄道枕木、車両船舶材、土木建築材等ノ重点用途材」として増産対象が具体化された。こうして、林業においてもまた軍需が前面に出たのである。

第二節　農業資源開発実績[8]

農業資源開発の実績は、①土地基盤の拡大整備（農地拡大・農地改良）②農地利用の高度化（作付内容と作付比率）③生産実績（量と価格）④経営主体（生産力の担い手）の形成などを総合的にみて判断すべきであろう。ここでは紙数の制約上、①②を表1-1（作付面積の推移）で、③を表1-2（主要作物の生産量変化）、④を表1-3（経営規模別農家数の推移）に代表させてその特徴を概括することで代えさせていただく。

太平洋戦争開始年以後の作付面積推移をみると、全体で約一〇〇万町歩（約一三％）を減じている。減少面積の大きなものは水稲（約二九万町歩）・桑（同二五）・工芸供物（同一八）・緑肥（同一七）・豆類（同一三）などであり、他方面積を増やしたものは甘藷（同九）・馬鈴薯（同三）・飼料作物（同三）などである。桑や工芸作物・緑肥などが減

表 1-1　農作物作付面積の推移　単位＝千町歩

年次	稲	麦類	甘藷	馬鈴薯	雑穀	豆類	野菜	果樹	工芸作物	緑肥作物	飼料作物	桑	総計
1941	**3,182**	1,793	311	181	258	**518**	**444**	137	**307**	506	84	494	8,254
1942	3,164	**1,913**	323	194	252	503	**444**	**141**	284	**518**	99	413	**8,284**
1943	3,110	1,813	328	205	**259**	490	433	124	186	459	**113**	364	7,920
1944	2,979	1,892	310	207	244	427	414	115	149	434	111	305	7,617
1945	2,894	1,725	**404**	**215**	236	382	398	103	127	337	112	242	7,201

注：加用信文監修、農政調査委員会編集『改訂　日本農業基礎統計』農林統計協会、1977 年より作成。なお、「茶」および「その他」面積を省いており、各作物作付面積の合計は「総計」数値とは一致しない。ゴチックは最高年。

表 1-2　経営耕地規模別農家戸数の推移（都府県）　単位＝万戸

年次	総数	0.5町未満	0.5〜1町未	1〜2町未	2〜3町未	3〜5町未	5町〜
1925	529	188	184	116	**30**	**(9.3)**	**(1.8)**
1930	532	186	**188**	120	29	(8.2)	(1.3)
1935	532	182	**188**	123	**30**	(8.0)	(1.2)
1940	521	177	176	**131**	29	(7.8)	(1.1)
1944	534	—	—	—	—	—	—
1946	**547**	**217**	177	**131**	19	(2.8)	(0.2)

注：出典等は、表 1-1 に同じ。10 万戸以下については小数第一位まで表示し（　）を付した。

らされたのはよくわかるが、主食水稲こそが最大の減少面積であったことは重大であろう。なお、増加面積の最大がイモ類であることは主食代替資源であったからのようにみえるが、実は、後述するようにエタノール原料として位置付けられていたことが大きい（第四節）。

表1-2は、昭和戦前期における農業経営規模別農家数を示したものである。農政としては同表における二〜三町歩経営層が生産力主体として質量とおもに成長していくことを期待していたが、むしろ戦時末期に総崩れとなり全階層的な零細化に帰結した。

表1-3（イ）（ロ）は、具体的な開発成果を生産物量でみようとしたものである。戦時体制以降にピークをつくり得たのは、小麦・イモ類、野菜類であり、大麦・裸麦および（リンゴを除く）

表 1-3（イ）　農業生産の動向①　　単位＝万石・（藷類は百万貫）

年　次	水　稲	小　麦	大　麦	裸　麦	甘　藷	馬鈴薯	大　豆
1925	5,804	611	**882**	**778**	84	26	**304**
1930	**6,521**	612	708	609	77	28	301
1935	5,597	965	728	661	81	33	224
1940	5,955	**1,308**	751	626	79	44	244
1944	5,777	1,011	718	658	**105**	**53**	207
1945	3,882	689	492	519	104	47	132

注：出典等は、表 1-1 に同じ。

表 1-3（ロ）　農業生産の動向②　　単位＝百万貫

年　次	キュウリ	トマト	ダイコン	スイカ	ミカン	リンゴ
1925	56	2	626	67	73	15
1930	66	11	655	104	84	27
1935	72	37	670	**130**	**118**	42
1940	**74**	**40**	**682**	107	115	**60**
1944	69	26	540	16	112	48
1945	62	25	356	6	74	17

注：出典等は、表 1-1 に同じ。

果樹や豆類は戦時下にはほぼ一貫して生産量を減らした。とくに崩壊局面が顕著になるのは一九四四年である。甘藷・馬鈴薯を除く全作物が減少し、小麦・大豆・胡瓜・リンゴでは二割減、トマトは四割減、西瓜に至っては八割減となった。

表1-4は家畜飼養頭数の推移を示したものであるが、耕種部門よりはるかにシンプルに畜種ごとの特性がみてとれる。大家畜についてみれば、軍馬への転用がすすんだ馬は一貫して減少したが、農耕用・食肉用に需要が高い牛は農耕馬の代替としても必要が増し、戦時末期まで増加傾向を維持した。中家畜ではめん羊・山羊も戦時下に増頭し山羊は終戦の年までピークを維持した。牛や綿羊・山羊が戦時下に増頭を実現できたのは、これらが自然の草を餌にできたからである。これに対し、濃厚飼料に依存していた豚や鶏は人（食糧）と競合したうえ輸入途絶によって大打撃を被ったので

表 1–4　家畜飼養頭羽数

単位＝万頭、万羽（鶏は百万羽・鶏卵は億個）

年　次	牛	馬	緬　羊	山　羊	豚	兎	鶏	鶏　卵
1925	143	**152**	2	6	29	138	37	16
1930	147	145	2	8	32	195	46	26
1935	159	140	5	12	**49**	321	**51**	**36**
1940	203	115	**20**	18	37	**561**	45	35
1944	**240**	119	18	**25**	18	258	22	8
1945	232	112	18	**25**	18	171	18	3

注：出典等は表 1–1 に同じ。兎の 1925 年は 26 年、同じく 1935 年は 36 年。

ある。

以上よりすれば、資材も労力も欠乏するなかでよく維持してきたとは評価できるが、戦時体制に見合った農業資源開発が実現できたとはとても言えないレベルのものであったといえよう。実際、国民の消費レベルは一九三七（本表では一九四〇）年以来一貫して減少し、とりわけ四四年後半以降、壊滅的状態に立ち至った。同じ枢軸国であっても、敗戦の半年前まで「パンとバター と肉」をともかくも供給し続けたドイツとは歴然とした差をみせたのであった（第六章　足立論文）。

第三節　農林資源開発における科学動員

農林資源開発における科学動員の実態を「研究課題」と「技術指導」の二点から概括する。研究課題については、一九二九年四月以降四三年三月までに合計一六三号が発刊された農政局「農事改良資料」と、四三年三月から活動を開始した「研究隣組」を分析する。(9)

一．研究課題からみた農林資源開発

（農林省研究機関——「農事改良資料」の分析）(10) 農政局は、二九年四月に「優

表 1-5 「農事改良資料」にみる農事改良課題一覧

	1929〜30 1〜17号 （17冊）	1931〜35 18〜103号 （86冊）	1936〜40 104〜154号 （51冊）	1941〜43 155〜163号 （9冊）	合　計 1〜163号 （163冊）
農用器具・機械関係	(4)	(12)	(6)	(—)	(22)
うち　優良農機具	1	3	2	—	6
共同利用・共同作業場	1	3	2	—	6
小型発動機	—	1	1	—	2
噴霧機	—	1	—	—	1
火力乾燥機	—	1	—	—	1
籾摺機	2	—	1	—	3
精米機	—	1	—	—	1
製粉機	—	1	—	—	1
柑橘選果機	—	1	—	—	1
水稲・水稲作関係	(1)	(14)	(10)	(6)	(31)
うち　東北凶作	—	1	—	—	1
施肥	—	1	—	—	1
栽培	1	—	—	—	1
いもち病	—	9	3	3	15
菌核病	—	—	1	—	1
螟虫	—	3	4	3	10
浮塵子	—	—	2	—	2
麦類関係	(1)	(8)	(4)	(1)	(14)
うち　小麦	—	8	4	1	13
ビール麦	1	—	—	—	1
豆類関係（大豆）	(—)	(1)	(—)	(—)	(1)
園芸・工芸作物関係	(1)	(7)	(4)	(—)	(12)
うち　蔬菜・果樹	—	3	2	—	5
果樹害虫	1	1	—	—	2
菜種・菜種油	—	—	1	—	1
苧麻	—	2	1	—	3
茶	—	1	—	—	1
主要食糧農産物	(—)	(2)	(—)	(—)	(2)
肥料関係	(—)	(4)	(1)	(—)	(5)
うち　自給肥料	—	2	1	—	3
緑肥	—	2	—	—	2
病菌害虫駆除予防	(1)	(1)	(2)	(—)	(4)
合　　計	(8)	(49)	(27)	(7)	(91)

注：「農事改良資料目録」農林省農政局『農事改良資料』第163号（1943年3月）より作成。163冊の中には、「穀物要覧」「小麦要覧」「穀物検査」等々の具体的課題が明示されていない定期刊行物や、「農産課関係法規」等の制度・規程集なども多数含まれているためそれらを除き、技術的課題のみを整理した。

良農器具機械ニ関スル調査」を内容とする「農事改良資料（以下「資料」と略記）」第一号を刊行し、以後四三年三月までに合計一六三号を発刊した。「資料」には、研究もあれば調査も統計も記録もあり、性格的に随分幅の広いものが収録されている。それを「研究課題」のみを選び集計したものが表1-5である。合計一六三冊のうち研究課題を取り扱っているものが九一冊あった。そのうち最多を占めるのは、「水稲・水稲作関係」の三一（三四・一%）、次いで「農用器具・機械」の二二（二四・二%）、「麦類関係」一四（一五・四%）、「園芸・工芸作物関係」一二（一三・二%）となり、以上の四者で八六・九%となる。これを時期別にみると、早い順に①「農用器具・機械」（一九二九〜三五年）、②「麦類関係」「園芸・工芸作物関係」「（自給）肥料関係」（一九三一〜四〇年）、③「水稲・水稲作関係」（一九三一〜四三年）となっている。三〇年代に麦類の研究が多いのは首肯しうるであろう。三一〜五年までの五年計画ですすめられていた小麦増産計画が進行中であったからである。一貫して主食である米に力が入れられたことも理解できる。やや意外なのは、農業生産構造の革新という点からも、労働力不足への対応という点からも鍵を握るはずの農業機械がむしろ戦時体制に比重を落としてしまったことである。なお「研究」とは別に、各種「調査」が一八編[11]、各種「協議記録」が九編[12]ある。

（研究隣組における農業技術研究）青木洋・平本厚によれば[13]、四二年暮れに具体化された「研究隣組」構想は、四三年三月から活動を開始した。「隣組は基礎研究者、技術研究者、現場技術者を以って組織すること」とされており、課題に即して基礎・応用・現場の三者が有機的に協力し合い適切な解決をはかることが期待されていた。それは、科学動員の中枢機関である内閣技術院が動員の有力な手段の一つとして推進した共同研究制度であり、包括的な共同研究開発活動の組織化自体を目指したものとして、戦時期の共同研究開発活動を象徴する存在であった、とされている。ところで、同じ科学動員の一形態であるものの、先の「農事改良資料」とは時期と所管（主体）において大きな相違があった。研究隣組の発足は「農事改良資料」後の一九四三年からであり、いわば戦時体制最末期の研究組織である。また「農事改良資料」は農政局農務課によるものであり、農林省の問題関心

表 1-6　農学関係研究隣組一覧

組番号	研究主題（略称）	人数	組番号	研究主題（略称）	人数
5001	（水）鰮漁獲法	15	5014	（農・土）土壌微生物	26
5002	（水）水産物貯蔵利用	16	5015	（林）材木成長促進	23
5003	（農・薬）農薬用銅剤節約	17	5016	（林）樹木耐火引火性	19
5004	（畜）野獣皮革利用	8	5017	（水）食用貝類増産	26
5005	（農・食）食用代用原料	18	5018	（農・食）野草食糧化	31
5006	（農・食）食品貯蔵	17	5019	（農）倍数性品種改良	16
5007	（畜）家畜栄養	21	5020	（林）木材腐朽菌利用	14
5008	（畜）牧野改良	34	5021	（農・繊）繊維の兵器利用	8
5009	（畜）牧野寄生虫	23	5022	（農・生）植物地下器官	19
5010	（農・食）航空糧食及栄養	28	5023	（農）肥料資源の利用	21
5011	（農）植生刺激と増産	26	5024	（畜）畜産の改良増殖	12
5012	（農）中性子と生物	32	5025	（農・食）新食糧資源	9
5013	（農・食）酵母の食用化	18	5026	（農・食）戦時携帯糧食	10

注：青木洋・平本厚「科学技術動員と研究隣組」『社会経済史学』68 巻 5 号、2003 年。表 3 研究隣組一覧表、より作成。原典は「昭和十八年度研究隣組に関する趣旨及組員名簿」研究隣組事務局ほか。

（農業資源問題理解）がストレートに反映しているが、研究隣組は直接には全日本科学技術団体連合会が担当する省庁＝領域横断的組織である。したがって、農林業問題内在的というよりは、（帝国の利害という）農林業外在的な要請が強く反映したものであると考えられる。

隣組設置数をみると、全体一五三組合中、「農林水産」は二六組合で、「電気」の二八組合に次ぐ多さである。「農林水産」の二六組合について内訳をみると（表1-6）、水産二件（イワシ漁獲法・水産物貯蔵法）、林業三件（材木成長促進・樹木耐火引火性・木材普及菌利用）以外の二一件は農業（畜産を含む）である。うち、とくに時局性の強いテーマを列記すれば、「食用代用原料」「航空糧食及栄養」「酵母の食用化」「繊維の兵器利用」「新食糧資源」「戦時携帯糧食」「野獣皮革利用」などとなる。ここでは具体的に比較参照できないが、農業領域に要請された研究課題は、他の領域に比して、新しい機能をもった新技術の開発や生産力向上のための正面技術（次代につながる技術という意味である）の開発という性格がきわめて弱い。「戦時末期の弥縫策」という色彩がきわめて強いうえ、その多くは民生用の研究ではなく軍需に応えるための技術開発であるといってよい。序章でも述べたように、民に対し軍が圧倒的な位置にあったこと、その一側面として早期に食糧難が発現したことが、（経済発展の段階差という条件に加えて）その対応を矮小なものにしたと考えられる。

二、農林水産物の加工・転用に関する研究―大豆利用工業と水産資源利用工業―

農林産物生産自体ではなく、加工と転用に関して次のような研究に期待が寄せられていた。(14) ここでは水産物も含め生物資源／第一次産業としての共通項で把握しておく（「農水資源」という表現が使われている）。加工・転用の汎用性が期待された代表的なものが大豆であり、端的に「大豆利用工業」とよばれた。以下、椎名悦三郎の解説を引用する。「完全利用といふ言葉がある。若し満洲を特産地とする大豆を完全利用できれば、我が国代用品問題の解決策としてきわめて有意義なわけである。／大豆油を搾った粕の中の蛋白質を利用する工業には有望なものとして大豆蛋白繊維、大豆カゼイン、大豆グルー、大豆カゼイン角質物、製紙サイズ用ロジン代用品等があり、大豆油からはゴム代用品、ヒマシ油代用品等が製造される。大豆は醤油、豆腐等の食料品の原料であって工業用のみに使用することは固より出来ないが、搾油条件その他の研究によって、今後あらゆる用途を総合しての完全利用に到達することが出来るであらう。洋々たる前途を持つ大豆利用興業こそは日本科学の試金石ではなかろうか」（六〇五～六頁）。もう一つあげられているものが「水産資源利用工業」である。「鯨及鮫の水産皮革は原料の入手に不安がない筈であるにも拘らず実際には伸び悩んでゐる……一般に農水産物の利用には工業用か食用かといふ問題があるのであって、この点に対する十分の見透しと慎重な用意とがなければならない。／水産皮革の大きな悩みはタンニン剤の不足であって、樹皮含有タンニンの利用、合成タンニンの製造、パルプ廃液の利用が対策とされてゐる。……海藻中のアルギン酸を抽出した海藻糊はアラビアゴム、織物用澱粉糊、膠の代用として漸く工業化を見たものであるが既にその将来を期待されてゐる。水産日本の真価はかうした所に輝くのであらう」（六〇六頁）という。

「農水産物の利用には工業用か食用かといふ問題がある」とは至言であった。ここには生物資源のもつ転用可能性の大きさとその後辿らざるをえなかった「運命」が端的に示唆されている。以上の叙述は、本書刊行時期と執筆者からみて、太平洋戦争開始直前（一九四一年）の商工官僚の状況認識を反映したものと考えられるが、その後「工業用か食用か」という躊躇を軽々と突き抜けて、生物資源を全面的に「軍需資源そのもの」として動員するに至るのには大した時間はかからなかったのである（第四節）。

三．技術指導・技術普及

（指導体制） 農林省は、一九四〇年に「技術的指導ノ徹底ヲ期スル為」に食糧増産指導中央本部（四一年に食糧増産技術指導中央本部に改称）を設置し、道府県には食糧増産指導本部、郡および市町村には食糧増産指導部をおいた。指導中央本部（中央）―指導本部（道府県）―指導部（郡および市町村）という指導組織が整備されたのである。中央本部には企画部と指導部がおかれ、前者は「増産ニ関スル技術的指導ニ関スル総合企画」、後者は「増産ニ関スル技術、実地指導」を担当することとされた。また指導部には全府県を九（四二年には八に編成替え）にわけた班をおき、各々の責任地区における実地指導を担当することになった[15]。他方、四三年一二月に中央農業会に食糧増産供出中央本部が設置された。これを契機に、農林省の増産指導も合流することになり、四四年五月には戦時食糧増産推進本部が農商省に設置され「増産推進運動体」として発展することが構想されたが、既存の食糧増産技術本部以下の指導体制との関連が整理されず十分機能できなかった。さらに、最末期の四五年五月には、戦時食糧増産推進本部を戦時食糧本部に改組し、戦時農業指導実践の統制と徹底を図ったが活動開始以前に戦争は終わった[16]。

（普及体制） 試験研究機関である地方農事試験場がより実践的な機能をもつべきことが強調され、「不急な試験研究」を整理するとともに「技術の指導と普及」の担い手になることが期待された。一九四三年六月の第二次食糧増産対策要綱において「各都道府県の農事試験場は実際の技術指導機関たる如く措置し、篤農家等を参与せしめ各地方の立地条件に即した基礎的試験研究調査については中央農事試験場の機構を拡充する等適当なる方途を講ずること」とされたのである。それを受け農事試験場の刷新が意図され、宮城・愛媛・熊本三県の農事試験場は、名称も「農事指導所（場）」に変更した。[17]

（農会技術員） 先の大槻の言葉にもあるように、農村現場での技術指導に最も期待されたのは、農会（一九四三年以降は農業会）技術員であった。農会自身もまた、「農村に課せられたる農業計画生産の完遂は農会の使命でありそれは亦懸つて農会技術員の双肩にある」[18]との自覚のもと、質量ともに大幅に拡大強化することに力をいれた。四一年末における技術員数は、①郡市町村農会技術員設置助成規則によるもの一万二六一八人（郡一三四三、市五八五、町村一万六九〇）、②郡技術員（道府県農会の市農会及郡農会に在勤する肥料配給統制並に農業計画実施に関する専任職員）五五四人、③食糧増産技術員八〇六九人（内割当国庫助成技術員七五〇〇人、残りは県または県農会の経費にて設置）、④臨時技術員四七五名、[19]④応急指導員四〇七名、[20]および⑤自己経費をもって設置した技術員が一一〇七人、合計二万三二三〇人に達した。三一年には一万九八六人、三五年でも一万三四五一人であったから、とくに戦時体制期に顕著な伸びを示し、昭和恐慌期の倍以上のスタッフをそろえるまでになったのである。四一年四月における郡市町村農会数は一万一四二六（郡五五〇、市一七一、町村一万七〇五）であり、この時点で一農会当たり二人余りの技術員が配置されたといってよい。

四．主な成果

（小麦自給の達成・一九三五年）

一九三〇年代の小麦増産計画の達成は増産計画のハイライトであり、「近代育種学の勝利」という評価もある。[21] 先の「農事改良資料」第一二六号（小麦増殖奨励事業要覧）では、第二次小麦増産政策の総括が次のようになされている。本計画は、五年間で小麦の自給化を達成すること、具体的には「三百万石以上ノ増産並ニ反当収量一割五分以上ノ増収」を目標に掲げたが、三年目の一九三四年にすでに収穫量増加三一〇万石、反収増加率一割五分（一斗九升）に達して目標をクリアし、念願の小麦自給を達成するという大成果をおさめた。総収穫量の増加割合は四九％（ほぼ一・五倍化）であった。赤嶋昌夫によれば、小麦増収の鍵は、（輸入関税の大幅引き上げとともに）水田裏作という「日本麦作の特殊事情に適合する優良早生種の開発・普及である」と考えられた。そのため、鴻巣を中心とする中央試験場を「原原種圃」とし、ここで生み出された種子を主要麦作地帯に設置された地方試験場へ送り、ここで選抜・固定された新品種を各府県農事試験場において試作するという組織的な育種体制がとられたのである。[22] 各府県農事試験場で結果優秀性を確認したもの（奨励品種）には「小麦農林〇号」という通し番号がつけられ、各農事試験場の「原種圃」で増やされた後農家に配布された。なお、同「資料（一二六）」では、問題は小麦作付面積の増加が土地利用率をあげることに必ずしも結びついておらず、大麦・裸麦など他の畑作物からの転換が多いことだと指摘されていた。内地における農業生産要素最大の制約が土地であった以上、総合的な生産力拡大は土地利用率の高度化がない限り実現できるものではなかったからである。このように、アウタルキーの総合的強化をめざす見地からすれば異論はありえたにしても、小麦増産の驚異的な成果は、上述した育種体制の組織化とともに、地域に適した品種の選抜とそれに見合った栽培管理技術の開発・普及、さらには小麦増殖実行委員の設置とそのもとでの宣伝普及事業・実地指導・競技会や表彰およびそれらを担う専任技術員の設置などという、総合的な手立てを通じて実現したものであり、これらの点において十分評価されるべきものであった。

（「地域別耕種改善規準」の策定・一九四三年） 一九三九年の増産計画開始以降、都道府県ごとに耕種改善規準の策定とその実践が取り組まれてきたが、四一年一二月に開催された食糧増産奨励に関する打合会においてその抜本的強化が確認された。地域別耕種改善規準こそ「米穀増産の根基を為すもの」であり、「何を措いても……技術者の面目を賭けて完成すべきもの」とされたのである。そして翌四二年一月にはブロック毎に合同研究会を開催し、本省及び農事試験場から係官を派遣し、道府県レベルの規準作成を前提に、市町村のみならず集落レベルに至るまで耕種規準の作成を強力に指導することになった[23]。

以上の努力は、全国レベルでは農林省農政局「昭和十八年度ニ於テ特ニ完遂ヲ図ルベキ米穀増産ニ関スル重要改善事項」[24]に結実した（一九四三年五月）。そこでは各道府県の実情に即して、増産の鍵を握る技術上のポイントが鮮明にされ、それに対応する実践奨励施設も具体的に示された。岩手県を例にとり「事項名」と「適用地域」を記せば、次のようである。「水稲作付品種ノ統制（県下一円）」「種籾火力発芽室ノ設置（主トシテ岩手郡以内ノ地方）」「苗代防風墻ノ設置並ニ苗代跡作ノ励行（県下一円）」「水口田ノ改良……主トシテ仮植苗ノ晩植ニ依ル（主トシテ奥羽北上山麓地方一二〇ケ市町村）」「窒素質肥料ノ全層施肥並ニ分施（県下一円）」「稲熱病頻発地帯ニ於ケル計画的防除（四〇ケ町村）」となる。他方西南地方から高知県の場合を例示すると、「薄播、均播並ニ苗代面積ノ拡張……早稲坪当五合以内・本田反当八坪以上、中晩稲坪当三合以内・本田反当一〇坪以上、晩化栽培（第二期作及園芸跡地等ヲ含ム）坪当二合以内・本田反当一八坪以上（県下一円）」「苗代ニ於ケル浮塵子ノ薬剤防除（県下一円）」「堆厩肥ノ増加（県下一円）」。

もともと地域個性（村柄）に着目することは町村是運動以来の伝統ではあるが、岩片磯雄の表現を借りれば、「それにもかかわらず、明治から大正にかけて多くの問題にされたのは、農業の経営ではなくてむしろ農村の経営であり、経営の計画ではなくて、これを飛越えた農村の計画で」しかなかった。しかしこの時期の農林官僚が地域へ寄せた関心は、このような総体としての村ではなく、農業生産力と収益力を発展させるための「技術体系の地域個性」と、それを担う「農業経営のあり方」にまで具体化されていた。なお、タイトルに地域視点が明示されているのは上記四（五）編にすぎないが、先に紹介した小麦の育種体制と同様、他の課題においてもこの観点は貫かれていた。実際、先述した「小麦増殖奨励事業要覧（資料番号一二六）」は、全編二〇九頁のほとんどが地域分析・地域データに当てられているのである。各道府県における「関係技術員ノ官職及氏名」についても、全員が収録されているという徹底ぶりであった。このような過程で、官僚による地域掌握が具体化・実質化していったのである。この動きを支えたのは、単に統制経済化の必要にとどまらず、大正時代に農村問題が国家的課題として浮上して以来培われてきた新しい社会観であり啓蒙主義的な情熱でもあったのであろう。

（補）科学動員と農業経済学

農業経済学が果たした役割を付記したい。科学動員の「科学」とは通常、技術化・生産力化できる科学すなわち自然科学をさしていると考えられる。しかし科学動員のめざしたものが資源化とその効率化であれば、社会科学の果たしうる領分は実は大きい。とくに目的定立型の実際科学である農学においては、自然科学も社会基礎科学も応用科学も農学的目標に向かって総合的に動員されるから、農学における科学動員とは、本来は社会科学も含む動員でなければならない[25]。ここでは生産力論的見地から農業資源の動員に寄与したと考えられる、農業統計におけるいわゆる「近藤改正（一九四〇年）」と農業経営学における「生産力論的農業経営学」の成立をとりあげたい。

近藤自身の言葉で説明すれば、近藤改正とは、「古い伝統をもつ農林統計や、その分身である系統農会による農事統計が、戦争による統制経済への傾向のなかで、なんとか役にたつためには、根本的な手入れをせねばならない」という思いで実施したものであり、その内容は次のとおりである[26]。①調査の力点を農産物調査から農業生産力構成要素（労力・農家戸数・家畜・農具など）に移す、②属地主義統計を属人主義統計に改め、調査方式を申告させる。事項によっては調査や報告時期を地方的に調整する。ここに明示されているように、それまで生産物統計的色彩が強かった農業統計を、生産要素たる労働力と生産手段の把握に力点を置くものとし、さらに属人的性格をもった統計に切り替えることによって、農家（生産単位）を単位とした生産力動員に適合した内容に組み替えたものであり、戦時生産力主義を統計（計画と動員の前提）の側から支える役割を果たした──主観的にはともかく客観的には、そのような歴史的位置付けが可能ではないかと思われる。

生産力論的経営学（岩片磯雄）[27]とは、農業経営をもっぱら私経済的性格において理解する伝統的経営学を批判し、その社会的性格を主張した農業経営学の一派である。上記近藤改正とは異なり総力戦体制に直接コミットしたわけではないが、このような農業経営把握が登場したことは、総力戦体制を背景として考えると理解しやすい。伝統的経営学は家族労作経営に現実的合理性を見出しその集合的成果としての土地生産性を重視し、農業経営の基本目標を農業所得[28]において把握してきた。それに対して生産力的経営学は、労働の成果が正当に評価されること（労働生産性の向上）を重視し、生産力という社会的な力に経営発展の起動力を見出し、農業純収益[29]に農家目標を設定したのである。これは生産力発展を経済社会発展の基礎と考えるマルクス経済学とも親近性が高く、したがってマルクス主義者の治安維持法体制下における隠れ蓑（奴隷の言葉）としての意義をあわせもっていた。伝統的経営学（土地生産性と所得の重視）は農民の過重労働（自己搾取）を合理化する側面をもったのに対し、生産力的経営学（労働生産性と純収益の重視）は労働の社会的（国民経済的）性格を強調することにより「現実」に対する批判精神たり得、かかる視点から近代的革新をうながす機能をもった。しかし生産力主義という点では戦時体制も同じであり、（自己認識とは別に）結果として総力戦批判というよりは総力戦型革新に連なるイデオロギーとしての性格をもったと思われる。また、「御国のために」をかざした生産力的スローガンが、農業経営の発展法則として客観化され権威付けられたという側面もあったのではないかと推測されるのである。他方農家にとってみれば、「現実の変更」は遠い彼方にありひとまずはそれを所与として前提せざるをえないかぎり、生産力論的経営学はあまりに理念的（空疎）であり、むしろ伝統的経営学の方にリアリティを感じたのではないかと思う。(30)

第四節　農林生産物の軍需資源化

一・「非常時」が要求した技術の性格

まずは、「非常時」であるがゆえに強制された、「時局の生んだ固有技術」というべきものをみておきたい。それは耕種部門を例にとれば、①主食確保要請に対応した良質米から多収米への育種目標の変更、②石油不足に対応した石油発動機から電動機への原動機の変更、③資材不足に対応した土地改良方策としての弾丸暗渠や籾殻暗渠の開発、④労力不足に対応した水稲直播栽培や自動耕耘機導入の試み、⑤化学肥料不足に対応した少肥栽培の工夫および自給肥料の増産運動、⑥同じく化学肥料不足に対応した苦肉の策としてのヤロビ農法やホルモン農法の試み、⑦土地面積当たり供給カロリーという視点からの甘藷・馬鈴薯生産の抜本的強化、などがある。また、⑧労力不足下での経営合理化方策としての農地交換分合の取り組みや、⑨共同作業および移動労働・勤労奉仕・農兵隊などを使った作業編成などもあげられよう。

畜産領域では、飼料不足に対応して野草や都市塵芥を利用した家畜飼養が奨励された。ここでは、「新乳牛」というトピックを紹介しておきたい。(31)新乳牛とは、戦時末期に構想され一部実施された和牛とホルスタインを掛け合わせた雑種のことである。これは、折からの牛乳不足と、飼料不足（それゆえの乳牛不足）とを同時に解決する方策として考案された。野草で使用可能な和牛に乳量豊富なホルスタインを掛け合わせることにより、粗食に耐えながらある程度の乳量が確保できる「新しい乳牛」の創出を意図したのである。しかし他方では、試行錯誤を重ねながら継続されてきた和牛改良の歴史は改良和種として品種の固定化にむかっており、一九四四年には黒毛和種・褐毛和種・無角和種の和牛三品種が認定されるに至っていた。このような和牛改良の流れをいわば逆行させるかのような新乳牛づくり（雑種化）は大きな反発を生んだ。新乳牛構想は、戦後食糧難の時代にも再度取り上げられ、同様の対立が再燃したという[32]。

以上は、いずれも「非常時」なるがゆえに強制された特異な技術ではあったが、その内実は農業生産要素の不足を乗り切るための利用・節約・粗放および共同による合理化であり、さほど意外なものではない。しかし戦時体制末期には、欠乏する軍需資源を代替するために農産物本来の用途を離れた「農産物の軍需資源化」という事態が発生した。以下この点についてまとめておきたい。

二．あらゆる農産物の軍需資源化

これまで個々の事例が部分的に紹介されることはあったが、これらがまとめて「農産物の軍需資源化」としてカテゴライズされることはなかった[33]。しかし、軍需資源化の対象とされた農産物はきわめて多様であり、量的にも巨大であった。当時このような実態など人々は知る由もなかったが、「農産物の軍需資源化」は人びとの農産物確保要請と真正面から敵対したのであり、その影響は甚大であった。戦争末期の食糧危機は決して、ただただ農業生産力の低下や輸送・配給の乱れがもたらしたものではなく、「農産物の軍需資源化」に象徴される「軍の農業資源支配」が引き起こしたものだと考えるべきであろう。

これは、人的・物的資源が質・量ともに枯渇するに至った戦時体制末期における異様な技術現象である。その中心は、工業資源の輸入途絶を背景とする「代替技術・代替用途の工夫[34]」であり、農業をめぐる科学動員はかかる局面において異彩をはなったのである。

（農産物）　米とともに重要な主食であった大麦は、軍馬の濃厚飼料に回され[35]（食糧事情が悪化を極めた最末期には、逆に種々の飼料が食用に回された）、副産物である藁製品（縄・莚・カマス）は、軍用包装資材として供出の対象となった。また、多数の作物がアルコールもしくはブタノール原料として動員された（一九三七年アルコール専売法）。甘藷・馬鈴薯[36]・トウモロコシに加えて砂糖も、甘味資源としての利用を制限されてアルコール・ブタノール原料にまわされた[37]。また茶実からとれる茶油は、航空機用の高級潤滑油として四四年に統制指定品目になった。茶に含まれるカフェインに対する医療品としての軍需が増大し、その確保が要請された[38]。なお一九四一年九月に決定した主要食糧需給対策では、酒造用米・醤油用小麦を節約するために合成酒とアミノ酸醤油に切り替えた[39]。

戦時末期を代表する作物である甘藷・馬鈴薯について付言すると、これらは、当初デンプン及びアルコール原料として重視されたが末期において代用主食としての役割が付加され、しかも増産可能性と面積当たり供給カロリーの高さが注目されたために[40]増産に全力があげられた。甘藷では四二年に育成された農林一号・農林二号の耐肥性・多収性が優れ、戦後五五年頃まで続いた反収急増の原動力になった[41]。ただし、一九四五年には二五億貫の大増産が計画されたが、敗戦により日の目をみなかった[42]。なお馬鈴薯でも、四三年に育成された農林一号がむしろ戦後五〇年代後期以降に顕著な伸びをみせ、六五年には栽培面積シェアを二六％にまで増やしたのである[43]。

一時不急作物として排斥されたブドウも、「円錐分離・電波兵器等に必須のものとして直接戦闘に参加」することとなった[44]。ブドウについては次の証言がある。「果樹は全部切ってしまえというような暴論が普通に行われた時代……に、ブドウだけが助かったのですが、こういうことがありました。当時電探（電気探知機）今でいうレーダーですが、陸軍にも海軍にも一応はありました。その中に酒石酸カリの結晶を使ったのです。ところがカリはあるのですが、酒石酸はブドウから取れるのです。そこで酒石酸カリの原料になるブドウが大事だということで、山梨県試験場園芸部のブドウの試験地は試験研究を続行したのです。そしてアルコールを作ることも戦争中もずっと続けていました。酒石酸を抽出する試験をやるということでアルコールを作っていたのです[45]」。

（生糸・養蚕・麻類）　生糸の軍需資源化について、以下の証言がある[46]。「（蚕糸科学研究所）でやらされたのは、パラシュート用の生糸を作出する蚕品種の改良でした。戦闘機が非常にスピードが速くなっているので、今までの生糸では脱出の時、パラシュートが裂けてしまう。それをもっと丈夫にしたい。こうした軍の命令で作ったのが航空一号です。これは国の試験場とわれわれとの共同研究でやった」（二四四〜五頁）。これが養蚕農家の利害に大きく反したうえ、資源の膨大なロスとなったことについては次のような記録がある。「繊度（繊維の太さ）が当時では一番細い品種……こういう繊度の細い長い系統というのは、残念なことに繭が軽い。生糸歩合が少ない。生糸の収量からいうと普通の品種の七〇〜八〇％です。そのため農家は非常に嫌がりました。それでも、日本蚕糸統制会社とか、日本蚕糸製造会社と相談して、昭和二十年（一九四五）中に翌年春の産繭の三分の一だけは、航空生糸用の品種を飼わせるということで、その蚕種を製造しました。／ところが、その年の夏、ポツダム宣言受諾ということになり、翌年はもうわざわざそんなものを飼う必要はなくなってしまいました。製造した蚕種は全部無駄になってしまったわけです」（二四五頁）。他方、「生糸の羊毛化が考えられ、絹短繊維がセリシン定着の発明とともに普及しはじめる。短繊維はスフと混紡され軍服として活用され[47]」たのである。

繊維資源として各種麻類（苧麻・亜麻・黄麻・マオランなど）も軍需に動員された。「昭和十二年日華事変以来、軍需としての麻類の需要は急激に増加し、苧麻はあげて軍部に供出したのであるが、急速に国内供給の増加をはかり、将来にわたり原料を確保する必要を生じたので、昭和十三年以降毎年二〇〇〇町歩の増殖計画をたてた。／大麻は大体自給自足の状態であるが、事変により麻類の供給が不十分となったため、昭和十四年度以降毎年二〇〇〇町歩を増加し、比較的容易に生産しうる大麻の増殖を奨励して麻類の不足を緩和することにした[48]」。麻類に対する軍需の急増は、民生用繊維を不足させるとともにとくに魚網を麻類にたよっていた水産業を大きく圧迫することになった。

（林産物） 林産物では、戦争に伴い坑木・建築用材などの需要が激増したが[49]、特殊なものでは、上述の楮（和紙）のほかアルコール確保のため大々的に繰り広げられた松根油の生産があった。これは松の根を乾留して製造するもので、原料（松の根）の確保は全都道府県に割り当てられ、国土保安上の危惧をもたれながらも軍の強い要請のもとで採取が強行された（一九四五年三月、農商省松根油課の設置）[50]。松脂もまた松根油とともに液体燃料用原料として動員された。また、生松脂は軍需用医薬用のロジン・テレピン油原料として、重視された[51]。漆も「爆弾その他の兵器製作、ならびに車両、勲章箱用として欠くべからざる物資[52]」となった。他方、木炭からガスを発生させ石油代替エネルギーとして活用（木炭バスほか）することに力がそそがれ（一九四一年瓦斯用木炭統制規則）、生活用木炭との間に鋭い競合関係が発生した[53]。

大戦末期には、ブナ材も軍需資源となった。ブナ合板を使った木製飛行機や兵員輸送用大型グライダーの製作が意図されたのである。大量に伐採されたが実用化する前に終戦となり、これらのブナ材は山間部に放置され朽ち果てた。かかる濫伐の結果、「良質のブナ材は一挙に大量に失われてしまった[54]」。さらにブナの実は脂肪が優秀であり、これを抽出して兵用食糧にしようという試みがあった。これは実現しなかったが、それは「五、六年に一度しか大豊作がまわって来ないので、使いものにならなかった」からだという。

かつてより薬用にも用いられていたセンダンの木は、戦時中駆虫剤不足に悩んだ日本軍によって駆虫剤として用いられた[55]。さらにトチの実も、食糧として軍馬飼料として動員された[56]。

養蜂もまた軍需の対象となった。蜂蜜が効果的な甘味資源として期待されたこともあるが、むしろ軍用潤滑油としての蜜蝋が重視されその確保が強く要請された。「蜜蝋は砲弾に対し秒速の微妙な延長をもたらす……爆弾、砲弾、あるいはプロペラの滑沢、魚雷、スクリュー、光学兵器、錆止め等々、その用途は広汎」であった。四四年四月に開催された蜜蝋増産に関する審議会では、「目下これが代替品なく、この欠乏は直接戦争遂行上重大なる支障を生ずる懼あり」と、警鐘が乱打された[57]。

（畜産物） 畜産は、軍事的色彩がさらに直裁である。中国戦線において当初予想を大幅に超える馬匹の確保が必要となり、大量の農耕馬が輜重馬を中心とする軍馬へ転用された。損耗激しく、発病馬数八八・八万頭、うち損耗数一六・一万頭に及んだ。[58] また軍用羊毛需要が飛躍的に増し、九万頭（三七年飼養実績）を一〇年間で一四〇万頭にまで増やす大規模な増産計画が実行に移された。

毛皮類[59]はむろん、肉類もまた軍に独占的に集荷され民需は省みられなかった。牛乳は木製飛行機接着剤用カゼインの原料として重視され、育児に必要な煉粉乳すら犠牲にされた。「カゼインが飛行機製造に役立つようになり、（牛乳は……野田）食品としての価値を失った」[60]のである。航空兵および北方戦用防寒具・航空機の内面保温材・携帯用干肉原料として多様な軍需に応える兎がクローズアップされ、端的に「軍兎」とよばれた。[61] また最末期には、屠殺時に得られた獣血を乾燥した乾燥血粉の製造・供出が行われた。これは「包装用の特殊原料として血液の利用法が認められ、まず陸軍がその活用に着目した」ものであったが、次いで、「血液が可塑製品製造材料として有望……昭和二十年よりこの方面への利用を海軍が着目するところとなった」[62]。獣血にも軍需は及んだのである。

また、畜産とは言い難いが、不足する「輸入原皮に代わって犬皮を用い……製革・製品・販売にいたる一貫統制配給権をもつ犬皮革統制の会社を作ろう」との動きを受けて「一九四一年七月には……日本新興革統制株式会社が設立された[63]」ことも付記しておくべきであろう。野犬もまた軍需資源として動員されたのである。

牛乳については次のような記録がある。[64]「一九四三（昭和一八）年、太平洋戦争の最中、戦闘航空機用のアルミニウムの不足により次第に金属製航空機が造れなくなり、代わって木製飛行機を製作しようという案が検討され、木材に対して優れた接着力を示すカゼインがにわかにクローズアップされた。政府の命を受けた酪連は、国産独立一〇か年計画、時局対策三か年計画などによりカゼインの増産体制を敷き、一九四四（昭和一九）年には前年の二・六倍、一二〇〇 tのカゼインを生産した。しかし一九四五年八月の敗戦より全てが一変する。敗戦後、カゼインは格安な輸入カゼインにコスト面で太刀打ちできなくなり、ついに一九五四（昭和二九）年六二〇 kgの生産量をもって製造打ち切りとなった」。

（風船爆弾というもの）[65] 農産物が新兵器を生み出したという点でこれは特異な事例である。大量のコンニャク[66]芋（糊の原料）と楮[67]（玉皮をつくるための和紙原料）が、いわゆる風船爆弾（「ふ」号兵器）原料に振り向けられた（四四年三月「軍需用蒟蒻原料特別供出要綱」）。楮は直径一〇メートルという大型気球の球皮製造に、コンニャク芋は無数の球皮をつなぐ接着剤として使われたのである。この巨大なバルーンを計画にそって約一万五〇〇〇発（発射数約九三〇〇発）作るにはコンニャク芋も楮も大量を要し、全国の産地が払底したという。[68]「三年ものの芋はもちろんのこと、二年ものも、一年ものでさえ出させられました。したがって、昭和十八年の秋よりあとは、日本人の食卓にこんにゃくがのることはまずなかったはずですよ。それぐらい徹底的に集めました」[69]とは、日本最大のコンニャク産地の証言である。「和紙業界やこんにゃく業界にはじまり、繊維産業や精密機械産業にいたるまで、きわめてすそ野の広い産業界がこぞって「ふ号」準備に協力し、しかも非常時でありながら潤沢な陸軍からの資金を得……まぎれもなく関係業者は「ふ号」で潤った」[70]。これもまた、戦時農業の一側面であったのである。

なお、実際には使われなかったものの元来「風船爆弾」には細菌兵器の積載が想定されており、アメリカの牛肉生産に打撃を与えるべく牛疫ウイルスの兵器化がすすめられていたという。それより以前には、「一九四一年頃の研究対象はアメリカを意識しその主要農産物である小麦・トウモロコシ・馬鈴薯に被害を与える病害菌の研究」が行われており、一九四二年六月（ミッドウエー海戦で大被害を被った頃である）の中国戦線では「稲を枯らす生物兵器」を航空機から投下する実験も行われていたという証言もある。[71] いずれも食生産への打撃を目的にしたものであることが注目される。戦時における「食」の意味が際立って示されているといえよう。

おわりに

第一次大戦におけるドイツ陸軍の総括（戦争で勝って食糧で負けた）に学び、実際にも米騒動という大規模な全国的騒擾を経験したにもかかわらず、そして東北農村の貧困が陸軍青年将校のクーデターを引き起こし大陸進出（戦争）への一つの動因となったにもかかわらず、日本の農林資源開発には十分な対処がなされたとはいえなかった。

それは第一に、昭和恐慌による深刻な農村不況を経験した直後の農林省にとっては戦争にともなう農産物需給の逼迫は、それがある程度の水準に収まるかぎり農村危機を救うための好条件だと理解されたからであり、日中戦争初期における戦争見通しの甘さがそれを支持したからである。第二に、資源不足と経済高度化の遅れが極端な傾斜生産を余儀なくさせたからである。土地不足には抜本的な土地改良が、地力維持には大量の化学肥料が、労働力不足には農業機械化の進展が、そしてこれら総体の結合＝生産力化には確たる経営体の育成が不可欠であったが、これらはいずれも時局産業と真正面から競合したため果たされず、主要には労働力動員（老人化、女性化、子供化および学生と都市からの援農）とその組織化によって補填されることになった（第二章　伊藤淳史論文を参照されたい）。この点からいえば、日本における戦時農業開発とは「科学（労働適性）」に背をむけた「裸の労働の資源化」であったとも表現できようか。さらに第三に、戦時末期における軍需工場の地方分散は大規模な優良農地（広大な工場を建設できるところに位置した農地は優良農地が多い）転用を強制すると同時に農家労働力の賃労働者化を促し、いわゆる職工農家を多数生み出すことになった。かかる状況に対し、労力不足に対応しつつ生産力増加を実現する高い経営能力をもった経営体（適正規模農家）の育成がめざされたが、農業生産に対する本格的支持条件を欠いたまま外的環境を利用するだけの「構造政策」が成功するはずもなく、政策意図とは正反対の全階層的な下降（零細化）に帰結したのであった。

そのようななかで、いくつかの「成果」があったとすれば、次のようなものであった。第一は、戦時体制直前（一九三五年）に小麦増産計画を達成し悲願であった小麦自給を実現したことである。それは中央から末端までを包括する総合的な増産運動であり、都道府県が採用した新品種だけでも三一を数えた「育種の勝利」であった。第二は、中央試験場（四か所）―地方試験場（一二か所）―道府県試験場という組織的系統的な試験体制が整備されたことである。農会にも一九四一年末には、郡市町村農会一万一四二五に対しほぼ一農会二名にあたる二万三二三〇人の技術員が配置された。農業技術の開発と普及・指導という体制がここに一つの形を整えたといえる。第三は、このような試験研究体制に支えられて、これまでの地域重視の指導姿勢が「地域別耕作改善基準（一九四三）」として結実したことである。全国くまなく、各地域の特性に応じた「改善基準」が整備されたことの意味は大きく、戦後農政の出発点を支える力となった。第四は、合計三次にわたる食糧増産応急対策（一九四三・四四）を通じて、ともかくも土地改良を全国レベルで実施したことである。水田総面積に対する事業実施面積の割合は、第二次で二七％・第三次で二三％で合計ほぼ五〇％となる。戦時末期の三年間で全水田面積の半ばに達する土地改良を実現したことは評価に値しよう。

最後に、抜本的な「資源化」を実行するための中軸的動力であるはずの科学技術動員が、きわめて矮小なものでしかなかったことを確認したい。科学技術動員の新味は事実上日本技術の植民地への「適用」にとどまったうえ、食糧総体を把握する視野を欠いていた（ドイツ・アメリカとの違い）。中心は台湾・朝鮮における日本米と日本種ベースの新品種育成であり、それが増産効果をもたらしたことは間違いないが、市場制度・市場政策が未熟であったために日本内地にとってはしばしば不安定要因にすらなった。そして、船舶輸送自体がほぼ不能になった戦時末期には、これら植民地に蓄積された水稲生産力は、日本内地にとっては存在することの意味自体を喪失したのである。「市場政策の未熟」とは、農林省と朝鮮総督府との対立・過剰を備蓄へとシフトできない貯蔵システム不全（ドイツとの差）・消費市場の底の浅さ（生活水準の低さ）等が複合した結果であり、後者は、直接には島国ゆえの悲劇であるが本質的には自給圏構想自体の未熟さの結果であった。さらに、日本における科学動員は農（林）産物や食糧の補填ではなく、その真逆の方向である農（林）産物を使った「本来の用途を離れた軍用代替資源」の創出、すなわち農（林）産物の軍需資源化に振り向けられた。対象は、想像を絶するほど多様なものに及んだ。それは日本戦時体制の困難を如実に物語る事実であったが、そのなかからあえて「光」を見出すとすれば、応用可能性と再生産性とをあわせもった生物資源が持つ強みと可能性を示すエピソードでもあった[75][76]ということであろうか。

注

（1）一九三〇年以後昭和恐慌（世界大恐慌）の影響で米はだぶついていたうえ、生産力が向上した朝鮮から大量に流入し、一九三四年には史上初めて水稲作付減反案が作成された。想定された減反率は「内地四・四％、朝鮮一〇％、台湾三〇％」であったが、「拓務省、植民地当局、さらには陸軍、大蔵省の反対によって葬られた」。以上、持田恵三『日本の米―風土・歴史・生活―』ちくまライブラリー四五、一九九〇年、一二六頁による。立案者は農林省、「植民地当局」とは朝鮮総督府である。朝鮮米の増産については、日本稲作の不利化を危惧する農林省と、朝鮮植民地経営・帝国経営を担う帝国官僚とのあいだに鋭い対立があったのである。

（2）たとえば、西尾隆『日本森林行政史の研究―環境保全の源流―』東京大学出版会、一九八八年、二七二頁。

（3）農林水産省百年史編集委員会『農林水産省百年史　中巻』農林統計協会、一九八〇年、三九八頁。なお、木材資源獲得上効率性が高い林道事業は戦時下に力がいれられ、一九四〇年は前年比五倍へと一気に大拡充された。その中心は航空機用材（木製飛行機）の緊急生産にあったという。同四八二頁。

（4）本節は、野田公夫「戦時体制と増産政策」、野田公夫編『戦時日本の食料・農業・農村　戦時体制期』農林統計協会、二〇〇三年を基にしている。

（5）大槻正男「食糧増産方策としての作付増加の検討―指導の末端組織の強化拡充の必要―」『農業と経済』一〇巻一〇号、一九四三年一〇月号。

(6) 楠本雅浩・平賀明彦編『戦時農業政策資料集』(以下『資料集』と略記)、第一集第四巻、柏書房、一九八八年。ここでは一九三九年度計画(初期)・四二年度計画(中期)・四四年度計画(末期)の比較分析を行い、他の年度については必要に応じて言及する。なお四五年度計画がないので最終の計画として四四年度をとった。

(7) 一九三六年には農林省内に馬政局が新設され、畜産局と分離して馬事行政の拡充強化が図られた。これが初期の計画において「畜産」の項目から外されていた原因である。

(8) 本節は、前掲野田「戦時体制と増産政策」を基にしている。

(9) なお、科学動員の関連指標として一九二〇年代以降の農学系諸学会の設立状況を記せば次のようである。一九二三年＝園芸学会、一九二四年＝日本農芸化学会、一九二五年＝日本農業経済学会、一九二七年＝日本作物学会、一九二九年＝農業土木学会・応用動物学会、一九三〇年＝日本農学会・日本蚕糸学会・国際農業工学会(本部ベルギー)、一九三七年＝日本農業機械学会、一九三八年＝日本応用昆虫学会、一九四二年＝日本農業気象学会。

(10) 農政局は、一九二九年四月に「優良農器具機械ニ関スル調査」を内容とする「農事改良資料」を発行し、以後一九四三年三月までに一六三号を発行している。

(11) 「優良農用機械」「農機具共同利用」各四編、「水稲栽培技術」「小麦栽培」「蔬菜果樹品種改良等」各二編、「水稲凶作状況」「麦酒用大麦・麦酒」「菜種・菜種油」「果樹苗木」各一編である。以上、前掲「農事改良」より集計。

(12) 「農産主任技官会議」一回、「植物検査官会議」二回、そのほかに個別テーマの協議記録として「種芸」「園芸農産物改良」「病害虫駆除予防」「農産物確保開発」「米穀増産」各一回。以上、前掲「農事改良」より集計。

(13) 青木洋・平本厚「科学技術動員と研究隣組」『社会経済史学』六八巻五号、二〇〇三年。

(14) 椎名悦三『戦時経済と物資調整』(『戦時国策体系』第一巻)産業経済学会・一九四一年、六〇五〜六頁。同書の第七章は「代用品問題(資源の転換)」であり、太平洋戦争の開始に際し、「振興すべき代用品工業」として有機合成関係(合成ゴム・合成樹脂・合成繊維)および大豆利用工業、水産資源利用工業、人造石油などがあげられていた。しかし大戦末期の「代用品問題」は、このような範囲にとどまるものではなかった。なお、本書においては「代用品」創出を可能にする「科学」に対する評価はきわめて楽観的であり、「科学主義」ともいうべき雰囲気が濃厚である。なお椎名(一八九八〜一九七九)は商工省官僚として岸信介のもとで満州国統制課長を経験した後、商工省産業合理局長、軍需省陸軍司政長官兼総動員局長として戦時物資統制に従事した。

(15) 九班の分担道府県のうちわけは、次のとおり。（第一班）北海道・青森・岩手・宮城・秋田・山形・福島（第二班）新潟・富山・石川・福井（第三班）茨城・栃木・千葉・埼玉・東京・神奈川（第四班）群馬・山梨・長野（第五班）静岡・愛知・岐阜（第六班）滋賀・京都・大阪・三重・奈良・和歌山（第七班）兵庫・鳥取・島根・岡山・広島・山口（第八班）徳島・香川・愛媛・高知（第九班）福岡・佐賀・長崎・熊本・大分・宮崎・鹿児島。前掲『行政史』第二巻、四八四頁。

(16) 前掲『行政史』第二巻、四八五頁。

(17) 前掲『行政史』第二巻、四八七頁。

(18) 下山一二・高森秀甫「農会技術員制度―特に農会技術員養成並錬成施設に就いて―」帝国農会『帝国農会報』三三巻七号、一九四三年七月。

(19) 臨時技術員とは「郡市町村農会技術員ニシテ応召アリタルモノノ優遇及銃後ニ於ケル農村ノ指導ニ当ル臨時ノ補充技術員」のこと。一九三七年八月一九日付「事変ニ伴フ郡市町村農会技術員設置助成規則　施行ニ関スル特別取扱ニ関スル通帳」による。

(20) 応急指導員とは「技術員ヲ設置スルコト困難ナル市町村農会……之ガ応急ノ措置トシテ」置かれたもの。一九三九年五月三〇日付「農業生産計画実施ニ伴フ応急指導員設置助成ニ関スル通牒」。

(21) 一九四〇年には一七九万トンという史上最高の生産量に達した。浅川勝・西尾敏彦編『近代日本農業技術史年表』農山漁村文化協会、二〇〇〇年。

(22) 「資料一二六号」によれば、以下のように、中央の四試験場のもとに、一二の地方試験場および道府県レベルの試験場という三段構えの育種体制がとられた。

（小麦育種過程第一次：農林省農事試験場小麦試験地）

○設置基準……「全国ヲ気候風土及地理的関係等ニ依リ」、東北小麦試験地・鴻巣試験地・中国小麦試験地・九州小麦試験地の四試験地を本省に設置する。○役割……「内地ハ勿論世界各国ヨリ収拾シタル小麦品種ヲ基本トシテ人工交配ヲ行ヒ雑種初期世代の処理選抜ヲ行フ」

（小麦育種過程第二次：小麦育種地方試験地）

○設置基準……「前記各小麦試験地ノ関係区域ヲ更ニ気候風土等ノ関係ニ依リテ二区乃至四区ニ分チ各区毎ニ一箇所宛合計一二道県ノ農事試験場ヲ指定」○役割……「本省農事試験場小麦試験地ヨリ配布セラレタル雑種ノ固定ヲ図ルト共ニ適応性ノ検定ヲ行ヒ以テ関係府県ニ適スル優良品種ノ育成ヲ行フ」

（小麦育種過程第三次：地方農事試験場）

○設置基準……「気候風土等類似ノ近接数府県ヲ関係区域トシテ」　○役割……「各地方農事試験場ニ於テハ夫々関係ノ小麦育種地方試験地ニ於テ育成シタル優良系統ノ配布ヲ受ケ更ニ地方的適否ヲ確ムル為最後ノ決定試験（奨励品種決定試験）ヲ行フ」以上ノ如クニシテ育成セラレタル固定系統ニシテ成績特ニ優良ナルモノニ対シテハ本省ニ於テ新ニ品種名ヲ付シ夫々好適地方ニ於テ奨励品種トシテ之ヲ増殖普及セシムルモノトス

(23)　前掲楠本・平賀編『資料集』第一集第四巻、柏書房、一九八八年、一四一～四頁。

(24)　同上所収。

(25)　柏祐賢『農学原論』養賢堂、一九六二年、の第三科学論を参照されたい。柏は、「自然の斉一性に基礎をおき法則定立的な方法論的特色をもった自然科学」「価値理念を前提とし個性記述的な方法論的特質をもった文化科学」とは区別される「〝よりよくする〟という行動準則を前提にし範型設定的な実践科学ともいうべき第三科学（形成科学）」の領域を検出し、その独自性を主張した（おのおの「知的なもの」「情的なもの」「意的なもの」と特色付けられている）。その最たるものが農学であり、かかる趣旨に基づき、日本で最初（唯一）の農学原論講座が京都大学農学部に設置された（一九五二年）。氏によれば、本来工学や医学・教育学などもこのような第三科学（形成科学）としての性格を鮮明にすべきものであるという。なお私は、柏が第三科学論を着想しえた背景には、総力戦体制下の各国ですすめられた国立研究機関による課題解決型の総合研究体制づくりがあったのではないかと考えている（たとえば松井春生『経済参謀本部論』日本評論社、一九三四年参照）。あるいは科学動員といいながらあまりにも個別的で矮小で戦略性に乏しい日本の現実が反面教師として存在したのかもしれない。かかる仮説の具体的検討は今後の課題である。

ところで、「意的なもの」として何が設定されるべきかは、時（・空）の文脈に基づいている。大局的には、柏祐賢（農学原論初代担当教授）＝「生産の農学」から坂本慶一（次代担当教授）＝「生の農学」を経て祖田修（三代担当教授）＝「場の農学」に至ったとされる（祖田修『農学原論』岩波書店、二〇〇〇年）。なお、祖田同書は、次に期待されるのは先進国由来の農学の伝統に第三世界の論理を組み入れることだとしている。

(26) 近藤康男『近藤康男　三世紀を生きて』農山漁村文化協会、二〇〇一年、一八四～五頁。なお同じ箇所で近藤は、別の視角から「近藤改正」の内容を次の二つに整理している。「改正の内容は二つあって、一つは農林省のそれまでやっていたことに限らず、農会が農林省の委託でやっていたことを統合したことです。第二の重要な点は、各農家にいろいろなことを申告する義務を課したことです」。同書一八五頁。

(27) 農業経営学史における位置づけについては、吉田忠編『農業経営学序論―対象と方法―』同文館、一九七七年を参照されたい。

(28) 農業所得とは「農業粗収益―農業経営費」の残余である。農業経営費とは農業粗収益をあげるために用いた一切の経費のことであり、生産過程に投入した肥料・農薬などの流動的経費、当該経営年度に負担すべき建物・農機具などの減価償却費からなる。したがって、自己所有の生産要素（自作地地代・自己資本利子・家族労賃）は含まれない。ゆえに、農業純収益と比べると、自作地地代・自己資本利子・家族労賃分が多くなり、農業純収益がマイナスであっても農業所得がプラスになることは十分ありうる。

(29) 農業純収益とは生産により消費された価値から生み出された価値増加分のことであり、「農業粗収益―（物財費＋労働費）」で算出される。それは国民経済にとっての富の増加分を表現している。

(30) 一九三八年度の農業経済学会は「戦時及び戦後の農業経営形態」を共通論題にした（報告者は、東畑精一、大槻正男、木村修三）が、その内実は農業における土地生産性重視論と労働生産性重視論との論争であった。『農業経済研究』一四巻三号、一九三八年。

(31) 正田陽一「戦後の「新乳牛」論争をめぐって」、前掲『技術史への証言』第四集、二〇〇五年。ここでの叙述はすべて同論文によっている。

(32) アメリカでは家畜のえさ（ララ物資に含まれていた大豆粕や脱脂粉乳）であったものを日本では人が食べねばならなかったという終戦直後の事情が、新乳牛への期待を再度大きなものにした。この対立を解消させたのは、朝鮮特需による経済好転が、飼料の輸入したがってまたホルスタインの飼養を可能にしたからだという。

なおこの新乳牛をめぐる対立は、「当時の農林省関係者（東大出身者が多かったと記憶しています）と京都大学の羽部義孝教授を中心とする京都学派の間で激しい論争」として振り返られる側面もあったようである（羽部は全国和牛登録協会初代会長）。前掲正田稿。

(33) 前掲野田「農業技術・農業生産・農家経済」が嚆矢である。

(34) 前掲椎名『戦時経済と物資調整』。

(35) 大麦・裸麦の軍需が急増したのは一九四〇年度からであった。前掲『百年史　中巻』三四七頁。

(36) 前掲『百年史　中巻』三四七頁より、関連部分を記しておく。「農林省は日華事変の起きるまえから、燃料アルコール原料としてのサツマイモ・ジャガイモの増産に取り組んでいたが、一五年度からはイモ類全体につき基準数量、増産数量および生産目標を定めて、米麦と同じように道府県に対し生産割当を行なうようになった。サツマイモ・ジャガイモは農林省が本格的に品種改良、耕種改善に着手してからまだ日が浅く、それだけにかえって増産の可能性大なるものとして、かなり野心的な増産目標が設定され、かつ実際多少増産の成果をもたらしはしたが、毎年度の目標には遠く及ばなかった。一九年にはイモ類の配給統制は食糧管理法による統制に移行し、イモ類も主要食糧の一部を構成するようになった。したがってその増産に対する期待は大きく、終戦の年には航空機燃料用アルコールの需要急増という事由も加わって、サツマイモのそれまでの生産実績、約一〇億貫の二倍半にあたる二五億貫の生産計画が樹立された。しかし実績は一〇億貫にとどまった」。

(37) 高松亨「日本化学工業史のなかの「味の素」と「水俣病」」大阪経済大学日本経済史研究所『経済史研究』第六号、二〇〇二年三月が、化学工業の側からかかる状況を活写している。

(38) なお、「農産物の軍需資源化」というジャンルにはあてはまらないが、同様に帝国主義戦争がうんだ特異な茶の用途として、「蒙古民族の生活必需品」である「磚茶」の製造があった。

前掲『行政史』第二巻には、以下のような説明がある（八一四頁）。「蒙古民族の生活必需品である磚茶は、日華事変～太平洋戦争により中支漢口からの供給の途が途絶したので、これを日本から供給することが民生上からも軍事上からも必要となった。すなわち昭和十三年一月蒙疆連合委員会の高津顧問から農林省に対し、現地の磚茶窮乏を訴え、磚茶の供給方依頼があったので……同年八月静岡市にいわゆる国策会社に準ずるものとして東亜製茶株式会社……を設立して事業を監督し、蒙古および満州向磚茶の製造を行なわせることにした」。なお寺本益英『戦間期日本茶業史研究』有斐閣、一九九九年、によれば、「磚茶はレンガ状にアッシュクして固めた茶で……野菜をとることができない遊牧民族の彼らにとって、茶は健康保持の根源としての役割を果たしていたのである。……当時「蒙古人に磚茶の供給を断つことは日本人から米を取り上げるに等しい」とまでいわれ、「蒙古懐柔」という軍事戦略面においても、早急に磚茶が必要となった」（一三二～三頁）。

(39) 前掲『百年史　中巻』、三三一頁。

(40)「栽培容易でかつ反当り収穫量の大なる点より外国のように玉蜀黍を原料とせず、いも類を原料とすることが得策」だと判断された。以上、前掲『行政史』第二巻、五三〇頁。

(41) 前掲『百年史　中巻』七二〇～一頁。

(42) 前掲『行政史』第二巻、五三〇頁。

(43) 西部幸男「昭和史におけるイモ類作の背景」、昭和農業技術発達史編纂委員会編『昭和農業技術発達史』第三巻、一九九六年、二二五頁。

(44) 同上、二四八頁。

(45) 松本正雄「野菜の品種研究と熊澤三郎翁」、前掲『技術史への証言』第六集、二〇〇八年、一四二頁。

なおブドウに関しては次のような裏話も述べられている。「熊澤さんは「兵隊は辛いんだ。酒飲まなきゃやっていかれない」と言われたのです。やはり軍農場の経験もあるのでそういうことを言われたわけです。ところが酒の原料のお米も芋も主食として非常に大事なのです。じゃあしょうがない、ミカンやブドウで酒を作って、配給するしかない。したがって果樹でなんとかしよう、ということを言われたと聞いています」(一四二頁)。そのようななかで確保できたのが、軍需資源として伐採を逃れたブドウだったわけである。「軍農場」とは、「戦域がどんどん拡大され、船が沈められたりして、こちらから野菜を運ぶ能力がない……そこで現地で野菜を作り自活せざるを得ない」という状況のもとで、「先鞭をつけたのが……中支那方面の軍農場だった。「それを他の方面派遣軍それぞれが現地自活の農場を作ろうという動きになった」(一三七頁)という。最大の課題は種苗問題であったが、内地の種苗自体が「どんどん劣化している状況」で困難をきわめたという(同)。種苗の劣化という問題も、戦時末期日本における農業状況を知るうえで重要な論点であろう。

(46) 田島弥太郎「蚕糸技術のたどった道」、前掲『技術史への証言』第二集、二〇〇三年、二四四～五頁。

(47) 前掲『百年史　中巻』、一八九頁。

(48) 前掲『行政史』第二巻、六五九頁。

(49) 当初軍が直接調達していた軍用材は、一九四〇年二月から山林局が道府県に割当、道府県または同木材業組合連合会が軍に供出することになった。この時点で陸海軍の要求量は生産量の三割に及んだ。このほか、軍需産業用材や円ブロック圏への輸出用材も増え、輸移入材の減少とあいまって、木材需給は急速に逼迫した。以上前掲『百年史　中巻』四六五頁。

(50) 「松根油」前掲『農業研修』一九四四年一一・一二月合併号。なお、J・B・コーヘン『戦時戦後の日本経済』上巻（大内兵衛訳、岩波書店、一九五〇年）によれば、「一九四五年六月には、松根粗油の月産は七〇、〇〇〇バレルに達したが……実際に飛行機に実用した形跡はな（く）……試験的にジープで使ってみると、数日にしてエンジンがとまって使い物にならなかった。合衆国軍が上陸した当時は松根油計画の痕跡が生々しかった。到る処の道路に夥しい松の根や幹が積まれていた。山腹は裸にされ、村々には蒸留装置の残骸が見られた」（二一五頁）。「二百の松根は一機を一時間飛ばす」と鳴り物入りですすめられた本事業は、人と自然の膨大な浪費にすぎなかったのである。

なお、松根油は戦前から塗料溶剤・機械洗浄剤・代用燃料・薬剤などの原料になっており、早くから増産が指導されていたが、国土保全や水源涵養上の懸念から農林省は必ずしも積極的でなかった。前掲『百年史　中巻』四七九頁。

(51) 前掲『百年史　中巻』四七八頁。

(52) 前掲『行政史』第五巻、一九五八年、六〇二頁。

(53) 軍需用・代替原料用として、以下の林産物は国の統一的統制下におかれた。植物油脂及植物油脂原料種実配給統制規則（一九四五）による桐油、三椏・楮等統制規則（一九四一）によるミツマタ・コウゾ・雁皮・黄蜀葵根その他、苧麻・大麻等統制規則（一九四〇）によるシュロ皮・同繊維、原料生漆配給統制規則（一九四一）による生漆。その他は県レベルの規則・通達によって対処された。前掲『百年史　中巻』四七八頁。

(54) 前掲四手井『森林』一八八、一七九頁による。

(55) 同上一六三頁。

(56) 同上一二六頁。それによれば「政府の音頭取りで東北の山地から大量に集められた……大量処理するには、トチの実をくだいて荒い粒状にし、数日間弱アルカリ液に漬けて水洗いするとよい。このときも多少は馬の飼料にされたらしいが、人の食糧にする前に終戦となり、小学生に集めさせた大量のトチの実の処理に困ったことがある」。

(57) 前掲『畜産発達史』一三五七～八頁。同書には次のような記述もある。「一九四一年（昭和一六）年一二月一三日の新聞は、不沈艦と呼ばれていた巨艦が、シンガポール沖で一発の徹甲弾によって爆沈されたことを報じた。この砲弾の威力のかげには、蜜蝋が大きな役割を担っていることを耳にした養蜂家たちは、ひそかに自家生産物に誇りを感じたであろう」（一三五七頁）。

(58) 同上六一九頁。

(59) 前掲『畜産発達史』四二九頁によれば、「……戦局の拡大にともない一九四二年(昭和一七)にはさらに原皮統制が強化されたのであるが、軍装革具類の需要は益々増大し、特に一九四三年(昭和一八)頃からは航空機増産に不可欠の「パッキング」用大牡牛の原皮に対する軍の要求はいよいよきびしく……飼料事情悪化による豚皮の激減もあって、すべての希望は和牛皮一つに託されることになった」。

(60) 酒井章平「農村決戦食普及方策に就いて」前掲『農業研修』一九四四年七月。
　なお、かかる事情が「牛乳増産の大きな理由」になっていたことについては、次のような証言がある。「このころ、軍用機の生産に接着剤としてカゼインが使われていたので、軍需物資としてのカゼイン増産が軍から強く要望されたことも、牛乳増産の大きな理由となっていました」。以上は前掲「新乳牛論争をめぐって」、前掲『技術史への証言』第四集、二〇〇五年。

(61) 満州事変以後皮も肉も需要は急増し、かかる事態に対処するため農林省は、一九三七年に家兎増殖に関する事務を副業課から畜産局に移行させた。前掲『百年史　中巻』。

(62) 前掲『行政史』四七一頁。

(63) 黒川みどり『異化と同化の間—被差別部落認識の軌跡—』青木書店、一九九九年、二七四～五頁。

(64) 林弘道『二〇世紀　乳加工技術史』幸書房、二〇〇一年、一九四頁。

(65) 吉野与一『風船爆弾』朝日新聞社、二〇〇〇年。

(66) コンニャクが接着剤に使われたのは、「こんにゃくマンナンの特性は粘度が極めて高い点にある。水に溶かすとドロドロの粘液になり、その粘度は澱粉などの糊の数十倍の強さである。こんにゃく糊を日本紙に塗って乾かすと……こんにゃくの被膜ができる。この被膜は極めて緻密で会って、ガスに対する透過性が、ゴムの皮膜より更に小であ」り「気球用の被膜としての優秀性が買われた」からである(一〇二頁)。

(67) 和紙原料としてはミツマタもあるが、「風船爆弾」用には一〇〇%繊維が長く仕上がりの均質なコウゾが使われた。それは急激な水素ガスの膨張に耐えうる強度が必要とされたからである。前掲『風船爆弾』九九頁。なお黄蜀葵(トロロアオイ)は和紙製造に欠かせない糊料であり、「風船爆弾」製造過程にも多用された。これを加味すれば、「風船爆弾」に対する農産物の寄与度はさらに高くなる。以上前掲『行政史』第二巻、六九八～九頁。

（68）当時のコンニャク粉の年生産量は約六〇〇〇トン。うち工業原料等として必需量が約三〇〇〇トン。一万五〇〇〇個の風船爆弾をつくるには、ロスを見込むと約二七〇〇トンが必要であり、食用をゼロにしてもほぼ全量を使い切る計算になる（前掲吉野書一一五～六頁）。他方、気球用和紙の生産量はほぼ一億一二〇〇万枚と試算できるがこれは、同様にロスを見込むと風船爆弾約一万八〇〇〇個分となる（一四四頁）。

（69）同一四七頁。

（70）同二八九頁。

（71）渡辺賢二『陸軍登戸研究所と謀略戦―科学者たちの戦争―』吉川弘文館、二〇一二年による。引用は一一六、一一九頁。同書によれば、登戸研究所の細菌兵器研究に強い関心を示したアメリカは、朝鮮戦争勃発とともに当該研究者を戦犯免責とし、むしろこれらの研究成果を積極的に利用する方向に転じた。その結果「細菌戦関係者が公然と公職に復帰し……登戸研究所にも関係した内藤良一が「日本ブラッドバンク」（後のミドリ十字社）を作り、七三一部隊関係者がそれに関係していく」（一七四～五頁）ことになったという。

（72）前掲「農事改良資料」一六三号（一九四三年三月）。

（73）坂根嘉弘「農地」前掲野田編『戦時体制期』四六頁。

（74）むろんこれは「日本内地」の目線である。同じ過程を朝鮮からみれば、価格差益を求めて朝鮮米を最大限集約し日本へ売り込む流通業者の支配力が強く、増産の進展とは反比例して自らの消費量を減らす過程であった。朝鮮における米流通が精米形態であったことが、精米過程を握るものの支配力をきわめて強いものにしたのである。なお、米以外にも日本農業の脅威となったものに、リンゴ・栗・牛などがあった（日本農業研究会編『日本農業年報第二輯　植民地農業問題特輯』改造社、一九三三年）。

（75）事実、当時はカリカチュアでしかなかったバイオエタノールは、現在、糖分（蔗糖など）とでんぷん（トウモロコシなど）をめぐる争奪戦の巨大な担い手となっている。日本は農林業から撤退しつつ燃料を割安な石油に大胆に切り替えることにより、効率よく輸出工業化する途を成功させ、一時は「ジャパン・アズ・ナンバーワン」（E・F・ヴォーゲル、一九七九年）とよばれたが、今や高度成長を支えた化石燃料と原子力はいずれも不安定要因に転化している。あたかも依拠すべき資源の農林産物への回帰とその全面適用の時代にはいったかにみえる。日本は、工業においても農業においてもあまりに近視眼的で戦略性を欠いていたのである

(76) 本稿脱稿後に藤原辰史『稲の大東亜共栄圏―帝国日本の〈緑の革命〉―』吉川弘文館、二〇一二年に接した。
本章では当該期日本農業問題の基本的性格を「生産構造変革なき増産対応」それゆえの「労働力動員への傾斜」と「科学動員の矮小と逆進」そして「生産構造変革の場としての帝国圏(とりわけ満洲)」「その担い手としての開拓民」(これらの具体的分析が本シリーズ第Ⅱ巻の課題である)という構図を描いているため、いわば「生産構造変革なき科学動員」(藤原の位置づけでは「司令塔」)である「水稲育種」をめぐる問題を十分視野に含めていない。また、台湾・朝鮮を対象にしていないために、〈既存農業・農村に対する水稲育種を中軸にすえたエコロジカル・インペリアリズムの包摂〉という藤原書の論点自体が浮上していない。同書の鋭さ/面白さはあらゆる史料のなかに「エコロジカル・インペリアリズム」を読み取り、それをシャープな論理に整除したところにあり、おおいに学ばされたが、他方では、数多の資料群をこれほど「滑らかに(摩擦なく)」読み込んでしまって本当に大丈夫だろうか、という思いも残った。事態の多元性・複雑性を切り捨てた本質主義的な議論になりかねないからである。その点から言えば、本書末尾に著者が記した一文―「そして、そのような「科学的征服」の綻びにこそ、種を播く人が種を選ぶ自由を奪還する根拠が存在するのである」(一八七頁)の後にもう一頁、「綻び」というマジカルな言葉を読者が理解できるよう翻訳する、もしくは本書の内容のどこに「綻び」がありうるのかを示すようなパラグラフを付加していただければ、私の「不満」は一〇〇%解消するのである。

参考文献

会田甚作『農業と国土計画』泰文館、一九四〇年。

青木洋・平本厚「科学技術動員と研究隣組」『社会経済史学』六八巻五号、二〇〇三年。

浅川勝・西尾敏彦編『近代日本農業技術史年表』農山漁村文化協会、二〇〇〇年。

大槻正男「食糧増産方策としての作付増加の検討―指導の末端組織の強化拡充の必要―」『農業と経済』一九四三年三月号。

大淀昇一『宮本武之輔と科学技術行政』東海大学出版会、一九八九年。

柏祐賢『農学原論』養賢堂、一九六二年。

川俣浩太郎『農業生産の基本問題』伊藤書店、一九四三年。その後、農山漁村文化協会から『昭和前期農政経済名著集一一巻　日本農業の再構成　桜井武雄、農業生産の基本問題　川俣浩太郎』として再刊・一九八〇年。

楠本雅浩・平賀明彦編『戦時農業政策資料集』第一集・全六巻、柏書房、一九七八年。

同　『戦時農業政策資料集』第二集・全六巻、柏書房、一九八九年。

近藤康男『近藤康男　三世紀を生きて』農山漁村文化協会、二〇〇一年。

酒井章平「農村決戦食普及方策に就いて」前掲『農業研修』一九四四年七月。

坂根嘉弘『日本戦時農地政策の研究』清文堂、二〇一二年。

桜井武雄『日本農業の再構成』中央公論社、一九四〇年。その後、農山漁村文化協会から『昭和前期農政経済名著集一一巻　日本農業の再構成　桜井武雄、農業生産の基本問題　川俣浩太郎』として再刊、一九八〇年。

椎名悦三郎『戦時経済と物資調整』（『戦時国策体系』第一巻）産業経済学会、一九四一年。

四手井綱英『森林』法政大学出版局、一九八五年。

同　『森林』Ⅱ法政大学出版局、一九九八年。

同　『森林』Ⅲ法政大学出版局、二〇〇〇年。

正田陽一「戦後の「新乳牛」論争をめぐって」、前掲『技術史への証言』第四集、二〇〇五年。

J・B・コーヘン『戦時戦後の日本経済』上・下巻（大内兵衛訳、岩波書店、一九五〇年）

昭和農業技術研究会・西尾敏彦編『昭和農業技術史への証言』全七集、農山漁村文化協会、二〇〇二年〜二〇〇九年。

祖田修『農学原論』岩波書店、二〇〇〇年。

高松亨「日本化学工業史のなかの「味の素」と「水俣病」」大阪経済大学日本経済史研究所『経済史研究』第六号、二〇〇二年三月。

高森秀甫「農会技術員制度—特に農会技術員養成並錬成施設に就いて—」帝国農会『帝国農会報』三三巻七号、一九四三年七月。

田島弥太郎「蚕糸技術のたどった道」、前掲『技術史への証言』第二集、二〇〇三年。

寺本益英『戦間期日本茶業史研究』有斐閣、一九九九年。

東畑精一『日本農業の展開過程』その後、農山漁村文化協会から『昭和前期農政経済名著集三巻　日本農業の展開過程』として再刊・一九七八年。

西尾隆『日本森林行政史の研究—環境保全の源流—』東京大学出版会、一九八八年。

西部幸男「昭和史におけるイモ類作の背景」、昭和農業技術発達史編纂委員会編『昭和農業技術発達史』第三巻、一九九六年。

日本農業経済学会『農業経済研究』一四巻三号(一九三八年度大会特集号・共通論題「戦時及び戦後の農業経営形態」—報告者:東畑精一・大槻正男・木村修三—その主たる内容は土地生産性重視論と労働生産性重視論の論争であった)、一九三八年。

日本農業研究会編『日本農業年報第二輯　植民地農業問題特輯』改造社、一九三三年。

農業発達史調査会『日本農業発達史』全一〇巻・補巻二、中央公論社、一九五三~五九年、改訂版・中央公論社、一九七八年。

農林水産省農林水産技術会議事務局編集『昭和農業技術発達史』全七巻、社団法人農林水産技術情報協会、一九九五~八年。

農林省農林水産技術会議『戦後農業技術発達史』全九巻、農林統計協会、一九六九~七一年。

農林省畜産局『畜産発達史』中央公論事業出版、一九六六年。

農林省農務局「農事改良資料」一号(一九二九年)~一六三号(一九四三年三月)。

農林水産省百年史編集委員会『農林水産省百年史　中巻』農林統計協会、一九八〇年。

野田公夫『〈歴史と社会〉日本農業の発展論理』農山漁村文化協会、二〇一二年。

野田公夫編『戦時日本の食料・農業・農村　戦時体制期』農林統計協会、二〇〇三年。

原朗・山崎志郎『生産力拡充計画資料』全巻、現代史料出版、一九九六年。

藤原辰史『稲の大東亜共栄圏—帝国日本の〈緑の革命〉—』吉川弘文館二〇一二年。

前田道雄『戦時下における食糧自給対策』農業技術協会、一九四八年。

宮本武之輔『科学の動員』改造社、一九四一年。

同　『科学技術の新体制』中央公論社、一九四一年。

持田恵三『日本の米—風土・歴史・生活—』ちくまライブラリー四五、一九九〇年。

吉岡金市『日本農業の機械化』白揚社、一九三九年。その後、農山漁村文化協会から『昭和前期農政経済名著集一七巻　日本農業の機械化』として再刊・一九七九年。

吉田忠編『農業経営学序論—対象と方法—』同文館、一九七七年。

吉野与一『風船爆弾』朝日新聞社、二〇〇〇年。

我妻東策『国防農業論』千鳥書房、一九四五年。

渡辺賢二『陸軍登戸研究所と謀略戦—科学者たちの戦争—』吉川弘文館、二〇一二年。

第二章　「石黒農政」における戦時と戦後
――資源としての人の動員に着目して――

伊藤淳史

第３回農業増産報国推進隊中央訓練（1942 年）

農業増産報国推進隊訓練は 1940 年より石黒忠篤の発案によって開始される。従来は二期に分けて開催されていたが、第３回より満蒙開拓青少年義勇軍訓練所の分所も利用して１万 3,000 名余の「農村中堅人物」が一堂に会し、１ヵ月にわたる合宿訓練が行われた。上の写真は、東条英機首相による講話の様子（「第三回推進隊の内原訓練」『農政』第５巻第２号、1943 年２月、口絵）。農相辞任後も農業報国聯盟理事長としてかかわり続けた石黒は、戦後自らの事績を振り返って「この仕事だけは永遠に残るものと思う」と述懐した（本文参照）。

はじめに

日本の農業政策における戦前・戦時と戦後の関係をめぐっては、個別の政策分野に関する研究を踏まえたうえで、一九二〇年代の小作立法に端を発する「石黒農政」の評価について議論が交わされてきた。しかし、戦時における人口政策と農業政策の関連を検討した高岡裕之が指摘するように、従来の農業政策研究においては農地政策や食糧政策を対象に蓄積が重ねられる一方で、人口政策としての側面については着目されることがなかった。[1]農林省における土地（農地政策）、物（農産物・食糧政策）、あるいは金（農村金融政策・補助金政策）に関する政策展開については多くの研究が行われる一方で、人に関する政策については長らく看過されてきたのが現状である。[2]だが、敗戦直後の農商省から農林省への機構再編に際して廃止となった農業関係部局が資材局・馬政局・要員局の三局であったことは、戦争遂行のため日本農政に求められていたのが何であったかを指し示すものではないだろうか（物的資源・馬資源・人的資源）。農業資材問題に着目した戦時農政分析としては岡田知弘の研究が存在し、[3]また戦時馬政や農産物の軍需資源化に関しては本シリーズにおいて検討が行われる。[4]これに対し筆者は、資源としての人の動員に着目したい。本章では、戦前・戦時期から戦後（一九五〇年代）にかけて農林（農商）省によって行われた、（土地・物・金でなく）人を直接の対象とする政策を「農民政策」として捉え、戦後におよぶ政策展開について検討する。あわせて、戦前・戦時の「農民政策」を農林省の内外で主導した石黒忠篤・那須皓・加藤完治ら「内原グループ」[5]の戦後における活動にも焦点をあてることによって、「石黒農政」について再考を試みたい。[6]

以下、本章では、まず戦前・戦時期における農民政策（第一節）および戦後の農民政策（第二節）について概観する。そして、農民政策における戦時と戦後の関係（第三節）ならびに戦後の活動に着目した内原グループの検討（第四節）を行い、これらの考察を踏まえて、結論部で石黒農政に関する見解が提示される（石黒農政再考―むすびに

表 2-1 農民政策に関する年表

①政策対象としての「人」の発見（1932〜37 年）
1932 年 経済更生運動開始
1934 年 全国 20 ヶ所に修錬農場設立
②動員の本格的展開（1937〜42 年）
1937 年 有馬農相による「物から人へ」の提唱。日中戦争勃発
1938 年 農林省による分村計画町村指定の開始
1939 年 農業報国移動労働班
1940 年 農業増産報国推進隊訓練
1941 年 共同炊事・共同託児事業の本格化
③戦時末期における比重増大（1942〜45 年）
1942 年 閣議決定「皇国農村確立促進ニ関スル件」
1943 年 食糧増産隊訓練
1945 年 3 月 農商省に要員局設置
④戦後開拓としての存続（1940 年代後半）
1945 年 10 月 要員局廃止、農林省開拓局設置.
加藤完治、白河報徳開拓組合の入植開始
1946 年 開拓増産修錬農場、開拓増産隊
⑤「二三男問題」の時代（1950 年代）
1952 年 国際農友会設立、農業実習生派米事業開始
1953 年 農村建設青年隊
1955 年 ブラジルへの単身青年移民（「コチア青年」）
1956 年 農業労務者派米事業

出典：筆者作成。

表 2-2 内原グループの略歴

石黒忠篤（1884〜1960）
1904 年七高卒。1908 年東京帝大法科大学卒、農商務省入省。1931-34 年農林次官、1940-41 年農林大臣、1945.4-8 農商大臣、（1946-51 年公職追放）、1952-60 年参議院議員、1956-60 年農業労務者派米協議会会長、1957-60 年国際農友会会長
小平権一（1884〜1976）
1907 年一高卒。1910 年東京帝大農科大学卒・14 年東京帝大法科大学卒，農商務省入省。1932-38 年農林省経済更生部長、1938-39 年農林次官、1940-41 年満洲興農合作社中央会理事長、（1946-51 年公職追放）、1952-54 年国際農友会理事、1954-58 年日本海外協会連合会理事長・副会長
那須皓（1888〜1984）
1908 年一高卒。1911 年東京帝大農科大学卒。1923-46 年東京帝大農学部教授、1938 年北京大学農学院名誉教授、1944-45 年中華民国政府全国経済委員会顧問、（1946-50 年教職追放・1947-50 年公職追放）、1952-57 年国際農友会会長、1957-61 年駐インド大使、1967 年マグサイサイ賞受賞
加藤完治（1884〜1967）
1905 年四高卒。1911 年東京帝大農科大学卒。1915-25 年山形県自治講習所長、1927-46 年日本国民高等学校長、1938-45 年満蒙開拓青少年義勇軍訓練所長、（1946-50 年教職追放・1946-51 年公職追放）、1945-52 年福島県白河に入植、1953-67 年日本国民高等学校に復帰（校長・名誉校長）
橋本伝左衛門（1887〜1977）
1907 年一高卒。1910 年東京帝大農科大学卒。1924-47 年京都帝大農学部教授、1940-43 年満洲国開拓研究所所長、（公職追放・教職追放なし）、1954-66 年滋賀県立短期大学学長

出典：日本農業研究所編著『石黒忠篤伝』岩波書店、1969 年、楠本雅弘編著『農山漁村経済更生運動と小平権一』不二出版、1983 年、那須皓先生追想集編集委員会『那須皓先生—遺文と追想』農村更生協会、1985 年、日本国民高等学校協会『写真で見る 60 年の歩み』加藤完治先生顕彰会、1987 年、橋本先生追想集編集委員会『橋本伝左衛門先生の思い出』農村更生協会、1987 年より筆者作成。

かえて―)。なお、本章で取り上げる諸政策について表2-1、また内原グループの略歴について表2-2を掲げるので参照されたい。

第一節　戦前・戦時における農民政策

一・政策対象としての「人」の発見(一九三二～三七年)

経済更生運動における国家官僚の政策意図を検討した南相虎が指摘するように、農林官僚は一九三二年に開始された経済更生運動以来「人の問題」を重要視しはじめる。(7) 当事者による発言として、たとえば小平権一は「経済更生計画の立て方は、方法は立つがいざ実行となると、人、殊に経済更生計画の精神的方面をよく体得した人が各方面に行き渡らぬと、此の計画は無駄に終る地方もあるではないかと心配される」と述べる。(8) また、農林次官退官後間もなく石黒忠篤は、「私は永年農林省で農業政策や施設に関係して居たが、何をするにしても結局は人の問題になつてしまう事を痛感した」との述懐を行っている。(9) そして、人に対する具体的な施策として、三四年に「農村中堅人物」の養成施設たる修錬農場(農民道場)が全国二〇ヵ所に設立された。

二・動員の本格的展開(一九三七～四二年)

一九三七年第一次近衛内閣の農林大臣に就任した有馬頼寧は、「農民を単に物を作る人として大事にするのではなく、日本帝国を形成するに欠くべからざる重要分子として尊重せねばならぬ。その意味で私は今後の農村政策が『物』中心から『人』中心に変らねばならぬと閣議でも主張したのである」と述べ、「物から人へ」の農政転換を提唱する。[10] 内閣発足後間もなく日中戦争が勃発し、ここに戦時対応という新たな契機が加わって（動員すべき資源としての人）、三八年以降には「農村中堅人物」のみならずあらゆる層の農民を対象とする施策が相次いで打ち出されていった。

第一に、満洲分村移民の開始。一九三八年より農林省による分村計画町村の指定が開始され、ここに移民事業への農林省の本格的関与がはじめられる。当初は過剰人口対策という大義名分のもと開始された満洲への農業移民は、戦争による労働力不足のなかでも適正規模農家の創出や日満食糧ブロックの構築といった新たな意義を付与されつつ重要国策として強力に推進されていった。[11] また同年には農事講習所規程が改正されて多くの農民道場に移民訓練施設が併設されたほか、拓務省の事業として日本国民高等学校校長・加藤完治を所長に据えて満蒙開拓青少年義勇軍の訓練が開始された。

第二に、労働の共同化。農繁期に農業労働力の融通を行う農業報国移動労働班は一九三八年に佐賀県で組織されたのを嚆矢とし、翌三九年より全国で実施される。また、文部省の事業として三八年夏には全国の高等・中等学校の学生生徒八〇〇万人を動員して集団的勤労作業運動が行われた。こうして戦時農村における労働力不足への手当てがはかられるものの、当初農林省では共同作業は農務局農政課、移動労働は臨時農村対策部計画課、勤労奉仕は経済更生部総務課とそれぞれの担当部局がほとんど無連絡のまま実施されていた。[12] さらに勤労奉仕の学生生徒に基幹労働力の代替を担わせる無理や、移動労働における作業方法の地域差など、農村現場においてこれら補充労働力は受入農家の期待に応えるものとはならなかったのが実状であった。[13]

第三に、農民訓練の開始。一九四〇年七月に石黒は第二次近衛内閣の農林大臣に就任するが、彼が入閣条件として掲げたのは「重要農林政策の一として全国農村から中堅人物を大量に集め、農林省が直接これを訓練すること」[14] であった。これを受けて、同年一一月より満蒙開拓青少年義勇軍訓練所を会場として農林省・農業報国聯盟主催による農業増産報国推進隊訓練が挙行される。全国純農村七五〇〇町村から二名ずつの割合で集められた、一万五〇〇〇名の「農村中堅人物」に対して一ヵ月間にわたる合宿訓練が行われた（訓練本部長・加藤完治）。その後、主催に大政翼賛会、中央農業会が加わり、訓練に満洲開拓団員が参加するなど運営方法が改められながらも引き続き開催されるが、空襲の激化により大集団での訓練が不可能となり、六会場で分散開催された四四年度の第五回訓練をもって終わりを告げる（修了者計五万六八三一名）[15]。

第四に、生活の共同化。生活部面の共同化は労働の共同化よりも遅れて、一九四一年度より農林省による補助が開始される。これを機に共同炊事・託児事業の実施組合数は飛躍的な伸びをみせるが[16]、事業の実施にあたっては都市女子青年団員の動員が行われた点が大きな特徴として挙げられる。私的な領域である生活部面への「よそ者」（都市の女子青年）の投入は、嗜好の問題に加えて農村女子青年の反発（非協力的態度）や宿舎への農村男子青年闖入という事態にも直面する[17]。すなわち、戦争という村落の埒内では対処しえない状況において投入された「よそ者」の存在は、労働・生活の共同化に際して村落構成員との間に軋轢を生み「部落の調整の「限界」[19]」があらわになる事態が生じていた。

三．戦時末期における比重増大（一九四二〜四五年）

一九四二年一一月の閣議決定「皇国農村確立促進ニ関スル件」において、「標準農村ノ設定」・「自作農創設事業ノ拡充強化」と並んで「指導的農民ノ錬成及修錬農場組織ノ整備拡充」が掲げられ、ここに人に対する政策は戦時農政における第三の柱として位置付けられる。これを受けて修錬農場費国庫予算額は四二年度の三〇万円から翌四三年度には二〇一・六万円と七倍近く増額された[20]。また四三年六月には「食糧増産応急対策要綱」により食糧増産隊の創設が定められ、同年一二月に出された「食糧自給態勢強化対策要綱」を機に大幅な拡充が加えられる。

すなわち、隊を甲種・乙種の二つに分かち、甲種は一四歳以上一九歳以下の男子で「農家ノ後継者タルベキモノ」を各府県毎に編成し（計二万八〇八〇名）、農民道場を拠点に集団生活の中で訓練を受けながら増産作業に出動した。乙種は「農業ニ留ムベキ国民学校修了ノ男子及ビ女子ニシテ原則トシテ修了後二年以内ノモノ」を市町村毎に編成し（予算五〇万名）、市町村内で集団作業を行うものとされた[21]。甲種増産隊には後継者としての教育および隊員としての矜持が求められ、「少年農兵隊」という別称が与えられる[22]。その後も四四年六月の「農業労力非常対策要綱」において、食糧増産隊はさらなる拡充をはかられ、甲種六万名・乙種百万名の予算が計上される（のち追加予算により甲種九万名）。これら青少年の大量動員による増産効果については懐疑的な見解が出されているもの[23]の、「農村中堅人物」を対象とする農業増産報国推進隊とは異なり、青少年を組織した食糧増産隊においては直接的な増産効果というよりも、「瀕死の農村」へ打ち込まれる「カンフル剤」としての効果が期待されたものといえるだろう[24]。

また、農林省における農民道場や農民訓練などの担当部局は当初経済更生部総務課であったが、四一年の経済更生部廃止後に農政局経営課となる。そして四五年三月には人に関する独立の部局として農商省要員局が設置されるにいたった。満洲国開拓総局への出向を経て農政局経営課長・農商省要員局要員課長をつとめた平川守および兵庫県農会から大日本聯合青年団を経て四一年に入省し、農政局・要員局で技術官僚として実務を担当した石原治良こそが、戦後の農民政策におけるキーパーソンとなる。

第二節　戦後における農民政策の展開

一．要員局から開拓局へ（一九四〇年代後半）

敗戦直後の一九四五年一〇月に要員局が廃止されたことにともない、農民政策は新設された農林省開拓局の事業として引き継がれた。

第一に、食糧増産隊について。四五年度食糧増産隊は年度半ばにして敗戦を迎えることとなったが、「もともと食糧増産隊は農家後継者の養成確保と国民食糧の増産を目的としたものであり、戦後日本が農業国として甦生再起するためにも、戦後の食糧難を克服するためにも、戦後むしろ益々その重要性を増すものであるとの見地から」解散されることなく年度一杯活動を行っている。[25] そして翌年度においても甲種八万名の予算が計上されたが（乙種は廃止）「戦後ノ新情勢ニ鑑ミ」、「開拓国策ノ完遂食糧増産ノ達成ニ寄与セシムル」開拓増産隊として活動することとなった（「昭和二一年度開拓増産隊実施ニ関スル件」四六・一・二五付）。

第二に、農民道場について。農村中堅人物養成施設たる農民道場は戦争目的のための事業ではないとの見地から、「農林省は終戦となつても此の施設を根本的に変革し、又は廃止することは考慮せず」、むしろ「戦後の日本が平和なる農業国家として生き残る」ための事業として刷新がはかられる。[26] すなわち「新平和農村を建設し一五〇万町歩の開拓国策を完遂するは時局下喫緊の要務たるに鑑み修錬農場（含山村道場及漁村修錬場）をして之が積極的役割を果さしむる」との目的を掲げ、名称については「開拓増産修錬農場等と改称すること」とされた（「修錬農場刷新に関する件」四六・一・一〇付）。さらに四九年には名称が「経営伝習農場」に改められ、農業改良局へ移管される。かかる事態は戦後開拓の根拠地としての位置付けに見直しを迫る事態といえようが、同年五月に総司令部天然資源局（ＮＲＳ）から経営伝習農場存続に関する「質問」が発せられた。農業改良局では農業改良普及事業における意義を強調した回答を行うが、文部省にて同様の施設が計画されていることが伝えられる。しかしこの計画は結局沙汰止みとなり、農林省系施設教育は継続されることとなった[27]。

第三に、戦後農政における重要施策として新たにはじめられたのが戦後開拓である。食糧自給化と帰農促進を掲げて、開墾一五五万町歩・干拓十万町歩・帰農戸数百万戸を目標とする緊急開拓事業実施要領が一九四五年一一月に閣議決定される。農林省には開拓局が設置され、農民への教育訓練は（上にみた通り）「開拓国策の完遂」のためという意義付けが与えられた。そして、戦後における「開拓国策」は、戦時における重要国策であった満洲移民の善後処置という役割を強く担う施策であった。この点を外郭団体の系譜から確認すると、一九三六年に拓務省系外郭団体として設立された満洲移住協会は四五年一二月に解散し（解散当時の理事長は小平、理事に石黒・那須・加藤・橋本）、開拓民援護会への衣替えが行われる（外務省設立認可。理事長・小平、理事に橋本）。開拓民援護会では内原など全国四ヵ所に収容保護施設を設けて引揚者の援護にあたりつつ国内入植の斡旋を行った[28]。四八年に開拓民援護会は解散するが、財産・事業は満洲引揚者による戦後開拓入植者団体である開拓民自興会へ寄託され、両会の継承団体として開拓自興会が設立される（農林省設立認可）[29]。また、「満蒙開拓移民の父」加藤完治自らも、満蒙開拓指導員養成所の教え子たちを率いて福島県の旧軍馬補充部へ入植を行っている（白河報徳開拓組合）[30]。

二．「二三男問題」の時代（一九五〇年代前半）

一九五〇年代の農村をめぐっては「二三男問題」が深刻な社会問題として大きくクローズアップされた。森田明が指摘するように、農地改革、民法改正、ドッジ・ライン導入といった戦後における諸政策を契機とする「二三男問題」は、戦前よりたえず議論されてきた農村の「過剰人口問題」とも、敗戦にともなう「引揚者問題」とも異なる、この時期に固有の社会問題であった。[31] 行き場を失った農村青年たちの膨大な存在を前に、農林省では「二三男対策」が相次いで打ち出される。

第一に、農村建設青年隊の開始。一九五〇年に設立された農村二、三男対策中央協議会は同年一〇月に「産業開発青年隊創設要綱」を制定するが、五二年度補正予算より農林省、五三年度予算より建設省がそれぞれ予算を計上し、国の施策として正式に農村建設青年隊（農林省）・産業開発青年隊（建設省）が発足した。このうち農村建設青年隊は、五〇名・一年を標準として「食糧増産、国土資源の開発保全等の公共諸事業」に従事しながら教育を受け、修了者には「自作農家創設の保護措置を施す」ものである。[32] 両青年隊は公式にはアメリカのＣＣＣ[33]に範をとったとされるが、発足当時には批判や懸念が相次いで表明される。そして、かかる懸念は事態の一面を衝いたものといえるだろう。青年隊運動が戦時の動員を想起させることには、相応の理由が存在した。農林省における農村建設青年隊の担当官は、農村二、三男対策中央協議会を立ち上げたメンバーにして、戦時期には農商省要員局にて農民訓練を担当していた石原治良である。また指導者に目を転じると、五二年五月の農政顧問懇談会の席上で青年隊運動を後押しする発言を行ったのは、農業増産報国推進隊の提唱者・石黒忠篤であった。[34]

第二に、南米への移民。政府機関の関与による移民送出は五二年一二月に再開される。当時外務省には地方実務機関がなかったことから、募集は農林省に依頼する形で行われた。農林省ラインにおいては五二年設立の国際農友会という団体が存在したが、同会は外務省から「この会の母体は「開拓自興会」である。組織的には表裏一体である」[35]と目されていたように、前述した開拓自興会と役員構成が大幅に重なっていた。那須（国際農友会会長）、石黒（顧問）、小平（理事）ら農政サイドから満洲移民を推進した主要人物が、今度は海外移民推進に乗り出してゆく。その後、外務省系外郭団体（日本海外協会連合会）の設立にともない、二つの行政ルートが併存する事態が生じるが、五四年七月の閣議決定により所管問題には一応の決着が付けられた。[36] そして、五〇年代半ばから「二三男対策」としての移民が開始される。五五年にブラジルのコチア産業組合は単身者一五〇〇名の移民枠を獲得し、日本側代理人として全国農業協同組合中央会会長・荷見安を指名する。この農家二三男を対象とし、農協ルートによって選ばれる単身移民は「コチア青年」と呼ばれ、第二次枠を含め六七年までに二五〇八名が渡航した。[37]

第三に、北米への実習・短期移民。北米への農村青年送出の発端となったのは、石黒の着想であったという。[38]五二年度に農林省予算が計上され、同年七月派米農業実習生の第一回派遣が行われた（なお、本事業は国際農業者交流協会による農業研修生海外派遣事業として現在も続けられている）。その後、「実習」でなく短期移民としての農村青年送出が立案されるものの、農林省と外務省の調整は難航する。外務省では五六年三月に移住局第一課長が渡米し、取極案の仮調印が行われるが、これに対し農林省サイドでは平川守農林事務次官がスイング移民局長官宛に書簡を送付して反対の意思表示を行った。さらに、平川・石原ら農林省の関係メンバーと農業団体トップによる協議会が開催され、重光葵外相宛要望書を提出する。[39]これら省を挙げての巻き返しの結果、農業労務者派米協議会という両省共管の団体を設立することで決着がはかられる。六月に設立された同会は副会長に那須（国際農友会会長）・坪上貞二（日本海外協会連合会会長）を据え、会長には石黒が就任した。農業労務者派米事業は就労期間三年の短期移民制度として実現し、翌五七年五月までに渡航枠一千名の送出を完了した。[40]

第三節　農民政策の戦時と戦後

一・戦時農政における人の動員

以上の農民政策に関する概観から、日本における戦時農業政策は経済更生運動によって発見された「人」の動員を主要な柱に据えて遂行されたこと（第一節）、またそれら戦時農民政策が戦後農政における史的前提を形成したことが確認できる（第二節）。戦時ヨーロッパ農業に関する近年の研究や本シリーズの他章における考察を参照するならば、「人」への着目という戦時農業政策のありようは戦時日本農政の特質を表すものと考えられる。一九三〇年代から五〇年代のヨーロッパ農業を対象とするBrassleyらの研究では、結論部において戦争およびその準備段階は単なる「変化の時期」(a time of change)だったというより、「変化の動因」(an agent of change)であったと述べられる[41]。そして、交戦国／被占領国／中立国、また戦後の陣営を問わず、戦争がヨーロッパ農業に与えたインパクトとして、国家による介入の強化・技術の普及（とりわけ機械化の進展）・国際農産物市場における南北アメリカ諸国の台頭などを挙げている[42]。戦後までを見通したかかる見解は、ドイツ国内における生産構造変革や帝国圏における農林資源開発を論じた足立芳宏（本書第六章）や、農産物市場問題として取り組まれたアメリカ戦時農業政策に関する名和洋人（本書第八章）の議論とも一致するものであろう。ひるがえって日本農業においても、確かに戦争は農地統制・食管制度にみられるごとく「変化の動因」として機能した。しかし、その具体的な様相はヨーロッパとは大きく異なっている。日本「内地」にあっては、農会技術員はデスクワークに忙殺され技術普及もままならぬまま「農業生産構造変革なき総力戦」が戦われた（本書第一章野田論文ならびに野田前掲「戦時体制と増産政策」）。一方、帝国における食糧自給体制の重要な一角を占めた満洲においては増産の切り札として農業移民に対する北海道農法の普及がはかられたが、完全な失敗に終わっている（第Ⅱ巻第六章今井論文）。そもそも北海道農法自体、耕耘過程の畜力化（機械化でなく）技術であり、「内地」より三万九〇〇〇頭におよぶ日本馬が移植されたものの必要頭数を満たすことはできなかった（第Ⅱ巻第三章大瀧論文）。資材・労力ともに不足するなか、技術普及も生産構造の変革もなしえぬまま増産が要請される状況下において戦時日本農政は「人」への介入に傾斜し、ここに農業政策は人口論と密接な関係を結ぶにいたる（第Ⅱ巻第二章足立（泰）論文）。本章の冒頭に述べたように、従来の戦時日本農政研究では人的資源の動員という要素は看過されてきたが、今後は「人」という要素を捨象してきたこれまでの農業問題把握そのものについて見直しが求められよう。

また、日本では基幹労働力の不足に対する具体的な方策として、①農業増産報国推進隊・食糧増産隊など農村青少年への訓練、②農業報国移動労働班、勤労奉仕、共同炊事・託児事業など青少年男女を中心とする「よそ者」の農村への投入、③満洲への分村移民による帝国圏レベルでの農業人口最適配置といった対応がはかられ、戦時末期に人的資源の動員は農政の柱としての位置付けが与えられた（皇国農村確立運動）。そして、ここで興味深いのは、農業労働力対策として他の交戦国ではメキシコからの労働力導入（アメリカ）や、戦争捕虜を含む外国人労働力の導入（ドイツ）といった手段が採られたのに対して、日本ではかかる政策的対応が行われなかったことである。むしろ、他民族（朝鮮人）の農業進出という事態を前に、日本農政の当局者はこれを「国本農村」にとっての脅威と受けとめ、強い警戒感を表明している。[43]「日本的「家」と「村」」[44]による家族小農経営においては、雇用労働力による大経営に比して、外部から急遽（「家」や「村」による慣習化を経ぬまま）投入された労働力の受け入れには多大な困難が伴った。学生生徒や都市女子青年団員など（日本人）青少年男女ですら村落構成員との軋轢が問題となる状況下、他民族の農業部面への投入はおよそ現実的な政策対応とは考えられない。しかしその一方で、戦時期における朝鮮人の農業進出は、農業労働者としてでなく小作地の借り入れという形で進行していった。[45]経営主としての朝鮮人の登場は、「日本的「家」と「村」」による家族小農経営が危機に瀕していることを端的に示す現象であり、農政当局者にとって極めて深刻な事態として捉えられた。先行研究において「日本的「村」社会」・「村落という「強い紐帯」」は日本農政の「政策滲透コスト」を節減する要因として評価されてきた。[46]しかし、村落の埒内ではもはや対処しえない戦時状況においては、むしろ「政策滲透コスト」を大きく昂騰させる要因としても機能したことを強調したい（野田公夫の指摘する「戦時最終盤における「ムラの機能不全」」[47]）。合理的な人的資源の動員をはかるべく実施された農村への「よそ者」の投入は村落構成員との軋轢に阻まれ、また「適正規模」の実現に向けて「動かない日本農家[48]」を動かそうとした満洲への分村移民は、計画数を充足することのないまま破綻を迎えた。従来の研究においては、村落構成員内部や行政村―村落間の関係に関心が集中していたことから、「よそ者」や朝鮮人、あるいは移民として送出される人びとが存在しないかのような戦時農村像がしばしば描かれてきた(49)。しかし本章の考察を踏まえるならば、今後は村落の限界面にも充分留意しつつ、こうした人びとの存在が抜け落ちることのない議論が求められる。

二．戦後農民政策—連続と断絶—

戦後における農民政策の展開過程については、戦前・戦時農民政策との明瞭な制度的・人的連続性が見出される。第一に、施設教育について。経済更生運動における「農村中堅人物」養成施設として発足した修錬農場は、敗戦直後に開拓増産修錬農場と改められ戦後開拓要員訓練施設としての役割が与えられる。その後名称を変更し農業改良局へ移管された経営伝習農場は、一九五〇年代には農業改良普及事業の一翼を担う農家子弟教育施設として位置付けられるとともに、農村建設青年隊・農業労務者派米事業など「二三男対策」の訓練拠点としても機能していった（修錬農場→開拓増産修錬農場→経営伝習農場）。第二に、青年隊について。一九四三年より編成された食糧増産隊は、敗戦後は開拓増産隊にリニューアルされて活動が続けられる。そして五〇年代には「二三男対策」として農村建設青年隊・産業開発青年隊が開始された（食糧増産隊→開拓増産隊→農村建設青年隊(50)）。第三に、戦後開拓について。満洲開拓と戦後開拓の連続性については先行研究でも指摘されているが(51)、外郭団体についても、満洲移住協会→開拓民援護会→開拓自興会という系譜が認められる。さらに、開拓自興会を母体として設立された国際農友会は南米移民・北米への短期移民に乗り出してゆく（満洲移民から戦後移民へ）。また、施設教育・青年隊のリニューアルは、いずれも敗戦直後の農商省要員局廃止・農林省開拓局設置という機構再編と符節を合わせて行われたものであった。そして、こうした連続性を支えたのは、戦時における農民動員の主導者や実務担当者たちであった。戦時日本農政の遂行に際して数々の要職を歴任した石黒・小平・那須は追放解除の後、国際農友会など農林省系外郭団体の首脳として五〇年代の「二三男対策」に関与してゆく。また農林省においては、特権事務官僚では戦時末期に農商省要員局要員課長をつとめた平川守が五四年農林事務次官に就任し、外務省の意向に逆らう形で農業政策としての移民を推進する。一方技術官僚では、農林省における「二三男対策」の企画・立案にはすべて石原治良が関わっていたといってよい。戦時・戦後農民政策の連続性は、一九四一年から六四年まで農林技師・技官として青年対策や農業移民を担当した石原の存在を抜きに考えることはできないだろう。従来の石黒農政論は石黒・小平をはじめ和田博雄や東畑四郎などもっぱら特権事務官僚の動向をもって論じられてきたが、戦時・戦後日本農政の連続性を担保した重要な要素として、同一の業務を長期にわたり担当し続ける技術官僚の存在を指摘しておきたい。

以上、農民政策における制度的・人的連続性を確認したが、その一方で諸事業の位置付けは敗戦をはさんで大きく変化している[52]。施設教育は農村中堅人物養成から戦後開拓、さらに農業改良普及事業と相次いだ位置付けの変化とともに、名称変更を余儀なくされる。青年隊もまた、名称の変化は事業の位置付けの変遷を表すものであった（食糧増産→戦後開拓→二三男対策）。そして、農民政策に深い断絶を刻したのが、満洲移民と戦後開拓・戦後移民を分かつ「帝国日本」から「戦後日本」への変貌である。主導者や官僚など政策の担い手のみならず、入植者となった当事者の面でもこれらの事業には連続性が指摘されるが、位置付けの面では帝国圏内における人的資源の動員（満洲移民）から、戦後には一国内の農業問題処理策として行われることとなった（戦後開拓・戦後移民）。「戦後日本」をいかに受けとめたのかが戦後における内原グループの分岐点となるが、この点は次節にて検討することとし、ここでは二つの点を指摘したい。第一に、戦後農民政策に認められる戦前・戦時との連続性は、一方でかつての「一九四〇年体制」論のようにそのまま現在にまで連なっているのではないこと。近年、「一九四〇年体制」論を日本農政に適用して農業の規制緩和を説く議論が存在するが、かかる誤った理解に基づいて政策提言が行われることに対しては強い疑念を抱かざるを得ない[53]。第二に、戦後農民政策の展開過程を史的脈絡として把握することの戦後開拓について、三好豊は「昭和初期の恐慌―農山漁村経済更生運動―満州開拓農業―戦後開拓農業、この一連の動揺期がもたらした歴史的脈絡」を指摘している。[54]この指摘について筆者も異論はないが、かかる関係について三好が「必然的な歴史的因果関係」[55]とする点については首肯できない。ある出来事がその後の出来事に対する規定要因をなすことと、ある出来事が原因となってその後の出来事を必然的に生起せしめることとはまったく別である。三好の立論においては、論理上満洲移民もまた昭和恐慌のもたらした「必然的」な出来事となるが、これは経済更生運動に満洲移民を結び付けた農林省を免罪する論法ではなかろうか。また三好は満洲移民からの引揚げを経て戦後開拓地に入植し、その後再び戦後移民となった人びとの軌跡――道場親信はこうした人びとを「難民」と形容した[56]――をも「必然的」であったというのだろうか。今後の研究においては、現実に起こった一連の出来事の継起について「必然的な歴史的因果関係」に流し込むのではなく、いかなる要因がいかなる脈絡をもって作用しているのか丹念に問うてゆくことが求められる。

第四節　内原グループと農民政策―戦後における分岐―

従来、内原グループに関しては、時に研究者によって旧制高校以来の同窓生と誤認される[57]ほどの同志的一体性をもって捉えられてきた。しかし、戦後に目を転じるならば、農民政策への関与に大きな差異が生じる点が注目される。本節では、先行研究でほとんど考察対象とされてこなかった戦後における活動に着目して、内原グループ個々の人物を捉え直してみたい。

一・石黒忠篤―改革派小農主義者―

戦時・戦後において石黒が深く関与した農民政策としては、まず農業移民（満洲移民・戦後移民）が挙げられる。満洲移民への関与について、従来それは「付け焼刃」であったとか、[58]「加藤氏らに引きずられた面尠なしとしない」[59]といった解釈が与えられてきた。これに対し庄司俊作はかかる解釈は石黒を免罪する議論だと批判したうえで、石黒農政を勤労哲学を中心とした農本主義的農政と捉え、勤労哲学が「時と場合により「非常に保守的になる」こと」に「強い民族主義的傾向を持つ「皇室崇拝の人」」ということを加えれば、石黒と満州移民との関わりはその思想から内在的に説明できるだろう」と主張した。[60]しかし戦後における石黒の活動を考慮に入れれば、これらの解釈はいずれも見直しが迫られる。第一に、石黒の移民への関与は「付け焼刃」ではなかった。戦後、加藤や橋本が移民から手を引いたのに対して、石黒や那須・小平は外郭団体幹部として引き続き積極的に推進を行っている（第二節）。戦後における両者の対照的な姿勢を考えれば、石黒の活動を加藤に引きずられたものとして免罪することは不可能である。この点で庄司の批判はまったく正当であるが、第二に、戦後の活動に照らせば彼の説明もまた疑問と言わざるを得ない。庄司においては、農村秩序に変動をもたらす移民という政策がなぜ「保守的になる」ことと結び付くのか説明されていないうえ、戦後における南米や北米への移民推進を皇室崇拝によって解釈することが可能とも思われない。むしろ「満蒙を世界の平和郷と化するは、我が大和民族の使命なり」と説いた加藤や、「皇国農民」として繁栄できるがゆえに満洲を「絶好の農業殖民地」とした橋本にとってこそ、民族や皇室といった概念が移民推進にとって不可欠の要素だったといえるだろう。[61]それでは、石黒の関与をどう考えればよいだろうか。移民再開の二年前である一九五〇年に彼自身は以下のように語っている。「日本民族というもののエキスパンション」として移民を捉え、「農村人口のはけ道というものを、どこかに……。工業が吸収してくれればいいけれども、それはしない」以上、「農業は農業者として、どこかに発展の道を求めていくことが一番いい。こう思っておるから、あらゆるところに求めておるのです」[62]。ここに見られるのは、第一に農村過剰人口問題の解決を対外的に求める姿勢であり、第二にそれを単なる人口排出でなく「農業者としての発展の道」として捉えようとする立場である。第一点目は関東軍・拓務省なども含め移民論者一般に共通する問題把握といえようが、第二点目にこそ移民政策を農政課題として取り上げる根拠が存在した。大竹啓介は石黒について「社会経済的与件下で小農の立場から条件現実的に現状打開・改善の途を求めようとする」、「小農主義」との結び付きを指摘しているが[63]、日本小農の抱える問題をあくまで小農という形態を保持したままで解決しようとする姿勢は農業移民においても一貫していたと考えられる。「小農主義」については竹村民郎も石黒の「発想の核心」と述べているが[64]、しかし「いわゆる石黒農政の目標たる生産性の高い自立的農家経営の実現とは（中略）海外植民地における農業開拓の志向を意味するものでもない。現実の家族制度と小農制度の枠内における小農経営の自立化ということである」[65]とする点は首肯できない。竹村の考察は一九二〇年代における小作立法に限定されているが、実際には二〇年代の石黒は小作立法を進めると同時に、日蘭通交調査会において蘭領東インドへの移民送出を企てている[66]。日蘭通交調査会とは、一九一〇年代末に松岡静雄（退役海軍大佐、柳田國男の弟）が中心となり「日蘭両国通交ニ関スル諸般ノ調査ヲ行ヒ将来益親宜ヲ篤ウスル方法ヲ講シ正義人道ノ上ニ立脚シテ両国国民ノ幸福ヲ増進スル」ことを目的に掲げ設立された団体で、会員には松岡（理事・評議員）・石黒のほか柳田（評議員）・新渡戸稲造・有馬頼寧らが名を連ねている[67]。この移民計画は失敗に終わるが、その後三〇年代にひとたび現実の枠組みが変わるや（「満洲国」の成立）、石黒の小農主義はすみやかに海外での農業開拓として結実していった。石黒が晩年に入省以来の仕事を振り返ったメモには、移民との関わりについて「加州土地問題＝（日蘭—満州）」と記されているが[68]、一九一五年の訪米時に目にしたカリフォルニアにおける日本人排斥問題を契機として、蘭領東インド（二〇年代）や満洲（三〇年代以降）への農業開拓を志向していったという回想は戦後繰り返しなされている[69]。つまり、石黒本人の了解においては、一九二〇年代における小作立法の挫折によって三〇年代以降農業移民の推進へと「旋回」したのではまったくないことに注意されたい[70]。先行研究において、二〇年代の石黒はもっぱら小作立法をもって論じられてきた。これに対し松田忍は、経済更生運動に先立ち農業経営改善事業が取り組まれていたことに注意を促しているが[71]、三〇年代以降の軌跡を考えるうえでは、日蘭通交調査会での活動についても今後検討を深める必要があるだろう[72]。

また、石黒は小作立法においてと同様、移民においても小農が小農として成り立ちうるようにするためには、既存の農村秩序を改変することも厭わなかった点には注意を要する[73]。従来の石黒評価においては、農地政策への関与と農民政策への関与を対立的に捉え、前者を「進歩的」、後者を「保守的」とみなすきらいがあった。しかし大槻正男が石黒の軌跡について「若い時代の小作法の立案、その後の自作農創設、耕作権の確立等の諸政策ばかりでなく、満洲移民もブラジル移民も、働こうとする農村の有為な青年に、働き甲斐のある働き場、生き甲斐のある生活の場をつくつてあげようとした、一貫した根づよい意思のあらわれであつた」と評しているように[74]、石黒にとって農業移民とはあるべき小農の存立を実現すべく打ち出された施策であり、「保守的」な動機に発するものでは決してなかったと考えられる。なお、石黒は移民事業との関わりをしばしば「日本民族」の観点から説明する[75]。さらに、晩年に自らの死を意識して書かれたメモでは「私の生涯を顧みますと、一貫して日本の農業の発達に努めて参りました。そしてそれは国家民族の生存発展と人類の平和繁（栄？――引用者）の為であつたのであります」と、農業移民のみならず農政への関与そのものについて「国家民族の生存発展」から説いている[76]。しかし、彼にとって移民政策の正当性は、加藤・橋本のごとく第一義的に「日本民族」の優秀性なる観念から発したというよりも、あくまで直面する農業問題解決策としての意義が優先していたのではなかろうか。だからこそ「五族協和」イデオロギーの崩壊後も移民推進の動機は失われなかったと考えられる。

次に、戦時期に石黒が立ち上げた農民政策として農業増産報国推進隊をはじめとする農民訓練がある。石黒は第二次近衛内閣入閣の条件に農相と農民との直接対話実現を挙げ、農業増産報国推進隊訓練を開始した（第一節）。

「内原に一万五千人もの全国の農民を集めて「対話集会」を行うなどという途方もない大イベント」を実現させた農相石黒に対して、大竹は「見事なまでの、事務官僚からの「離陸」、そしてトップの仕事におけるプライオリティのつけ方だった」と非常に高い評価を与えているが、(77) かかる評価に対しても疑問を呈せざるを得ない。加藤との密接な連携によって実現した二つの事業に対して、満洲移民については「加藤に引きずられた」として免罪する一方で、農業増産報国推進隊については訓練本部長をつとめた加藤の役割に一切ふれぬまま石黒ひとりの功績として持ち上げるのは二重基準ではあるまいか。農業増産報国推進隊嚮導隊に設けられた外地班がのちに満洲報国農場へと展開したこと、あるいは第三回・第四回訓練に満洲開拓団からの派遣枠が設けられたことからもわかるように、これら二つの事業は直接の結び付きを持っていたのである。(78) なお、石黒は一九四八年に加藤完治の三男・弥進彦に対し自らの手がけた事業を振り返って、農業増産報国推進隊について「当時、訓練を受けた青年達が全国で活躍している。彼等には本当の農民精神が入っているから、日本は敗けたけれども、彼等が農村にいる限り、断じて日本は滅びないと信じている。この仕事だけは永遠に残るものと思う」と語っている。一方でそれ以外の事業については「その都度大切な仕事と信じてやってきたが、敗戦の今日になってみると、それらの仕事は、うたかたのように消え去って、残っているものはほとんどない」と総括したという。(79) 加藤完治の子息に対する述懐という点を差し引く必要はあろうが、戦後における石黒自身による石黒農政評価がかくの如きものであったことは注目される。(80)

第三に、農民教育との関わりについて。大橋博明は戦後の石黒が「農業問題の解決策を人生観の確立ではなく、協同組織の確立、農家規模の拡大に求めている」ことから、道場教育は「最上位の推進者の主観においても、資本に農業と農民をできるだけ摩擦なく委ねさせる便宜的手段にすぎないものであり、加藤完治や橘孝三郎など教育の直接的担当者は彼等の傀儡であったともみられる」と述べている。(81) しかしこの解釈は妥当だろうか。大橋は戦後の石黒に断絶を見ているが、戦前においても石黒は農業問題の解決を人生観の確立にのみ求めていた訳ではない。協同組織の確立（経済更生運動）、農家規模の拡大（満洲移民）いずれも彼が長らく追求してきた課題であった。また、石黒にとって農民教育が便宜的手段にすぎなかったとすれば、没するまで日本国民高等学校協会の代表理事をつとめ続けたことをどう説明するのか。[82]戦時・戦後の石黒の活動については、小農を小農として成り立たせるべく社会改革に邁進する、彼の小農主義という観点から連続的に理解が可能であるように思われる。

二．小平権一——もうひとりの「社会派官僚」——

小作立法以来石黒との二人三脚のもと農政の遂行にあたった小平は、戦後は追放解除ののち明治大学・協同組合短期大学教授として教鞭をとるかたわら、国際農友会理事、海外移住中央協会副会長、海外協会連合会理事長・副会長など移民関係団体の要職を歴任して戦後移民政策に関わり続けた。ここでは小平の軌跡を踏まえて、近年松井慎一郎によって提起された「社会派官僚」論について考えてみたい。「社会派官僚」論とは、旧制一高—東京帝大出身で学生時代に内村鑑三・新渡戸稲造の思想的影響を受けた官僚群を「社会派官僚」と捉え、「幅広い教養とキリスト信仰に裏打ちされた強烈な理想主義思想を有し、（中略）労働者・農民への同情的視点に立ち、それらの救済に向けて社会政策や教育事業等の面で進歩的な役割を果たした」ことを高く評価する議論である。[83]このような議論については二つの点で疑問が生じる。第一に、松井や武田清子は「社会派官僚」たちが戦後改革に果たした役割を強調する一方で、彼らの戦時期における活動についてはほとんど検討されていない。すなわち、大正デモクラシーから戦後改革へという図式のもと、戦時期については不問に付されている。第二に、まったく奇妙なことに、一高から東京帝大を出て内村・新渡戸の影響により終生敬虔なクリスチャンであった小平の存在については両者ともまったく言及がない。[84][85]小平は、大正デモクラシー期の小作立法（一九二〇年小作制度調査委員会幹事）から経済更生運動（三二年経済更生部長）を経て、戦時期の満洲移民（三九年満洲糧穀会社理事長、四〇年興農合作社中央会理事長）、戦後移民という一連の政策を、まさに「農民への同情的視点に立ち、それらの救済に向けて」推進していたのではないか。[86]「社会派官僚」論に小平の軌跡を対置すれば、「理想主義思想」を有した「社会派官僚」であることをもって、ただちに「進歩的な役割」を認めることはできないだろう。彼らの理想主義は必ずしも戦後民主主義につながるような「進歩的」な方向にのみ発揮されたわけではない。[87]理想を追求した一群の官僚たちによる施策をいかに評価するか。これは石黒農政の評価に直結する課題であり、結論部にて再び論じることとしたい。

三．那須皓―政治なき政策論の陥穽―

那須もまた、石黒や小平と同じくその「人道主義的」・「理想主義的」性格が指摘されてきた。彼がかかる性格の持ち主であったことに疑う余地はないが、[88]「人道主義的」農政学者たる那須が戦時のアジア侵略に積極的に荷担したこともまた疑いなき事実である。那須は満洲事変勃発を「天祐」と形容し、「火事場泥棒ではないけれども、農業に最も必要なる土地にしても、今日の安定せざる時に於ては割合に容易く、良い条件を以て手に入れることが出来るかも知れない」と説いた。[89]また彼は、現在「アジア太平洋地域での先駆的なＩＮＧＯ（国際的非政府組織）」[90]と評される太平洋問題調査会（Institute of Pacific Relations, IPR）において要職を歴任し、国際派知識人としてはなばなしい活動を行っている。[91]戦時期における日本ＩＰＲメンバーについて山岡道男は「欧米流の自由主義や国際主義をベースにした太平洋問題調査会のメンバーでいること自身が生命の危機を伴う極めて危険な状況と成って行き、戦争中は沈黙せざるを得なくなった」と述べているが、[92]少なくとも那須に関してかかる指摘はまったく当てはまらない。一九四一年に発行された日本農業に関するＩＰＲ報告書は満洲事変以前に書かれた二九年報告書[93]の改訂版であるが、結論部において突如、日本「内地」・朝鮮・台湾について書かれた本文とは無関係なまま、日本による満洲支配が不可避であること（imperative policy）を強弁する内容で総括されている[94]。そして満洲移民が完全に破綻したのちも、那須は晩年にいたるまで自らの過去の言動を棚上げしたまま北米や南米への移民事業に情熱を傾け続けた（第二節）。先行研究において那須の移民推進については「昭和初年の現実的な歴史状況の流れ」に狂わされたものとしたり[95]、彼の農政学におけるマルサス主義的な土地人口問題把握によって説明されてきた[96]。しかし戦後の言動に鑑みれば、従来の議論とは異なる解釈が求められる。戦後日本において移民事業の実現に奔走した那須の活動を「歴史状況の流れ」に狂わされた結果として説明できないのはもちろんのこと、同様の問題把握から満洲移民を唱導した加藤・橋本が戦後移民に関与していないことを考えれば、土地人口問題把握のみで理解することもまた困難である。ここで重要な示唆を与えるのが、近藤康男による那須批判である。近藤は、那須が満洲移民推進に乗り出す以前の時点において、那須農政学における「自由主義的、社会政策的、理想主義的――この一腹の兄弟によくある面ばう」に孕まれた、「国家――政策の担当者たる国家――といふものを何か特別の仕方で存在するところの公平無私な尊敬すべき頼るべき偉大なる存在であるとなし、彼自身の立場をそこに置く」姿勢の問題点を指摘していた。そのうえで近藤は、「公平無私なる国家又は個人が政策の担当者たるを許す「政策的といふ概念」と、「治者被治者、搾取者被搾取者、多数党少数党の対立関係」といった「政治的といふ概念」を区別する必要性を説いている[97]。つまり、那須農政学は現実の政治的諸関係を閑却した政策論であるがゆえに理想を語りうるとする批判である。かかる指摘を敷衍すれば、加藤・橋本など「皇国」という固有の国家像に依拠していた多くのイデオローグが戦後は移民推進の動機を失ったのとは対照的に、那須の場合は土地人口問題解決策としての実現可能性さえ見出せれば、移民事業を戦前・戦時国家の国策（アジア侵略）とも戦後民主国家の国策（日米親善・途上国開発）とも結び付けることができたと解釈できる[98]。那須自身は晩年の回想において満洲移民の侵略性を加藤に帰するかのような発言を行っているが[99]、戦後移民に対する両者の対照的な姿勢を考えるならば、土地人口問題把握に加えて国家把握という自らの農政学に内在的な要因によって（加藤に引きずられたのでなく）

那須がアジア侵略に荷担したことは明白だろう[100]。また那須の戦時における「国際活動」としてはＩＰＲや移民に加えて、一九三八年北京大学農学院名誉教授・評議員への就任が挙げられる。日本支配のもと再開された農学院であったが宣伝を行っても反響はほとんどなく、学生は集まらなかったという[101]。敗戦後北京で蟄居していた鞍田純（北京大学農学院教授・元東京帝大農学部助教授・戦後鯉淵学園長）は東京時代の教え子と再会する。国民政府の有力者となっていたかつての教え子は以下のように鞍田に語った。「那須先生や鞍田先生が来て、北京で一生懸命中国のために働いて下さっていることは、私たち非常によく知っていた。ですけれども戦争中の日本の軍のやり方、あるいは政治的な情勢の中で、私たちが北京に出て行って、先生方と一緒に仕事をするということは、とてもできなかった。そんなことを先生方はどの程度深刻にお考えになったのか」、「とてもこういう時期にどんな理想をもっておやりいただいても、那須先生その他と一緒に文化提携など出来っこない」。鞍田は「政治的な実情に対する認識がなかった」こと、「私たちが非常に甘かった」ことを、痛みを込めて振り返っている[102]。一方、那須は戦時の中国支配に関する自らの関与について以下のように回想する。「北京大学の再建とか、あるいは南京政府の農業上の顧問（四四年中華民国政府全国経済委員会顧問就任 —— 引用者）であるとかいろいろなことをやって中国のためには微力を尽くしたのです[103]」。那須は、自らの活動が置かれた政治的脈絡について最後まで無自覚なままであった。「人道主義的」・「理想主義的」情熱を込めて行われた活動について、その故をもってただちに評価することはできないことを、那須の軌跡は突き付けている[104]。

四．加藤完治―皇国日本との一体化―

敗戦後の加藤は「世界無比の集約農業」を目指し教え子たちを率いて福島県白河へ入植する。自らが組合長をつとめた開拓組合の経営は不振が続き、「下山者」が相次ぐなか一九五二年に加藤は倒れ、後事を息子の弥進彦に託して内原へ戻る。そして、その後は終生内原にて農民教育に専心した[105]。戦後における加藤の活動から明らかになるのは、第一に、彼について言説のみによって評価することの限界である。宮坂広作は加藤の著作をもとに「農家経営論では、適材適所の人づかい、農業組合への結集による農民相互の緊密な協同の必要、中間マージンを排除するための産直構想など、彼の議論はかなりリアリスティックである」と評している[106]。しかしここでリアリスティックとされている事柄はすべて白河で実行に移されたものの、完全共同経営への不満や直接出荷の失敗など実際には組合経営にダメージをもたらす要素となっている。「思想においてさほどオリジナリティをもたぬ加藤は、その実践においてオリジナリティを発揮した[107]」と評される加藤については、実践に即した評価こそが求められよう。第二に、彼が五二年以降農民教育に専心したことをどう考えるか。戦後においても内原では（教育勅語を五箇条の御誓文に変えたことを除けば）以前と同様の教育が続けられた[108]。「戦後だからといって、国民高等学校教育の方針は特に変りはありません。農民が自分の使命感に徹するということが一番大事なんです」と述べているように[109]、彼自身の内面において戦前・戦時と戦後の間に断絶は全くないが、山形県自治講習所時代から情熱を燃やし続けた移民からは完全に撤退してしまう。実は、加藤に対しても那須は戦後移民への協力を呼びかけていた。しかし加藤はその要請を「行った者が儲かるだけ」として断ったという[110]。彼にとって朝鮮・満洲移民と戦後移民を分けたのは、日本にとっての意義であったと考えられる。単なる「農民魂」でなく「日本農民魂」を鍛錬すべきことを強調する加藤にしてみれば[111]、「内地」との関係を保ち日本農村の更生に資する朝鮮・満洲への移民には国家的意義が存するが、日本から離れ「行った者が儲かるだけ」の戦後移民に乗り出す動機はまったく存在しなかった[112]。内原に戻った彼は「日本農民魂」の鍛錬に打ち込み生涯を閉じる。戦後における加藤の言動を考えれば、彼の朝鮮・満洲移民推進をもって「世界農本主義」への拡大と捉えることはできないだろう[113]。加藤にとって問題だったのは、徹頭徹尾「日本」だったのである（いうなれば「大日本農本主義」）。

五．橋本伝左衛門—皇国日本への便乗—

柏祐賢が「昭和恐慌前後から終戦まで」を「橋本時代」と形容したように[114]、戦後の橋本は滋賀県立短期大学学長をつとめるなど大学人としての立場は保持し続けるものの、農民政策について表立った関与は行わなかった。このことは、戦後においても開拓・移民・農民教育といった事業に関わり続けた他の内原グループとは対照的である。橋本の農民政策からの撤退をどう考えればよいだろうか。戦後間もない一九四七年に行われた「農業経営学の歩み」と題する京都帝大最終講義において、彼は戦時期を「私経済学の受難時代」と呼ぶ。そして「御用政策論、否、批判を許さざる指導論のみが盛んに」なり、軍部に「迎合せる文教乃至研究関係の当局の態度」が横行する状況下において、「吾々は唯その任に当るものとして、健実《ママ》なる経営の私経済の確立こそ、全体経済の健全強化の基礎をなすものであるとの確信のもとに経営学のレーゾン・デートルを主張して来たのであります」と述べている[115]。しかし橋本は果たして農業経営学を守り抜いたのか。実際には、戦時期において彼は「経営は絶対にこの国家目的の線に沿うて組織運営されなければならぬ。そのために経営経済、農家経済が若干犠牲を払ふことになつても已むを得ない」、「今日私益を先決的に顧慮して、経営政策を立てることは断じて許されぬ」と主張し[116]、大学の修業年限短縮に際しても京都帝大農林経済学教室同窓会誌において「大東亜戦争に勝ち抜くといふことが、あらゆる問題に対する先決問題であり、基礎条件をなすものであつて、そのために必要とあらば、学園の一時的閉鎖でさへもやらねばならぬ」覚悟を求めていた[117]。橋本が行ったような、戦後における明らさまな過去の隠蔽は他の内原グループとは著しい対照をなす[118]。「皇国日本」という国家像に依拠して「日本民族」の優秀性（裏返しとして他民族の蔑視）[119]によりアジア侵略を正当化し、自らの学問までも譲り渡した橋本は、戦時期における自らの言動を完全に封印して戦後を生きた。しばしば内原グループ全体に向けられる時流便乗者との評は、橋本にこそ相応しかろう[120]。そして、戦後の橋本には石黒・小平・那須のように引き続き移民事業に関与する動機はもはや存在しないうえ、加藤のように「皇国日本」と一体化し続けることもなかった以上、農民政策から退場するほかなかったのである。

以上、戦後における活動の検討によって、①農林省系外郭団体首脳として引き続き農民政策に関与した石黒・小平・那須、②内原での農民教育に専心した加藤、③農民政策から撤退した橋本、と三様の軌跡が見出された。これまで同志的一体性をもって語られることが多かった内原グループについて本節の考察からは、理想主義的社会改革論者としての共通性を持つ石黒・小平・那須に対し、皇国日本との一体化を続けた加藤、皇国日本へ便乗していた橋本という相違点を指摘できる。(121) またかかる相違によって、敗戦が彼らの活動に与えた衝撃も大きく分かたれることとなった。「皇国」という固有の国家像(「国体」)に依拠していた加藤・橋本にとって敗戦は農民政策に関与する根拠を崩壊させる事態であった(断絶)。これに対し石黒・小平・那須は「戦後日本」という新たな枠組みのなかで引き続き農民政策の推進に尽力し続けたのである(連続)。

石黒農政再考―むすびにかえて―

戦時・戦後日本農政に関する先行研究においては、「人」に対するはたらきかけが看過されるとともに、戦後農政における内原グループのラインについてはまったく検討されてこなかった。かかる欠落は、石黒農政の断絶・連続をめぐる議論に対しても大きな限界を与えている。本章の知見を踏まえるならば、従来の石黒農政論については断絶説・連続説ともに見直しが避けられない。(122) まず、林宥一、平賀明彦による「帝国主義官僚」規定に基づく断絶説(123)においては、農地政策はもちろんのこと農民政策の戦後展開についても説明が不可能である。次に、庄司俊作による連続説に立つ石黒農政再評価論[124]においては、農地政策における石黒—和田博雄—東畑四郎というラインから評価が下されていた。しかし農民政策の連続性を踏まえてもなお、かかる積極的評価が成り立ちうるのか。石黒農政の戦後への連続という指摘自体に異論はないが、その評価に際しては内原グループのラインに関する検討も不可欠だろう。同様に、坂根嘉弘、大竹啓介による「本来の石黒農政」（≒農地政策）と「旋回した石黒農政」（≒農民政策）を弁別する「二つの石黒農政」論[125]もまた、農地政策の連続性に基づく断絶説批判はまったく正当であるが、農民政策の連続性については見落とされていたと言わねばならない[126]。

それでは、石黒農政が二つの側面を持つことをどう考えればよいだろうか。岩崎正弥と大竹啓介の議論を手がかりに検討したい。岩崎は、戦時下農政思想は「農民の精神・身体を保護育成しようとする政策」として実現していったことを指摘したうえで、石黒の軌跡を「農民の保護育成」における「保護」から「育成」への振幅として捉える視角を提示した[127]。また、大竹は石黒農政下の農林官僚について（「国士」・「革新官僚」でなく）「省士」との形容を行った。「省士」とは、「外部に対しては「国士」官僚のように国政一般の改革を論ぜず、農林官僚としてのテクノクラート的専門分限を守る謂であり、内部的にはどのような部局のポストにあっても、先ず農林官僚の一員として求心的に行動する志向性を意味する」概念である[128]。前述の通り、大竹による石黒忠篤・石黒農政評価には首肯しかねる点が多いものの、農林官僚に対する「省士」という形容は卓抜な表現だと考える。二つの官僚像の違いは、「総合国策機関」たる企画院に出向した二人の農林官僚の対照的な姿勢にあらわれていよう。「革新官僚左派」和田博雄は、企画院時代「和田農業班」を率いて精力的に活動し、生涯における「盛夏の季節」を迎えたと評されている。一方、「官僚の本筋からはずされたような形で……仕事にあまり熱をお持ちではなかった」[129]とされる田中長茂は、企画院に籍を置きながらも「農林官僚」であり続けたといえるだろう[130]。岩崎・大竹の議論をもとに、石黒農政を「日本農政」（＝農林省の専門分限）の枠内において農民の保護育成を追求した一連の施策と捉えれば、二つの側面について統一的に把握することが可能となる。「日本農政」に枠付けられた改革の試みは、帝国レベル・国家レベルにおける政治的諸関係を没却した政策論に陥る危険性を孕んでいた（那須農政学と同様の陥穽）。農林官僚について「帝国主義官僚」と規定するのでなく「省士」と捉えれば植民地米への対応が理解できるし、[131]「貧農の救済のために働くという社会的正義感やヒューマンタッチ」[132]が移民推進にも向けられたこと、あるいは農業移民政策が帝国日本のアジア侵略とも戦後民主国家における日米親善とも結び付いたことが説明できる。[133]また、石黒は「農林行政の基調」として「如何なる政党が政権に就かうが、夫れとは殆んど没交渉に、行政自体は其の独自の建前を持つて居る」[134]と述べる一方で、橋本に対して「政党政治の時代では、政治家が威張り、官僚はコキ使われるようだが、なあにこちらにはいろいろの腹案があって、そのうちA、B等の政党がかわるがわる政権をにぎるにつれて、あれもこれも実現させ、結局農村のために役立てるんだ」[135]と語っていたという。一見すると矛盾しているように映るが、この二つの発言についても、日本小農の保護育成という政治状況に左右されぬ目的は一貫させたうえで、その手段については状況に応じて小作立法や自創事業といった「いろいろの腹案」を通じて実現をはかったものと考えれば整合的に理解できるのではないか。[136]農林官僚には「政策対象たる農業・農村・農民に対する親しみ、共感、共憂の心情」が備わっていたこと、「従来の官僚になかった理念とエートスとを持ち、積極的に社会改革を志向する集団として組織されていた」こと、こうした指摘そのものについては筆者もほとんど異論はない。[137]しかし、かかる「農林省エートス」の存在をもって石黒農政に対してただちに高い評価を与えることは、「社会派官僚」論と同様ナイーブにすぎる議論だといわねばならない。「日本農政」という枠組みのなかでの積極的な社会改革への志向性は、大正デモクラシー期や戦後改革期と同様、戦時期においても（枠組みそのものについては問われることのないまま）存分に発揮された。そして、与えられた枠組みの範囲内における実現可能な施策の追求は、農地統制のみならず、資材・労力不足のもと資源としての人の動員が要請される戦時枠組みのなかで（第三節）、満洲移民や農民訓練という形でも結実し、これらは戦後における移民政策や青年隊組織の史的前提を形成することとなったのである。[138]

注

(1) 高岡裕之「戦時期日本の人口政策と農業政策」『関西学院史学』三五、二〇〇八年、二頁。
(2) 農林省における人に関する政策(農民政策)や、「石黒農政」の評価をめぐる研究状況については、別稿にて考察を行っているので参照されたい(伊藤淳史「戦時・戦後日本農民政策史研究の論点と課題」『歴史学研究』八七九、二〇一一年)。
(3) 岡田知弘「農業資材」野田公夫編『戦時体制期(戦後日本の食料・農業・農村第一巻)』農林統計協会、二〇〇三年。
(4) 大瀧真俊「日満間における馬資源移動」(Ⅱ巻第三章)、野田公夫「日本における農林資源開発」(本書第一章)、また野田公夫「農業技術・農業生産・農家経済」、ならびに同「戦時体制と増産政策」(野田編『戦時体制期』所収)も参照。
(5) 以下、本章では農政サイドから満洲移民を強力に推進した、石黒忠篤・小平権一・那須皓・橋本伝左衛門・加藤完治という「農政五人男」(日本農業研究所編著『石黒忠篤伝』岩波書店、一九六九年、七六頁)について、先行研究の表記に倣い「内原グループ」と呼称する(坂根嘉弘「大正・昭和戦前期における農政論の系譜」頼平編『農業政策の基礎理論(現代農業政策論第一巻)』家の光協会、一九八七年、玉真之介「日満食糧自給体制と満洲農業移民」野田編『戦時体制期』所収、高岡裕之『総力戦体制と「福祉国家」』岩波書店、二〇一一年)。内原とは、日本国民高等学校および満蒙開拓青少年義勇軍訓練所の所在地を指す(茨城県東茨城郡下中妻村内原。現在水戸市内原町)。
(6) 以降の叙述では、「石黒農政」・「農民政策」・「内原グループ」という用語について括弧を付さずに表記する。
(7) 南相虎『昭和戦前期の国家と農村』日本経済評論社、二〇〇二年、一〇一・一二二~三頁。
(8) 小平権一「農村経済更生と負債整理」『斯民』二八(七)、一九三三年、一〇頁。
(9) 石黒忠篤「農村更生と教育改革」『教育』四(六)、一九三六年、三四頁。
(10) 有馬頼寧『土を語る』砂子屋書房、一九三九年、八三・二一三頁。また、戦時下農政思想は「物的政策を主とする農政」ではなく、「農民の精神・身体を保護育成しようとする政策」として実現していったとする岩崎正弥の指摘も参照(岩崎正弥『農本思想の社会史』京都大学学術出版会、一九九七年、二五九頁)。
(11) 玉「日満食糧自給体制と満洲農業移民」。
(12) 山下粛郎『戦時下に於ける農業労働力対策』農業技術協会、一九四八年、七一頁。
(13) 伊藤淳史「戦時体制下農民の意識と行動」『農業史研究』三五、二〇〇一年、大鎌邦雄「戦時統制政策と農村社会」野田編『戦時体制期』所収。

(14) 石原治良『農事訓練と隊組織による食糧増産』農業技術協会、一九四九年、一一頁。

(15) 以上の経緯については、石原『農事訓練と隊組織による食糧増産』を参照。なお、訓練に対する隊員たちの反応や帰村後の活動については伊藤「戦時体制下農民の意識と行動」を参照されたい。

(16) 共同炊事実施組合数は一九三八年度二一〇から四一年度一八、三六四、共同託児所数は三七年春九三一五・秋二〇四八から四一年春二〇、五七四・秋七七八二へと激増する（板垣邦子『昭和戦前・戦中期の農村生活』三嶺書房、一九九二年、二一二・二五九頁）。板垣の数値とは一致しないが、山下粛郎による共同炊事・共同託児施設開設数は以下の通りである。［共同炊事］四〇年度五三八八→四一年度一八、三六四→四二年度三一、一一〇。［共同託児］四〇年度二四、九七五→四一年度三〇、九三九→四二年度二九、九〇四（山下『戦時下に於ける農業労働力対策』四一〇～一・四四三頁）。

(17) 伊藤「戦時体制下農民の意識と行動」。また野本京子「戦時下の農村生活をめぐる動向」野田編『戦時体制期』所収も参照。

(18) 大鎌邦雄「昭和戦前期の農業農村政策と自治村落」『農業史研究』四〇、二〇〇六年、一一頁。

(19) 大鎌「戦時統制政策と農村社会」三〇八頁。

(20) 石原『農事訓練と隊組織による食糧増産』二六五頁。

(21) 以上の経緯については、石原『農事訓練と隊組織による食糧増産』一四〇～三頁。

(22) 石黒忠篤「食糧増産隊綱領に就て」『村と農政』六（一一）、一九四四年。

(23) 山下『戦時下に於ける農業労働力対策』六九八頁。また当事者の回想録においても、県に報告された出動記録について「なにか異質なものを感じる」、「あまりにも粉飾された成果の発表で、水増し数字の羅列」であることが指摘されている（辻本公一編著『大戦下の食糧事情と昭和十九年度甲種食糧増産隊（青少年農兵隊《ママ》）宮崎県大隊第四中隊の活動記録』菜摘舎、二〇〇七年、一八〇・二一六頁）。

(24) 以上、山下『戦時下に於ける農業労働力対策』六一四～五頁。なお、一九四四年八月には食糧増産隊の活動を伝えるラジオ番組が「日本内地だけでなく、大東亜各地に向けて」放送された（「録音放送　少年農兵隊」『村と農政』六（八）、一九四四年、三九頁）。

(25) 以上、石原『農事訓練と隊組織による食糧増産』二三三～四頁。

(26) 以上、石原『農事訓練と隊組織による食糧増産』二八四～五頁。

(27) 以上の経緯については、出原忠夫編『この道を行く三〇年』経営伝習農場全国協議会、一九六四年、三七～四二頁。なお、農林省系施設教育の戦後における展開について詳しくは、伊藤淳史「農業者研修教育施設（農業大学校）の展開過程」『農業経済研究』七五（三）、二〇〇三年を参照されたい。

(28) 満洲開拓史復刊委員会『満洲開拓史（増補再版）』全国拓友協議会、一九八〇年、八二六～三〇頁。

(29) 『満洲開拓史（増補再版）』八三五頁。

(30) 伊藤淳史「戦後開拓における加藤完治の営農指導」『村落社会研究』一三（一）、二〇〇六年。

(31) 森田明「戦後の二三男問題」田畑保・大内雅利編『農村社会史（戦後日本の食料・農業・農村第一一巻）』農林統計協会、二〇〇五年。なお、高岡裕之は一九五〇年代について「「過剰人口」の圧力という「戦前」的な問題状況」にあったとして、「人口問題という面からみた場合、一九五〇年代までの「戦後」社会は、総力戦体制以前の「戦前」社会との連続性がむしろ際立っている」とする（高岡『総力戦体制と「福祉国家」』二八四頁）。しかし、五〇年代における人口問題が「二三男問題」として問題化したこと（戦前・戦時との断絶面）にも充分留意する必要があるように思われる。

(32) 「農村建設青年隊事業要綱」『農地』五五、一九五四年、二五～七頁。

(33) Civilian Conservation Corps（市民保全部隊）。ニューディール政策の一環として、一九三三～四二年に編成された（本書第四章大田論文）。

(34) 伊藤淳史「農村青年対策としての青年隊組織」『経済史研究』九、二〇〇五年、六七頁。

(35) 「国際農友会（移住局昭三一・四・二〇）」外務省記録 J'1.1.0.3『本邦移住者取扱団体関係雑件第一巻』（外務省外交史料館）。

(36) 「海外移住に関する主務官庁は外務省とする。但し農業移民の募集、選考、訓練及び現地技術調査は、外務、農林両省の所管とする」。以上の経緯については、外務省中南米・移住局『戦後の海外移住と移住業務のあと』一九六六年、また安岡健一「戦後日本農村の変容と海外農業移民・序説」『寄せ場』二二、二〇〇九年を参照。

(37) Ito Atsushi "Emigration Policy in Postwar Japan"『農林業問題研究』四六（二）、二〇一〇年、p. 179.

(38) 石原治良『農村更生の提唱と推進（農山漁村経済更生運動正史資料第一二号）』農山漁村経済更生運動正史編集委員会、一九七八年、二五二～三頁。

(39) 要望書署名人は以下の通り。那須皓（国際農友会会長・農村更生協会会長）、山添利作（農林漁業金融公庫総裁）、荷見安（全国農業協同組合中央会会長）、内田秀五郎（全国農業会議所会長）、湯河元威（農林中央金庫理事長）、三宅三郎（全国４Ｈ協会理事長）、石黒忠篤（全国農民連合会会長・国際食糧農業協会会長）、後藤文夫（農村二三男対策中央協議会会長・産業開発青年協会会長）。括弧内の肩書は要望書に記載されたもの。以上八名のうち、農相経験者は石黒・後藤、次官経験者は山添・荷見・湯河・石黒。

(40) 一九五六年度の開始から六四年度の終了までに四一〇〇名が送出された。本事業について詳しくは、伊藤淳史「農業労務者派米事業の成立過程」『農業経済研究』八三（四）、二〇一二年を参照されたい。

(41) Paul Brassley, Yves Segers, and Leen Van Molle (eds.), *War, Agriculture, and Food*. New York: Routledge, 2012, p. 254.

(42) Brassley et al., *War, Agriculture, and Food*, pp. 254–5.

(43) 安岡健一「戦前期日本農村における朝鮮人農民と戦後の変容」『農業史研究』四四、二〇一〇年。なお、安岡の紹介する一九四二年一〇月の協議会において朝鮮人農民に関する質疑を行っているのは、石黒と石井英之助（当時農林省農政局長）である。

(44) 坂根嘉弘『〈家と村〉日本伝統社会と経済発展（名著に学ぶ地域の個性第三巻）』農山漁村文化協会、二〇一一年。

(45) 安岡「戦前期日本農村における朝鮮人農民と戦後の変容」。

(46) 坂根嘉弘「近代日本における農会財政と農民組織化の特徴」大鎌邦雄編『日本とアジアの農業集落』清文堂、二〇〇九年、五七頁、長原豊『天皇制国家と農民』日本経済評論社、一九八九年、三〇八頁。また、坂根嘉弘「日本帝国圏における農林資源開発組織」（Ⅱ巻第一章）も参照。

(47) 野田公夫『〈歴史と社会〉日本農業の発展論理（名著に学ぶ地域の個性第五巻）』農山漁村文化協会、二〇一二年、二一七頁。

(48) 坂根『日本伝統社会と経済発展』七四頁。

(49) たとえば、長原豊「戦時統制と村落」日本村落史講座編集委員会編『日本村落史講座第五巻』雄山閣、一九九〇年、庄司俊作『日本の村落と主体形成』日本経済評論社、二〇一二年。

(50) 町村敬志は農村建設青年隊が「産業開発青年隊から切り離された背景」として、「省庁間の縦割り意識のほか、開発への勤労奉仕としてきびしい批判にさらされた産業開発青年隊の試みから、農業により縁の深い部門を切り離すねらいもあった」と述べている（町村敬志『開発主義の構造と心性』御茶の水書房、二〇一一年、六二頁注七〇）。町村の考察は戦後に限定されているが、農林省の縦割り意識・青年隊運動への批判のいずれにおいても、戦時農政における青年動員の経験という前史の存在が決定的な要因となっていることを指摘しておきたい。

(51) 道場親信「戦後開拓と農民闘争」『現代思想』三〇（一三）、二〇〇二年、同「「戦後開拓」再考」『歴史学研究』八四六、二〇〇八年、安岡「戦後日本農村の変容と海外農業移民・序説」。

(52) なお、本稿では労働・生活の共同化に関する戦後展開については検討を加えることができなかった。農林省では戦後新たに設けられた農業改良局において、戦後改革の一環としての普及事業というまったく異なる位置付けのもと活動が行われてゆく。戦時における共同化との関係については今後の課題としたい。

(53) 戦後の農民政策には「二三男問題」の時代の終わりとともに、さらなる大きな性格変化（断絶）が生じることとなる。一九五〇年代後半から六〇年代初頭における日本農政の転換については稿をあらためて論じる予定であるが、さしあたり、本間正義が「一九四〇年体制」の産物とする政官業関係の成立や農業基本法制定は、いずれもすぐれて戦時農政からの転換を示す事態であったことを指摘しておきたい（本間正義『現代日本農業の政策過程』慶應義塾大学出版会、二〇一〇年、三五六～八頁、また「一九四〇年体制」論については、野口悠紀雄『一九四〇年体制（増補版）』東洋経済新報社、二〇一〇年）。

(54) 三好豊『高冷地酪農の草地形成過程と歴史』農林統計協会、二〇〇八年、五五頁。

(55) 三好『高冷地酪農の草地形成過程と歴史』五一頁。

(56) 道場「戦後開拓と農民闘争」。

(57) 吉沢佳世子「一九二〇年代山崎延吉の朝鮮進出」『人民の歴史学』一六二、三〇頁。

(58) 『農林水産省百年史』編纂委員会『農林水産省百年史中巻』一九八〇年、六三七～八頁における東畑精一の発言。

(59) 大竹啓介編著『石黒忠篤の農政思想』農山漁村文化協会一九八四年、四八六頁。

(60) 庄司俊作『日本農地改革史研究』御茶の水書房、一九九九年、三七四～五頁・四一一頁注四二。

(61) 以上の引用は、それぞれ、加藤完治『農と日本精神』千歳書房、一九四三年、四三頁、橋本伝左衛門「農業綱領」富民協会編・発行『昭和農業発達史』一九三七年、四六〇頁。加藤・橋本が戦後移民に関与しなかったこと、また彼らが推進したのは朝鮮・満洲という日本の植民地・勢力圏への移民に限られていたこともかかる観点から理解できよう。

(62) 以上、『石黒忠篤氏談（第三回）』一九五〇年一一月一七日（日本農業研究所蔵）。『石黒忠篤氏談』は日本農業研究所が『農林行

政史』編纂のため五〇年一〇月二七日から一二月二二日にかけて七回開催した談話会の筆記録で(大竹『石黒忠篤の農政思想』八一頁)、第二回(一一月一〇日)については大竹前掲書第二章に抄録が掲載されている。本資料の利用を許可いただいた、日本農業研究所に記して謝意を申し上げたい。

(63) 以上、大竹『石黒忠篤の農政思想』四九九頁。

(64) 竹村民郎「地主制の動揺と農林官僚」長幸男・住谷一彦編『近代日本経済思想史Ⅰ』有斐閣、一九六九年、三三四頁、同『独占と兵器生産』勁草書房、一九七一年、二九七頁。

(65) 竹村『独占と兵器生産』二九六頁。

(66) 石黒忠篤『南米を視察して』農山漁村政治連盟、一九五九年、四二～三頁、日本農業研究所『石黒忠篤伝』二三一～四頁。

(67) 以上、「日蘭通交調査会々員名簿 附設立趣意書、規約」JACAR(アジア歴史資料センター)Ref. B03040751600、宣伝関係雑件/嘱託及補助金支給宣伝者其他宣伝費支出関係/日蘭通交調査会ノ部(日蘭通信社ノ件ヲ含ム)(B-1-3-1-147)(外務省外交史料館)。

(68) 国立国会図書館憲政資料室蔵「石黒忠篤関係文書」一一〇。

(69) 前掲『石黒忠篤氏談(第三回)』、石黒『南米を視察して』四一～四頁。

(70) 石黒の満洲移民への関与について、並松信久は経済更生運動が国家の経済更生と読みかえられた結果だとしているが(並松信久『近代日本の農業政策論』昭和堂、二〇一二年、一三二頁)、これはまったく事実に反する見解である。石黒は農林次官就任間もない一九三二年一月より、経済更生部の設置(九月)に先立って、加藤や那須らとともに満洲移民の国策化を強力に働きかけていった(『満洲開拓史(増補再版)』三八～四五頁)。

(71) 松田忍『系統農会と近代日本』勁草書房、二〇一二年、九一～二頁。

(72) ちなみに、松岡静雄に石黒を紹介したのは柳田國男であったというが(日本農業研究所『石黒忠篤伝』二四頁)、柳田は「静雄の仕事の中で、私も一番賛成して一生懸命にやらせたく思つたのは「日蘭通交調査会」の仕事であつた」、「私が貴族院生活の下半期には、大変この仕事のために働いてやつた」と述べている(以上、『定本柳田國男集別巻三』筑摩書房、一九六四年、三七八頁)。柳田の具体的な協力が判明する史料を以下に紹介したい。

「(一九一九年 ―― 引用者)十月二十五日柳田貴族院書記官長埴原次官ヲ来訪シ「今般蘭国人 Buurman 氏来朝日下帝国ホテル滞

在中ナル処仝氏ハ Neederlandsch Indishe Press Agency 代表者ニシテ該通信社ノ事業トシテ日蘭両国相互ノ諒解並親善関係ノ増進ヲ図ルノ目的ヲ以テ来朝シタル次第ナルカ該通信社並同氏ノ人物ニ就テハ充分ノ信頼ヲ払フニ足ルモノアル而已《のみ》ナラス企図其ノ物カ本邦ニトリ頗《すこぶ》ル歓迎スヘキ筋合ノモノナルニ鑒《かんが》ミ此際我方ニ於テ同氏ノ事業助成ノ為メ何等カノ便宜供与方取計出来間敷哉云々ト申出タリ 尚同書記官長令弟休職海軍大佐松岡静雄氏モ過日原総理大臣ニ面会シ同氏賛助方同様陳述セル趣ナリ」（「Neederlandsch Indishe Press Agency ノ事業援助申出ノ件」JACAR: B03040750700、宣伝関係雑件／嘱託及補助金支給宣伝者其他宣伝費支出関係／日蘭通交調査会ノ部（日蘭通信社ノ件ヲ含ム）（B-1-3-1-147）（外務省外交史料館）。史料中のルビは引用者による）。

なお、和田健は石黒と柳田の関係を主題とする論稿において、（基礎的文献である『石黒忠篤伝』を参照していないこともあってか）二〇年代の移民送出計画をめぐる両者の接点についてまったく言及していない（和田健「石黒忠篤と民俗学周辺」『国立歴史民俗博物館研究報告』一六五、二〇一一年）。

(73) 石黒は戦後「小農健在論」と題した論稿において、「私は決して古い孤立した小農社会のまゝでいゝと主張しているのではない」ことを強調している（石黒忠篤『農政落葉籠』岡書院、一九五六年、一七〇頁）。なお、農本思想研究においては農本主義が対抗思想としての性格を持つことがつとに指摘されている（中村雄二郎『近代日本における制度と思想』未來社、一九六七年、補論一、野本京子『戦前期ペザンティズムの系譜』日本経済評論社、一九九九年、終章）。小作立法の動きに関与しなかった加藤完治ですら、既存の農村秩序を守るべきものとしてそのまま受け入れていた訳ではない（Thomas R. H. Havens, *Farm and Nation in Modern Japan*. Princeton: Princeton University Press, 1974, p. 278. 舩戸修一「農本主義の再検討」『年報社会学論集』一二、一九九九年）。

(74) 大槻正男「石黒さんの思い出」石黒忠篤先生追憶集刊行会編・発行『石黒忠篤先生追憶集』一九六二年、三〇四頁。

(75) 石黒忠篤「我民族の海外発展と農業労務者派米事業」『ニューファーマーズ国内版』一、一九五七年、同『南米を視察して』四五頁。

(76) 国立国会図書館憲政資料室蔵「石黒忠篤関係文書」九三。

(77) 以上、大竹『石黒忠篤の農政思想』四八六〜七頁。

(78) 石原『農事訓練と隊組織による食糧増産』四一・四〇二頁。

(79) 以上、加藤弥進彦『志を継いで』農村報知新聞社、一九九七年、三四頁。

(80) なお、一九五〇年一二月二二日の談話会においても石黒は「農業推《マ》進《マ》隊の隊員であつた人たちが至るところに農業の中心になつておるということを、私は手前みそでなく、申し上げることができると思います」との発言を行っている（『石黒忠篤氏談（第七回）』）。

(81) 以上、大橋博明「日本における農本主義教育論の研究（Ⅲ）」『中京大学教養論叢』七五（三）、一九七五年、三六頁。

(82) さらには、大橋の議論において加藤と橘が同列に扱われている点も疑問である。

(83) 引用は、松井慎一郎「新渡戸・内村門下の社会派官僚について」『日本史研究』四九五、二〇〇三年、三〇頁。また武田清子『増補 天皇制思想と教育』明治図書出版、一九七五年、同『戦後デモクラシーの源流』岩波書店、一九九五年も参照。

(84) 特に、背教者としての加藤完治を論じたことのある武田が小平の存在を知らなかったとは考えがたい（武田清子『土着と背教』新教出版社、一九六七年）。小平の評伝には、満洲在勤中の一九四一年と戦後（五三年）郷里への墓参時に、夢の中で内村・新渡戸と談話したという挿話が紹介されている（『小平権一と近代農政』編集出版委員会『小平権一と近代農政』日本評論社、一九八五年、五〇頁）。

(85) 石黒・那須も新渡戸との間には多くの接点があった。とりわけ那須は、一高時代の回想においてたびたび新渡戸に言及しているほか（那須皓『惜石舎雑録』農村更生協会、一九八二年、五一・三四二・三七〇・三七五～六頁）、後述するように日本ＩＰＲでは新渡戸理事長のもと要職を歴任して国際活動を行っている。また、よく知られているように、石黒・小平・那須は一九一〇年代新渡戸邸で開催されていた郷土会のメンバーであった。柳田國男は自身の郷土研究会の合流について「多分、石黒忠篤君が両方の会に出てゐたので、橋渡しになつたのだつたかと思ふ」と述べ、那須については「この人はどちらかといふと新渡戸先生の宗教的な方のお弟子であつた」と評している（以上、『定本柳田國男集別巻三』四六四・一八八頁）。なお、内村は石黒について「クリスチャンではないけれども、クリスチャン以上にりっぱな人」とその人格を高く評価していたという（日本農業研究所『石黒忠篤伝』八頁）。

(86) 以上、小平の経歴については楠本雅弘編著『農山漁村経済更生運動と小平権一』不二出版、一九八三年所収「小平権一年譜」による。

(87) 「社会派官僚」論によって戦後教育改革の担い手として描かれた森戸辰男は、後年になると新憲法と教育基本法によって「日本の国柄と長い精神的伝統が権力的に中断された」ことを批判している（森戸辰男『教育不在』鱒書房、一九七二年、三頁）。また中央教育審議会会長として一九六六年に「期待される人間像」を発表したほか、家永教科書裁判では国側証人として出廷した（これらの点について武田や松井はまったく言及していない）。かかる軌跡が森戸の「転向」によるものか筆者に判断する能力はないが、「社会派官僚」（正確には森戸は官僚ではないが）による理想の追求として連続的に捉えることも可能であるように思われる。

（88）那須は、国際農友会による農業実習生の海外派遣（第二節）など国際農業協力活動における「実践的人道主義」が評価され、一九六七年マグサイサイ賞（国際協力部門）を受賞している（Ramon Magsaysay Award Foundation HP: http://www.rmaf.org.ph/Awardees/Citation/CitationNasuShi.htm）。

（89）以上、那須皓「満蒙移民問題」『東洋』三五（八）、一九三二年、二八・三七頁。

（90）山岡道男『『太平洋問題調査会』研究』龍渓書舎、一九九七年、二五七頁。

（91）那須は一九二九年日本ＩＰＲの理事に就き、その後日本ＩＰＲ研究部会幹事、ＩＰＲ国際調査委員会委員を歴任した。戦後再建された日本ＩＰＲにおいても、那須は副理事長やアメリカＩＰＲとの日米関係会議派遣代表団長をつとめている（原覺天『現代アジア研究成立史論』一九八四年、二三八・二七八・二九六頁）。

（92）山岡『『太平洋問題調査会』研究』二六五頁。

（93）Nasu Shiroshi, *Land Utilization in Japan*. Tokyo: Institute of Pacific Relations, 1929.

（94）Nasu Shiroshi, *Aspects of Japanese Agriculture*. New York: Institute of Pacific Relations, 1941, p. 168.

（95）二野瓶徳夫「農学の基礎にある農業観についてのノート」『レファレンス』三四（五）、一九八四年、二三頁。

（96）村上保男『日本農政学の系譜』東京大学出版会、一九七二年、一五七頁、坂根「大正・昭和戦前期における農政論の系譜」五七頁。

（97）以上、近藤康男「緊切な農地政策―那須博士の「農政論考」を読む―」『帝国大学新聞』一九二八年五月二八日付（『復刻版帝国大学新聞第三巻』不二出版、一九八四年）。なお、この記事は近藤康男『一農政学徒の回想』農山漁村文化協会、一九七六年、七一三～六頁にも収録されているが、論題および一部の表現が異なるため引用は初出にしたがった。

（98）坂根嘉弘は那須農政学の「暗転」を「比喩的にいえば、生産関係論的視点からマルサス的人口論的視点への移動」としているが（坂根「大正・昭和戦前期における農政論の系譜」五七頁）、「移動」というよりも、那須農政学には当初より土地人口問題把握に基づく移民論が伏在していたのではないか。最初の著作において那須は既に耕地面積と農家戸数の比率に注意を促し「国内農商工、自由職業者等に用ひ得ざるの人間は即ち国外の人口稀薄なる所に移住して大和民族の新発展地を作る」べきことを説いていた（帝国農会『中小農保護政策』一九一二年、二九頁）。なお、竹野学は『公正なる小作料』（岩波書店、一九二五年）の刊行によって那須は一旦「国内農業改善の議論に傾斜し移植民の議論からは離れていく」と論じているが（竹野学「植民地開拓と「北海道の経験」」『北大百二十五年史 論文・資料編』北海道大学、二〇〇三年、一七一頁）、同書は大阪毎日新聞の連載とそれに対する批評および那須の応答が収録された八〇頁に満たぬ小冊子であり（松田『系統農会と近代日本』二二六頁が東京朝日新聞連載とするのは誤り）、これをもって那須が移植民の議論から離れたとすることは疑問である。

（99）「我々の仲間の考え方を加藤君に近い側から並べますとネ。加藤完治、橋本伝左衛門、小平権一、石黒忠篤、那須皓となります。相対的にいえば、加藤君に一番近かったのは橋本君で、一番遠い方にいたのが私です」、「満州移民の問題は、分村計画その他と結びついて、農村経済更生と関係したけれども、同時にその反面において、加藤君の考え方なり人格を通じて、軍国主義というものと若干共通の面がありました。それで満州移住は即軍国主義という事になってしまうんですよ」（以上、農山漁村経済更生運動正史編集委員会『経済更生運動の指導原理—那須皓氏に聞く—（農山漁村経済更生運動正史資料第六号）』一九七七年、一五・二七頁）。

（100）国際派知識人たる那須のアジア侵略への荷担を考えるうえで、日本ＩＰＲメンバーに対する中見眞理の考察は示唆に富む。中見は日本ＩＰＲに積極的に参加したのは一高時代に感化を受けた「新渡戸宗の使徒」たちであり（中見眞理「太平洋問題調査会と日本の知識人」『思想』七二八、一九八五年、一〇六頁）、彼らの認識の根底に「キリスト教的人格主義」（一一一頁）が存在したことを認めている。そのうえで、彼らが「日本政府（特に外務省穏健派）ときわめて近いところに位置し政府との間に緊張感を欠いていたこと」（一一六頁）、「人格」をそなえた自分たちはアメリカに認められる資格があると考える一方で、中国人・朝鮮人に対しては「人格」を有する存在とは認識せず「中国・朝鮮に関して日本政府の政策の枠組を乗り越える視点をもつことができなかった」（一一二頁）ことを指摘している。

（101）北京大学農学院に設けられた農村経済研究所においても、副所長・錦織英夫（北京大学農学院教授・元東京帝大農学部助教授・戦後東北農業試験場長）は「中国の協力者が現在極めて尠いことは遺憾至極」であると述べている（錦織英夫「農村経済研究所の沿革と現状」『報告長編（北京大学農村経済研究所）』一、一九四三年、一三頁）。北京大学農学院および農村経済研究所の活動については、田島俊雄「農業農村調査の系譜」末廣昭編『岩波講座「帝国」日本の学知第六巻』岩波書店、二〇〇六年を参照。

(102) 以上、鞍田純先生著作論文目録編集委員会『偲ぶ―鞍田純先生の遺稿と著作論文目録―』一九七八年、二九～三二頁。

(103) 那須『惜石舎雑録』二三五頁。

(104) 「国際農友会の理想」と題されたインタビュー記事において那須は、従来の「国際提携」が「一部の政府の人とか、または指導者というべき人間とか、または時の権力者とか云つたものが、耕作農民を幸福にしてやるというスローガンをかかげて、農民をひきずつていつた傾向が多分にある」として「指導者たちの考へはもちろん善かつたとしても、それに牛耳られた農民というものは、かならずしも幸福であつたとは言えない」ことを指摘する（以上、那須皓「国際農友会の理想」『国際農友』一、一九五二年、二頁）。その一方で日本農民の世界への寄与として「その形のうえでの失敗はともかくとして、長い眼で見たならば、満洲の開拓も多くのものをのこしたのぢやないかと思いますね」と語っている（同四頁）。那須にあってはこの二つの発言は不整合をきたしていないようである。東畑精一は戦後における那須の「国際活動」を評して「政治的意味を盛って解釈することはできないであろう」と述べている（東畑精一『東畑精一　わが師わが友わが学問』柏書房、一九八四年、三五頁）。しかし、那須の「国際活動」は戦前・戦時においてと同様、戦後においてもきわめて強い政治性を帯びていた（伊藤「農業労務者派米事業の成立過程」）。東畑の見解は、「政治的脈絡から自由であること」と「政治的脈絡について無自覚であること」を混同した評価といわざるをえないだろう。

(105) 伊藤「戦後開拓における加藤完治の営農指導」。

(106) 宮坂広作「日本農本主義の教育」『東京大学教育学部紀要』二九、一九九〇年、一〇〇頁。

(107) 松本健一『思想としての右翼』第三文明社、一九七六年、一一三頁。

(108) 「復活した〝内原訓練所〟」『朝日新聞（夕刊）』一九五六年二月一二日付。

(109) 加藤完治全集刊行会『加藤先生 人・思想・信仰　上巻（加藤完治全集第四巻）』刊行年記載なし、一八三頁。

(110) 加藤弥進彦氏より聞き取り（二〇〇五年九月一〇日）。

(111) 加藤完治「農業教育と農民訓練」富民協会編・発行『昭和農業発達史』一九三七年、三四〇～一頁。

(112) 平川守も加藤について「移民というものは、日本の国旗の下にまとまつて行かなくてはならないという考え方が非常に強かつた、だから加藤氏は終戦後でも南米へは、反対だつた」と述べている（平川守『満洲農業移民について（農山漁村経済更生運動

正史資料第一一号）』農山漁村経済更生運動正史編集委員会、一九七八年、二二頁）。
(113) 武田共治『日本農本主義の構造』創風社、一九九九年、一〇・三三八頁。
(114) 柏祐賢「橋本先生とその学問」『農業と経済』四三（一〇）、一九七七年、六頁。
(115) 以上、橋本伝左衛門「農業経営学の歩み」『農業と経済』一三（七）、一九四七年、五三～四頁。
(116) 以上、橋本伝左衛門「農業経営と経営政策」『農業と経済』一〇（四）、一九四三年、三一六～七頁。
(117) 橋本伝左衛門「大東亜戦争一周年記念日に」『洛友会報』一六、一九四三年、三頁。
(118) 橋本以外の内原グループにとって戦時期は「恥ずべき過去」ではまったくなかった。ちなみに、戦後追放を免れたのは橋本のみである。後年の回顧録においても、橋本は満洲国開拓研究所長であったことに関説するほかは（橋本伝左衛門『農業経済の思い出』橋本先生長寿記念事業会、一九七三年、四〇一頁）、自らの満洲移民に関する具体的な関与について一切語っていない。
(119) 橋本は「忠君愛国の精神を（日本人 ―― 引用者）移民に叩き込む」ことの重要性を訴える一方で（橋本伝左衛門『東亜の開発と皇国精神（教学叢書第六輯）』教学局、一九三九年、三四頁）、他民族に対しては「未開の満・鮮人にハイカラな農業政策の急施は寧ろ禁物だ」（同「満洲国農業政策の基調」『農業と経済』四（七）、一九三七年、九八八頁）、「支那農民に対しては、（中略）出来る丈無為にして化し、安居楽業を得せしむるが第一である。誤つても、日本農民と同一レベルにかれ等を引上げやうとするが如き、無効・無益にして有害なる御節介に出てはならぬ」（同「長期建設に於ける農業問題の基調」『農業と経済』六（一）、一九三九年、七頁）と主張した。
(120) 橋本によるチャヤーノフ理論の「操作」について、藤原辰史『ナチス・ドイツの有機農業』柏書房、二〇〇五年、二四三～五頁、また自らが師事したアーレボーの経営学に対して「公益は私益に先んずべく、個人的利益の追及は、全体的利益の為にその道を譲らなければならぬ時代となつては、経営の指導理論も又転換せざるを得ない」と評したことについて、相川哲夫「日本農業経営学の確立」『農業と経済』四三（一〇）、一九七七年、二〇頁を参照。
(121) 一方で、本章の考察では石黒・小平・那須の相違を明示するにいたっていない。たとえば、小平が外務省系外郭団体である海外協会連合会の要職にも就いている点は異質であるが、三名の相違については今後の課題としたい。
(122) 石黒農政における戦時と戦後の関係をめぐる従来の議論について、詳しくは伊藤「戦時・戦後日本農民政策史研究の論点と課題」を参照されたい。

(123) 林宥一「第一次大戦後の農民問題」『歴史学研究 別冊特集』一九八一年、平賀明彦『戦前日本農業政策史の研究』日本経済評論社、二〇〇三年。

(124) 庄司俊作『日本農地改革史研究』御茶の水書房、一九九九年、同「戦後改革期における日本側農政当局の農業改革構想」『社会科学』六五、二〇〇〇年、同『近現代日本の農村』吉川弘文館、二〇〇三年。

(125) 坂根嘉弘「家田・林報告批判」『歴史学研究』五〇一、一九八二年、大竹『石黒忠篤の農政思想』。

(126) さらに、「旋回した石黒農政」という表現に含意されている、農地政策から農民政策への「旋回」という把握そのものにも問題があることは前述した通りである(第四節第一項)。

(127) 以上、岩崎『農本思想の社会史』二五九・二六七頁。

(128) 大竹啓介『幻の花　和田博雄の生涯　上巻』楽游書房、一九八一年、一三一頁。

(129) 以上の引用は、それぞれ大竹『幻の花上巻』一三二・一一六・一五一頁。

(130) つまり、「革新官僚」たる和田をもって石黒農政下の農林官僚を代表させることは適当でない。田中には『農村革新の書』と題する著書があるが、同書において彼が「農業政策の基調」として主張しているのは「積極的な強制的保護主義」への転換であり(以上、田中長茂『農村革新の書』農業と水産社、一九三八年、一九頁)、あくまで農林省の枠内における「革新」であったように思われる。なお、堀越芳昭も小平について「革新官僚」というより「基底としての「農業」の枠内にあった」ことを指摘しているが(堀越芳昭「農業・農業団体政策と農林官僚」波形昭一・堀越芳昭編著『近代日本の経済官僚』日本経済評論社、二〇〇〇年、八五頁注三)、一方で一九四一年の農務局廃止・四三年の農業団体法成立をもって石黒農政の終焉とする点は首肯できない(同八一〜二頁)。

(131) 林宥一は「日本帝国主義の農業政策の一つの帰結」として植民地における産米増殖計画を位置付けているが(林「第一次大戦後の農民問題」一四五頁)、日本「内地」の農業を所管する農林官僚は、安価な植民地米の流入に対して明確に反対の立場をとっていた。朝鮮の産米増殖計画について石黒は「本国の農林《ママ》省と何らの合議というものがなかった」ため、農商務省側の「日本の米作農民の大変な圧迫」に対する懸念が顧みられなかったことを批判している(『石黒忠篤氏談(第四回)』一九五〇年一一月二五日)。のちに彼は、移入米に関する朝鮮総督府との調整が不調に終わったことから農林次官を辞した(日本農業研究所『石黒忠篤伝』二二三〜四頁)。

(132) 庄司『日本農地改革史研究』三六九頁。

(133) 戦後移民について、外務省では「移民行政の一元化」を訴える文書を作成している（移住参事官「移民行政の一元化について」一九五五年四月二五日付 外務省記録 J'1.0.0.7『本邦移住業務機構関係』（外務省外交史料館））。この文書では、農業移民が農林省との共管であることを問題視して「例えば「農民のことは農林省」というのであれば、農山漁村における教育も衛生も建設も郵便もすべて農林省が担当することになり、意味をなさない」と批判する。しかし、石黒農政を貫いていたのは、まさに「農民のことは農林省」という論理であった。実際に農林省は、郵便を除けば公共事業（建設）はもちろんのこと、経営伝習農場（教育）や開拓保健婦（衛生）なども担当していたのである。

(134) 以上、石黒忠篤『農林行政』日本評論社、一九三四年、一三〇～一頁。

(135) 橋本『農業経済の思い出』四二五頁。

(136) なお、戦時期の農林官僚は、石黒直系の「農政派」と井野碩哉・重政誠之らの「物動派」という二派に分かれていたとされる（農林記者クラブ編『農林省』朋文社、一九五六年、一九四・一九七頁、秋山暁「農政をうごかす人々」『地上』一〇（一〇）、一九五六年、五二～三頁）。両派ともに「日本農政」の枠内にあった点では共通しているのではないかと考えているが（「省士」における下位区分）、両派の差異については今後の課題としたい。ちなみに、石黒農政における「省士」的性格に終始冷ややかだったのが東畑精一である。「何故に農業の困難を農業の内部に於て救済しようとするのであるか。農村民を飽く迄農村民として救済しようと云ふ窮屈な策をとらうとするのであらうか」（東畑精一『農村問題の諸相』岩波書店、一九三八年、三三頁、また同『米』中央公論社、一九四〇年、一六四～五頁も参照）。

(137) 以上の引用は、それぞれ大竹『石黒忠篤の農政思想』四九八頁、庄司『日本農地改革史研究』三六四頁。ただし、大竹が「農林省エートス」の特質のひとつとして「政策結果に対する責任感覚の強さ」を挙げている点に関しては（大竹前掲書四九八～九頁）、満洲移民と戦後移民の連続性を踏まえるかぎりにわかに首肯しがたい。

(138) 先行研究でも指摘されているように、一九五六年に開始される新農村建設事業についても、農林省による官製運動の系譜として経済更生運動・皇国農村確立運動と連続的に捉えることが可能である（大竹『石黒忠篤の農政思想』四九五頁、岡田知弘『日本資本主義と農村開発』法律文化社、一九八九年、一三一頁、森武麿「両大戦と日本農村社会の再編」『歴史と経済』四八（三）、二〇〇六年）。湯河元威は「戦争前のような行き方ではいけないが」と断りつつも、「これだけの仕事をするには、見張らないといけない。監督を相当周密にやらなければいかんと思います。これと類似の経済更生運動とか、皇国《マ》農村運《マ》動、ああいう時のことを十分お調べになつて、なにかそういうスピリットのものが入つていないと、無駄な金をばらまいてしまうような気がするんです」と発言している（農林大臣官房総合開発課『第二回新農山漁村建設総合対策中央懇談会速記録』一九五六年、六六頁）。

参考文献

（日本語文献）

藺信三編『帝国崩壊とひとの再移動（アジア遊学一四五）』勉誠出版、二〇一一年。

有馬頼寧『土を語る』砂子屋書房、一九三九年。

石黒忠篤『農林行政』日本評論社、一九三四年。

同　『農政落葉籠』岡書院、一九五六年。

同　『南米を視察して』農山漁村政治連盟、一九五九年。

石黒忠篤先生追憶集刊行会（編・発行）『石黒忠篤先生追憶集』一九六二年。

石原治良『農事訓練と隊組織による食糧増産』農業技術協会、一九四九年。

出原忠夫編『この道を行く三〇年』経営伝習農場全国協議会、一九六四年。

岩崎正弥『農本思想の社会史―生活と国体の交錯―』京都大学学術出版会、一九九七年。

大竹啓介『幻の花　和田博雄の生涯』（上・下）楽游書房、一九八一年。

同編著『石黒忠篤の農政思想』農山漁村文化協会、一九八四年。

小野寺永幸『秘録少年農兵隊―皇国日本を耕した子供たち―』本の森、一九九七年。

加瀬和俊『集団就職の時代』青木書店、一九九七年。

加藤完治全集刊行会（編・発行）『加藤完治全集』第一～五巻・別冊。

加藤弥進彦『志を継いで―私の愛農人生―』農村報知新聞社、一九九七年。

楠本雅弘編著『農山漁村経済更生運動と小平権一』不二出版、一九八三年。

小平権一『石黒忠篤』時事通信社、一九六二年。

『小平権一と近代農政』編集出版委員会『小平権一と近代農政』日本評論社、一九八五年。

白石健次『グワタパラ移住事業―農林・外務両省の確執―』日本図書刊行会、一九九七年。

戦後開拓史編纂委員会編『戦後開拓史（本篇・資料篇）』全国開拓農業協同組合連合会、一九六七年・一九六八年。

戦後開拓史編さん委員会編『戦後開拓史（完結編）』全国開拓農業協同組合連合会、一九七七年。

高岡裕之『総力戦体制と「福祉国家」―戦時期日本の「社会改革」構想―』岩波書店、二〇一一年。

武田共治『日本農本主義の構造』創風社、一九九九年。

田畑保・大内雅利編『農村社会史（戦後日本の食料・農業・農村第一一巻）』農林統計協会、二〇〇五年。

那須皓『農村問題と社会理想／公正なる小作料（明治大正農政経済名著集二一）』農山漁村文化協会、一九七七年。

同　『惜石舎雑録』農村更生協会、一九八二年。

那須皓先生追想集編集委員会編『那須皓先生―遺文と追想―』農村更生協会、一九八五年。

南相虎『昭和戦前期の国家と農村』日本経済評論社、二〇〇二年。

日本国民高等学校協会『写真で見る六〇年の歩み』加藤完治先生顕彰会、一九八七年
日本農業研究所編著（橋本伝左衛門・那須皓・大槻正男・東畑精一監修）『石黒忠篤伝』岩波書店、一九六九年。

「農業青年海外派遣事業五〇年史」編集委員会『農業青年海外派遣事業五〇年史』国際農業者交流協会、二〇〇二年。

野添憲治『開拓農民の記録―日本農業史の光と影―』社会思想社（現代教養文庫）、一九九六年。

野田公夫編『戦時体制期（戦後日本の食料・農業・農村第一巻）』農林統計協会、二〇〇三年。

野本京子『戦前期ペザンティズムの系譜―農本主義の再検討―』日本経済評論社、一九九九年。

橋本伝左衛門『農業経済の思い出』橋本先生長寿記念事業会、一九七三年。

橋本先生追想集編集委員会『橋本伝左衛門先生の思い出』農村更生協会、一九八七年。

福地曠昭『農兵隊―鍬の少年兵士―』那覇出版社、一九九六年。

富民協会（編・発行）『昭和農業発達史』一九三七年。

満洲開拓史復刊委員会『満洲開拓史（増補再版）』全国拓友協議会、一九八〇年。

村上保男『日本農政学の系譜』東京大学出版会、一九七二年。

山下粛郎『戦時下に於ける農業労働力対策』（第一分冊・第二分冊）農業技術協会、一九四八年。

若槻泰雄『外務省が消した日本人―南米移民の半世紀―』毎日新聞社、二〇〇一年。

若槻泰雄・鈴木譲二『海外移住政策史論』福村出版、一九七五年。


（英語文献）

Paul Brassley, Yves Segers, and Leen Van Molle (eds.), *War, Agriculture, and Food: Rural Europe from the 1930s to the 1950s*. New York: Routledge, 2012.
Nasu Shiroshi, *Aspects of Japanese Agriculture*. New York: Institute of Pacific Relations, 1941.

第三章　戦時期日本における資源動員政策の展開と国土開発

——国家と「東北」——

岡田知弘

東北興業㈱と東北振興電力㈱の発足
（東北開発株式会社社史編集委員会編『五十年の歩み』東北開発株式会社、1990 年より）

1931（昭和 6 年）及び 34 年の冷害凶作、33 年の昭和三陸津波を契機に、国策として東北振興事業が展開されることになる。この事業の実行主体として、1936 年 10 月に東北興業株式会社と東北振興電力株式会社が設立される。この両会社は、米国の TVA を参考にしたものであり、東北での電源開発と重化学工業化を通して、戦時下の資源動員政策に貢献した。

はじめに

周知のように、日本の資源政策は国家総動員資源政策の一環として昭和戦前期から戦時期にかけて形成されていった。それが、戦後、ＧＨＱのニューディーラーたちが持ち込んだ米国の資源政策の流れと複雑な形で接合することによって、戦後日本の資源政策として変性を遂げながら継承されることになる。

また、日本では、国土開発や国土計画行政も、資源政策とともに戦時期に形成、展開をみた。しかしながら、戦時期においては法的な拘束力をもつ「国土計画」は決定されるには至らず、企画院がその官制廃止前に作成した「中央計画素案・同要綱案」（一九四三年一〇月）が関係省庁の参考資料として配布されるにとどまった。とはいえ、国土計画のプランニング作業はその後も内務省国土局に引き継がれ、一九四五年一月の「戦時国土計画素案」に至るまで、数次にわたる計画案が作成された。さらに終戦間もなく「国土計画基本方針」が策定され、戦後の国土計画行政と接続することになる。同時に、国土計画的見地にたつ産業立地政策や河水統制事業といった国土開発政策が、戦時期において具体化されていたことにも注目しなければならない。

資源動員政策と国土計画行政・国土開発政策は、偶発的に並行して存在していたわけではない。国土内にある物的・人的資源を調査、動員、活用するためには、国土計画的視点や資源開発のための国土開発が必要不可欠だからである。両者は、不即不離の関係にあるといえるであろう。

ただし、この二つの政策体系だけでは、資源動員も国土開発も実行することはできない。国土に賦存する物的・人的資源を調査、動員、活用する政策立案・実施主体が必要となる。政策立案・企画を行う国家機構とともに、それらと密接な関係の下におかれ実際の動員を実行する地方制度、地方行政組織が必要となる。現に戦時下においては、物資や生活必需品の物流や配給を円滑にし、空襲に備えたアウタルキー経済体制を構築する目的で、道州制導入論に代表される広域行政組織の必要性が強く説かれるようになる。その結果、都道府県と省庁出先機関同士の協議会の設置からはじまり、両者が国内八カ所に分かれ軍部の地方組織とも統合されるかたちで「事実上の道州制」とも呼ばれた「地方総監府」が四五年六月に設けられるという、歴史的経験が存在した。時代状況が大きく異なる現代においても、道州制導入論が台頭しつつあり、このような広域行政組織形成と資源政策、国土計画・国土開発政策との関連性を、歴史的視点から改めて検証することが必要となっている。

その際、具体的な地域の現場に視点をおいて、国家の資源動員政策と国土計画・国土開発政策、地方行政組織との関係性を見ることで、問題をより立体的に把握することができるであろう。そこで本章では、昭和恐慌期の連続凶作と昭和三陸津波による窮乏をきっかけに、国策として展開された東北振興事業の舞台となった「東北」に焦点を当てながら、国家がいかに「東北」を捉え、そこでいかなる開発、資源動員がなされたかについても見ていきたい。それは、東日本大震災時の東京電力福島第一原子力発電所事故によって明らかになった「東京圏への電力供給地としての東北」という地域構造が生成される歴史的過程を探ることでもある。

ここで本章の課題を整理しておこう。第一の課題は、戦時期日本における資源動員政策の展開過程を、国土開発政策と地方行政組織の広域化・統合化過程との関連性に注目して明らかにすることである。第二に、それと同時に、これらの政策の戦後日本の国土総合開発法体制への承継関係についても、論点を提示してみたい。第三に、その際、戦時期から戦後復興期において、資源動員・開発政策の「場」として国策上重視された「東北」に注目して、現代に至る電力供給地としての「東北」、とりわけ〈フクシマ〉が、どのように作りだされていったかを、明らかにしてみたい。

第一節　資源動員政策から国土開発・国土計画へ

一．資源動員政策の形成と展開

本節では、戦時期の国土開発・国土計画行政が、資源動員政策の系譜のなかで生まれてきたことを明らかにしたうえで、その具体的な展開過程を追うことにしたい。

周知のように、日本の資源動員政策は、一九二七（昭和二）年の内閣資源局の設置によって、本格的に開始された。内閣資源局は、御厨貴が指摘するように、国家総動員準備機関として位置づけた武官派と、平時を含めた「経済参謀本部」として位置づけた松井春生らの文官派との対立のなかで誕生した組織であった(1)。

もともと、日本の国家総動員準備は、第一次世界大戦での欧州諸国の「総力戦」の歴史的経験から、軍部が中心となって制定した軍需工業動員法（一九一八年）が嚆矢であるといわれている(2)。総理大臣の下に内閣軍需局をおき、軍需品の調査、取得、軍需工業の奨励に関する実務を行っていたが、第一次世界大戦が終結したことにより、法の必要性が一気に低下した。このため、軍需局は統計局と併合され、国勢院が置かれることになる（一九二〇年）。しかし、この国勢院も、一九二二年に「行政整理」のもとで廃止され、軍需工業動員に係る事務は農商務省に移管されることになった。

こうしたなかで、改めて国家総動員準備機関の設置に向けた動きが強まり、一九二五年の衆貴両院で質問がなされたうえ、国防会議設置に関する建議案が提出され、同案が議決されることとなった。この議決を受けて、翌二六年には国家総動員機関設置準備委員会が設置される。同委員会の報告に基づき、内閣は資源局の設置を閣議決定し、二七年五月に内閣資源局の官制が公布されるに至る。

同官制によれば、資源局は内閣総理大臣の管轄に属し、以下の事項を所掌するものとされた[3]。

①人的及物的資源の統制運用計画に関する事項の統括の事務

②前号の計画の設定及び施行に必要なる調査及び施設に関する事項の統括の事務

③前二号の統括の為に必要なる事項の執行の事務

こうして、軍需品に限定された動員ではなく、広範な分野にわたる「人的及び物的資源」を対象にした国家総動員準備機関が、正式に発足することになったのである。

この資源局の創設にあたって主導的な役割を果たした人物が、松井春生であった。松井春生は、東京帝国大学法学部卒業後、文官となり、資源局創設において活躍したこともあり、資源局創設とともに同総務課長と企画課長を兼任し、一九三六年から三七年にかけて資源局長官を務めた[4]。資源局は、松井によれば「非常の場合には総動員にもなる準備機関だけれども、平和な時は産業政策、資源政策として何とかまとめ」た官僚組織であった[5]。

したがって、資源局官制においては、「資源」は、「広く国力の涵養及発展に関係を有する一切の人的及物的資源」として広くとらえられ、資源局の設置目的も「総資源の統制運用を全うして軍需及民需を充足する準備計画を進むる」ことに置かれた[6]。

資源局が、発足後一〇年間で実施した業務は、①総動員計画の設定及遂行に必要な法令の準備・立案、②資源調査制度の確立、③「帝国資源総覧」等各種基礎資料の整備・公刊、④資源の保育施設に関する事項、⑤資源の統制運用計画設定などであった[7]。

ここで注目したいのは、④の「資源の保育」という概念である。これは、松井春生が独自につくりあげたものであり、当時の日本の資源政策の特質をよく表している。「保育」という概念は、もともと米国の conservation 概念から着想したものである。だが、松井によれば、本来の conservation は、せいぜい「保持」という意味しかなく、大陸的な豊かさを前提にした概念であった。そこで、松井は、このままでは日本に相応しくないので、これにdevelopという含意を込めて、「保育」という用語にしたと述べている[8]。

資源保育の具体策として実施されたことは、科学的研究の改善（科学研究の推進調整のための中央事務機関の設置、研究助成）、不足重要原料の供給確保、資源用語の統一などであった。研究助成事業を行う日本学術振興会も、資源政策の一環として一九三二年に創設された。

以上から、日本の資源政策の特質として、軍事目的に限らず平時の産業政策としても位置づけられていたこと、そして国土に賦存する人的・物的資源総体の調査・把握と、科学振興による資源の計画的な開発運用体制の整備を重視していたことを、確認することができよう。ここに、資源政策と、国土の賦存する人的・物的資源の調査・保全・開発・運用をはかる国土開発政策との接合が図られていく必然性があるといえる。

内閣資源局は一九三七年一〇月に企画庁と統合されることになり、新たに企画院が発足する。この企画院のもとで国土計画の策定が開始されるわけであるが、これについては後述することとし、ここでは一九三六年度から開始される東北振興事業に焦点をあててみたい。

二．資源動員政策としての東北振興事業

東北振興事業は、直接的には、一九三一（昭和六）年と三四年の度重なる冷害凶作に加え、三三年に昭和三陸津波に襲われ疲弊を極めた東北六県を対象にした国策事業であった。過去の研究においては、東北振興事業を戦後の特定地域開発事業の原型と見なすものが多く存在しているが、ここでは資源動員政策の一環としての側面が強いことを明らかにしてみたい[9]。それは、一九三〇年代半ばにおいて、国家が「東北」をいかに捉えたかという論点にもつながる。

当時の東北の窮状については、『日本経済年報』（一九三四年一二月号）が、「とに角、当面の問題は飯が食へな

いことだ。それは米をかならずしも意味しない。代用食の粟・稗・馬鈴薯・そばさへも食へず、栗・橡・楢の実を食ふといふのである。其の為に乳児死亡率は高まり、欠食児童は増加し、娘は売られる。更に役場吏員・小学校教員の俸給支払いは滞りがちになり、高等科閉鎖の問題が起こってくる」と端的に伝えている。

このような事態のなかで、東北六県の政財界人が結集した東北振興会が積極的な陳情運動を繰り広げる。東北救済の世論が高まるなかで、岡田啓介首相は、一九三四年一二月、首相の諮問機関として、東北振興調査会を設置する。[10]「東北」という国内の特定地域を対象にした調査会が首相諮問機関として設置されるのは異例のことであった。同調査会には、政界・官界・学界に加え財界からも委員が参画し、会長＝総理大臣、副会長＝内務大臣と農林大臣という布陣を組んだ。松井春生も正規委員の一人として加わっていた。

同調査会では、一九三五年から「応急的対策」の検討を開始し、同年八月以降、東北振興の「恒久的対策」を議論し、いくつかの注目すべき答申をまとめる。具体的には、「東北興業株式会社設立に関する件」・「東北振興電力株式会社設立に関する件」（いずれも、一九三五年九月）、「東北振興第一期綜合五ヵ年計画」（一九三六年七月）、「東北振興予算の独立編成」・「東北振興関係行政機構の整備」・「東北産業経済調査機関の設置」（一九三七年七月）である。このうち、東北振興両会社の設立と、綜合五ヵ年計画策定こそが、東北振興事業構想の基本的な骨格をなすものであった。また、結局は、実現を見なかったものの、「東北振興関係行政機構の整備」として「東北庁」の実現を提言していたことも、後の戦時期の広域行政組織形成との関係で、注目しておきたい点である。

これらの答申に基づき、米国のＴＶＡ（Tennessee Valley Authority：テネシー川流域開発公社）に倣って、東北興業株式会社（後の東北開発株式会社）および東北振興電力株式会社（後の東北電力株式会社）の二つの国策会社が設立される（一九三六年一〇月）。両会社は、五〇年の時限付きの国策会社であり、会社設立法案が第六九帝国議会に上程された。政府の提案説明によると、東北振興両社は、第一に政府施策（綜合五ヵ年計画）と統一的方針のもとで東北開発にあたること、第二に東北興業株式会社は資源開発を中心に殖産興業を図ること、第三に各種産業振興の基礎的要件は電力であり、東北振興電力株式会社は大量の低廉な電力を供給すること、という構想の下に設立された。[11] 別途、政府によって「東北振興第一期綜合五カ年計画」が策定（一九三七年度～）され、各省庁が東北振興枠事業予算を計上する。調査会では、米国のＴＶＡだけでなく、ソビエト連邦の五カ年計画やバイカル開発を参考にすべきという意見もだされており、それらが融合した形で、東北振興事業が開始されたのである。

しかし、ここで留意しなければならないことは、東北振興事業が国策として推進された真因が、東北の農漁民の救済や東北と他地域との格差是正にあったわけではなく、むしろ日中戦争が開始されるなかでの国家総動員資源政策の一環として位置づけられたことにあった点である。これは、当時、国家総動員機関である内閣資源局長官であった松井春生に、東北振興事務局長（のち東北局長）を兼任させた人事のあり方からも知ることができるし、松井春生自身が、自著で率直に語っているところでもある。[12] 彼によれば、東北振興の根本方針は、「東北地方の疲弊を改善して、国内の他の地方と略々同一の水準にし、其の経済生活・社会生活を引き上ぐること」、すなわち「一種の水平化運動」にあるのではなく、「国運進展の重大時機に於て」「国が要求する各種重要資源の給源」として東北地方を位置づけ、「其の域内に包蔵する人的・物的資源の利用開発を企図」することにあったのである。松井は、より立ち入って、次のように述べる。「国の存栄上、国防用其の他の重要なる資源に就ては、何等かの方法で之を確保し」なければならず、「大陸及南方に重大なる関心を有たねばならぬことは蓋し当然で」あるが、「ここに大切なことは、一面外に向ふ目は又深く内に向けられねばならぬということである。及ち東北の人的物的の資源は従来閑却され来った観があるが、それだけに、将来性の甚だ大なるものがある。現に我国に不足すると云はれる右の諸物資は、何れも東北地方には、或は其の儘の形に於て、或は代用資源の形に於て、相当多量に之を包蔵しているのである」。

しかも、政府が策定した「東北振興第一期綜合五カ年計画」においても、目的として「東北地方ニ於ケル産業ノ振興ヲ図リテ同地方住民ノ生活ノ安定ヲ期スルト共ニ、国家内外ノ情勢ニ鑑ミ国防上ノ人的物的基礎ノ確立ニ資スル為所謂広義国防ノ実ヲ挙グルニ在ル」と記述されていたのである。[13]

以上から明らかなように、東北振興事業は凶作や津波被害を契機として開始されることになったが、同事業は東北救済のためというよりも、むしろ国家総動員資源政策の一環という大目的のために、未開発資源を包蔵している東北地方を開発重点地域として位置づけられることによってはじめて国策化したといえよう。

三．戦時期における国土開発・国土計画の形成

前述したように、一九三七年一〇月、資源局と企画庁が統合され、企画院が発足する。企画院は、同年七月の日中戦争の本格的開始に伴って、国家総動員機関として拡充強化された。この企画院で、一九四〇年以降、国土計画の検討が開始される。

国土計画の策定を推進したのは、一九四〇年七月二二日に発足した第二次近衛文麿内閣であった。「近衛新体制」ともいわれた同内閣は、同年八月一日、「基本国策要綱」を発表する。「皇国の国是の具現」と位置づけられたこの文書は、「国防及外交」と「国内体制の刷新」の二つの柱から構成されていた。後者の重点施策として「綜合国力の発展を目標とする国土開発計画の確立」が掲げられたのである。[14]内閣が、「国土開発計画」の立案を明確に意思表示したのは、これがはじめてのことであった。戦後日本において、国土計画は計画行政の不可欠な一環となっており、第二次近衛内閣の「基本国策要綱」はその端緒をなしているとえる。同内閣は、本要綱に基づいて、早くも九月二四日に「国土計画設定要綱」を閣議決定し、企画院で立案作業を開始する。

しかしながら、冒頭で述べたように、戦時期においては法的な拘束力をもつ「国土計画」は決定されるには至らなかった。[15]とはいえ、企画院の国土計画のプランニング作業は、内務省国土局に引き継がれ、さらに終戦直後の四五年九月二七日には「国土計画基本方針」が策定され、その後の国土計画行政に連続することになる。さらに、

国土計画的見地にたつ応急的な施策が、戦時期において具体化され展開されていったことにも注目しなければならない。それは一方では防空上の観点からの大都市疎開と工場・人口の地方分散政策であり、他方では土地・労働力をめぐる農工間の対立を調整する、農地立法や産業立地政策、都市計画事業、河水統制事業等の一連の施策である[16]。

ここで留意しなければならないことは、「国土計画設定要綱」は、当初から日本の内地を対象とした計画ではなく、「日満支ヲ通ズル国防国家態勢ノ強化ヲ図ル」ことを目標に、「東亜諸邦ヲ対象トスル綜合的経営計画」の樹立をめざしていた点である[17]。

しかも、日本政府による「国土計画設定要綱」に先立つ一九四〇年二月に「満州国」国務院会議で、「綜合立地計画策定要綱」が決定されていたという事実がある。満州では、星野直樹総務長官を中心に、三九年から国土計画の立案作業にあたっていた。最終的には「綜合立地計画」という名称になるが、これは「土地国有制を実現するのではないかとの大変な誤解を生ずる虞がある」ために「国土計画」という名称を避けたためであった[18]。満州で、このような国土計画が必要になった理由は、「消極的」には「当事者の努力に反して開拓政策と五箇年計画等其他各政策相互間の地域的計画性の欠如」が表面化したこと、また「積極的」には「我国の企図せる計画経済を真に効率的ならしめるためには、適地適業の原則を生かしつつ先ず第一に地域計画を樹立」する必要があったと認識したからであった[19]。

もとより、このような国土計画策定に至った背景には、ナチスドイツにおける国土計画の展開や、ソビエト連邦におけるゴスプラン、アメリカにおける地方計画やＴＶＡなどの先行事例が存在していた。星野らは、これらの先行例に学びながらも、満州での綜合立地計画の根本的考え方がドイツのような「国土の再編成」とは全く異なるものであり、「建設開発の為の諸施策を地域的に配備する」という点にあることを特に強調した[20]。

そのうえで、前述の「綜合立地計画策定要綱」の「方針」として、「国家永遠の調和的発展を計ると同時に日満を一体とせる綜合国力発揮の建前に従ひ国防並に資源開発の緊急要請に基く重要諸国策の完遂に資せむが為接攘地域との関連を考慮しつつ調査及資料の集成に依り綜合立地計画を策定し以て右諸国策の地域的配備又は空間的規整を行はむ」ことを掲げた。[21]「日満一体」の国防と資源開発が基本的な枠組みに据えられていることに注目したい。

しかも、この星野直樹が、第二次近衛内閣の発足に合わせて、日本に呼び戻されて企画院の総裁となるのである。実は、企画院でも、資源動員施策の一環として、「満州国」での国土計画立案作業と並行して、国土計画の研究を一九三九年段階から開始し、同年七月には企画院第一部が「国土計画設定ニ関スル一考察」という立案準備文書をまとめていた。[22]そこでは、国土計画立案の必要性として「我国ニ於ケル輓近人口ノ激増、産業ノ飛躍的振興、交通ノ急速ナル発達並防空施設ニ鑑ミ、産業ト交通トノ連絡調整、工業立地ノ適正、農村ト都市トノ配分関係ノ適正等ヲ目的トシテ内外地ニ亘リ綜合的国土計画ヲ設定シ、国内諸般ノ施設ヲ計画的且統一的ニ実施スルコトガ甚ダ切要ニナッテキタ」点を指摘していたのである。

さらにいまひとつ注目したい政策的系譜として、近衛文麿の政策的ブレーンと称された昭和研究会による献策活動がある。昭和研究会では、一九三九年に国土計画委員会を設置し、後藤文夫（元農相）委員長の下に、近藤康男、諸井貫一らによって政策的検討をすすめ、国土計画設定要綱が決定される直前の四〇年九月一九日に「国土計画促進に関する意見書」を政府に提出、企画院にも招かれて研究発表と意見の陳述を行っている。[23]

同意見書では、日満支ブロックにおける綜合的国土計画の中心に据える日本国土計画を樹立すべきであるという見地から、①土地及び資源の保全ならびに合理的な利用計画の設定、②工業集中地域での工場設置の抑制と新工業基地の建設、③都市の過度膨張の抑制などを提案するとともに、国土計画法の制定及び国土計画庁の設置を求めていた。[24]

だが、第二次近衛内閣が「新体制運動」[25]の一環として国土計画設定に本格的に乗り出した背景には、これらの政策的系譜もさることながら、一方では英米ブロックに対抗する日独伊三国同盟・「大東亜共栄圏」形成に向けた「南進論」を軸にした外交・軍事戦略の転換[26]、他方では日中戦争後の生産力拡充が生み出した諸問題への現実的対応に迫られたことが大きく作用していた。

実際に、「国土計画設定要綱」を閣議決定した際に、星野直樹企画院総裁は談話を発表し、以下の二つの点が国土計画の「眼目」であるとした[27]。

第一点。「世界ハ今ヤ歴史的転換期ニ際会シ、数個ノ国家群ノ生成発展ヲ基調トスル新タナル政治、経済、文化ノ創成ヲ見ントシテヲル。皇国ヲ中心トシ日満支三国ノ連携ヲ枢軸トスル大東亜共栄圏ノ形成ヲ図ルハ時勢ノ緊急要請デアッテ、総テノ政治ハ之ニ向ツテ指向セラレネバナラナイ。日満支各々其ノ分ニヨリ其ノ処ニ従ッテ大東亜ノ新秩序ヲ建設スルタメノ具体的ニシテ科学的ナル計画ノ要望ノ緊切ナル所以デアリ、国土計画ハ第一ニ之ニ対スル回答ヲ与ヘルモノトシテ計画サレルコトヲ要ス」。

星野が、「日満支三国連携」を強調した背景には、一九三九年度における物資動員計画及び生産力拡充計画の破綻（供給実績総額が計画の二割減）があった。一九四〇年度物資動員計画の大幅見直しも担当した星野は、三九年度物資動員計画の実行上の「障碍」として次の三点をあげた。①旱害並水害による影響、②石炭及電力の不足による影響、③欧州戦乱による影響。ここで注目したいのは、①の旱害による影響である。即ち「昨年度ニ於キマシテハ本州西部、北九州、四国及朝鮮ニ於ケル旱害並ニ台湾ニ於ケル水害等ニ因リ主要農産物特ニ米穀ノ減産ヲ来シマシタ結果、昨年度及本年度ヲ通ジテ外米及外麦ノ輸入ヲ必要トシ、之ガ為外貨資金約二億一千万円ヲ支出スルノ已ムナキ事情ニ立チ至」ったことが大きな要因のひとつとして指摘されているのである[28]。周知のように、一九三九年秋の朝鮮・西日本での旱害による不作は、朝鮮からの移入米に依存していた内地経済を大混乱に陥れた。しかも朝鮮からの米の移出力は、同地での急速な工業化・都市化の進展のなかで構造的に低下する傾向を示しており、日満支ブロック内で食糧確保とブロック内での地域間分業が、重要な国策上の課題として浮上したの

である。(29)

国土計画の眼目として強調された第二点は、生産力拡充にともない国土利用をめぐる諸矛盾が発現したことである。すなわち「翻ッテ時局下国内諸般ノ事象ニ見ルモ、生産力拡充ノ進展ニ伴フ無統制ナル工場ノ増設ハ都市ニ付テハ過度ノ人口集中トナリ、都市ト農村トノ人口構成ニ異常ナル変化ヲ来サシメ国民ノ保健衛生、防空ノ上ニ由々シキ問題ヲ起サシメツツアリ、延イテハ交通ノ氾濫等ニ依リ産業其ノモノノ発展上ニモ自ラ制約ヲ加フルニ至ル虞ガアリ、農村ニ付テハ広大ナル農耕地ヲ潰滅セシメ或ハ山林ヲ荒廃ニ導ク等多クノ問題ヲ現象シツツアリ、之ニ一定ノ計画性ヲ与フルコトノ必要ハ極メテ切実ナル問題トシテ考ヘラレルニ至ッテオル。既ニ都市ノ分散配置ノ問題、工業ノ地方化ノ問題、農業生産ノ計画化ノ問題ノ如キ部分的ニハ研究モサレ亦着々ト実施ニモ移サレテヲルトコロデアルガ、之等ノ各計画ノ間ノ有機的綜合性ヲ確保スベキ適切ナル綜合的計画ノ欠如ガ之等ノ総テノ計画ノ実行力ヲ弱メテヲル実情デアル。コノ要望ニ応ヘ時局下諸般ノ政策ニ対シ統一セル計画目標ヲ与ヘントスルトコロニ国土計画ノ第二ノ眼目ガアル」。

生産力拡充は、立地政策としてみるならば決して計画的になされたわけではなく、むしろ「無統制」に行われた。その結果、都市においては人口の過度の集中、保健衛生問題、防空問題、交通問題を引き起こし、農村においては農耕地の潰滅、山林の荒廃といった憂慮すべき事態を招き、都市の工業生産力にとっても、農村の農業生産力にとっても大きな障害を生み出していたのである。第二次近衛内閣が「基本国策要綱」で示した「国民生活必需物資特に主要食糧の自給方策の確立」と「重要産業特に重・化学工業及び機械工業の画期的発展」をともに実現しようとするならば、この生産力拡充と食糧自給確保を、国土上で計画的に両立させる方策が必要不可欠であると認識されたわけである。

第二節　地方行政組織の広域化と垂直統合化

一・戦時期における道州制論と広域行政再編

日中戦争の本格化を機に、国家総動員資源政策および国土計画行政が展開されはじめたのと併行して、道州制論や地方制度改革論が活発となった。これは、決して偶然の産物ではなかった。本節では、この点について考察してみたいと思う。

二・二六事件直後の一九三六年三月九日に発足した廣田内閣は、「庶政一新のための一大国策の一つとして掲げた行政機構改革」の一環として地方制度改革を重視した。具体的には、①東北庁の新設、②東京都制案の実現、③大都市制度の実現、④地方自治制度の改制、⑤県府行政組織の改革、⑥中間機関の設置、⑦地方行政監察制度の確立である。[30]同年九月には、地方制度改革と中央行政機構の全面的な改革を求めて、寺内陸相と水野海相が廣田首相に対して意見書を提出し、一〇月以降、内務、司法、農林、拓務、商工大臣による五相会議で地方制度改革が審議されることになった。一一月五日には、「急速に実施すべき」とされた、以下の一四の課題が提示された。

①市町村と産業団体その他各種団体との関係調整に関する問題、②国政事務と自治事務との関係調整に関する問題、③市町村区域ならびに部落に関する問題、④市町村会の組織および権限の問題、⑤市町村長の選任方法・権限問題、⑥特別市制ないしは市制と町村制との画一性打破に関する問題、⑦東京都制に関する問題、⑧府県会の組織、その他府県の問題、⑨府県・市町村のいわゆるブロック行政に関する問題、⑩州（または道）庁設置に関する問題、⑪特別地方官庁と普通地方官庁との統合に関する問題、⑫中間機関の設置に関する問題、⑬道府県庁の部制に関する問題、⑭地方行政に関係がある各省に関する問題。

ここで注目すべきは、道州制および国の出先機関にあたる特別地方官庁の統合、さらに国、道府県、市町村の関係、そして市町村と経済統制に関与する産業団体との関係の見直しが、統治機構整備の要点として自覚化されたことである。

ところが、一九三七年七月に盧溝橋事件が勃発し、日中戦争が本格化するなかで、地方制度改革問題は一時後景に退くことになる。それが再び注目されるのは、「国民再組織」と「新体制」確立を前面に掲げた第二次近衛内閣の時であった。戦時体制下に入り、国家総動員法が制定・施行されたものの、食糧その他重要物資の地域的偏在、物資配給の不円滑が重大な問題となっていたのである。これに対して、経済界はじめ民間団体から、その原因が「府県ブロック」にあるとの主張がなされ、狭域的な府県制に代わる広域行政区画、とりわけ道州制設置への要望が強まったのである。一九四〇年から四一年にかけて昭和研究会、国策研究会、そして日本商工会議所が相次いで、道州制を含む「行政新体制」あるいは「経済新体制」を求める提言を、第二次近衛内閣に対して行っていくのである。

ここでは、近衛内閣のブレーン組織といわれた昭和研究会の「道制案」の概要を示しておきたい。同案では、第一に、全国を、北海道、東北道、東海道、中部道、近畿道、中国道、九州道、樺太道の八道に区分したうえで、東京と大阪に都制をしき、それを道と同格に位置づけた。この地域区分の根拠は、税務監督局、鉄道局、逓信局、鉱山監督局、師団管轄局の中間行政区域を参酌したものである。第二に、道庁は、中央政府と地方自治体との中間機関とし、各道庁には長官を置き、その管内の国家事務の執行、地方計画の樹立施行等に当たるほか、支庁および市に対する指揮監督を行うものとされた。そのため第三に、税務監督局をはじめ既存の各省地方出先官庁は廃止して道庁に移管するとともに、許認可その他の事務はなるべく中央官庁から道長官の権限に移管するとされた。第四に道には道長官の諮問機関として、道民の選挙した委員によって組織される道審議会を設置するという構想であった。[31]

周知のように、道州制構想としては、一九二七年の田中義一内閣の下における州庁設置構想があった。だが、同構想は府県の完全自治体化を前提に、各省庁の出先機関を六州にまとめ、そのうえに州長官をおくというものであり、一九四〇年代初頭の道州制構想（府県と国家機関の統合）とは、著しく性格が異なるものであった。前者は、大正デモクラシーの流れのなかで「地方分権」に力点を置くものであったのに対して、後者は戦時体制移行にともなう資源動員と統制の円滑化を図ることを標榜していたのである。このような道州制に象徴される広域行政体への地方制度改革は、戦時体制が深まるなかで進行することになる。

二・広域連携から垂直統合へ

生活必需物資や配給の不円滑が問題になるなかで、政府が国内体制を強化するために行った方法は、府県の連絡協議会をつくることであった。一九四〇年五月に、米内首相は地方長官会議の席上、地方からの強い要望に応え、「物資及生活必需物資配給ノ府県ブロックノ打破トコレニ代ワル地域的ブロックノ結成ヲ考慮スル旨ヲ言明」し、地方連絡協議会の設置を決定した。同協議会設置要綱によれば、設置目的は、「国策遂行ノ確保ト地方行政ノ改善向上ノタメ府県知事ノ管掌ニ属スル各種行政ノ運営ニツキ必要ナル連絡ヲハカラシムル」ことにあった。協議会は、東北、関東、東海、北陸、近畿、中国、四国、九州の八地方単位に置かれ、協議事項については、「連絡協議会ハ物価ヲ公定シ、凹凸ヲ是正、サラニ進ンデハ物資ノ流通ニツキ協議決定スル。タダシ、コノ協議会デ取上ゲル物資、物価ハ重要物資ヲ主トシ、小ナル品目ニツイテハ従来通リ各府県デ決定スル」とされた[32]。しかし、実際の運用では、同連絡協議会の協議事項は、土木、教育、警察、産業政策等広範な分野にわたることになった。例えば、一九四二年一月に開催された東海地方連絡協議会の協議議題は、①大東亜戦争下に於ける時局対策の件、②転廃業資産評価に関する件、③繊維製品配給消費統制規則施行細則に関する件、④昭和一六年度起債全体計画に関する件、⑤大東亜戦争情報宣伝計画に関する件、⑥大政翼賛会県支部役員改選に関する件、⑦翼賛壮年団に関する件であった。また、四月に開催された東北地方連絡協議会の議題は、①市町村会議員選挙に於ける地方庁の指導に関する件、②郷倉運営に関する件、③中等教員養成に関する件、④地方国民貯蓄職員に関する件、⑤第二期東北振興綜合計画に関する件となっていた[33]。

さらに、太平洋戦争が開始された後、一九四二年後半になると各省の地方出先機関間の連絡・調整が、問題となる。そのため、政府は一九四二年一一月に地方各庁連絡協議会の設置を決定する。これは、「事変以来、各省出先機関が新な統制事務を所管大臣の直接的指導監督の下に遂行するため（それは一時時局の要求でもあるが）府県庁から独立して、その新設、改組拡充の方向に進みつつあることを指摘したのであるが、かくしてますます地方行政の総合的運営が出来ないばかりか、官庁間の連絡は不円滑となり、意思の疎通を欠いて、生拡、増産等を阻害し時局の緊要なる事務の円滑なる遂行に関し、応々にして重大なる障礙をなして来た[34]」ためである。

一九四二年一一月二七日の閣議決定によれば、同協議会の設置目的として「本協議会ハ、生産力ノ増強其ノ他緊要ノ時局事務ニ関シ地方各庁間ノ連絡ヲ緊密ニシ其ノ相互ノ協力ヲ促進スルコト」があげられた。協議会は、生産力の増強が必要と認められる地方、具体的には、北海道、東京、神奈川、愛知、大阪、兵庫、福岡、長崎、宮城、新潟、広島、山口の一二道府県に設置され、当該府県の地方長官（知事）が会議を主宰し、土木出張所、財務局、税関、専売局、陸海軍関係官衙、営林署、食糧事務所、鉱山監督、工務官事務所、等の地方特別官庁（各省出先機関）が参加することとされた[35]。

ここで注目すべきは、生産力拡充の拠点道府県に絞り、地方長官（知事）に会議招集権を与えた、国の地方出先機関の連絡調整会議が設定されたことである。地方長官は内務省の統治機構の一環であるが、戦時緊急対応のため、地域単位に各省横断的な連絡調整を行う体制の整備がなされたのである。しかし、戦局の急激な悪化と大都市空襲や「本土決戦」が現実化するなかで、資源動員と生産力拡充、配給等の民政安定化をはかるためには、各県の水平的連携や道府県と省庁出先機関との連絡・協議のレベルでは済まない状況に立ち至ることになる。

三．地方行政協議会から地方総監府へ

一九四二年の春から秋にかけては、再び民間から「府県ブロックの弊害」を打ち破るために道州制を求める声が強まった時期でもあった。同年九月に開催された大政翼賛会の第三回中央協力会議の席上で、日本団体生命保険会社社長の膳桂之助が、以下のような発言、提案をしたのである。[36]

「生活資材を公平且円滑に配給して銃後国民に不安と不満なからしめ、又生産拡充のため資材及労力の迅速適正なる分配を期する上に於て、府県といふ現行の狭小な行政区画の存在が如何に不測の障碍を為しつつあるかは、万人の痛感する所であって茲に絮説を要せぬであろう。現行の府県の区画は明治初期の制定に係り、其の後、交通機関の発達、超大都会の出現等の地方事情は、とうの昔にこの区画を時代遅れのものたらしめて居るばかりでなく、大東亜の経綸に即応して新に国土計画を樹立せんとする場合には、是非共一度は打破せねばならぬ所のものであろう。是が対策としては府県制を廃止してもっと大区画な道制度を布くことが最も抜本塞源的であって、同時に政府がしきりに唱導せられて居る行政組織の簡素化にも適合し且民心を一新する上に及ぼす効果も蓋し甚大なるものがある」。ここでは、配給物資の円滑な供給や生産力拡充を迅速に行うための資源動員政策を、大東亜規模での国土計画のもとですすめるために、府県制を廃止して道州制を導入する必要があると強調しているのである。この点において、資源政策と国土計画、道州制が一体として把握されていることを確認することができる。

膳は、より具体的に次のような提案を行った。

一、現在の府県を廃し改めて全国を地勢、交通、運輸、産業等の事情を参酌して若干の道に分ちて道庁を置き道をして行政区画たると同時に自治区画とすること。

一、現行各省の特別地方官庁（鉱山監督局、財務局、逓信局、地方鉄道局等）は現業に関する事務を除き原則として道庁に併合すること。

一、現行の府県の区画を数区に区分して各区域に市町村と道庁との中間行政組織として支庁を置くこと。

これに対して同会議に出席した山崎内務次官は、内務省として道州制について考究しているものの、いずれの案も、実現困難な問題を抱えているうえ、道州制の実現は政治、経済、社会に大きな影響を及ぼすので、いますぐ実現することは困難であり、周到な調査研究が必要であると、消極的な姿勢を表明したのである。しかし、同会議の議長を務めた東条英機首相の腹心で、大政翼賛会副会長であった安藤紀三郎国務大臣は、「この問題は頗る重要な問題」であると発言、この会議の後、安藤が内務大臣に就任することにより、広域行政体を形成する動きが加速する。大政翼賛会は、上述の会議の終了後、全国を一二地区に区切って、地域別協力会議を置き、官庁側委員と大政翼賛会の道府県協力会役職者との協議を行ったのである。

また、一九四三年三月には、多数の各省出先機関が業務にあたっていた港湾行政の一元化を行うために、「港湾行政綜合運営応急措置」が閣議決定された。これによって、内閣総理大臣が指定する重要港湾（北九州、神戸、大阪、名古屋、横浜、東京等）について、「当該地方長官をして政府の旨を承け、港湾運営力強化の観点に立ち海務局、税関、鉄道局、工務官等の関係機関の行政を綜合調整せしめることとし、且所要に応じ、之等機関に対し必要の指示を為し得ることとした」のである。つまり、これまで、地方長官（知事）は、地方庁連絡協議会の会議招集権しか認められていなかったのに対して、戦時下での重要物資の円滑、迅速な輸送を図るという大目的のために、総理大臣の承認の下に、指揮権を有することになったわけである。

そして、四三年六月には東条首相と安藤内相とが強力に推進した地方行政協議会の設置が閣議決定され、勅令によって設置されることになった[37]。この「地方行政刷新強化」策の必要性について、内閣情報局は「現下地方行政の重要性に鑑み所謂府県割拠の弊を防除し、関係都庁府県間の行政の綜合連絡調整を図り更に進で特別地方行政官庁の所管行政にも亙り各種施策の総合的運営を具現し以て各種地方官庁を挙げて渾然一体と為り戦時地方行政の振作に邁進するの態勢を整へんとする」ところにあると発表した。

この協議会は、北海道地方（四三年三月に「内地化」した樺太を含む）以下、東北、関東、東海、北陸、近畿、中国、四国、九州の九地方に設置された。委員は、当該地方内の地方長官、財務局長、税関長、地方専売局長、営林局長、鉱山監督局長、工務官事務所長、地方燃料局長、海務局長、逓信局長、鉄道局長および労務官事務所長から構成され、会長は内閣総理大臣が指定する地方長官とされた。この会長は、戦時行政職特例に基づき、「関係地域内に於ける各種行政の綜合連絡調整を図る為必要あるときは」、関係地方長官に対して「必要なる指示を為」すことができるとしたうえ、特別地方行政官庁の所管大臣に対しても「必要なる指示を為すべきことを求むることを得」るとされたのである。すなわち、先の港湾一元化を拡大する形で、総理大臣が任命する会長（地方長官）に対して、広範囲の地方・国家行政にわたる指揮権を付与したのである。

実際の会長人事を見ると、閣僚経験もある内田信也、吉野信次、河原田稼吉、吉田茂といった「大物」が配置された。さらに、内閣総理大臣は、原則として地方行政協議会長会議を月一回開催し、国務大臣列席のもとで当面の重要措置を直接協議、指示する指揮命令系統を整備した。

さらに、同協議会の審議事項については、「戦力増強及国民生活の確保」を目的とする限りで、以下の事項に絞られた。

一、食糧増産及需給確保に関する事項
(1)本年の食糧緊急増産確保に関する事項
(2)農林水産物の移動の円滑化に関する事項
(3)昭和十九年度に於て食糧の自給自足を完からしむる為必要なる各般の方策実施に関する事項

二、五重点産業の生産増強に関する事項
(1)重要企業に付て、其の関係産業と共に生産効率の向上並に所要資材の適正配給等に関する事項
(2)国民動員計画に即応する労務需給の適格化に関する事項
三、海陸輸送力の強化に関する事項
(1)輸送増強を中心とする港湾運営上必要なる調整措置に関する事項
(2)海陸連絡輸送の強化の為出荷、荷受其の他に関し関係官庁相互の協力促進に関する事項
(3)自動車及艀に依る地方的相互輸送の円滑化に関する事項
四、其の他各地方に於て戦力増強及国民生活確保上特に必要なりと認むる事項

なお、ここで、「五重点産業」とされているのは、同年三月の臨時行政職権特例（勅令百三一三号）で規定された、鉄鋼、石炭、軽金属、船舶、航空機という軍需産業を指していた。戦争遂行にとって、最も重要な食糧の緊急確保と供給体制の広域連携と、重要軍需産業の生産力拡充に関わる資材、労働力の広域的動員と連携および輸送体制の整備を進めるために、首相の直接的な指揮、命令のもとで機能する広域的地方行政組織が整備されたのである。

だが、地方行政協議会は行政官庁のみによって構成されており、陸海軍組織の参加はなかった。したがって、戦局が悪化するなかで「本土決戦」が現実味を帯びるとともに、防衛と一般行政の一体化を地方ごとに行いえる道州制を求める声がさらに高まることになる。

一九四五年一月、最高戦争指導会議は「緊急施策措置要綱」を決定し、そのなかで防衛と一般行政の一体化を図るために、地方行政協議会の区域と陸軍軍管区および海軍鎮守府管区との間に必要な調整を図ることを盛り込み、その後陸軍内部で速やかに道州制に移行すべきという議論が強まっていった。[38] 内務省は、即時の道州制導入

に対しては消極的な姿勢を示したが、内務省地方局内部では戦時地方行政統轄府（仮称）案を策定していた。これは、当該地方における行政全般を統轄するものであり、治安、防衛、生産、輸送および国民生活確保に必要な職権が与えられ、内務省の指揮系統の下にある統轄府所在地の地方長官がその任にあたるとされた。

この案を参考に、五月に入って内閣綜合計画局は、名称を地方総監府と改めて、内閣の人事権を強める素案を提示する。これに対して内務省側が強く反発し、地方総監の人事は首相と内相が協議し、関係閣僚の意見も参酌して決定すること、また原則文官を充てること、といった改定が加えられ、六月一〇日に地方総監府官制が発令されることになった。こうして、全国を、北海道、東北、関東甲信越、東海北陸、近畿、中国、四国、九州の八地区に区分して、各地区に地方総監府が設置され、六月一〇日に人事の発令がなされた。終戦まで、あと二カ月という時期であった。この地方総督府は、都道府県も各省出先機関を廃止したわけではなかったが、既存の地方行政団体に対して、指揮命令系統という点でいえば、明らかに上級官庁として位置しており、「きわめて道州庁的な性格のもの[39]」であったといえる。

以上のような、県境を越える広域行政組織の深化、拡大は、繰り返し述べてきたように、国家総動員資源政策を遂行するために必要不可欠な統治機構の再編であった。それは、一九四〇年に行われた地方税財政制度に引き続き、四三年に実施した地方制度改革によって、国―地方行政協議会会長―府県知事―地方事務所長―市町村長―町内会部落会、各種団体といった、国が地方公共団体、そして町内会、部落会に至るまで掌握し、一元的な指揮命令系統に統合する垂直的な統治構造を作り出していったのである。四三年に発足した東京都制もまた、以上のような総力戦体制構築の一環として「国内決戦」に備えた地方制度として誕生したのである[40]。

では、国土計画的視点からの資源動員政策は、戦時期の国内の地域において、どのような形で推進されたのだろうか。節をあらためて、戦時期の国土開発事業の代表例である河水統制事業および工場立地・誘導政策と東北振興事業の具体的な展開過程とそこで惹起した諸問題について、考察していくことにしよう。

第三節　戦時期の国土開発と東北振興事業

一・河水統制事業と工場立地・誘導政策の展開

生産力拡充にともなう急速な重化学工業化と都市化は、土地や労働力だけでなく、急速な水資源開発を必要とし、それと併せて水利権をめぐる利用調整問題を惹起した。すでに日本では大正期から水力発電の台頭による、河川利用をめぐる利害対立が問題となっており、監督官庁である農林省、逓信省、そして治水を担当していた内務省の間での省庁間対立にも発展していた。他方、米国では、松井春生らも注目したＴＶＡにつながる河川の総合開発が具体化しつつあり、この動きに影響を受けた内務省の技師たちによって「河水統制思想」が形づくられていくことになる[41]。

だが、河水統制が事業として開始されるのは、日中戦争期に入ってからのことであった。すなわち一九三七年度予算において、はじめて河水統制調査費が計上され、企画院に河川調査協議会を新設して、農林、逓信、内務各省の連絡調整を図ったのである。一九三九年の西日本での渇水は、その対策としての河水統制の重要性を明らかにし、調査河川の追加がなされ、結局六六河川で調査が実施された。また、府県においても独自の調査を進めるところがあり、三八年度には二九府県に達した。しかし府県の財源には限りがあるため、一九四〇年度からは河水統制事業国庫助成費が計上され、事業の具体化を図った[42]。

一九四三年一一月時点で、全国六五の河川で河水統制計画が立てられたが、他に国直轄事業として北上川河水統制計画が立案、一部実施に移された。前者のうち、竣工をみたのは、奥入瀬川、玉川、猪苗代湖、江戸川、黒瀬川、錦川（第一）の六河川であり、工事中および施工決定河川は二一河川であった[43]。これらの河川では、工業開発や都市化に対応して、工業用水や上水道と農業用水、電源開発の総合開発が指向された。また、事業者は、内務省による国直轄事業、地方公共団体はもとより、日本発送電をはじめとする電力会社や昭和電工・三井鉱山といった民間会社が担っていた。これは、戦後の河川総合開発事業と異なり、「経費は全額を発電または水道で負担しても、治水およびかんがいに効果のあるものは河水統制事業として内務省が行政指導」したからであった[44]。したがって、事業費の負担も、国庫、県費、市費、地元負担、電力会社、民間会社など多様な組み合わせになっていた。だが、戦時中に着工された河川の多くは、資材・労働力不足のために工事が遅れ、戦後に引きつがれることになる。

次に、工場の立地、誘導政策について見ていくことにしよう。戦時下において、工業や人口の大都市への集中が防空上の問題を引き起こす一方で、地方に立地した大規模重化学工場が当該地域社会に巨大なインパクトを与えたことから、国土計画的な見地から軍需施設や巨大重化学工場の立地条件を整備するために、土地区画整理事業の手法による新市街地の造成が開始される。これが、内務省による新興工業都市計画事業である。同事業は、一九四〇年度から開始され、四五年度までに総額九七万三〇〇〇円の国庫補助（補助率三分の二）が、幅員一五メートルの街路、特殊街路、防火退避専用街路、防空用緑地などに対して支出された[45]。

同事業の指定都市は表3-1のとおりであり、土地区画整理事業としては全国一二三地区が指定された。いずれも大規模な軍需工場や軍事施設の建設が開始されていたか、立地することになった地区であった。新興工業都市計画事業における土地区画整理事業は、それまで一般に行われていた都市計画法第一二条に基づく任意組合による施行という方法ではなく、同法第一三条による強制的な公共団体施行によって行われた。これによって、強制的に農地が区画整理され、四〇～五〇％の高減歩率で替費地を創出し、これを工場・施設および道路等のインフラストラクチャ用地として確保したのである[46]。

例えば、日本製鉄広畑製鉄所の立地にともなう兵庫県広土地区画整理事業の場合、二六四万m^2の工場敷地を

表 3-1　新興工業都市土地区画整理事業一覧

府県名	地区名	面積（ha）	事業年度	主要施設	備考
愛知県	挙母	220	1938-46	豊田自動車工業	
兵庫県	広	991	1938-60	日本製鉄	旧軍関係事業
富山県	東岩瀬	386	1939-	住友金属、不二越	
神奈川県	相模原	1,594	1939-50	陸軍兵器製造所	旧軍関係事業
三重県	四日市	518	1939-52	海軍燃料廠	
埼玉県	川口	474	1940-		
青森県	八戸	391	1940-62	日本化学工業、日本砂鉄	旧軍関係事業
京都府	宇治市	684	1941-	日本航空・飛行場	
愛知県	春日井	95	1941-48	海軍工廠、補給廠	
群馬県	太田	932	1941-51	中島飛行機	
山口県	光	208	1941-57	海軍工廠	
愛知県	豊川	545	1941-60	海軍工廠	旧軍関係事業
福岡県	苅田	437	1941-60	日本曹達、日立製作所	旧軍関係事業
茨城県	多賀	108	1941-68 予定	日立製作所	旧軍関係事業
福岡県	春日原	460	1942-57	海軍工廠、九州飛行機	
山口県	宝積	71	1942-60	海軍工廠	旧軍関係事業
和歌山県	河西	27	1942-70 予定	住友金属	
宮城県	多賀城	15	1943-46	海軍工廠	
長崎県	大村	23	1943-50	海軍工廠・航空廠	
長崎県	相浦	20	1943-52	海兵団	
神奈川県	大和	620	1943-60	飛行場・海軍工廠	旧軍関係事業
岡山県	福浜	99	1943-67	倉敷絹織、立川飛行機	旧軍関係事業
長崎県	川棚	250	1944-	海軍工廠	

出典：日本土木史編集委員会『日本土木史—昭和 16 年～昭和 40 年』土木学会、1973 年、281 頁、及び水内俊雄「総力戦・計画化・国土空間の編成」『現代思想』第 27 巻第 13 号、1999 年 12 月、187 頁、表 4、から作成。
注：「旧軍関係事業」は、戦後、事業収束のために国庫投入の上、継続された区画整理事業。

確保するために平均減歩率は四〇・八％となった。しかも、所有地籍が大きくなればなるほど不換地率が高く設定され、四万坪以上所有の場合は九割もの土地が奪われることになった。このため、日鉄用地内に四万坪以上の土地を所有していたために、一割の換地と反当たりせいぜい二円の補償費しか取得できなかった不在地主有岡直七・有岡太郎両名が、換地不交付・補償金決定処分の取消しを求め訴訟を起こす事態にまで発展する。両名は、今回の土地区画整理事業が換地処分の形式を採って原告の土地所有権を強制譲渡しようとするものであり、都市計画法の本義に反するばかりでなく憲法にも違反していると主張したが、国策会社の土地取得を覆すことはできず、一九四四年一一月に補償金の上乗せによって和解するに留まる。軍需資本による土地の取得は、地主的土地所有権をも否定して成し遂げられていったのである。地主の土地を耕作する小作人も、わずかばかりの作離料を手渡されることによって、土地から一掃されることになった。[47]もっとも、この新興工業都市計画事業によって、当初の問題が解決されたわけではない。都市計画事業の指定を受けたのは、わずかな地区に過ぎないうえ、そこにおいても戦時中に事業を完遂しえたのはごく少数であり、戦後も旧軍関係土地区画整理事業として継承されるところが少なかった。また、事業を施行した地域においても、限られた範囲での区画整理事業を事業内容としているために、大規模工場立地にともなう広域的な労働市場や土地市場、社会構造の変動に対する政策的効果は自ずと限界があったのである。さらに、工業立地の受け皿を作る対症療法策だけでは、国土空間における工業や人口の大都市集中を是正することは不可能なことであった。そのためには別個の規制・誘導策が必要であった。

工業の地方分散政策については、すでに商工省の地方工業化委員会で一九三九年から本格的な検討が開始されていた。商工省の地方工業化政策は、一九三五年頃から恐慌対策として開始されていたが、当初は下請工業の育成策が中心課題となっていた。ところが、日中戦争後、生産力拡充と防空対策が重視されるなかで、大工場の地方分散政策へと政策基調が大きく転換することになる。その結果、一九三九年九月に地方工業化委員会答申「工業の地方分散計画に関する件」がまとめられる。この答申は、工業集中地域での工場新増設の統制を図るために第一種地域（禁止地域）および第二種地域（許可地域）を設定するとともに、他方で工業建設を促進する第三種地域を設定し各種誘導策を講じることにより、重要工業地帯の全国的配備促進をねらったものであった。同時に、この答申では、生産力拡充計画への「即応」を何よりも重視しつつ、「国土計画又は地方計画と相関連せしめ」ることも強調していた。[48]

この答申を具体化すべく、地方工業化委員会は、一九四〇年一二月に「工業再分布実施計画に関する件」を決定し、第一種地域と第二種地域を統合して「工業規制地域」とし、その範囲を四大工業地帯として市町村名も挙げて確定する。他方、「工業建設地域」については、総数三五箇所を掲げたが、具体的な関係市町村名や立地業種について特定するには至らなかった。また、四〇年九月に閣議決定された「国土計画設定要綱」の趣旨に基づき、人口政策や防空政策との総合性を確保するために、一九四一年四月から地方工業化委員会は国土計画工鉱業協議会に発展的に改組される。そして、同協議会において、「工業建設基準大綱」と工業建設地域に建設すべき業種を決定する作業が行われ、四一年一〇月にその内容が決定されることになる(49)。

このような準備作業を経た後、一九四二年六月、「工業規制地域及工業建設地域ニ関スル暫定措置」が閣議決定される。この措置は、企画院総裁の談話によると、「国土計画的見地に基き内地に於て工業及び人口が過度に集中を来して居る四大工業地帯に対して工場の新設又は増設の規制を行ふと共に、内地に於て差当り急速に生産力拡充を必要とする業種に付工業建設候補地を定め、之等の地域に対して立地条件の整備を図り以て内地に於ける産業の合理的なる進展に資」することが目的であった(50)。同時に、この措置は「暫定措置トシ国土計画及地方計画ノ決定アル場合ハ其ノ決定ニ基ク措置ニ移行スベキモノトスルコト」とされ、本格的な国土計画決定に至るまでの経過措置として位置づけられていた(51)。

具体的には、防空法に基づいて、関東（東京府、神奈川県、埼玉県、千葉県）、愛知（愛知県）、関西（京都府、大阪府、兵庫県）、北九州関門（山口県、福岡県）の四規制地域三六市二九一町村を、工業規制地域として指定し、同地域内での工場の新増設を原則として認めないこととした。防空法、都市計画法、市街地建築物法、臨時資金調整法、諸事業法、企業許可令、臨時農地等管理令の運用にあたっても、この趣旨に準拠すべきであるとされた。また、工業建設地域については、業種別に工業建設候補地を提示し、「行政上ノ措置其ノ他適当ナル方法ニ依リ誘導」するものとした。ただし、その場合、「耕地整理地其ノ他ノ田畑ハ努メテ潰地タラシメザル様措置スルコト」が付記されていた。なお、止むを得ぬ事情によってこれらの規定に従うことができない場合は、企画院と協議しなければならないとされた。ちなみに、制度化された一九四二年六月二日から四三年九月末日までの協議件数は合計七六四件（うち新設九八件）に及んだ。このうち不許可となったものは四五件、九・五％に過ぎなかったが、新設工場については二〇％以上が不許可となった。なお、工業規制に続いて、一九四三年二月からは「学校規制地域ニ関スル暫定措置」が定められ、これも企画院が事務を所管した。(52)

二．農工調整問題と「農工協力体制」

一九四二年から、工業立地の規制・誘導策が開始されたとはいえ、それらは立地工場周辺の農業経営の保全と直接結びつく施策ではなかった。むしろ農耕地の潰廃は激化し、農村青年の工場への集中傾向や農業生産力の弱体化が進行し、「農工調和」の具体策が検討されるようになる。一九四三年三月に、これらの方策を検討するために、企画院、内務省国土局、農林省総務局の担当者が集まり、施策化に向けた協議を開始する。(53)

その結果、企画院が廃止される四三年一〇月末までに「農工調和ニ関スル暫定措置要領」案がまとめられる。そこでは、「各種工業ノ地方分散ニヨル工業立地ト農業生産トノ関係ヲ土地及ビ労働力ノ二点ニ於テ調整、農工相互ノ生産増強、労務者生活基準ノ確立及ビ都市農村ノ平衡ヲ期スルタメ農工地域ヲ設定」することを方針として掲げていた。(54)

企画院廃止後、国土計画業務を引き継いだ内務省国土局では、農工調和に関する暫定措置の具体化を急いだ。その結果、一九四四年二月二六日に「農工調整ニ関スル暫定措置要綱案」がまとまる。(55)同案の前文には、「工業ノ飛躍的拡充トソノ地方分散ニ伴ヒ農工相互ノ関係ニ付調整ヲ図ルノ要緊切ナルモノアリ、依テ左記ニ依リ之ニ関スル暫定措置ヲ講ジ以テ工業生産ノ増強並ニ主要食糧ノ確保ヲ期セントス」とあり、大きく二つの方向性が示された。第一に工場の新設に関する措置であり、「工場ノ建設ニ当リテハ位置及規模ニ付農工調整ノ見地ニヨリ指導ヲ強化スルコト」が強調された。第二は立地後の農工調整を進めるための措置であり、「所要ノ地域ニ農工調整地域ヲ設定シ本地域ニ於テハ農工調整ノ見地ニ於テ左ノ措置ヲ講ズルコト」とし、以下の五点を示した。①市街地の整備、各種施設の配置、農地保有に関する総合計画を樹立し土地利用を調整すること、②農家保有、農業要員の確保、農業経営型態の確立及び工業労務補給に関する計画を樹立し労務需給を調整すること、③農業生産を適正ならしめ都市並に工場の需要の充足に遺憾なからしむること、④農工相助の美風を涵養するため相互に協力の方途を講ずること、⑤物資の配給及び生活の指導に当りては農工相互の調和を得しめる如く考慮すること。さらに、これらの措置を運用するために、所要の地域に官民の調整機関を設置すべきであるとした。

この要綱案に沿って、一九四四年度予算で「農工協力施設強化ニ関スル経費」が計上され、農工調整＝農工両全を図るための中央機関である農工協力中央会と、地方農工協力会への補助金が交付されることになる。同経費の要求理由は、以下の如くであった[56]。

「昭和十七年六月閣議決定『工業規制地域及工業建設地域ニ関スル暫定措置』ニ伴フ重要工場ノ農村地帯進出ハ近時食糧増産上種々ノ支障ヲ生ジ延イテハ農村対策上諸種ノ問題ヲ提供セルノミナラズ軍需生産力ノ計画的確保ニ付テモ種々遺憾ノ点ヲ生ジ居リ急速ニ之ガ対策ヲ講ジ以テ農工両全ノ進展ヲ図ルノ要アル処之ガ所管ハ主トシテ農商、軍需両省ニ跨ル問題ニ属シ各独自ノ立場ニ於テ解決ヲ策スルハ必ズシモ適当ナラズト認メラルルヲ以テ農工両全ノ施策推進ノ機関トシテ関係官民ノ協力機関トシテ設立ヲ見タル農工協力中央会ニ対シ関係各省ノ折半ニ依ル補助金ヲ交付シ戦時国策ノ円滑ナル運行ニ資スル処アラントス」。この理由書からは、工業規制地域の設定と地方分散政策が、農工調整をすすめるどころか、却って食糧増産上の障碍をはじめとする農村諸問題を激化させ、これに対する省庁を超えた具体的調整策とそれを推進するための機関を必要とするに至ったことがわかるであろう。

三．東北振興事業の展開と軋轢

次に、国家総動員資源政策の一環として構想された東北振興事業が、戦争が深まるなかでいかなる展開を遂げたかを見ていこう。

第一に、東北振興電力株式会社の事業実績には目を見張るものがあった。当初目標では、一〇年間で一五万キロワットの電源開発をするとしていたのに対して、会社発足後わずか五年の間に、発電所一一か所、合計一三万キロワットの電源開発と八六〇kmにわたる送電線網を十和田湖から福島に至るまで建設し、東京電燈の送電線と接続したのである。(57) 奥入瀬川や田沢湖の電源開発は、ＴＶＡを模倣した前述の河水統制事業の一環であった。奥入瀬川では、発電所を建設し、その発生電力を八戸の日東化学に供給するとともに、農業用水を引いて流域の三本木原国営開墾地を灌漑しつつ、治水・観光開発を視野に入れた計画が実行された。(58) しかし、開発された電気エネルギーは、動力用電力としてのみ販売され、一九四〇年までに開発された電力のうち四割が四〇〇〇キロワット以上契約の大口契約者に販売された。最大の大口契約者は、東北振興アルミニウムであり、これに日本製鉄、日本製錬、日本水素、日東化学、朝日化学が続いた。東北振興アルミニウムをはじめ東北興業株式会社の合弁会社や直営事業に優先的に供給されたのである。産業別の供給高をみると、金属、鉱業、化学の三業種で九六%に達した。(59)

第二に、東北興業株式会社は投資会社としての機能を果たし、王子製紙との合弁で東北振興パルプ、日満アルミニウムとの合弁で東北振興アルミニウム、電気化学との合弁で東北振興化学等を次々に設立したほか、金属鉱山開発から農畜水産加工業に至る多方面の事業に参入した。ちなみに、東北振興パルプの名称で東北進出を果たした王子製紙首脳によれば、「王子一社の名前でやるというと如何にも王子が全国を独占したようになるので、それで別の会社にしたのと、（中略）若い人々が重役になるチャンスを（中略）与える」という理由に加え、ブナ材

表 3-2　東北興業株式会社の大規模投資（東北振電を除く）　金額単位：万円

投資開始時	社名	資本金	投資額	提携会社（備考）
1939 年 7 月	東北振興アルミニウム	1000	500	日満アルミ（三井系）
1940 年 3 月	東北振興化学	1000	400	電気化学工業（三井系）
1940 年 5 月	東北振興パルプ	5000	2500	王子製紙（三井系）
1941 年 6 月	東北重工業	195	112	
1942 年 2 月	朝日化学（東北肥料）	2000	556	（尼崎資本）
1942 年 7 月	萱場製作所	2000	750	（軍需工業）
1942 年 8 月	同和鉱業	7000	1500	（興銀系）
1943 年 4 月	帝国マグネシウム	2000	900	鉄興社

出典：岡田知弘『日本資本主義と農村開発』法律文化社、1989 年、164 頁。
注：資本系列については、志村嘉一『日本資本市場分析』東京大学出版会、1969 年による。

のパルプ化という新技術を開発したので、そのリスクを回避するために東北興業株式会社との合弁形態を選択したという[60]。

ここで注目したい点は、東北興業株式会社の出資先の多くが三井系の重化学工業資本だったことであり（表3-2）、東北興業の株主や役職ポストにも、三井財閥系資本が進出し、東北振興事業を通してその資本蓄積を図ったことである。また、東北振興電力には三井、三菱財閥が出資するとともに、東京電燈（現・東京電力）から複数の課長職が派遣された（表3-3）。「東北振興」という大義の下に、政府や政府系企業の出資、手厚い支援策も受けながら東北地方へ事業進出をやり遂げ、そこで東北が包含する未開発資源を活用した資本蓄積を果たしていくのである。

第三に、「東北振興第一期綜合五カ年計画」は予算削減の対象となる。調査会答申の段階で三億二千万円の計上額であったものが、三七年度時点で二億円に減り、さらに四〇年度時点での予算執行額は全体の三七％に留まったのである[61]。戦時下のなかで、東北向け予算が圧縮の対象となったわけである。

東北の各地においても、東北振興事業の矛盾が表面化するようになる。例えば、当初、政府の要請によって東北興業株式会社に出資していた地元産業組合が、農林水産加工品製造等の分野における東北興業出資会社との事業競合を理由に、出資金を引き揚げる事態となった[62]。また、東北振興電力の建設工事にともなう地元発注率の低さを福島商工会議所が批判して、

表 3-3　東北振興両会社の役員構成（1937 年 7 月現在）

	東北興業株式会社	東北振興電力株式会社
総裁	吉野信次（元商工次官）→八田嘉明（前満鉄役員）	同左【社長】
副総裁	金森太郎（前山形県知事）	【副社長】猪熊貞治（前簡易保険局長）
理事	田沢一郎（前三菱商事）、権野興七（前三井物産）、藤沢進（前産中金）	吉見静一（前日本海電気役員）、荻原俊一（内務技師）、樋口邦雄（興銀）
監事	二瓶貞夫（主計監、糧秣部長）、山下太郎（前日魯漁業役員）	土田萬作（羽後銀行重役）、中村房次郎（松尾鉱業社長）
課長	（6 人）大蔵省出身 1、内閣出身 1、青森県庁出身 1、三井物産出身 1、三菱商事出身 1、その他 1	（10 人）東京電燈出身 2、逓信省出身 2、その他民間 6

出典：岡田知弘『日本資本主義と農村開発』法律文化社、1989 年、162 頁。
注：原資料は、産業組合中央会『東北振興両社と産業組合』1937 年。

地元企業活用を求める以下のような要望書を提出する事態に立ち至る。

近時、奥入瀬発電所工事ニ関シ、東北各地業者ハ大イニ憤慨致居ル実例ヲ仄聞シ、東北振興ノ見地ヨリ甚ダ遺憾ニ存候、切ニ望クハ両会社工事施工ニ当リ、是非共地元業者ヲシテ御下命ノ恩恵ニ浴セラルル様、御詮議賜ハランコトヲ重ネテ要望候也[63]

さらに、東京方面への電力流出も問題となる。一九四二年に、東北振興第二期五カ年計画を立案するために作られた臨時東北地方振興計画調査会の第二特別委員会の席上、東北興業株式会社の川越総裁が、次のような発言をしたのである。

東北振電ガ出来テ以来開発サレタ電力ノ大部分ハ福島県デアルガ、其ノ三分ノ二ハ、東京地方ニ送電サレテ東北自体ニ使ワレルモノハ僅カダ。将来半分ダ何割トハ言ワナイガイクラカ地方ニ残シテ貫イタイトイウ希望ガアル[64]

つまり、東北振興電力の電源開発拠点の多くが、福島県で建設されたが、電力の大部分が東京に送電されるという、現代につながる東北・福島と東京との関係は、この東北振興事業によって形成されたわけである。
しかも、戦時色が強まるなかで、東北振興電力株式会社は、国策会社である日本発送電株式会社に統合されることになる。東北内部からは両社の合併に反対する動きもあったが、政府が①第二期東北地方綜合計画の調査機関を設置すること、②東北興業株式会社の機能強化を図ること、③日本発送電内部に「東北課」を設けて「東北振興」に配慮すること、④設立予定の東北配電株式会社に東北振興電力株式会社の使命を承継すること等の条件を出すことによって、合併の合意がなされた。こうして一九四一年九月九日に閣議決定がなされ、同月二四日に合併に関する勅令が発令された。閣議決定文書によれば、「電力国策の趣旨」から、国家総動員法にのっとり、翌春の合併が決まったのである。こうして、発電部門を失った東北振興事業は、国策遂行の下に解消されてしまうことになる[65]。

さらに、東北振興事業の中軸となる振興計画については、第一期計画の時限が一九四一年度となっており、東北六県からは第二期計画策定の強い要求がなされていた。だが、政府が委員会整理を前面に押し出していた時期でもあり、委員会設置の見通しも立たない状況であった。先の東北振興電力の併合の際に、ようやく第二期計画の調査機関の設置を政府は認め、臨時東北地方振興計画調査会が、太平洋戦争開戦直後の四一年一二月二〇日に勅令によって設置されることになる。同調査会の会長には内閣書記官長がつき、委員も関係各官庁の部局長と少数の有識者に限られていた[66]。

翌四二年一月に開催された調査会の席上、東条英機首相は次のように挨拶した。「申し上げるまでもなく此の大戦争を遂行し東亜不動の新秩序を建設せんが為には人的物的あらゆる方面に於いて国内態勢を整備強化し揺るぎなき鉄壁の備を以て之に当らねばならないのであります。東北振興問題に付きましても此の地方の災害を防除し文化を進め人的及物的資源の育成開発を図りますことは啻に同地方を振興せしむるのみならず現下我国の総力を発揮する上に於て実に欠くべからざる緊急のことに属するのであります[67]」。

同委員会の答申は、四二年七月に発表され、一九四三年度から開始される第二期計画の骨格が提起される。第二期振興計画の目的は、太平洋戦争突入により、次のように書かれていた。「東北地方振興ニ関スル事業ハ同地方ニ文化ヲ進メ産業ヲ興シテ広義国防ノ実ヲ挙グルコトヲ目的トセルモノナルトコロ大東亜戦争下ニ於テ国家ノ総力ヲ発揮スルノ要愈々緊切ナルモノアルニ鑑ミ時局ニ即応セル新計画ヲ樹立シ以テ東北地方ニ於ケル人的及物的態勢ヲ整備強化センコトヲ期セリ」。つまり、戦争遂行の国策の一環として東北地方の人的・物的資源の動員を図ることが第一期計画以上に重視されることになったのである。しかも、「計画実施に要する経費並びに資材資金等は極力之を節約」とも注記されていた。計画内容は、とくに緊急を要する六つの事項に限られたものであった。すなわち、①振興精神の作興、②人口の増殖並に資質の向上、③食糧の増産、④資源の開発利用及工業の建設、⑤開発立地条件の整備、⑥東北興業株式会社の機能強化である。このうち④については軍需工業の立地をすすめること、⑤については道路、鉄道、港湾整備に加えて河水統制事業の推進、⑥については増資による生産力拡充への寄与が盛り込まれた。こうして、東北地方は、人的・物的資源の供給地として明確に位置付けられることになるのである。(68)

一方、第一期計画以来の懸案であった「東北庁」の設置構想は見送られることとなった。それは、内務省や大蔵省からの反発が強かったためである。例えば、一九三七年春の第七四帝国議会での内務大臣の答弁用資料「東北庁又ハ東北道庁ノ設置ニ関スル件」には、次のように記載されていた。

東北地方ノ振興ハ其ノ特殊事情ニ鑑ミ必要ノコトナルヲ以テ従来政府ニ於テモ種々之ガ対策ヲ講ジツツアル次第デアル。而シテ其ノ目的達成ノ一方法トシテ大ナル行政機構ノ改革ヲ行ヒ、東北六県ヲ統轄スル行政官庁タル東北庁ヲ設置スベシトノ論モ東北振興調査会ノ答申等ニ現ハレタルコトヲ承知スルモ、本問題ハ中央地方ヲ通ズル行政機構全般ニ関シ洵ニ重大ナル関連アル問題ナルト共ニ、此ノ種行政機構ノ設置ノ実際上ノ効果並ニ実際上ノ運用等ニ付テモ仍多ク考究ヲ要スルモノアリト考フルモノニシテ、今後十分ナル検討ヲ加ヘ度シ。更ニ東北六県ヲ解体シテ之ヲ東北道トシ東北道庁ヲ設置スベシトノ論モ一部ニハ唱ヘラレツツアルガ如キモ、本件ハ右東北庁設置ノ問題ヨリモ更ニ重大ナル問題ニシテ、今直ニ之ニ対シ賛意ヲ表シ難シ。(69)

基本的に、東北だけを対象に、東北庁あるいは東北道・道庁を設置することは、他の地域に係る地方制度全体の大規模な再編を伴わざるを得ず、実際の事業効果、運用についても議論の余地が大であるため、ただちに導入することができないという姿勢であった。

だが、一九四三年一〇月には、東北振興事業にとって決定的な問題が起きる。戦争末期の大規模な省庁再編に伴って、これまで東北振興事業を内閣のもとで推進、支えてきた東北局が廃止されることになったのである。また、東北局が有していた東北興業株式会社に対する監督権限は、東北地方行政協議会長に委嘱されることになった。(70)

最後に、東北振興事業を通して、東北では、製造品出荷額の数字を見る限り、重化学工業化が進行したかのように見える。しかし、雇用効果は少なく、むしろ大量の労働力や物的資源、電力エネルギーが、東京に向かって流出する構造が形成されていったといえる。ちなみに、一九三六年から四二年の間に、東北の各県から七八万人の人口が自県から移動、流出したのである。東北振興事業は、東京資本の資本蓄積の機会を拡大し戦時下の国家総動員に貢献した一方で、被災者をはじめとする東北住民の生活の維持、向上を実現することができなかったといえる。(71)

第四節　戦後国土・資源開発への展望

一・国土・資源開発政策体系の再編

終戦後、占領軍は日本の武装解除と民主化政策を展開することになるが、当然、国家総動員機関として設けられた地方総監府も廃止された。代わって一九四七年には日本国憲法と地方自治法の施行に基づき、団体自治と住民自治を基本にした地方自治体が誕生する。[72] だが、戦時国土計画を所管した内務省国土局はその業務を継続していた。早くも四五年九月二七日には、「国土計画基本方針」を策定し、「ポツダム宣言受諾ニ伴フ国土及産業ノ構成ニ関スル重大ナル変更ニ対応」して「ポツダム宣言ノ規定ノ範囲内ニ於テ」「平和的ナル産業ノ維持発達ヲ助長シ平和的通商ヲ通ジテ国民経済ノ充足ヲ計ル」と述べている。当然、大東亜共栄圏を対象にした国土計画ではなく、朝鮮、台湾、樺太も外した内地を対象とした計画であった。この方針に基づいて、一年後の九月には「復興国土計画要綱」も作成している。[73]

一方、帝国議会でも、国土計画策定を要求する声が高まり、一九四七年三月に吉田茂首相は内閣の下に「国土計画審議会」を設置し、事務局を内務省に置いた。だが、同年五月に国土計画行政の所管が、経済安定本部に移され、さらに一二月に内務省が解体されることで、戦時中から継続してきた企画院、内務省下ので国土計画策定業務は頓挫する。その背後には、GHQの存在があった。内務省が解体された時、経済安定本部に資源委員会が設置された。これは、GHQ天然資源局のアッカーマン技術顧問と密接な関係にあった外務官僚・大来佐武郎が、提案、実現したものであった。ここに、米国の資源政策と、日本の資源政策・国土総合開発政策の接合がなされることになる。[74]

佐藤竺は、戦後改革期において、日本の開発政策の主流が、従来の「国土計画系」ラインから、外務省系の経済安定本部を中心とした「ＴＶＡ的な総合開発の構想」のラインへと変わりつつあったと指摘している。後者は、当初、総合開発をめざす少数の特定地域の開発を制度的に保障する法律として「総合開発法」の制定を準備していたという。ところが、旧内務省系の政官界人が、旧来の国土計画策定を主張し、「総合開発法」の名称に「国土」を入れるように要求したり、計画のなかに「特定地域計画」だけでなく、「全国計画」、「地方計画」、「県計画」を加えるべきと主張し、それが盛り込まれる形で、一種の妥協の産物として国土総合開発法が制定されたのである。(75)

ただし、アッカーマンが米国下院に提出したレポートでは、四八年一月のロイヤル声明に象徴されるように、「極東のスイス」から「極東の工場」への米国の対日占領政策の転換を念頭において、中国から朝鮮半島へと拡大していた社会主義革命封じ込めという「アメリカの目的を達成するために」「日本に安定した資源の基礎を与えること」が必要であり、その限りでの資源開発、国土開発を認めるべきだという姿勢が貫かれていたことに留意しなければならない。(76)

また、米国側には、もう一つの事情があった。一九四〇年代末、米国はマーシャルプラン等のドル散布政策の結果、国家資本輸出ができない財政状況に立ち至っていた。トルーマン大統領は、低開発国・未開発国向けの民間資本投資を促進する「ポイント・フォア計画」を作り、日本も未開発国に位置づけて民間資本の輸出を促進しようとしていた。そのための法的条件として、投資母国への投資元利の送金を保障する「外資法」の制定を、敗戦国であるイタリアに続き日本にも求めた。同法は、一九五〇年に制定されることになった。しかも、米国のウェスティングハウス社（重電機メーカー）が吉田茂首相に電力開発計画の情報を提供するよう求める動きもあったのである。(77)

こうして、冷戦体制下での米国の戦略意図と重電機メーカーの私的利害関係のなかで、戦後日本の国土開発体制をつくりあげた国土総合開発法が制定されたのである。同法制定後、実施に移された地域開発事業は、ＴＶＡ

をモデルにした特定地域総合開発であった。しかも、当初は北上川と只見川流域の二か所を指定する予定であったが、全国五一地域から地域指定の要望があり、最終的に二一地域を指定することになる。これらの多くが、戦時期からの河水統制事業を引き継ぎ、さらに終戦直後に、建設院が全国一四地区を指定して、調査、計画立案を図っていた地方綜合開発事業であった。地域の現場では、戦時期の国土開発事業が継承される関係にもなっていたのである。(78)

二・戦後電源開発の展開と東北

前述のように、特定地域総合開発の指定地域は、当初から北上川と只見川が予定されていたが、東北地方では、これに加えて最上、阿仁田沢、十和田岩木、北奥羽、仙塩が指定され、合計七地区が一九五七年までに指定される。したがって、全指定地域二一のうち三分の一が東北に位置していたことになる。北上川については、一九四七年と四八年に連続して多数の死者が出る台風災害に見舞われており国土保全が最大の課題となっていたし、只見川水系は東京向けの電源開発地域として注目されたのである。しかも、この両河川については、戦時中に、内務省および軍部によって資源調査がなされていた経緯もあった。

これらの両河川に加え東北で合計七地域が指定された、もう一つの背景には東北内部における開発への要求があった。それは、戦時中に中断された形になっていた東北振興事業の継続と国策会社東北興業株式会社の存続をめぐる期待や不安とも結びついたものであった。その証左として、一九四九年五月に、東北七県、県議会、商工会議所代表が結集して「東北振興計画委員会」が結成された。同会議には、米軍東北軍司令官と経済課長も同席していた。なお、「東北七県」とは、従来の東北六県に、新潟県を加えたものである。これは、ＧＨＱの東北軍政部が新潟県を含めた東北を管轄区域としていたため、新潟県を東北に加えるよう勧奨があったことと、新潟県側からの熱望もあったからだといわれている[79]。

東北振興計画委員会は、同年一〇月に「東北地方開発事業計画」をまとめ、要望書として国に設置された国土総合開発審議会に提出した。そこでは、「由来東北地方民は、政府が東北地方の振興問題に対して、特別の配意と措置を講じて来た事に就ては、深い感謝の念を以て、それに対するあらゆる努力を続けてきたのであるが、国情の急変したが為に、振興の基礎的要件はその半ばにして放置されたがまま、今日に至って居るのである。従って、東北振興実践の為には、東北民の従前に優る自覚と努力も必須なる条件の一つであるが、遺憾乍ら、自らの力によっては、到底立ち上り得ないというのが、東北の実情であるから、此の為には公共事業の面に於ても、私企業の面に於ても、国家的乃至は地方的の何等かの特殊な配慮と措置が絶対に必要」と述べたうえで、具体的な事業として電源開発事業に続いて、石灰石開発利用事業、肥料工業、亜炭開発事業、陶土開発事業、天然ガス開発事業、木材利用事業、鉄鋼金属事業を提案している。とりわけ、電源開発事業については「東北の水力電源が再建日本の有力な鍵であるといった方が良い位東北の水力電源は日本にとって貴重なものである。即ち東北地方は未開発電源五百万キロワットを有し、全国の四分の一に当たる日本に残されたる唯一の電源地帯である」と強調している点が注目される[80]。

また、電源開発に当たっては、戦時中の教訓から、東北域内での活用を図るべきだという考え方が、とくに只見川総合開発を受け容れた福島県にはあった。只見川総合開発は、田子倉ダムや奥只見ダムを開発し、電源開発株式会社が大規模発電計画を立てた。これに対して、福島県は一九五〇年に「福島県産業綜合振興の構想と計画」を立案し、そのなかで「本県が全国随一の大水力電気資源の包蔵県であり、殊に只見川水系の一貫的開発は日本全体の経済再建上最も重要な国家的要請となっていることに鑑み、その開発促進には県としても全幅的な協力をする。而してこの開発により得らるる電力の活用については、電源県としての利点を大いに発揮し、県下鉱工業の復興発展及新規工業の誘致策等を積極的に推進」すると述べていた[81]。一九五六年に東北七県知事が中心に設立した「東北開発推進協議会」も、「只見開発に伴う増加発生電力は東北地方の開発に資するため東北地方に優先的に供給するよう適切な措置を講ぜられたい」と要望したが、実際には、それは実現できなかった。[82] 結局、一九六七年度時点でも、福島県内で電源開発株式会社、東京電力、東北電力が生産する電力の四割が東京に送られたのである。[83] また、只見川の大規模電源となった田子倉発電所（三八万キロワット）と奥只見発電所（三六万キロワット）は、それぞれ三四八億円と三九〇億円の工事費を要したが、電源開発株式会社はその資金を、米国の開発援助政策の一環である余剰農産物見返資金や世界銀行、アメリカ銀行から調達し、例えば発電機については米国のウェスティングハウス社と技術提携した三菱重工（田子倉）やＧＥ社と提携した東芝（奥只見）に発注したのである。その一方で、田子倉ダムの建設にあたっては田子倉集落が水没するという負担を地元に強いた。[84]

他方、東北七県知事は「東北七県自治協議会」を設立し、財閥解体の対象となった東北興業株式会社の再編と維持、新たな東北開発推進体制を構築するために、国会等に働きかけを強めていく。その結果、一九五七年に東北開発三法の制定を見る。三法とは、東北開発促進法、北海道東北金融公庫法、東北開発株式会社法である。東北開発促進法により東北地域の地方計画の策定と推進体制を構築するとともに、東北独自の金融機関の設置は認められなかったものの北海道東北金融公庫の新設に成功する。最後の東北開発株式会社法は、東北興業株式会社法を改定したものであり、政府出資の会社として再出発することとなった。[85] この東北三法による開発構想は、東北地方には企業資金が乏しく、金融公庫を通した融資や政府による公共投資などで呼び水効果を起こし、先進地の企業誘致をすることで近代産業の育成を図るという内容であった。[86]

福島県浜通り地域において、その誘致対象となったのが原子力発電所であった。米国の原子力平和利用宣言が発表された直後の一九五五年一一月、東京電力は社内に原子力発電課を設置し、原子力発電所導入の検討を開始した。併せて、需要地に比較的近い、茨城県、福島県の沿岸部を候補地点として調査していた。一方、福島県の佐藤嘉一郎知事も一九五八年に原発の可能性について、東京電力の意をくんで福島県開発公社において立地調査を展開した。その結果、大熊町と双葉町の境界地点である現在の福島第一原発地区に絞り込んだうえで、一九六〇年一一月に原子力発電所誘致計画を発表する。大熊町と双葉町も、一九六一年に全町議同意の下に事業促進に全面協力を表明し、以後、とくに大熊町が誘致運動を強めた。大熊町は、福島県内でも貧困な地域で、「海のチベット」とも呼ばれていた。当時、県内でも最も後進的な地域であり、見るべき産業もなく、農業は戦後開拓農家が主体であり、貧困と過疎に悩んでいたのである。ちなみに、原発サイト用地のほとんどは、戦時中の旧陸軍航空隊長者ケ原飛行場の跡地で、戦後、国土計画興業㈱が取得していた土地であったという。こうして、福島第一原発の立地が決まったのである(87)。

以上に見られるように、東京への電力供給地としての役割を戦時中から戦後にかけて確立した東北、とりわけ福島県は、只見地方での河川総合開発による電源開発に続き、今度は浜通りの貧困地域に東京電力の原子力発電所を誘致したのである。

おわりに

最後に、本章の課題にそくして、まとめておきたい。

第一に、戦時期日本において、戦争遂行目的のための国家総動員資源政策が形成、展開されたが、その政策思想には松井春生に代表される「資源保育」という考え方があった。これは、米国の資源保全思想を、「開発」という含意を入れて、日本に適用したものであった。実際、資源の調査、開発、活用にあたっては、土地と結びついた人的・物的資源の流動化＝動員を効率的にすすめる必要があるうえ、戦時下での防衛という観点もあり、国土計画・国土開発行政が必然的に求められるようになったといえる。ただし、戦時期の国土計画の対象領域は、大東亜共栄圏にまで拡張されていたのである。

さらに、本章で注目したのは、そのような資源動員や国土開発を遂行するために、道州制論に代表される広域行政体論が資源政策関係官僚や陸海軍筋、さらに民間経済団体筋から提起され、実際に都道府県間や省庁出先機関の協議体からはじまり、最終的には地方行政組織、国の出先機関、軍管区までをも統合した地方総監府、すなわち事実上の道州制といわれる制度を創出するに至った事態である。これに、地方制度改革が加わり、国家が部落会や町内会に至るまで統合する垂直的行政組織および資源動員組織が創出されたのである。こうして、戦時下において資源政策、国土計画・国土開発政策、そして広域行政組織に向けた行政改革が一体のものとなって遂行されたことが明らかとなった。

第二に、このような戦時期に形成・展開された資源政策、国土開発政策、そして広域行政組織は、戦後複雑な形で承継されることになる。まず、軍事動員機構としての役割をもった「事実上の道州制」政府であった地方総監府と、行政組織の端末としての部落会や町内会は、ともに戦後改革のなかで解体され、代わって戦後憲法と地方自治法に基づく地方自治体が誕生することになった。だが、資源政策と国土開発政策は、GHQの支配のもとでTVAに代表されるニューディール型の特定地域開発方式が導入され、戦時期以来の日本国内での国土計画行政ラインとの緊張関係を含んだ接合が図られていくことになる。それは、一面では外務省と内務省との対抗という関係として表面化したのであるが、ここで注意しなければならないことは、米国の対日占領政策の転換による「極東の工場」としての日本での資源・国土開発政策の推進、世界銀行等を活用した日本向け開発援助政策の遂行、重電機などの個別資本の市場創出とが、相互に結びついていた点である。

第三に、この点は、東北を舞台にした、戦時期から戦後にかけての国土開発のあり方と、その帰結にも関わる。戦時中に展開された東北振興事業は、冷害と津波被害をきっかけに開始されたにも拘わらず、あくまでも資源動員政策の一環としての位置づけであった。このため、電源開発にしろ工場立地にしろ、軍事動員という国策への貢献だけでなく、東京への資源の送出と三井系資本をはじめとする域外国内資本の資本蓄積には貢献したが、東北地域から多くの住民が流出したように、肝心の東北での自律的な経済発展をもたらすものではなかった。

その関係は、戦後の国土総合開発法体制下での只見川の河川総合開発や、一九五〇年代末からの福島県浜通り地域での原子力発電所誘致にも継続されることになる。このとき、国内資本だけでなく、戦後冷戦体制を背景にした米国の金融資本や重電機資本の資本蓄積の手段としても、河川総合開発が活用されたことに留意しておきたい。

さらに、当初、福島県や東北諸県が、自らの地域産業の育成のために集落水没という犠牲を受け入れたうえで作り出した電力も、結局は東京を中心とした域外に流出し、戦時下の東北振興事業と同様の結果をたどることとなった。それが、東日本大震災の際に、東京電力福島第一原発事故が起き、多大な被害を長期にわたり原発立地点以外の広領域にわたってもたらすことになる〈フクシマ〉が生み出された歴史的要因であった。福島県は県の復興ビジョンの第一に原発依存からの脱却を掲げたが、同時に、福島県をはじめ東北の今後の持続的発展においては、外部資本の導入に依存することなく、地域の資源を活用しながら地域内経済循環を構築し、住民ひとり一人の生活の再建、向上をめざす、基礎自治体を中心にした自律的な発展こそが求められているといえる。(88)

注

(1) 御厨貴『政策の総合と権力』東京大学出版会、一九九六年、一八〜二三頁。
(2) 資源局形成の経過については、松井春生『日本資源政策』千倉書房、一九三八年、一六八〜一七二頁のほか、山口利昭「国家総動員研究序説」『国家学会雑誌』第九二巻三・四号、一九七九年四月、御厨貴、同上書を、参照。
(3) 松井春生、同上、一七三頁。
(4) 秦郁彦・戦前期官僚制研究会編『戦前期日本官僚制の制度・組織・人事』東京大学出版会、一九八一年、二一四頁による。また、松井春生の資源思想とその形成過程については、佐藤仁『「持たざる国」の資源論』東京大学出版会、二〇一一年、六八頁以下を参照。

(5) 「商工行政史談会速記録［3］資源局から企画院へ――（松井春生を囲む）」『商工行政史談会速記録』産業政策史研究所、第一分冊、一九七五年、三四頁。

(6) 「資源局十年の回顧」『資源』内閣資源局、第七巻第五号、一九三七年六月、三二頁。

(7) 同上、三六頁以下による。

(8) 前掲『商工行政史談会速記録』、三六頁。

(9) 東北振興事業については、西川秋雄「東北振興問題」農業発達史調査会編『日本農業発達史』第七巻、中央公論社、一九五五年、佐藤元重『日本の工業立地政策』弘文堂新社、一九六三年、佐藤竺『日本の地域開発』未來社、一九六五年、等の研究がある。

(10) 以下、東北振興事業の詳細については、岡田知弘『日本資本主義と農村開発』法律文化社、一九八九年、第三章および第五章を参照されたい。

(11) 衆議院本会議第一読会（一九三六年五月一二日）における政府委員次田大三郎の提案説明（『第六九回帝国議会衆議院本会議議事速記録』第七号、一五四頁）より。

(12) 松井春生、前掲書、第十四章「資源問題としての東北振興」を参照。

(13) 「（昭和十一年七月八日第九回総会ニ於テ可決）東北振興調査会答申」（国立公文書館所蔵『東北振興調査会議事録』）による。

(14) 『都市問題』第三二巻第一号、一九四一年、二八七頁以下による。

(15) 西井孜郎『国土計画の経過と課題』大明堂、一九七五年、九頁。なお、西井孜郎は、企画院および内務省国土局で調査官として国土計画業務に携わった経歴をもつ。戦後は、駒澤大学教授となり農業地理学を専攻した。

(16) 戦時期における国土計画の策定過程については、西井孜郎、前掲書、および『資料・国土計画』大明堂、一九七五年、岡田知弘、前掲書、六～七章、御厨貴、前掲書、第Ⅵ章、水内俊雄「総力戦・計画化・国土空間の編成」『現代思想』第二七巻第一三号、一九九九年一二月、沼尻晃伸「戦争と国土計画」『年報・日本現代史』第六号、二〇〇〇年五月、を参照されたい。

(17) 企画院「国土計画設定要綱」（前掲、西井孜郎『資料・国土計画』所収）一九頁。

(18) 「綜合立地計画の策定に就て（康七・三・二一旬報原稿）」同上書、一一頁。

(19) 「綜合立地計画（国土計画）提案理由書（康六・一二・一四、企画處）」同上書、五頁。

(20) 「綜合立地計画（仮称）に就て（康七・三・七、放送原稿）」同上書、一〇頁。

(21) 「綜合立地計画策定要綱（康七・一一・二六、国務院会議決定）」同上書、一頁。なお、満州での都市計画・国土計画については、越沢明『植民地満州の都市計画』アジア経済研究所、一九七八年を参照。また、星野直樹『見果てぬ夢：満州国外史』ダイヤモンド社、一九六三年も参照されたい。

(22) 内閣官房総務課『企画院関係書類綴』第三七巻所収（国立公文書館所蔵）。

(23) 酒井三郎『昭和研究会』TBSブリタニカ、一九七九年。

(24) ここでの引用は前掲『都市問題』、三〇八頁以下による。

(25) 安藤良雄は、第二次近衛内閣の「新体制工作」を、「ナチスの戯画的再版」と称している。安藤『太平洋戦争の経済史的研究』東京大学出版会、一九八七年、二〇四頁。

(26) 詳しくは、中村隆英・原朗編『現代史資料(43)　国家総動員(1)』みすず書房、一九七〇年、xlii頁以下、参照。

(27) 以下の引用は、「国土計画ノ設定ニ付テ（星野企画院総裁談話要旨、昭和一五年九月二四日）」（前掲、酉井孜郎『資料・国土計画』所収）二二一〜二二三頁。

(28) 引用は、企画院「物資動員計画ニ付テ」（一九四〇年）。安藤良雄、前掲書、一八四頁および、原朗・山崎志郎編『初期物資動員計画資料』第11巻、現代史料出版、一九九八年、二八一頁による。

(29) 食糧庁『日本食糧政策史の研究』第二巻、第三巻、一九五一年、片柳真吉『日本戦時食糧政策』伊藤書店、一九四二年、田辺勝正『現代食糧政策史』日本週報社、一九四八年など、参照。

(30) 鵜澤喜久雄『広域地方行政の常識』九鬼書房、一九四四年、四五頁。

(31) 同上書、九四〜九六頁。

(32) 「地方連絡協議会設置要綱」（国立公文書館所蔵『国民精神総動員機構改組に関する件』）。

(33) 鵜澤喜久雄、前掲書、一〇六〜一一三頁。

(34) 同上書、一一四頁。

(35) 「地方各庁連絡協議会ニ関スル件ヲ決定ス」（国立公文書館蔵『公文類聚・第六十六編・昭和十七年・第九巻』）。

(36) 鵜澤喜久雄、前掲書、一三四〜一四〇頁。

(37) 国立公文書館所蔵「地方行政協議会令ヲ定ム」(『公文類聚・第六十七編・昭和十八年・第五十三巻』)。また、地方行政協議会の形成と業務の詳細については、鵜澤喜久雄、同上書、および滝口剛「地方行政協議会と戦時業務—東条・小磯内閣の内務行政」(1)~(3)『阪大法学』第五〇巻三号~五一巻一号、二〇〇〇年九月~二〇〇一年五月、を参照。

(38) 以下については、矢野信幸「太平洋戦争末期における内閣機能強化構想の展開 —— 地方総監府の設置をめぐって」『史学雑誌』第一〇七巻四号、一九九八年四月、による。

(39) 高木鉦作「広域行政論の再検討—昭和一〇年代の道州制問題を中心に」辻清明編『現代行政の理論と現実』勁草書房、一九六五年、一九一頁。

(40) 国家総動員体制研究からの地方制度改革および広域行政体の実証的研究として山崎志郎『戦時経済総動員体制の研究』日本経済評論社、二〇一一年、六一五~六二六頁、および東京都制を都市史の視点から研究した源川真希『東京市政—首都の近現代史』日本経済評論社、二〇〇七年、一九五~一九八頁を参照。

(41) 日本土木史編集委員会『日本土木史—~昭和一六年』土木学会、一九六五年、九七七~九七九頁および、松浦茂樹『戦前の国土整備計画』日本経済評論社、二〇〇〇年、第Ⅱ章参照。

(42) 以上は、日本土木史編集委員会『日本土木史—昭和一六年~昭和四〇年—』土木学会、一九七三年、一一三四~一一三五頁、水谷鏘『国土計画　日本河川論』常磐書房、一九四一年、三二七~三二九頁による。

(43) 内務省国土局『河水統制計画概要』一九四三年一一月。詳細については、岡田知弘「農工調整問題と国土計画」野田公夫編『戦時体制期』農林統計協会、二〇〇三年、参照。

(44) 前掲『日本土木史—昭和一六年~昭和四〇年—』一一三五頁。

(45) 前掲『日本土木史—昭和一六年~昭和四〇年—』二八〇~二八一頁。

(46) 兵庫県『広区画整理事業誌』一九六〇年、二〇七~二一〇頁。

(47) 同上書、および岩見良太郎『土地区画整理の研究』自治体研究社、一九七八年、二九一~三〇五頁、岡田知弘、前掲書、二一二~二一五頁、を参照。

(48) 答申については、前掲『都市問題』第三二巻第一号、三〇二頁以下による。また、商工省の地方工業化政策については、岡田知弘、前掲書、一九五~一九六頁参照。

(49) 以上は松本治彦『国土政策の展開』創元社、一九四五年一月、一六三～一七四頁による。
(50) 総裁談話については、『国土計画』第一巻第二号、一九四二年九月、一八四頁。
(51) 引用は、企画院「工業規制地域及工業建設地域ニ関スル暫定措置要綱（昭和十七・六・二　閣議決定）」、前掲、西井孜郎『資料・国土計画』、三二～三八頁、による。
(52) 前掲、西井孜郎『国土計画の経過と課題』五頁。
(53) 「農工調和ニ関スル事務経過（一八、一〇、二）」『昭和十八年　農工調和ニ関スル資料』綴（本文書は、戦時中、企画院および内務省において国土計画事務を担当した西井孜郎氏が生前私蔵されていたものであり、氏の好意によって筆者が複写して所蔵している。以下、「西井文書」と略す）。
(54) 企画院第一部第三課「農工調和ニ関スル暫定措置要領」（西井文書）。
(55) 内務省国土局計画課「農工調整ニ関スル暫定措置要綱案（昭和一九・二・二六）」（西井文書）。
(56) 総務局総務課「農工協力施設強化ニ関スル経費」（西井文書）。
(57) 東北振興電力株式会社『東北振興電力株式会社史』一九四二年、三二頁以下。
(58) 農林省農務局『三本木原開墾計画概要』一九三八年。
(59) 岡田知弘、前掲書、一六五頁、前掲『東北振興電力株式会社史』による。
(60) 東北パルプ株式会社『社史』一九五二年、五〇頁。
(61) 岡田知弘、前掲書、一五九頁。
(62) 産業組合中央会『東北振興両社と産業組合』一九三七年、七二頁以下。
(63) 福島商工会議所『福島商工会議所五十年史』一九六八年、一二一頁。
(64) 国立公文書館所蔵『臨時東北地方振興計画調査会第二特別委員会議事録（一九四二年六月五日）』による。
(65) 渡辺男二郎『東北開発の展開とその資料』（自費出版）、一九六五年、四四～五一頁。なお、渡辺は、内閣東北局書記官を務め、戦後宮城県知事、東北開発審議会専門委員、自民党東北開発特別委員会事務局長を歴任した人物である。
(66) 同上書、五〇～五四頁。
(67) 同上書、五二～五三頁。

(68) 同上書、五三〜六五頁。
(69) 「第七十四議会　大臣答弁参考資料」総務省自治大学校所蔵『戦後自治史関係資料集　第一集』丸善株式会社、所収。
(70) 国立公文書館蔵「内閣及各省（軍需省、農商省、運輸省ヲ除ク）ノ機構ノ整理ニ関スル件ヲ定ム」（『公文類聚・第六十七編・昭和十八年・第八巻』）。
(71) 詳しくは、岡田知弘、前掲書、一六九〜一七一頁、参照。
(72) 「地方総監府官制等ノ廃止ニ関スル件」が一九四五年十月三日に閣議決定されている（国立公文書館蔵『公文類聚・第六十九編・昭和二十年・第三十五巻』）。
(73) 西水、前掲『資料・国土計画』二五六頁以下。
(74) 岡田知弘、前掲書、二六七〜二六八頁。
(75) 佐藤竺、前掲書、三一一〜五七頁。
(76) 岡田知弘、前掲書、二六九頁。
(77) 同上書、二七〇頁。
(78) 同上書、二六五〜二六九頁。
(79) 以上については、渡辺、前掲書、六九〜七二頁。
(80) 同上書、七七頁。
(81) 福島県『福島県史』第一四巻、一九六九年、六七頁。
(82) 渡辺、前掲書、一一一頁。
(83) 福島県『福島県史』第一八巻、一九七〇年、一二〇一頁。
(84) 電源開発株式会社企画部『十年史』電源開発株式会社、一九六二年、五五、一四九頁および附属資料による。
(85) 詳しくは、渡辺、前掲書、一一五頁以下参照。
(86) 同上、一三〇頁。
(87) 中嶋久人「福島県に原発が到来した日」『現代思想』二〇一一年六月号、による。
(88) 詳細は、岡田知弘『震災からの地域再生』新日本出版社、二〇一二年、参照。

参考文献

安藤良雄『太平洋戦争の経済史的研究』東京大学出版会、一九八七年。

岩見良太郎『土地区画整理の研究』自治体研究社。

鵜澤喜久雄『広域地方行政の常識』九鬼書房、一九四四年。

岡田知弘『日本資本主義と農村開発』法律文化社、一九八九年。

同　「農工調整問題と国土計画」野田公夫編『戦時体制期』農林統計協会、二〇〇三年。

同　『震災からの地域再生』新日本出版社、二〇一二年。

片柳真吉『日本戦時食糧政策』伊藤書店、一九四二年。

越沢明『植民地満州の都市計画』アジア経済研究所、一九七八年。

酒井三郎『昭和研究会』TBSブリタニカ、一九七九年。

佐藤竺『日本の地域開発』未來社、一九六五年。

佐藤仁『「持たざる国」の資源論』東京大学出版会、二〇一一年。

佐藤元重『日本の工業立地政策』弘文堂新社、一九六三年。

産業組合中央会『東北振興両社と産業組合』一九三七年。

西井孜郎『国土計画の経過と課題』大明堂、一九七五年。

同　『資料・国土計画』大明堂、一九七五年。

食糧庁『日本食糧政策史の研究』第二巻・第三巻、一九五一年。

高木鉦作「広域行政論の再検討―昭和一〇年代の道州制問題を中心に―」辻清明編『現代行政の理論と現実』勁草書房、一九六五年。

滝口剛「地方行政協議会と戦時業務―東条・小磯内閣の内務行政―」(1)〜(3)（『阪大法学』五〇巻三号〜五一巻一号、二〇〇〇年九月〜二〇〇一年五月）。

田辺勝正『現代食糧政策史』日本週報社、一九四八年。

電源開発株式会社企画部『十年史』電源開発株式会社、一九六二年。

東北振興電力株式会社『東北振興電力株式会社史』一九四二年。

東北パルプ株式会社『社史』一九五二年。

内務省国土局『河水統制計画概要』一九四三年一一月。

中嶋久人「福島県に原発が到来した日」『現代思想』第三九巻第八号、二〇一一年六月。

西川秋雄「東北振興問題」農業発達史調査会『日本農業発達史』第七巻、中央公論社、一九五五年。

日本土木史編集委員会『日本土木史—～昭和一六年—』土木学会、一九六五年。

日本土木史編集委員会『日本土木史—昭和一六年～昭和四〇年—』土木学会、一九七三年。

沼尻晃伸「戦争と国土計画」『年報・日本現代史』第六号、二〇〇〇年五月
農林省農務局『三本木原開墾計画概要』一九三八年。

秦郁彦・戦前期官僚制研究会編『戦前期日本官僚制の制度・組織・人事』東京大学出版会、一九八一年。

原朗・山崎志郎編『初期物資動員計画資料』第一一巻、現代史料出版、一九九八年。

兵庫県『広区画整理事業誌』一九六〇年。

福島商工会議所『福島商工会議所五十年史』一九六八年。

福島県『福島県史』第一四巻、一九六九年。

福島県『福島県史』第一八巻、一九七〇年。

星野直樹『見果てぬ夢—満州国外史—』ダイヤモンド社、一九六三年。

松井春生『日本資源政策』千倉書房、一九三八年。

松浦茂樹『戦前の国土整備計画』日本経済評論社、二〇〇〇年。

松本治彦『国土政策の展開』創元社、一九四五年一月。

御厨貴『政策の総合と権力』東京大学出版会、一九九六年。

水内俊雄「総力戦・計画化・国土空間の編成」『現代思想』第二七巻第一三号、一九九九年一二月。

水谷鏘『国土計画　日本河川論』常磐書房、一九四一年。

源川真希『東京市政—首都の近現代史—』日本経済評論社、二〇〇七年。

矢野信幸「太平洋戦争末期における内閣機能強化構想の展開—地方総監府の設置をめぐって—」『史学雑誌』一〇七巻四号、一九九九

八年四月。
山口利昭「国家総動員研究序説」『国家学会雑誌』九二巻三・四号、一九七九年四月。
山崎志郎『戦時経済総動員体制の研究』日本経済評論社、二〇一一年。
渡辺男二郎『東北開発の展開とその資料』（自費出版）、一九六五年。

第四章　森林の資源化と戦後林政へのアメリカの影響

大田伊久雄

針葉樹一斉林の造成による森林資源化の推進（宮崎県にて著者撮影）

明治30（1897）年頃から国有林野を中心に開始された本格的な森林資源の造成は、その後市町村有林などを含む民有林へと対象を広げて拡大した。しかし、昭和の総力戦体制期に入ると、ドイツに倣った保続収穫を旨とする森林管理は放棄され、天然林・人工林を問わず過度の伐採が繰り返され全国的に森林は荒廃した。戦後の復旧造林が軌道に乗るのはGHQによる占領統治下の昭和24（1949）年以降であり、我が国における森林の資源化が実質的に定着したのはこれに続く拡大造林政策によってであった。

はじめに

島田錦蔵は昭和二三（一九四八）年出版の『林政学概要』において、「木材生産に関しては北半球の温寒帯林が最重要の位置にあり」「建築材、坑木、パルプ材の世界市場に対する主要生産地は、カナダ、アメリカ合衆国、ソ連および北欧である」と記している。また、「世界の木材生産に関し、森林資源は将来なお永続して不足することなきや否やが、今世紀の初めより、林政上の問題となった。」とした上で、「残されたる森林資源として注目されているのは、ソ連、南アメリカおよび中部アフリカの三大富源」であると分析している。そして、我が国の林業に関しては、「格段の造林拡充と資源培養を必要とする」と論じている。(1)

ここから浮かび上がるのは、終戦後間もない二〇世紀半ばにおける我が国の森林が、欧米先進諸国と比較して資源として十分な整備や開発が行われていなかったという実態である。そしてさらに彼は、ドイツを例にあげたうえで、用材需要の増大に対応するために広葉樹林から針葉樹林への林種転換の重要性を説いている。

しかし、南アメリカや中部アフリカの森林を「富源」と呼ぶのに対し、国内の森林に関しては「資源」と呼んでいること、さらに日露戦争前後からの造林奨励政策によって針葉樹林面積が幾分増加の傾向にあるとしていることから、明治の終盤（二〇世紀初頭）から日本における森林の資源化が徐々に始まったと捉えていることが読み取れる。そして同時に、終戦直後のこの時代にはまだ資源化は不十分な状況であったと考えていることもわかる。昭和三〇年代から始まる高度経済成長と歩調を合わせて展開された拡大造林政策が今日の我が国の豊富な森林資源を形成したことを思うならば、終戦が一つの大きな画期であったことは想像に難くない。(2)

また萩野敏雄は著書『森林資源論研究』および『日本現代林政の激動過程』において、我が国における木材の資源問題化に関し、明治から大正にかけての「木材問題」時代が、昭和四（一九二九）年を境として「木材資源問題」

時代へと移り、さらに昭和二一（一九四六）年になって「森林資源問題」時代へと変遷してきたとしている。[3]ここでいう木材問題とは、価格と使用価値の関係に根ざした木材をめぐる商品の需給問題という意味であり、資源問題とは、森林の育成・未利用樹種の開発・供給圏の外延的拡大などを含む資源の安定供給問題である。そしてこの資源問題は、木材のみを対象とする本性としての木材資源問題から、動植物や水資源をも含む属性としての森林資源問題へと深化する、というのが彼の考察である。

萩野の資源論においても、我が国が現代にも繋がる本格的な森林資源問題に取り組む状況に入ったのは戦後間もなくの段階である。それゆえ、森林資源化政策を考えるうえでは、総力戦体制期を中心とする戦前期と占領期を中心とする戦後期とを対比的に捉えることが重要となる。

そこで本章では、以下のような二段階のアプローチで我が国における森林の資源化政策の史的展開に迫った。一つ目は、明治維新によって近代国家として歩み出した我が国が、土地官民有区分を経て国家財産として管理経営を行うこととなった山林原野を中心に、その資源化をどのように推進しようとしたかという軌跡をなぞるアプローチである。そして二つ目は、日中戦争および太平洋戦争を経験した後、現在の森林資源および林業政策の骨格を形成することとなったＧＨＱ／ＳＣＡＰ（連合国軍最高司令官総司令部：以下ＧＨＱとする）占領期において、アメリカ林学が我が国に及ぼした影響を考察するというアプローチである。

さらにこの二つの議論を繋ぐものとして、日米両国における森林・林業政策および林学の発展過程の比較分析を試みる。それゆえ本章の構成は、第一節「日本における森林資源化の進展」、第二節「日本とアメリカ：林政と林学の系譜」、第三節「戦後林政にアメリカ人フォレスターが与えた影響」となっている。

第一節　日本における森林資源化の進展

一・明治期における森林管理政策の黎明

天然資源としての森林を市場経済において価値あるものとして取り扱うことを「森林の資源化」と定義するならば、日本における「森林の資源化」は明治新政府の立ち上げから間もなく開始されたと捉えることができる。[4]しかし、それが単なる天然林の収奪的行為から保続生産的経営努力を伴う林業として動き出すのは、森林法と国有林野法が成立する明治三〇（一八九七）年前後からであった。

徳川幕府から政権を奪取した明治新政府は、明治二（一八六九）年の版籍奉還と明治四（一八七一）年の社寺上地（境内を除く社寺有地の国有化）により広大な土地を獲得した。当初これらの土地は、旧藩営林など一部の優良山林地を除き、逼迫する国家財政に寄与するために開墾や払い下げの対象とされた。還録士族への授産を含めれば、明治八（一八七五）年までに払い下げられた官有地面積は数十万町歩に及んだ。[5]

さらに、依然として所有権が曖昧な状態のままであった公有地の解消や境界の明確化を図り、土地を官有地および民有地のいずれかに編入しようとする土地官民有区分が行われ、国家が所有する森林面積はさらに飛躍的に増大することになった。[6]これらの森林の多くは開墾には適さない奥地の森林地帯であったこともあり、国家による森林の経営という選択肢が追求されることになった。そして明治九（一八七六）年前後から、官林の調査や官行伐採事業が開始された。

こうした一連の森林政策をはじめに発案し推進しようとしたのは大久保利通であった。彼は岩倉使節団の一員として明治四（一八七一）年から約二年間欧米を視察した際、森林管理の国家的重要性を認識したとされる。帰国後の明治六（一八七三）年一一月、大蔵卿であった大久保は内務省を新設し、自ら内務卿に転じた。そして、山林を統轄する組織を大蔵省から内務省に移し、勧業寮ではなく地理寮に位置づけた。これは、官林を払い下げることで収入を得ようとするのではなく、国家の責任で管理経営していこうという意思の表れであり、同時に官林経営（森林政策）と農業政策との間に距離を置こうとするものでもあった。続けて、明治八（一八七五）年には「山林ヲ保護スルハ国家経済ノ要旨タルノ儀」および「山林局設立之儀ニ付伺」などを含む建議書を太政大臣三条実美宛に提出し、森林行政の重要性を訴えた(7)。

同年にドイツ留学から帰国した松野礀を地理寮山林課に迎えたことを機に、官林の基礎的な調査が本格的に開始された。松野はドイツ林学を日本人として最初に学んだ人物であり、明治三（一八七〇）年から明治八（一八七五）年までドイツに滞在し、エーベルスヴァルデの高等森林専門学校で林学を修めた。彼は留学中の明治六（一八七三）年、訪欧中の大久保や木戸孝允に林学の重要性を訴え、大いにその賛同を得たとされている。大久保が国家にとっての森林経営の重要性を認識したのは、この松野との出会いに少なからぬ影響を受けたのであった(8)。

内務省の中に山林局が設立されたのは大久保暗殺翌年の明治一二（一八七九）年であったが、その後の明治政府における森林行政はおおよそ彼の構想した通りに動き出すこととなった(9)。殖産興業の推進など近代化路線を追求したのが大久保利通であったが、彼が近代国家としての我が国の森林・林業政策におよぼした影響には多大なものがあったといえる。また、明治一五（一八八二）年には松野を中心として東京山林学校が設立され、ドイツ林学を模範とする林学教育が開始された。

ただし、森林の利用に関しては幕藩体制時における入会山などの旧慣行が残ることなどから、日本の森林においてこれを体現するには理論と実践とのギャップが大きかった。そこで山林局は、土地官民有区分によって国家が管理することとなった官林についてのみドイツ流の林学を当てはめた経営を行い、民有林にはほとんど干渉しないという方向性を持つにいたった。このことにより、本家であるドイツの森林管理行政とは異なる日本的な特徴が形成されることとなった[10]。とはいえ、ドイツ林学の基本である森林資源の永続的利用すなわち「保続」の概念は、山林学校で学んだ林学士達によって山林局による森林経営の基本理念として定着していった[11]。

国有林管理の組織・制度の整備に関しては、明治九（一八七六）年に官林調査仮条例が公布された。これは、松野が中心となってドイツ（プロイセン）の施業案編成様式を参考に考案されたもので、森林の台帳整理と経営方針の樹立が目指された。さらに明治一九（一八八六）年には大小林区署官制が公布され、全国の官林が二一の大林区署とその下に置かれた一二七の小林区署によって管轄されるという組織整備の実現をみた。同時に、初めて施業案が作成され、計画的な森林経営が始められることとなった[12]。今日まで続く国有林野の全国管理組織はこのようにして形成されたのであるが、人員的にも財政的にも十分ではなかったため、育成的林業を通した森林の資源化が開始されるのはもう少し後になってからであった。

明治三〇（一八九七）年には、ようやく我が国で初めての森林法が制定された。この法律は、明治に入って幕藩体制下の諸規制が取り払われたことによって生じた森林の乱伐や過度の採草によって山林の荒廃が目立ち災害が増えたことへの対策という側面が強く、営林の監督、保安林および森林警察に関する条文がその中心をなしている。さらに明治三二（一八九九）年には国有林野法が制定され、国有林経営の制度的基盤が築かれた。また同年には国有土地森林原野下戻法が公布され、土地官民有区分後に頻発した官林の民地への編入要求に対する法的整理がなされた。

森林の資源化が実質的に動き出すのはこの後である。それは、次項に示すように官林における草地などの無立木地に対する森林造成という形として現れた。すなわち、明治三〇年代初頭までの林政は、森林における官民有の区分を確定しつつ、民有林においては所有権を確立するにとどめ、官林においては国有財産としての位置付けを確立したうえで経営組織を整備することに終始したのであった。それゆえ、この段階においては、森林の資源化までにはまだ相当の距離があったと総括することができる[13]。

二・明治後期から昭和初期にかけての造林政策

明治前中期における造林活動については、確かな全国的資料が存在しないため十分に把握できない。明治三二（一八九九）年に始まる国有林の特別経営事業を林業課長として長く牽引した松波秀實によれば、明治期の前半には官林における造林事業はあまり進まず、無立木地への造林事業が本格化したのは特別経営事業が始まってからのことであった(14)。

特別経営事業とは、官林として囲い込んだ森林のうち、国有林として経営する必要性の低いもの（不要存地林野：水源林や国土保安林として有用でないものや農地等として開墾することが適当な林地などで明治三一年当時では約七四万町歩存在していた）を売り払って得られた収益を特別会計として国有林の整備に用いるという事業である。ここにおける森林整備の具体的な内容としては、施業案の編成、造林の推進、林道の開設、官行斫伐などであった。

これらの事業のうち、森林の資源化政策としてとりわけ重要なのは造林事業であった。図4-1に明治一一（一八七八）年から大正五（一九一六）年までの期間における官林（国有林野）での造林面積の推移を示した。ここからわかるように、特別経営事業が始まった明治三二（一八九九）年頃から造林面積は飛躍的に増大している。その中でも、特別経営部による造林がかなりの割合を占めており、この事業が国有林における森林資源造成に果たした大きな役割が理解できる。

当時の国有林野事業は一般会計の中で行われており、図4-1における経営部の造林はそこからの支出によって賄われたことを示している。予算の制約もあって、明治三〇年代後半までの造林事業は低調であった。しかし、官行斫伐が軌道に乗り始めた明治三〇年代後半からは、経営部予算による再造林が増え出す。ここにおいて、天然林を伐採して再造林をするという循環が形成され始めたことがうかがえる。山林局の技官によって考案されたこの特別経営事業は、国有林野の経営戦略上画期的なものであった。本来的に循環利用が可能である森林の「資

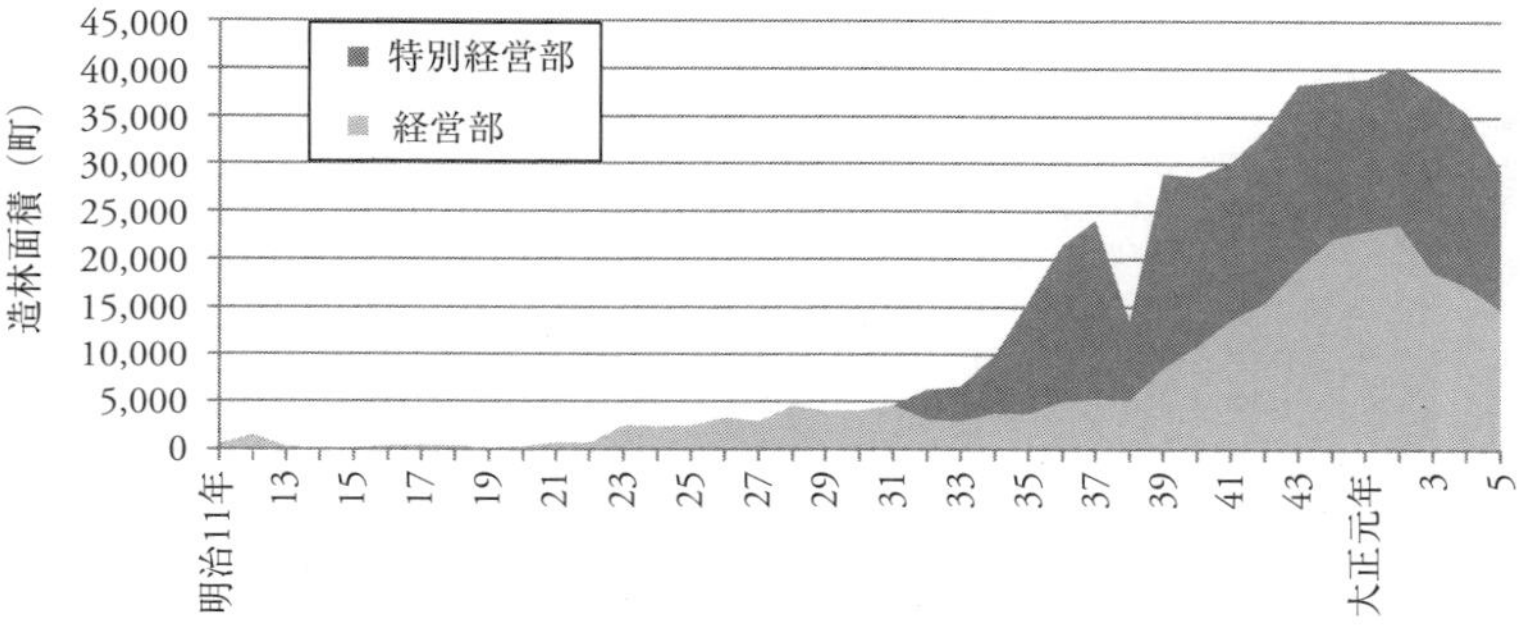

図 4-1　山林局による造林面積の推移（明治 11 年〜大正 5 年）

注：明治 31 年まではすべての造林は経営部予算で行われた。明治 32 年以降は基本的に、伐採跡地への再造林は経営部、無立木地への新植は特別経営部の予算で行われた。

出典：松波秀實（1919）『明治林業史要』より筆者作成。

源化」が実質的に開始されたのはこの時期からといえる。

宮本常一は『山村と国有林』において、この時期に全国的に造林事業が進んだ背景として貨幣経済の発達があったと論じている。すなわち、貨幣経済の浸透と金肥の出現が農民を年間一〇〇日に及ぶ採草労働から解放し、採草圧力が小さくなった国有林野未立木地における造林事業を可能にしたのである。[15] 森林の資源化が市場経済における価値化であったことを考えると、両者の進展が時期を同じくしたことは腑に落ちる。

特別経営事業は当初一六年間の予定で開始されたが、実際には大正一〇（一九二一）年までの二三年間続けられた。この間に同事業によって行われた造林の面積は、人工植栽三〇万二〇〇〇町歩、天然生育五万四〇〇〇町歩、砂防植栽七〇〇〇町歩などであり、林道の開設も七七〇万間におよんだ。さらに、周囲測量がなされた国有林野面積は三七五万町歩、施業案の編成は四一一万町歩であった。[16] 手束平三郎によれば、同事業によって国有林野は「それまでの山番所的な体質から脱皮して、事業体としての道へ歩み始めた」のであった。[17]

国有林野整備において一定の成果をみた山林局は、特別経営事業に引き続いて民有林における造林事業に乗り出した。これは、同事業の進展に伴って膨れあがった人員に対する新たな業務の確保という組織的事情を抱えるなか、この二〇余年の間に蓄積された技術的ノウハウを継承していくためにも必要な方向転換であった。そこには、山林局を取り巻く外部事情も大いに影響を与えた。

まずは明治四〇（一九〇七）年に森林法が全面改正され、民有林の規制と利用促進とが大いに図られることとなった。明治三〇年の森林法が森林の監督取り締まりを旨とする法律体系であったのに対し、改正法では産業としての林業を助長するという方向性が打ち出された。また同法では森林組合の規定が初めて設けられ、民有林への営林監督の強化とともにその積極的な利用の促進が図られることとなったのである。[18]

さらに、明治四〇年前後から頻発した水害対策として、大規模な森林治水事業が行われるという追い風にも恵まれた。これによって山林局が直接的に民有林における造林に携わる道が開かれた。また、明治四三（一九一〇）年には公有林野整理開発事業が開始された。この事業は、依然として所有形態が曖昧で不十分な管理状態が続いていた市町村有林および部落有林における施業案の編成と新規造林を可能にするもので、入会林の近代化と自治体財源の確保が目的であった。同事業では、入会権を解消して市町村有林に整理統一された森林に対して優先的に造林が行われた。[19]

そして、大正九（一九二〇）年に公有林野官行造林法が施行された。同法は、山林局が分収造林という形態で公有地に造林を行うことを予算化したもので、これまで特別経営事業として国有林野内において行ってきた造林推進事業を、市町村有林を中心とする公有林野を対象にして行うものであった。造林樹種としてはスギ・ヒノキ・アカマツ・カラマツ・クヌギの五種となっていたが、ここから読み取れるのは治山目的よりも経済目的を優先した樹種選択になっていることである。分収割合は国と市町村が五分五分ということで、市町村にとって相当有利な条件となっていた。[20]

財源の乏しい市町村にとっては、一〇〇％国の予算で造林がなされ、将来的に伐採収益を分けあうというこの制度はかなり魅力的であった。同時に山林局にとっても、官行造林事業は組織および事業の維持と拡大に少なからぬ寄与をすることとなった。同法に基づく官行造林は戦時を挟んで終戦後まで継続され、その合計面積は昭和二九（一九五四）年までの三五年間で二四万一三〇〇haに及んだ。

このように、我が国においてはちょうど一九世紀から二〇世紀へ変わる時期に、政府の強い意向として森林資源の造成政策が打ち出された。荒廃した林地や無立木地への新規造林という国土保安上の目的と重なり合いながらも資源としての針葉樹林の育成が進められたことは、森林の資源化がいよいよ動き出したことを示すものである。このことは同時に、民有林を含む国内の森林すべてを対象とする林業政策が実効性を持つに至ったということでもあった。

三．総力戦体制下における林業と国民生活

昭和の総力戦体制に入った段階で、昭和一四（一九三九）年に森林法が改正された。これは、表向きには国有林で実践されていた森林保続の概念を私有林にも拡張しようとする形を取っていたが、実際には前年の国家総動員法を受けて森林資源を国家的な管理の下に置き、私有林も含めた国内の森林全体からの木材増産体制を構築しようとする意図を包含するものであった[21]。この改正によって、民有林行政において重要な組織である森林組合は大きくその性質を変えることになった。それまでは任意設立・強制加入であったものが、事実上の強制設立・強制加入となり、全国的に市町村単位で森林組合が設立された。同時に、各組合が地域内の民有林全体にわたる施業案を作成し、これに従って木材生産を行うことが命じられた[22]。

さらに、昭和一六（一九四一）年三月には木材統制法が施行され、立木伐採の国家管理と森林組合の木材供出機関化がなされ、素材と製材の生産・流通機関として地方木材株式会社ならびに日本木材株式会社が設立された。実際には、木材業界の抵抗もあってこれらの国家統制は十分には機能しなかったが、国有林・民有林を問わず進

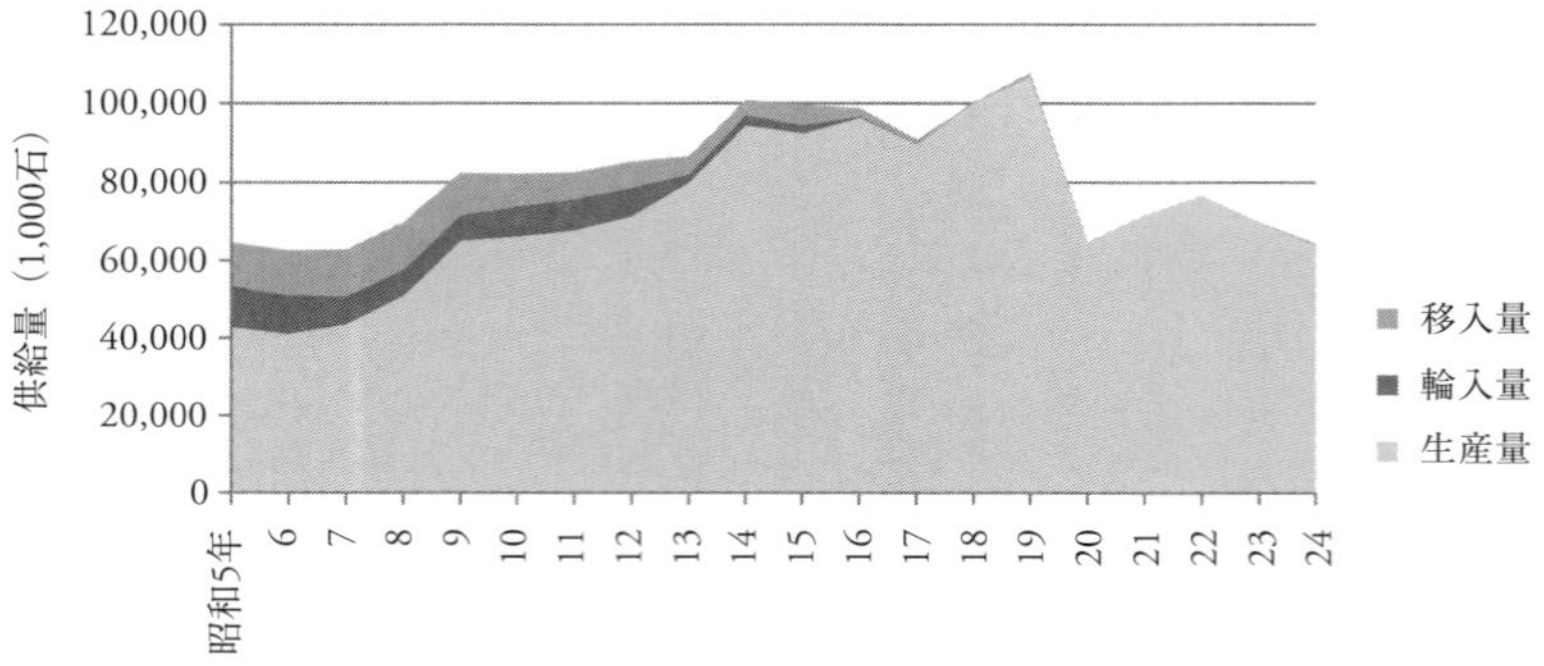

図 4-2　木材生産量・輸入量・移入量の推移（昭和 5 年～ 24 年）

注：移入は樺太・台湾・朝鮮からのもの

出典：安藝皎一（1952）『日本の資源問題』74 頁第 16 表より筆者作成。

められた木材増産の結果、森林資源の劣化が全国的に進行した。[23]

山林局はとりわけ総動員態勢に協力的であった。明治期以来の国有林経営の中心的な概念であった「保続」原理をなし崩し的に瓦解させることを自ら容認しつつ、国有林は膨張する軍需に対応しようとひたすら増産を続けた。[24] このように、戦時体制下における「森林資源」政策は、森林の保続培養という長期的視野を伴わず、短期的な視野で需要に応じるためストックの切り崩しを続けたということができる。それゆえ、この時期の森林政策は「森林の資源化」方向とはむしろ逆行していたというべきである。図4-2に示すように、昭和五年から終戦までの期間、国内における木材生産は大きく上昇を続け、わずか一〇年余の間に四〇〇〇万石から一億石へと二・五倍にも増加した。同図からは、太平洋戦争に入る頃には輸入が途絶え、続いて樺太や台湾からの移入もままならぬ状況に追い込まれるなか、国内生産においてそれらを補うべく無理な増産が続けられたことが読み取れる。

国民生活との関連でいえば、総力戦体制に入り軍事物資優先の経済統制が敷かれるなか、建築その他の用材だけではなく、薪炭材も厳しい統制下に置かれた。一般家庭における食料の配給制度は既に太平洋戦争開戦前から大都市では始まっていたが、昭和一七（一九四二）年二月公布の食糧管理法によって、米麦をはじめとする主要食糧や調味料の国家管理体制が築かれた。また、軍事物資として逼迫していた金属に関しては、昭和一六（一九四一）年に金属類回収令が公布され、寺の梵鐘や小学校の銅像から家庭の鍋釜までもが供出させられることとなった。

木材に関しては、食料や木材などの不足が顕著となった昭和一四（一九三九）年四月に重要農林水産物増産助成規則が制定され、同時に木炭の増産が奨励された。この時は、ガソリンの代替燃料となる瓦斯用木炭に狙いを定めたものであったが、同年一二月には木炭配給統制規則が公布され、家庭における主要なエネルギー源としての木炭の売買が全国的に統制されることとなった。その後、昭和一五年には木炭需給調節特別会計法の成立をみたが、これは政府の行う木炭の買い入れ、売り渡し、貯蔵に関する一切の歳入と歳出を一元的に管理する特別会計を設けるという法律であった。そして、それらの行政事務を執り行う木炭事務所が全国一〇の主要生産地と大消費地に設置された(25)。

また、薪に対しても国家統制は発動された。昭和一五年七月公布の薪炭材需給調整規則は、伐期に達した薪炭林所有者に立木の供出を強要するもので、これによって薪炭材の売り惜しみや買い占めの防止が図られた。さらに木炭需給の逼迫を受けて、昭和一八年五月には木炭配給統制規則が薪炭配給統制規則へと改正され、生産流通段階における薪炭材の厳格な統制が貫徹されるに及んだ(26)。

さて、木材生産の増加は当然のこととして森林伐採面積の増加を引き起こすが、当時主として天然優良林の皆伐が行われていたことを考えると、伐採跡地への再造林が適正になされていたかどうかは重要である。そこで、満州事変が起こった昭和六（一九三一）年から終戦（一九四五年）までの年間造林面積の変化をみると表4-1のようになる。ここからは、戦時色が濃くなり出した昭和初期から昭和一七年（一九四二）までほぼ一貫して造林面積が増加しているということがわかる。その後一八年、一九年と減少はするもののかなり高い水準にとどまっており、戦時下においても民間造林は盛んに行われていたと読み取れる。

表 4-1　昭和前期における民有林造林面積の推移（1931 年〜 45 年）

年次	造林面積（ha）
1931（昭和 6）年	73,780
1932（昭和 7）年	73,485
1933（昭和 8）年	73,557
1934（昭和 9）年	80,039
1935（昭和 10）年	82,247
1936（昭和 11）年	85,183
1937（昭和 12）年	87,865
1938（昭和 13）年	97,747
1939（昭和 14）年	112,548
1940（昭和 15）年	123,750
1941（昭和 16）年	248,215
1942（昭和 17）年	304,509
1943（昭和 18）年	216,719
1944（昭和 19）年	188,219
1945（昭和 20）年	41,194

出典：日本造林協会（1999）「民有林造林施策の概要」。

しかし、この統計数値、特に戦時色が濃くなった昭和一六（一九四一）年以降の数値は、それ以前のものとの連続性が希薄で、その信憑性には大いに疑問が残る。(27)終戦直後の我が国の森林が要造林地面積三〇〇万haを数えるほど大きく荒廃していたことを考えると、天然林の過剰な伐採跡地の多くは放置された（それを糊塗するために再造林放棄地の多くを天然更新による造林地であると統計上見なした）とみるべきである。(28)

政府による民有林への造林補助政策が本格的に始まったのは昭和一三（一九三八）年からであった。それまでは裸地・荒廃地への水源林造成に関わる造林補助や海岸砂防造林への補助は存在したが、伐採跡地における再造林への補助政策というものは新しい動きであった。民有林造林への補助施策はその後も拡大され、昭和一六（一九四一）年の木材統制法では補助対象が人工播種や天然下種補整にも認められることとなった。さらに昭和一七

表 4–2　戦前と戦後における森林面積および森林蓄積の変化

	森林面積（万町）	針葉樹蓄積（百万石）	広葉樹蓄積（百万石）
戦前（昭和 10 年）	2,408	3,157	3,510
戦後（昭和 25 年）	2,515	2,980	3,063
変化率	＋ 4.4%	－ 5.6%	－ 12.7%

出典：三好三千信（1953）『日本の森林資源問題』16 頁第 2 表および第 3 表より筆者作成。
注：戦前の数値については、国有林は昭和 10 年、民有林は昭和 9 年の統計を用いている。

（一九四二）年の林業振興補助規則では、種子採種や苗木養成の促進が図られるなどした。[29]

また国民に向けては、昭和一五（一九四〇）年に紀元二千六百年記念植樹が盛大に行われた。さらに昭和一七（一九四二）年には「挙国造林」というスローガンが掲げられ、全国的に造林推進の一大精神運動が展開された。この動きは戦況の深刻化と共に加速され、大政翼賛会・青少年団・学校・大日本婦人会などの各種機関を動員した造林活動が実施された。[30]こうした一連の政策ならびに国民運動の成果として、表4-1に見るように年間二〇万haを超える造林面積が記録されるのであった。

ただし、山林局においても過剰な伐採に再造林が追いつかないことは十分把握していた。そこで昭和一九（一九四四）年には「挙国造林一〇カ年計画」を打ち出して一旦は予算の編成を見たが、翌年軍部によって不急事業とされ葬られた。しかし、山林局はその後も造林予算拡充の必要性を政府に訴え続け、終戦間際の昭和二〇（一九四五）年四月には戦時森林資源造成法の成立をみた。同法は実施されることなく終戦を迎えたが、同年一二月に森林資源造成法と改称して施行された。この法律の特徴は、森林所有者が造林費用の半額を農林中央金庫に前もって支払えばその倍額の森林資源造成証券を受け取ることができ、造林完了後に証券額面の金額を受け取るという制度を構築したことである。[31]

森林面積の大半を占める民有林に対しても積極的に造林を進め、永続的な木材生産が可能となるような森林管理体制を作ろうとする努力、即ち森林の資源化は、明治の終わりから昭和の初めにかけての時期に動き出した。しかし、間もなく訪れた総力戦体制の時代によって、ようやく胎動を始めた森林資源化はいとも簡単に崩壊せざるを得なかった。表4-2に示すように、戦前（昭和一〇年）と戦後（昭和二五年）における森林面積および森林蓄積の変化を見ると、戦後数年間における造林努力の成果もあって面積こそ若干増加しているものの、蓄積においては針葉樹で五・六％、広葉樹では一二・七％という大幅な減少が見られる。一五年という短期間でこれだけの減少を見るということは、いかに戦時期における過剰伐採が激しいものであったかを物語るものといえよう。同時に、育成に長期間を要する森林というものの資源化には、不断の継続的努力が不可欠であるということを教えてくれるのである。

第二節　日本とアメリカ─林政と林学の系譜─

ヨーロッパ人の入植以来二〇世紀に入る頃まで、アメリカの森林は減少を続け天然林は猛烈な勢いで農地や牧草地に変えられていた。天然に存在する巨大な森林蓄積を伐採し輸送し利用することが可能となった時点で「資源化」が行われていたと考えるならば、アメリカの「森林資源化」「森林資源開発」はすでに一九世紀初頭から開始されていたということができよう。しかし、森林を「保全」し「育成」するという行為が開始されるのは一九世紀の最後の一〇年のことであり、その限りにおいて日本とスタートラインはほぼ同時期であったと考えることができる。

では、どちらも同じ時期にドイツを中心とするヨーロッパから林学を持ち込み、それぞれの国情に合わせて発展させてきた日米両国が、半世紀を経てＧＨＱによる日本占領という形で相まみえたとき、その到達したレベルに大きな差違が認められたのは何故であろうか。本節では、日本とアメリカそれぞれが林学を導入した一九世紀後半以降の歴史をたどり、両者の比較を通してこの問題への解答を探る。

一・林学草創期の日米比較

前節で見たように、我が国における近代的な森林管理政策は明治維新直後から始まり、ドイツ林学をモデルとして徐々に整備発展していった。しかし、昭和に入ってからの長い総力戦体制の間に森林は疲弊し、また多くの都市は空襲によって焼け野原となった。それゆえ、戦後復興に際して我が国の森林・林業に託された使命は、まず第一に都市機能と市民生活の復旧のための木材供給であったが、同時に荒れ果てた山林を緑に戻す作業も早急に進めなければならなかった。

こうした状況の中、昭和二〇（一九四五）年九月二日に東京湾に進入したアメリカ戦艦ミズーリ号艦上において降伏文書調印式が行われ、そのひと月後の一〇月二日に連合国軍はGHQを設置し日本占領政策を開始した。GHQには参謀部（軍事部門）と幕僚部（民生部門）が置かれたが、幕僚部における専門部局の一つとして設置された天然資源局の中に、森林および林業政策を担当する林業部が設置された。この林業部に、その後次々とアメリカから林業専門家（その大半はフォレスターである）が集まり、調査や指導・勧告という形で戦後の林業関連施策に深く関わることとなっていくのである。

このようにして戦後の日本林政に対し指導的立場となったアメリカ人フォレスター達であるが、彼等のバックグラウンドであるアメリカの林業教育と森林・林業政策はいったいどのような歴史を持つのであろうか。本項では、この時期までの日米両国における森林・林業に関わる政策と林学教育の歴史を概観し、両者の比較を試みることとする。

興味深いことに、アメリカにおける森林・林業政策の黎明は、我が国とほぼ同時代の出来事であった。むしろ、重要な事項に関する諸活動の開始は、日本の方がアメリカにやや先んじていたともいえるのである（詳細は表4-3参照）。

表 4-3　森林政策・国有林事業関連の日米比較年表

年	日本	アメリカ
1874（M7）年	内務省に山林課が置かれる。	
1875（M8）年		アメリカ森林学協会（現 American Forests）が設立される。
1876（M9）年		農務省に森林調査官が置かれる。
1877（M10）年	樹木試験所（東京西ヶ原）が設置される。	
1877（M10）年	山林課が山林局に昇格。初代長官は桜井勉。	
1880（M12）年	山林学共会（現大日本山林会）が設立される。	
1881（M14）年	農商務省が設置され、山林局は内務省から移管される。	農務省に森林部が創設される。
1882（M15）年	東京山林学校が設立される。初代校長は松野磵。	
1886（M19）年	東京山林学校が駒場農学校と合併して東京農林学校となる。 官林における大小林区署官制が公布。	ドイツ人フォレスターの B. ファーノウが森林部長に任命される。
1890（M23）年	東京農林学校が帝国大学に編入され、農科大学となる。	
1891（M24）年		保留林法が制定される（国有林の始まり）。
1897（M30）年	森林法が公布される（伐採規制、保安林制度の確立）。	基本法が制定される（保留林の管理目的が定められる）。
1898（M31）年		G. ピンショーが森林部長に任命される。
1899（M32）年	国有土地森林原野下戻法および国有林野法が制定される。	
1900（M33）年		エール大学に森林学の大学院専攻が設置される。 アメリカ森林官協会（SAF）が設立される。
1905（M38）年	林業試験所（東京目黒）が設立される。	保留林が内務省から農務省に移管される。森林局（Forest Service）が設置され、G. ピンショーが初代長官となる。
1907（M40）年	森林法が改正される（産業振興目的の強化、森林組合の制度化）。	保留林（forest reserve）を国有林（national forest）と改称。
1908（M41）年		最初の森林研究所（アリゾナ州フォートバレー）が設立される。
1910（M43）年		林産研究所（ウィスコンシン州マジソン）が設立される。

1911（M44）年		ウィークス法制定（防火対策、東部での国有林買い上げ）。
1914（T3）年	林学会（現日本森林学会）が結成される。	
1920（T9）年	公有林野官行造林法が公布される。	
1924（T13）年		クラーク＝マクナリー法制定（国有林の整備拡大）。
1933（S8）年		CCCによる国有林整備が始まる。
1939（S14）年	森林法が改正される（戦時統制的、森林組合の強化）。	
1941（S16）年	木材統制法が施行される。	
1945（S20）年	GHQによる日本占領政策の開始。	フォレスター・林学研究者の日本への派遣。

出典：香田徹也（2011）『日本近代林政年表　増補版　1867-2009』日本林業調査会。
大田伊久雄（2000）『アメリカ国有林管理の史的展開』京都大学学術出版会。

まず、森林を担当する官庁の創設時期をみてみると、日本では明治七（一八七四）年に内務省内に山林課が創設され、官林の調査や管理業務が開始された。その後明治一四（一八八一）年にこの組織は農商務省に移管されて山林局となった。これが現在の林野庁の前身である。明治一九（一八八六）年にはドイツに倣った官林の大小林区署官制が導入され、全国的な国有林野の管理体制が整備されていった。

一方のアメリカでは、一八八一年に農務省内に森林部が創設されたが、これは専ら調査機関という位置づけであった。一八九一年に内務省が所轄する公地の一部を売り払い対象から除外するという形で保留林制度が発足し連邦政府が直接管理する森林（後の国有林）が形成された後もしばらくは内務省へのアドバイス機関であった。そして現在の農務省森林局は一九〇五年に保留林を内務省から農務省に移管することで成立した。すなわち、国有林とその監督官庁の成立に関しては、日本の方が約二〇年早くから動き出したのであった。

森林に関する法律の制定をみると、日本では幕藩体制期の比較的厳格な森林利用規制が明治維新によって取り払われ、過度の森林伐採や原野利用によって災害が多発するようになった明治三〇（一八九七）年にようやく森林法が成立している。一方のアメリカでは、一八九一年の保留林法に続いて一八九七年に基本法が成立し、この時点で国有林の管理目的が明確に定められている。しかし、私有林に関する規制法ができるのはずっと後のことであり、しかも連邦レベルではなく州レベルの法律という形であった[32]。

林学を教える高等教育機関の設置についてみると、日本では明治一五（一八八二）年の東京山林学校がその嚆矢であり、同校はその後明治二三（一八九〇）年に農商務省から文部省に移管され帝国大学農科大学となった。アメリカでは、一八九八年にコーネル大学に林学コースが設置されたが五年間で閉鎖されたため、現在では一九〇〇年に始まったエール大学大学院が最古のものであるとされている。いずれにせよ、高等教育機関という点でも日本の方がアメリカよりも先んじていたわけである。

さらに国立の研究機関に関しては、日本では林業試験所（現在の森林総合研究所の前進）が目黒に設置されたのが明治三八（一九〇五）年であったのに対し、アメリカではアリゾナ州フォートバレーに最初の森林研究所が設置されたのが一九〇八年、ウィスコンシン州マジソンに林産研究所が設置されたのが一九一〇年であった。ここでも、両国の動きは似たような時期ではあるが我が国の方が数年早かったことがわかる。

やがて日本では、明治三二（一八九九）年に始まる特別経営事業を契機として国有林野における造林の推進という形での森林資源整備が開始され、その後造林事業は公有林にも拡張されてゆく。しかし、昭和六（一九三一）年の満州事変以降戦時色が強くなるに従い、軍需が増大するなかで木材輸移入が次第に困難となり、保続生産を逸脱する国内資源の食い潰しへと進んでいったのは前節でみた通りである。

これに対しアメリカでは、一九一一年のウィークス法や一九二四年のクラーク＝マクナリー法などの法整備を経つつ、西部国有林の資源保管と東部での荒廃地買い上げによる森林修復が着実に進められた。とりわけ、一九三三年から大恐慌対策の公共事業（ニューディール政策）の一環として展開された市民保全部隊（ＣＣＣ）の手になる森林改良が大きな成果をあげ、国有林の資源価値が飛躍的に増大した。

こうした経緯をみると、両国共に森林・林業政策の大きな岐路は一九三〇年代にあったということができる。

順調に森林整備が進んだアメリカに対し、日本では森林が劣化する方向へと向かったのである。それゆえ、占領期における日米両国の森林管理ならびに林学の実力差は、この時期に決定づけられたと考えることができよう。

二　国有林経営とフォレスター像の日米比較

森林を資源としてまた自然環境として考えたとき、国有林に代表される公的な森林管理は非常に重要な位置づけを持つ。科学としての林学の先端研究成果や技術を取り入れつつ国内の林業会をリードし、同時に公共の財産としての森林を維持発展させていくことは、国有林ならではの役割といえる。そこで本項では、両国の国有林経営の姿とこれを支えるフォレスターについての比較検討を行う。

我が国における国有林の特徴は、明治初期の版籍奉還に伴う旧藩営林の編入と土地官民有区分による村持山等の編入によって形成されたことにある。それによって入会利用が制限された地元の農民には共用林や部分林といった制度的救済を行ったが、基本的に官林は住民排除的であった[33]。前節でみたように、経営が本格化するのは明治三〇年頃からであり、保続生産の原則を掲げつつ国家収入への貢献が目指された。

こうした設立経緯の帰結として、国有林を管理する山林局技官（フォレスター）は「お上」という立場で地域住民を統御する役割を与えられた。我が国の国有林は、国家という独占的所有者の財産林という性格が強く、技官は林業技術者としてその経営に従事する職員（上級ではない官僚）的な性格を持つ職業であった。また、我が国における森林の区分が国有林と民有林という区分法になっており、都道府県や市町村が所有する森林はすべて非国有林としての民有林に区分されることなどは、国有林の独自性・優位性の名残を今に残すものといえる。世界的には公有林と私有林という区分が一般的で、国有林・州有林・市町村有林など公的な所有になる森林は総じて公有林と分類されるのが通例である。

さらに、我が国の行政組織の特徴として法学出身者の優越性がある。山林局でも、林学を学んだ技官は局長をはじめとする組織の上層部にはほとんど配置されず、常に法学出身者が形成する高級官僚の部下として位置づけられた。それゆえ、大正の中頃から技術者水平運動という形で待遇の改善要求が出される。しかし、高級官僚の壁は厚く技官の要求が実現することはなかった。そして、日中戦争が激化するなかで、技官達は自らの技術者としての信念（保続生産）を曲げてまでも軍部の要求する増伐体制へと舵を切ったのであった。フォレスターにとって「森林が大事か、人間が大事か」という質問は困難な選択であるが、森林荒廃を招くことを承知で無理な伐採を行うという選択が、国家のためという錦の御旗の陰に自らの地位向上という謀があったうえでのことだとするならば、当時の山林局技官の悲しい性と言わざるを得ない。

一方アメリカでは、フォレスターは常に森林局のトップから末端まで国有林管理に関わる総ての場面で活躍することが許された。一九〇五年に約二五〇〇万haの保留林が内務省から農務省に移管され森林局の管理下に置かれて以降、議会や西部諸州との軋轢を経験しながらも林野面積と組織の拡大を続けた。

初代長官のピンショーは、保留林移管の際に引き受けざるを得なかった内務省全国土地事務所職員の規律の乱れに大鉈を振るい、現場職員のレベルの向上に努めた。彼が求めたのは、「最大多数の人々に最良のものを長期にわたって」提供することが国有林管理の目的であり、それを実現させる仕事ができるフォレスターであった。「公務員は人々に奉仕するものであり、指揮するものではない。」という彼の残した言葉は、森林局フォレスターに長く受け継がれてきた[34]。森林局は国民からの負託を受けて国有林の管理を行うフォレスターの聖域のような職場であったといえる。一九四五年時点までの森林局歴代長官は総てフォレスターである。

第二次世界対戦終了時までのアメリカ国有林では、西部に残された貴重な天然林を守り、東部の荒廃した林地を買い上げて森林を造成するといった資源保管的な管理を行っていた。森林管理の基本理念は賢明な利用を進める保全思想であったが、私有林からの木材生産に余裕がある中で国有林が進んで伐採をする必要性はあまりな

表 4-4　1945 年時点における林学専攻の高等教育機関数とのべ卒業生数

	日本	アメリカ
学校数	帝国大学：4 校、専門学校：13 校、私立学校：4 校	大学：26 校
卒業生数	約 6,000 人	12,274 人

出典：Guise, Cedric H. (1945) Statistics from schools of forestry for 1945: Degrees granted and enrollments. *Journal of Forestry* 44(2): 110–114. GHQ (1946) NRS Report No. 51. Forestry Education in Japan.

かった。フォレスターは、いずれ森林資源が不足する事態（木材飢饉）に備えて資源の培養に努めた。開拓農民への森林の払い下げや放牧利用への開放要求などにおいて住民との対立も発生したが、概してフォレスターは森林の守り手として地域の人々に好意的に受け入れられた。

名声が特に高められたのは一九三〇年代のＣＣＣであった。大恐慌によって失業した若者を国有林内等に設営したキャンプに集め、様々な技能教育を行いつつ森林の整備をさせるというこの国家的公共事業において、森林局のフォレスターは指導者となって若者の訓練を行った。ＣＣＣはアメリカ国民の森林への理解を深め、森林管理の重要性と森林局の必要性への共感を形成した。

以上にみたように、両国における国有林はその成立起源が大きく異なるなかで、日本では国家財産として国民生活と乖離した形で発展・荒廃を経験したのに対し、アメリカでは国民共通の財産として資源の保続培養が優先された。そこでのフォレスターのあり方も異なり、日本では官僚的で組織内部を向く傾向があったのに対し、アメリカでは公僕として国民に開かれた姿勢を持とうとしていたことがうかがえる。

フォレスターの養成機関としては、日本では大学・公立専門学校・私立学校があったが、アメリカではもっぱら大学であった。ここで、一九四五年における林学専門高等教育機関数と卒業生数についての統計数値を表４-４にあげておく。日本には、北海道・東京・京都・九州の帝国大学と盛岡や鹿児島などの高等農林学校および私立の専門学校があり、この時点までに約六〇〇〇名の卒業生を輩出している。

アメリカでは、私立と公立を合わせて二六校の大学で林学を教えており、一万二〇〇〇名を越える卒業生を輩出している。いずれの国においても、国有林職員に採用されることは多くの学生が望むところであった。

三．戦時期のアメリカにおける日本林業研究

太平洋戦争が終結する一九四五年まで、森林・林業分野における日米の交流、とりわけアメリカ側から日本林業への興味というものはあまりなかった。それゆえ、アメリカには日本の森林資源状況や林業政策に関する文献は多くない。一九〇三年に創刊しアメリカで最も広く読まれている林学専門雑誌である、アメリカ森林官協会(Society of American Foresters)発行の *Journal of Forestry* 誌における日本関連の論文をみると、一九四五年以前にはわずかに二件である。

その論文は、いずれも一九二七年に書かれたもので、その前年に東京で開かれた第三回汎太平洋学術会議にアメリカ農務省森林局を代表して参加したローダーミルクがそこで得た知見をもとに初めて見る日本の印象も含めて綴ったもので、学術的・分析的なものではない[35]。ただ、この論文では、彼が日本滞在中に遠来の賓客としてかなり手厚いもてなしを受けたということを差し引いても、林学を含む日本の学術レベルは西洋から移入してわずか数十年しか経っていないにもかかわらず相当高いレベルに達していると賞賛している。このことからは、昭和初年頃においては日米の林学・林政・森林管理にはそれほど大きな差はなかったものと推察することができる。

アメリカにおいて林学が研究・教育されるようになるのは一九世紀の最終盤からであり、日本の場合との時間差はない。それゆえ、一九二〇年代に来日したアメリカ人フォレスターが、日本の森林管理が自国と比較して見劣りするものではないという印象を持ったとしても不思議ではない。当時アメリカの森林はカット・アンド・ランといわれた天然林の無計画な伐採の影響で相当深刻に荒れており、国有林ではようやく資源の温存と復旧に着

手し始めていた一方で、私有林に関しては伐採規制はほとんど進んでいないという状況であった。

終戦後の日本占領政策との関係で特筆すべき論文としては、森林局が内部資料として一九四五年五月に作成した『日本：森林資源、森林生産、森林政策』が挙げられる。(36) おそらくこれは、太平洋戦争中におけるアメリカの日本林業研究文献としては唯一のものであろう。以下、同資料に基づいて当時のアメリカが日本をどのように理解していたのかを探る。

同資料は八九頁におよび、森林の概況、林業の現況、林業労働力と賃金、木材の利用形態、製材加工の特徴と工場数の推移、木造住宅事情、紙パルプ産業、木材貿易などの状況解説に加えて、海外領土（台湾・朝鮮・樺太）や満州国における森林の現況にも言及している。とりわけ林業に関しては詳しい分析がなされている。大和朝廷の時代より為政者による森林利用規制があったことに始まり、封建制度下とくに徳川幕藩体制以降における厳格な森林管理の歴史について詳述されている。さらに明治以降の法制度や政府組織、林学教育の形成過程についても調べられている。そして資料の後半には、付録として日本における主要樹種の解説と森林法の全訳が掲載されている。

同資料では、はじめに日本の森林率の高さと急峻な地形のため国土保全の上で森林被覆がきわめて重要であることが述べられている。さらに、家屋や建築物のほとんどすべてが木材で作られていること、燃料もほとんど薪炭に依存していること、農業生産の後背地としても森林が活用されていることなど、日本人の生活と森林との密接な関係性に注目が注がれている。

森林資源の現況に関しては、統計の不備が各所において指摘されている。例えば、森林面積および森林蓄積のデータなどは参照する文献によって大きく数値が異なっているが、それは信頼できる全国調査が行われていないためであるとされている。しかし、一九三〇年代後半における森林蓄積は広葉樹が一〇・五億㎥で針葉樹は八・〇億㎥、木材生産量は製材用が約二〇〇〇万㎥で薪炭用が約四〇〇〇万㎥としており、統計資料が不十分としつつも数値的にはかなり正確に状況を把握しているといえる。

林業に関する分析では、造林技術に関する記述が興味深い。最も代表的な針葉樹種であるスギの育成に関しては、一エーカー当たり三〇〇〇本の三年生苗を植え付け、最初の三年は年に二回、その後一〇年目までは年に一回下草刈りを行い、八年目から二三年目まで毎年もしくは一年おきに枝打ちを行う。その後は五年ごとに間伐を繰り返し、最終伐期は八〇年から一三〇年、場合によっては一五〇年になる。アカマツやヒノキにおける施業体系も概して同様である。こうした記述内容からは、日本における林業技術には長い歴史を踏まえた経験的蓄積があり見るべきものがある、という編著者スパーホークらの認識がうかがえる。

さらに、戦争終結後の木材需給に関しても大雑把ではあるが重要な意味を持つ見通しを掲げている。まず、木材需要の最大のものとして日本国内における住宅需要をあげている。東京・大阪・名古屋・京都・横浜・神戸の六大都市の人口が一四〇〇万人、人口五万人以上の都市の合計だと二五五〇万人である。住宅一軒当たりの住人数を東京府の平均と同じ六人だとすると、都市部の住宅総数は四二五万戸となる。終戦までに都市部の住宅のうち半分が破壊されると仮定すれば、その復興には一七億立方フィート（約四八〇〇万㎥）の丸太が必要になる。破壊される家の割合が四分の三だとすると、必要な木材量は五〇％増しになる。もちろん住宅以外にも、鉱山の坑木、鉄道の枕木、製紙など様々な需要があり、きわめて控えめに見積もっても、終戦後の五年間に必要となる木材量は毎年三〇〇〇万㎥程度となることが予測されるとしている。

これに加えて、台湾・朝鮮・満州でも同様に戦後の復興物資としての木材が必要になるが、日本はこの侵略戦争に関する賠償の一部として木材の提供を迫られることが考えられ、ますます木材需給は逼迫することが予想されると分析している。戦前においてもパルプ材をはじめとして木材の輸入に頼っていた日本であるが、終戦後当分の間は輸入などできるはずもなく、むしろ海外への木材供出も考えねばならない状況に追い込まれるとなると、森林への伐採圧力が相当激しいものになることは間違いないというわけである。

しかし、国土保全という観点からも森林の荒廃は日本にとってきわめて重大な結果をもたらすので、何としても森林および森林生産力を大きく減少させるような事態を招いてはいけないというのが同資料の主張でもある。そして、これに関しては展望がないわけではないという。日本には長い林業の歴史があるとはいえ、アクセスが困難な奥山には資源が埋もれている。さらに、現在利用されている森林においても十分な資源管理が行われているわけではない（粗放な低木林が多い）ことから、本来持つ木材生産のポテンシャルにはかなり大きいものがある。また、日本と同様の気候風土を持つドイツと比較した場合、現状では日本の生産性はかなり低いが、将来的にドイツ並みの生産性（単位面積当たりの木材生産量）を達成するならば、一年間に木材で五〇〇〇万㎥および薪炭材で四五〇〇万㎥の生産が可能なはずで、そうなれば拡大する国内需要を賄うに十分な生産量を確保することも不可能ではない、という試算をしている。このことからは、アメリカ農務省森林局のフォレスター達が、その持てる知識や技術を終戦後の日本の林業政策に応用することで、日本の森林が持つ可能性を引き出し、日本や周辺国に役立つことができると積極的に考えていたことがうかがえる。

このように、アメリカは対戦国日本に対し、比較的冷静な目で森林・林業の状況を分析していたことがわかる。同資料は一九四五年五月に作成されたものであるが、この時点でアメリカ政府は、日本の敗戦が間近でありその後の占領統治のための準備資料として森林局にこうした資料の作成を命じたものと思われる。日本占領軍における森林行政という任務に関心を持つフォレスターも出始めたのであろうか。同資料の末尾には三五の関連文献名が記載されているが、そのうち半数以上は日本語の文献である。ただし、これらの文献に現れる統計数値は「きわめていい加減」であり、十分注意して利用すべきであるとの注意書きが付けられている。フォレスターとして科学的であらんとする態度と同時に、日本で任務に就くであろう同僚達への親切心が感じられる一文である。

第三節　戦後林政にアメリカ人フォレスターが与えた影響

ＧＨＱ天然資源局林業部には専門教育を受けたアメリカ人フォレスターが多数所属し、敗戦によって疲弊した我が国の森林再生ならびに林業の復興に尽力した。この節では、ＧＨＱフォレスター達がどのように当時の日本における森林・林業を見ていたのかを基軸として、それに対して実際の政策運営に携わった日本の担当者達がどのように対応したのかを検討し、もってＧＨＱが戦後の森林・林業政策の方向性に関してどのような影響を与えたのかを検証した。

現在、我が国における森林・林業政策は、森林法ならびに森林・林業基本法を中心に体系化されている。さらに、民有林政策に大きな影響力を持つものとして森林組合法がある。森林法は明治三〇（一八九七）年に法制化された森林分野における我が国で最初の包括的な立法であり、現行法はＧＨＱ占領下の昭和二六（一九五一）年に全面的に改正されたものを基礎としている。森林・林業基本法は、木材不足が深刻化していた戦後の高度経済成長期のただ中の昭和三九（一九六四）年に成立した林業振興のための法律である林業基本法を、その後の状況変化を受けて平成一三（二〇〇一）年に大きく改正したものである。森林組合法は、森林法の中に位置づけられていた森林組合に関する条文を昭和五三（一九七八）年に分離独立させる形で成立したものである。

森林法（および森林組合法）に規定され、民有林行政に関してきわめて大きな比重を占める森林計画制度および現行森林組合制度は、いずれもＧＨＱ占領政策下の産物である。これらの制度設計に際しては、戦前の制度からの緩やかな移行を模索した日本側担当者に対し、ＧＨＱフォレスター達はより本質的な変革を求めたことが知られており、結果として新森林法は当時としてはきわめて斬新な内容を含むものとなった。

また、森林面積の三一％を占める国有林に関する制度としては、分散管理されていた国家所有の森林の一元管理を達成した林政統一と山林局の外局化に伴う独立採算経営制度、およびそれに先立って行われた山林局の技官局長制度が、ＧＨＱ占領政策下における特筆すべき改革であった。これらの改革に関しては、ＧＨＱの改革に関する考え方と我が国担当者（技官）のそれとがかなり一致していたために、占領政策開始からあまり時を経ずして、一見するといともたやすく大きな組織改革がまとまったという感がある。しかし、果たして本当にそう考えて良いものであろうか。以下、米日双方の関連文献によってアメリカ人フォレスターの考え方と日本側の対応とを対比しながら分析した。

一・山林局における技官局長の実現

戦前・戦中期の農林省山林局では、局長職には帝国大学法科大学を卒業し高等文官試験に合格した事務官のみが登用されていた。同様に、中央や各営林局の要職の多くも法学出身者の指定ポストとなっていた。これに対し、林学を学んだ技官達は森林施業や経営管理の実務面という限られた職務を任されるのみで、山林局全体を見渡す組織経営に関しての権限は与えられることがなかった。

こうした状況は明治以来我が国の中央省庁では当然のことであったが、山林局の技官達がより決定権を持つポストを自分たちの手中に収めることを望まなかったはずはない。実際、そうした動きは戦前からあったが、強固な「高級官僚クラブ」の結束によって実現することはなかったのであった。転機は、敗戦と占領という思いがけない形で訪れた。

日本の民主化を推し進めたいＧＨＱに対し、薗部一郎や早尾丑麿をはじめとする山林局技官ＯＢは、事務官局長の弊害と技術者局長という長年の夢の実現への協力を持ちかけた[37]。林業部長のスイングラーや森林資源課長のヒューバーマンらアメリカ人フォレスターは、同じフォレスターである技官達の切実な訴えに対して大いに賛同する。彼らにしても、木材生産の強化をはじめとする緊急の課題に対して十分な知見を持たないがゆえに部下の技官に頼ってばかりで有効な政策決定ができない山林局の事務官幹部の無能ぶりに対して業を煮やしていたところでもあった。

昭和二一（一九四六）年五月三〇日のニッポンタイムズに掲載された記事には、アメリカ人から見た日本の行政機構の硬直性が端的に示されている。そこでは、GHQからのプレスリリースという形で提示された上記の問題が厳しく追及された。高等文官試験に合格したというだけの理由で、技術的知識も十分な現場経験もない若者が東京から日本各地へ無謀な指令を送り出すこの官僚制度こそは、非民主的で封建的な諸悪の根源であるというのが論調であった。さらにニッポンタイムズは同年六月四日の論説でもこの問題を取り上げ、事務官局長制度の問題点の根深さを掘り下げて分析した。「これまで公務員試験では、高級官僚候補者は帝国大学法学部出身者にほとんど限られるような枠組みが形成されていた。それゆえ、教育分野では何の経験もない二〇代の若い法学出身の文部官僚が、何十年もの経験を持つベテランの学校長に命令を出すという奇怪な光景が見られる。同様に、若い商工省に所属する法学出身官僚は企業の大社長に経営方法について蘊蓄をたれ、また別の若い法学出身の農林官僚は東京の都心部にしか住んだことがないのに、遠く九州の農家が何を作ればいいのかを机の上で決める」(38)。

着任早々にニッポンタイムズ紙において名指しで改革を迫られた農林大臣和田博雄は、即座に行動を起こした。記事掲載直後の同年六月八日、事務官局長の黒河内透を更迭し、後任に秋田営林局長だった技官の中尾勇を任命した。実は、GHQ天然資源局がこの問題を重要視して山林局に対して最初に改善を求めたのは同年二月であった。しかし、その後数ヶ月経ってもまともに改善策を検討しない同局の態度に業を煮やしたヒューバーマンらがプレスリリースを行い、英字新聞を使って問題を大きく外部に向かって発信させたのであった。その布石としては、同年四月一日の勅令によって技術者でも局長になれる道が開かれてはいたが、その時点ではこの法改正はGHQに対する単なるポーズに過ぎず、山林局が実際に彼らの要求に応えて動く気配はみられなかった。

いずれにせよ、この技術者局長という制度の導入に関しては、ＧＨＱフォレスターの絶大な圧力が働いている。では彼らは何故、山林局のトップに技術者をおくことにそれほどまでにこだわったのであろうか。それは、アメリカにおける国有林の成立過程と森林局の歴史について振り返ることによって推察されよう。アメリカでは、建国以来新しく獲得した領土は連邦政府の所有となり、その民間への売り払いが税収の大きな位置を占めてきた。しかし、一九世紀半ば頃から全国的な森林の荒廃やそれに起因する自然災害が報告されるようになり、危機感を抱いた有識者達の動きによって売り払い対象から除外して連邦政府が森林を維持管理するという保留林（後の国有林）制度ができあがる。それゆえ成立間もない頃のアメリカ国有林にとっては、木材生産を行うよりも森林を守り育てるという目的が強調された。

そして、アメリカ森林局の歴史を概観するとき、フォレスターの画一化された強固な職業倫理を感じる。これは、初代長官のピンショーが目指した森林局の使命とフォレスターに求めた高い職業倫理とにその始まりをみることができる。前節でみたように、国有林における森林資源利用に関しては「最大多数の人々に最良のものを長期にわたって」という功利主義的な考え方が打ち出された。森林局職員は国民の財産としての国有林を科学としての林学を用いてより良く管理することによって国民へ奉仕するという目標に向かって一丸となって活動してきており、国民の間においても戦後間もない頃までは連邦政府の中で最も優れた組織であるとの評判を得ていた(39)。

森林資源を利用するよりも保全するという傾向は第二次世界大戦終了直後まで続いたので、一九四五〜四六年にＧＨＱに派遣された森林局フォレスター達にとって、国有林組織は科学的な森林管理によって国土の重要要素である森林をより良く守ることこそが使命であった。一九三〇年代の大恐慌における国有林内での森林整備活動の指揮を経験したベテランのフォレスターであれば、なおさらそうした思いは強かったであろう。

そういうバックグラウンドを持ったフォレスター達にとって、日本における森林行政の硬直性と非科学性は納得のいかないものであったに違いない。特に、森林管理に関して素人同然の事務官僚が組織のトップにいることは彼らの理解を超える事態であったことだろう。フォレスターはその専門性を発揮して任務に当たらねばならないのに、知識もなく意欲も乏しい上司によって上から蓋をされたのでは十分な仕事ができるはずがない。そして、そうした思いは当事者たる日本の林業技術者が長年感じ続けてきたことであることを知るに至り、何としても早急に事態の改善を図る必要があるという合意がＧＨＱ林業部の中に形成されたことは想像に難くない。日本の民主化というＧＨＱの最大の目的に鑑みても、封建的な身分制度に似た高級官僚の制度は、彼らの目には一掃すべき旧体制の残滓と映ったことであろう。

以上のような状況の中で、ＧＨＱによる占領政策開始から八ヶ月という比較的短い期間のうちに山林局の事務官局長制度は廃止され、代わって技官局長という新たな制度に移行したのであった。そしてそれは、発足当初からフォレスターが長官職を担ってきたアメリカ森林局の組織体制を模範とした制度だったのである。

二．林政統一

技術者が局長となった山林局には、しかし、それ以上に重大な組織改正がまもなく訪れた。それが、林政統一である。ここにもＧＨＱの影響は色濃く反映された。

明治憲法下での国有林は、農林省山林局所管の国有林、宮内省帝室林野局所管の御料林、内務省北海道庁所管の国有林および拓務省（大東亜省）所管の海外領土（樺太・台湾・朝鮮）における国有林に分かれていた。敗戦によって海外領土は失ったものの、沖縄を除く内地と北海道の国有林は残された。

ＧＨＱおよびマッカーサー司令官は、天皇を戦争犯罪人として裁くのではなく、天皇制を存続させつつこれを国民統治に利用する道を選んだ。そして、天皇を国民統合の象徴としての存在という位置付けにし、これまで保持していた一切の財産を没収した。そのため、一三〇万町歩に及ぶ御料林は国家に返還されることとなった。

さらに、特別高等警察を所管するなど戦時体制において絶大な権力を行使した内務省の解体を指示したため、北海道国有林の所有が宙に浮くことになった。

そこでＧＨＱは、これら総ての国家所有の森林を山林局が一元的に管理する体制を求めた。母体のなくなる御料林はともかく、北海道庁が強い抵抗を示した北海道国有林については山林局への移管に曲折があったものの、昭和二二（一九四七）年四月には御料林が、そして翌五月には北海道国有林が山林局に編入され、林政統一が完成した。そして山林局は、国土の五分の一（約七八五万町歩）におよぶ国有林を管理経営する巨大な組織として生まれ変わったのである。(40)このとき同時に、山林局は林野局として農林省の外局に格上げされ、独立採算を基本とする特別会計制度が発足している。

さて、ＧＨＱフォレスターはこの組織再編に関してどのような考えを持っていたのであろうか。国家所有の森林を一つの機関で一元管理することの合理性については、本国アメリカにおいて農務省森林局と内務省国立公園局の対立問題を経験しているＧＨＱフォレスターにとっては疑いようのない事実であったと思われる。(41)技術水準や管理目的の統一性からしても、木材生産における規模の経済という点からも、林政統一は合理的で自明の方向性であった。

萩野は、「これまでわが国では、「占領下に農地改革は行われたが、山林改革はなかった」と思われてきたと云っても、決して過言ではない。だが、それは誤っている。（中略）世に云う〈林政統一〉こそは、まさしくＧＨＱ勧告に基づき推進された農地改革に比肩する〈山林改革〉にほかならない。」と喝破する。(42)すなわち、我が国の森林・林業にとって林政統一はそれほど重要な改革であったわけで、さらにこれを陰から推進したＧＨＱにとっても、その重要性は十分認識されていたのである。

当時のＧＨＱ天然資源局長スケンクは、後に日本の山林改革について以下のように記している。「日本の山林の所有者は、一方で国と都道府県が所有するものと、他方私有のものとがほぼ等分になっている。私有のものは大部分が有効な管理を行うにはあまりに零細で、社会改造に対して支障となるようなものではない。従ってこの件については社会的問題としてではなく、経済問題として考える方がはるかに大きな意味を持っているわけで、GHQ内でも山林の所有を強制的に移動させることについては反対であるということに決定した。[43]」ここから、GHQは農地と同様に私有の森林を土地なし山村住民に開放することは林業生産にとってむしろ有害であるという見解をもっていたことがわかる。

このことからも、私有林の場合とは逆に国有林に関しては、森林管理の統一性を重視し規模の経済を発揮させるためにも、積極的に林政統一を推し進めたことがうかがい知れる。GHQフォレスターはアメリカ森林局をモデルに、全国の国有林を一元的にまとめて統一された森林管理の体制・理念・技術のもとで管理経営することが望ましいと考えていたのである。

では、林政統一と同時に林野局が採用することになった独立採算という会計制度について、GHQフォレスターはどのように考えていたのであろうか。これに関しても、アメリカ森林局の制度を真似たものという見解があるが、そうではない。[44]アメリカ森林局の会計制度は農務省の一般会計とは切り離されたもので、その意味では独立会計であるが、独立採算ではない。我が国の林野庁が昭和二二（一九四七）年から平成一〇（一九九八）年まで採用していた企業会計としての独立採算制度による特別会計はアメリカを真似たものではないのである。

では、GHQフォレスター達は会計制度に関してどのような考え方をしていたのであろうか。残念ながらこの点に関する資料はきわめて少ないため、推測を交えたうえで以下のように考察できる。

アメリカ森林局では、初代長官ピンショーおよび第二代長官グレイブスの時代（一九〇五年から一九一〇年代にかけて）に、国有林事業における収入と支出に関して均衡を目指すことが議会からしばしば要求された。しかし、その後収支問題は影を潜め、国有林の事業収入は常に支出を下回る状態が続いた。森林局フォレスターは当然そのことを熟知していたはずだが、そのことによって森林管理に対する現場の自由度が制限されることには敏感であったと思われる。

一九三〇年に成立したカヌートサン＝ヴァンデンバーグ法は、木材生産収入の一部を現場の国有林単位でプールして自由裁量で利用できることを定めた法律であるが、この資金は木材生産以外の用途（歩道や施設の整備、レクリエーション事業等）にも利用することができる非常に便利なものであった。こうした制度は、独立採算制度（すなわち現場が自由に使える資金の余裕）を持たないアメリカ森林局が苦肉の策として考え出した仕組みであるということができるが、はじめから独立した会計制度であればそうした心配をする必要はない。フォレスターにとって、そのような都合の良い会計制度があることは、きわめて合理的で理想的なものであったことは想像に難くない。

ヴァーネイ（一九四七）の中でも、林政統一によって「公的森林管理には大きな自由裁量が与えられ」たと記されており、やはりＧＨＱフォレスター達はこの点に大きな意義を見出していたことが読み取れる。(45) それゆえ、アメリカ本国においても実現できなかった、より理想に近い形の会計制度としての独立採算制度を、林政改革という大きな制度改革に乗じて日本において実現させようと考えたのではないだろうか。日本の技官達がこれを待望していたことはいうまでもない。

三．森林法の改正

森林法の改正はＧＨＱの占領政策が始まって六年目となる昭和二六（一九五一）年六月であった。戦前の森林法を全面的に書き換えたこの森林法（通称第三次森林法）は、我が国の森林・林業行政を支える最重要な法律の一つであるが、とりわけ森林計画制度の導入と森林組合制度の刷新が特に重要な変更点である。ここでは、森林計画制度の導入に関して多大な影響を与えたＧＨＱの勧告を中心に考察を進める。

占領開始当初よりＧＨＱは、森林面積の過半数を占める民有林に関して統計の不備と過剰な伐採行動を懸念していた。行政組織による迅速な対応が可能であった国有林問題とは異なり、民有林行政についての改革はそう簡単ではなかった。まずは戦後の復興にとって木材が不可欠であったがゆえに、ある程度状況が落ち着くまでは伐採の制限を導入することは難しかった。しかし、占領の終了期限が迫るなかでＧＨＱは日本林政に対する最後の大きな指導をする必要があった。それが、民有林における保続収穫のための森林計画制度の整備であった。

この制度の導入に先立ち、ＧＨＱは本国から専門家を呼び寄せて全国の私有林（特に針葉樹林）における森林管理の現状を詳細に調査した。その報告書として提出されたものが、カーチャー＝デックスター勧告と称される我が国の林業政策分野では著名な勧告である。これを執筆した二人のアメリカ人フォレスターのうち、カーチャーは森林局に長く勤務した森林経営の専門家で、終戦後は占領下のドイツにおいて占領軍の林業部長を四年間務めた人物であり、デックスターは民有林経営に経験豊富な人物であった。[46]

同勧告は民有林の現状を厳しく批判する内容であった。具体的な勧告内容としては、施業計画樹立のための統計の整備、森林状況に対して不適当な面積平分法の廃止、[47]ドイツ林業の盲目的採用の中止、[48]伐採後早期の植栽と間伐の励行、所有面積一町歩以上の民有林の国による監督制度、普及指導事業の推進[49]などである。また同勧告は、現状の速度で過剰な森林伐採を続けていればあと一五年で日本の森林資源は底をつくと警告した。

一方、日本の当局者側では従来の施業案制度を踏襲する形を模索していたが、この勧告の強い論調とその全面的受け入れを迫るＧＨＱの態度によって、国が主導する伐採規制的な森林計画制度の創設を余儀なくされた。[50]すなわち、昭和二六（一九五一）年の改正森林法における森林計画制度の骨格部分は、ＧＨＱの望んだ形の私有林に対する伐採制限を盛り込んだものとなったのである。すなわち、技官長官や林政統一の場合とは異なり、森林法の改正にあたってはアメリカ人フォレスターと日本の技官達との意見の一致はなく、ＧＨＱの強い姿勢に従わざるをえない形で法改正が行われたということができる。では何故、アメリカ人フォレスターはそれほどまでにこの問題にこだわったのか。

アメリカ本国でも私有林の過伐と森林荒廃はかねてより頭の痛い問題であった。一九世紀終盤に創設された保留林制度は、連邦有地を売り払った後の無秩序な森林伐採による荒廃を目の当たりにした国民が何とか国の力で森林を守ることはできないかと考えてのことであった。そうした経緯を考えれば、私有地における森林管理問題はアメリカでは重大な課題であったことがわかる。森林局は、初代長官ピンショーの時代から私有林への技術協力や伐採規制法の成立に熱心に取り組んだが、結局この時代までに顕著な成果を上げることはできなかった。ＧＨＱのフォレスター達が私有林管理への法的規制ということに執念を燃やすのは、そのような背景があったからと考えることができる。それゆえに、国民生活の民主化という大きな流れのなかにある占領期の日本においても、国家による統制という色彩のある森林計画制度をあえて導入する必要性を強く感じていたのである。ここでも、国有林の独立採算制度導入と同様に、本国アメリカにおいても達成できなかったより理想に近い制度の導入は、フォレスター達にとって非常にやり甲斐のある仕事であったに違いない。

このことは、森林組合制度の刷新にも現れている。戦前の森林組合は事実上強制加入であり、特に総力戦体制下においては木材供出のための政府組織の末端として機能した。当然、一般林家からあまり良く思われる存在ではなかった。そうした悪弊を一掃し、協同組合として森林所有者の互助を目的とする組合にしようとしたのが改正森林法であった。具体的には、施業案による統制を廃し全民有林が自由に参加できる組織にすること、森林計画の策定と実施を監督する林業技術者を配置すること、営利目的の活動を禁止すること、などである。[51]

こうした組織は当時のアメリカには存在しなかった。営林指導や計画策定の補助を行い、公益的機能を発揮する森林の造成という使命を帯びた新しい考え方の組織を作るということは、アメリカ人フォレスターにとっては自らの専門性を活かした占領国への大きな貢献と感じられたことであろう。

四　造林の推進

既述のように、戦時期を通して我が国の森林資源は過伐によって疲弊荒廃した。これに追い打ちをかけたのがアメリカ軍による主要都市への焼夷弾による空爆で、木造家屋や建築物の消失は全国に及んだ。終戦を迎えて木材需給の逼迫はいよいよ顕著となり、昭和二〇（一九四五）年冬の大都市における暖房用の薪炭材不足は過酷であった。

ＧＨＱ天然資源局にとっても日本の木材需給問題は重大な関心事であった。特に必要であったのは経済再建に直結する炭坑用の坑木と鉄道の枕木であり、ＧＨＱの住宅向け需要を除いて一般住宅や工場建設需要に優先された。[52]そうしたなか、木材生産計画の策定と同時に、荒廃した森林の復旧は急務であった。ＧＨＱは山林局に全国的な造林計画の策定を命じ、昭和二一（一九四六）年からは計画に従った造林活動が展開され始めた。しかし、計画は不十分にしか達成できず、その主な原因は苗木の不足にあることが明らかとなった。そこでこれ以降、国有林を中心に造林木用の苗床の整備に力が入れられた。戦時中に食料生産に振り向けられていた苗床を元に戻すことや、低密度の植林方法を採用して植林面積を増やすことなどが奨励された。

さらにＧＨＱは実生苗生産の増進を図るため、「（一）苗畑間でより頻繁により徹底した技術情報の交換を行うこと、（二）苗畑要員に新技術の教育を行うこと、（三）利用可能な空間をより生産的に使うため、苗畑における実生苗の実用的な最小生育期間を決定するための実験を行うこと、（四）灌漑を改善し、より均一にすること、（五）種子の発芽試験を行うこと、（六）より密植にすることで空間を効率的に使うこと、（七）種子の代わりに挿し木の利用を増加させること、（八）運搬時、床替時には、苗木管理に気をつけること、（九）経験の浅い労働者に対してもっと効果的な監督を行うこと」が地方の造林課長に伝えられた。[53]このように技術的に詳細にわたって指導を行ったことからも、ＧＨＱが森林復旧のための造林に力を入れていたことがうかがえる。

予算や苗木の制約によって人工造林が滞る中、天然更新による森林被覆の回復とそうした林分への人工補整も盛んに行われた。施業法としての天然更新は国有林が特別経営時代以降にドイツ恒続林思想を取り入れて開始されたもので、大正後期から急速に広まっていた。総力戦体制下の緊縮予算の結果として天然更新面積は人工造林面積を大きく上回る形で推移してきたが、戦後も引き続きこの傾向は続き、国有林において人工造林面積が天然更新面積を上回るのはようやく昭和三四（一九五九）年になってからであった[54]。人工造林の拡大推進を目指したＧＨＱフォレスターたちもこの状況に鑑み、相対的に安価となる天然下種補整を認めていた。

ＧＨＱは「日本が国内木材需要を国内資源のみで賄うことができない状態に急速に近づきつつあると、繰り返し警告」している[55]。さらに、一九四八年には日本の針葉樹資源は今後二〇年程度で枯渇するという推定がなされ、危機意識は高まった。現実にはその後の諸施策、特に造林活動の推進によって森林資源が枯渇することはなかったのであるが、ＧＨＱのこうした木材飢饉への強い危機意識はアメリカから持ち込まれたものと考えることができる。それは、二〇世紀初めにアメリカ森林局が発足した当時からフォレスターに共有された意識であり、アメリカ人フォレスターにとっては木材飢饉という悪夢は一種の強迫観念のように繰り返し現れるやっかいな代物であった[56]。

アメリカにおいては、第二次世界大戦後に私有林資源の弱体化を補うべく国有林が増産体制を取り始める一九五〇年代になって、ようやく木材飢饉の恐怖が過去のものとなった。しかし進駐するＧＨＱフォレスターたちにとってみれば、敗戦後の荒廃した日本の森林と逼迫した木材需要に対応すべく過伐を余儀なくされる林業の姿は、まさに木材飢饉寸前の危うい状況と捉えられたことであろう。それ故に、彼らは危機回避の最重要政策として日本政府による復旧造林事業の推進を強力に後押ししたのである。

ＧＨＱは占領が終了するまで造林への関心を持ち続けた。昭和二六（一九五一）年六月には、造林と苗畑業務の改善に関する一二箇条の勧告を行っている。ここでは、造林樹種の採種源地域の設定、母樹選定の厳選化、実生

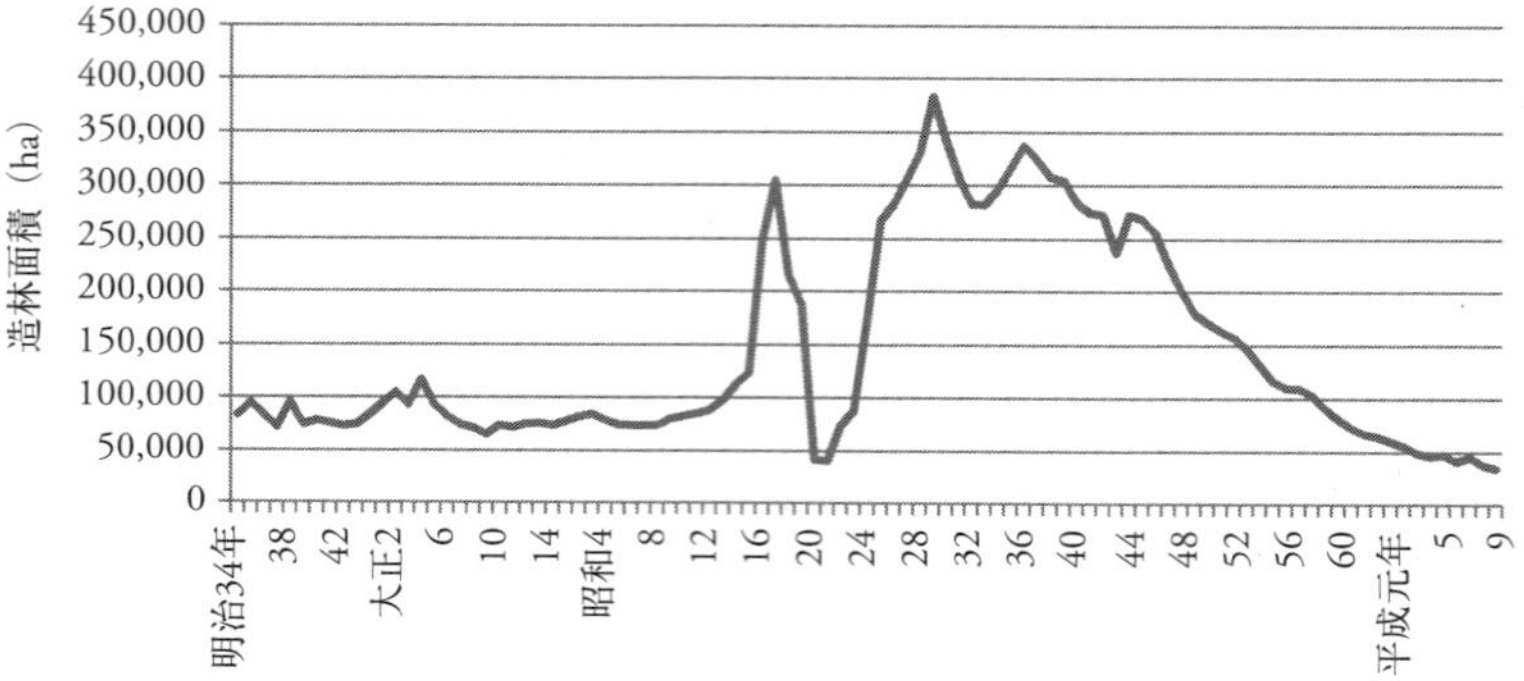

図 4-3　民有林における造林面積の推移（明治 34 年〜平成 9 年）

出典：日本造林協会（1999）「民有林造林施策の概要」より筆者作成。

苗管理方法の研究推進、根系の取り扱い注意、土壌回復の必要性、試験場研究と現場研究の棲み分け、技術訓練の強化などが示されており[57]、情報の共有や科学の応用と知識の普及といったアメリカ的な啓発の志向性が色濃く反映されていて興味深い。

最後に、我が国における戦後の造林事業を概観しておこう。復旧造林が実質的に動き出したのは昭和二四（一九四九）年頃からであるが、この事業が一段落した昭和三〇（一九五五）年頃からは、エネルギー革命に伴う薪炭林（雑木林あるいは里山）の無価値化を逆手に取る形での資源化政策として「拡大造林」が全国的に華々しく行われた（このとき伐採された天然林材の多くはパルプ用材として利用された）。当時は木材の輸入もほとんどなく、経済成長に伴う木材需要の高まりとともに木材価格は上昇しており、スギ・ヒノキを中心とする針葉樹人工林の造成は山村経済にとって将来への明るい希望であった。

政府は補助金によって民有林における拡大造林を優遇したのみならず、森林開発公団や都道府県の林業（造林）公社を使って採算性の乏しい奥地においてまで（分収）造林事業を進めた。その結果、現在では森林面積の四一%、一〇〇〇万haを超える人工林が形成されるに至っている。図4-3にみるように、昭和二〇年代後半から五〇年代半ばまでの時期における民有林の造林面積は非常に大きい。そして、このような森林造成の努力の結果、昭和四〇年代以降に森林資源量は大き

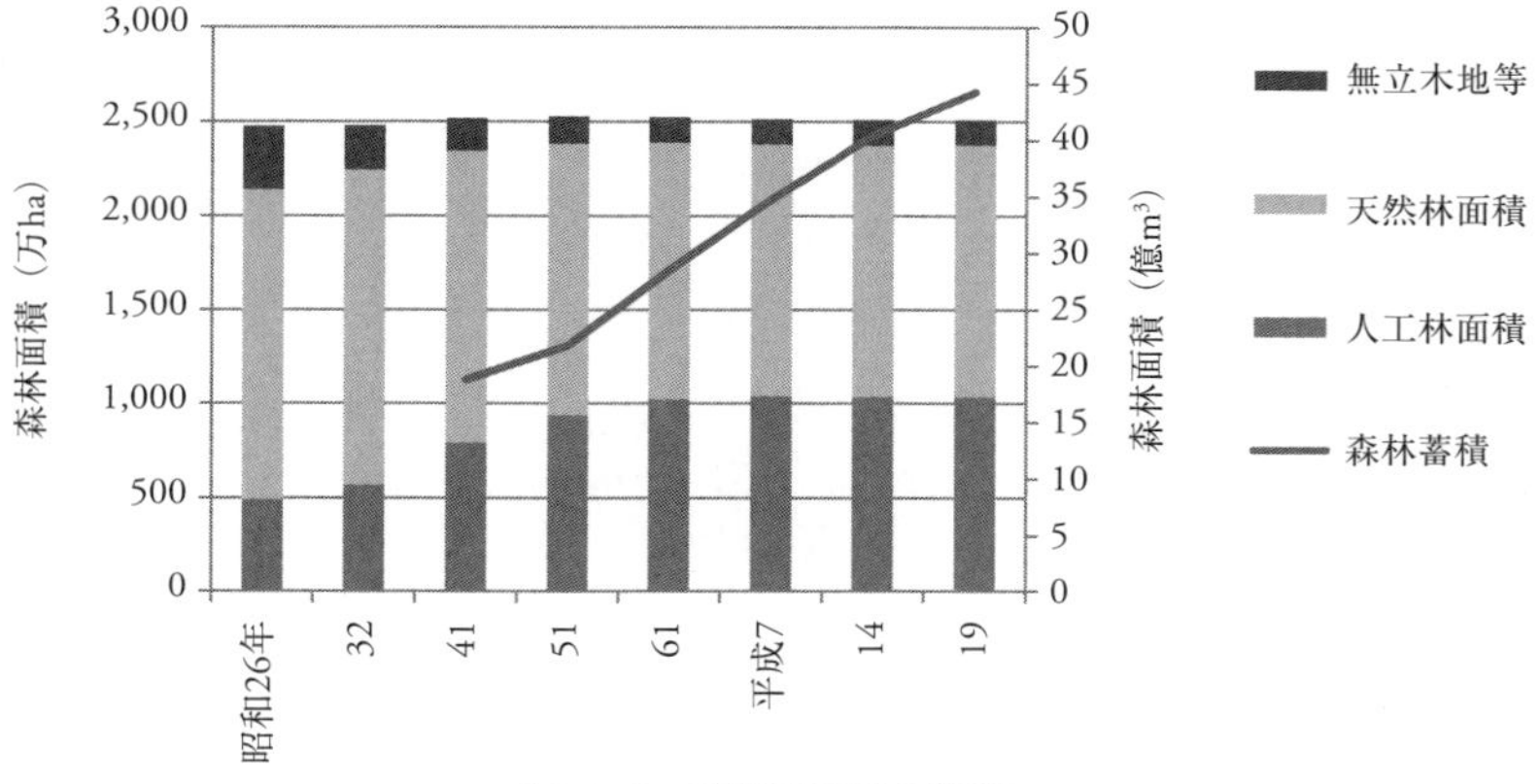

図4-4　森林資源量の推移

出典：林野庁（2010）林業白書　平成22年版。
林野庁（各年度）林業統計要覧。

く増大した（図4−4参照）。

我が国の林業関係者においても人工造林による森林復旧と資源造成が重要であるとの認識があったことは論を待たない。しかし、戦後まもない混乱期にＧＨＱフォレスターの強い指導のもとで復旧造林が推し進められたことが、その後の森林資源の充実に少なからぬ貢献をしたことも事実である。

おわりに

国有林を中心として広葉樹天然林の伐採跡地や採草地などに人工造林によって森林を造成する作業は明治三〇（一八九七）年頃から本格化した。我が国における森林の資源化政策はこの時期に開始されたとみることができる。山林局では保続生産概念を基軸とする森林管理を計画的に進めようとした。しかし、そうした人工林資源が十分に育つ間もなく、昭和に入り戦時色が強まるなかで無理な増伐を余儀なくされることになる。

一方、我が国における「森林資源」という言葉は、軍国主義的な時代背景における国防目的という中で使用されることで定着していった。萩野敏雄によれば、森林資源という用語が初めて使われたのは大正中期であるが、山林局統計の中で「林野面積・森林蓄積」と表記されていたものが「森林資源」と書かれるようになったのは昭和一二（一九三七）年の『第八次山林要覧』からであるという。[58] そこには、森林を軍事資源として位置づけようとした意図がはっきりと読み取れる。

結局、再生産が可能な自然資源として森林が「資源化」されるのは、戦後の拡大造林を待たねばならなかったのであり、総力戦体制下の森林資源化政策は失敗に終わったといえる。そして拡大造林政策へと引き続く復旧造林政策を強力に牽引したのが、ＧＨＱ天然資源局であった。ただ、戦争を放棄するという道を選んだ我が国が、軍事とは無関係なものとして森林の資源化を進めたのは、エネルギー革命によって一般家庭から薪や木炭の利用が消え、農用林としての里山が無価値化した一九五〇年代半ば以降であり、この頃既にＧＨＱは日本から去っていた。

ＧＨＱフォレスターと我が国の林業技術者との間では、相通じるところが多かったという。[59] 国は違えど森林という共通の対象を扱う専門家であり、より良い森林管理、より上手な森林と人間との関わり方を目指すもの同士、認識に共通するものが多いのは著者も常々実感するところである。そうしたことから考えると、占領期における森林・林業政策はアメリカ人フォレスターと日本の林業技術者の共通認識をベースとした合作であったとまとめることができよう。とりわけ、技官局長、林政統一、林野庁特別会計制度などはまさにそうした色合いが濃い。

そして戦後造林政策の推進にもＧＨＱの影響は及んだが、森林の資源化を決定づけた拡大造林は我が国独自の政策であった。しかし、この資源化政策は残念ながらまだ陽の目を見てはいない。確かに資源としての森林蓄積は大きく増大しているが、近年に至り適度な利用が行われる気配はなく、管理を放棄された森林では荒廃が進んでいる。特に国有林の状態が良くないことはあまり知られていない。

国内での森林資源造成に邁進した政府は、他方では木材輸入の自由化を急ぎ輸入木材は瞬く間に国産材を凌駕してしまった。国内での木材生産量は一九五〇年代には六〇〇〇万㎥以上あったものが、現在では二〇〇〇万㎥を下回っており、林業労働者数の減少と高齢化が著しい。このような現状を顧みれば、我が国の森林資源化政策はまたしても失敗に終わったと悲観的に論ずることも可能である。(60) それをひとえに森林技術者の責任とするのは潔しとしないが、総力戦体制期にそうであったように、高度経済成長期とその後の低成長期において有効な政策手段を執り得なかったことは、国の森林行政を司る者の不見識とのそしりを免れ得ないであろう。

注

(1) 島田錦蔵『林政学概要』(地球出版)一九四八年、二七～二九頁。
(2) 我が国の森林資源量は戦後急速な拡大を続けている。昭和四一(一九六六)年に一八億八七〇〇万㎥であった森林蓄積量は平成一九(二〇〇七)年には四四億三二〇〇万㎥となっているが、増加の中心は資源化政策として推し進められた針葉樹人工林における蓄積であり、その蓄積量は五億五八〇〇万㎥から二六億五一〇〇万㎥へと四・七五倍に拡大した。現在では年間約八〇〇〇万㎥の蓄積増大を重ねているが、これは成長量に見合うだけの伐採が行われていない(しかるに国内生産量の三倍に及ぶ木材を海外から輸入している)という状況がもたらす結果である。
(3) 萩野敏雄『森林資源論研究』(日本林業調査会)一九七九年、七九～八八頁、および萩野敏雄『日本現代林政の激動過程』(日本林業調査会)一九九三年、一～一七頁。
(4) 前掲萩野の資源論に従えば、この段階は木材資源問題の前段階としての木材問題といえるが、本章ではこれらの段階のすべてを「森林の資源化」が進行する過程であると捉えている。
(5) 林業発達史調査会編『日本林業発達史　上巻』(林野庁)一九六〇年、四〇～四五頁。
(6) 土地官民有区分が実行される法的根拠は、明治五年二月の「地券渡方規則」に伴う地所永代売買許可制度の開始、明治六年三月の「地所名称区別法」および翌年一一月の同法改正であった。これにより、森林を含む全国の土地が官有もしくは民有に峻別され、その所有権が確立された。
(7) 萩野敏雄『日本近代林政の基礎構造』(日本林業調査会)一九八四年、一一～二九頁、および、西尾隆『日本森林行政史の研究』(東

京大学出版会）一九八八年、二九～四八頁。
(8) 手東平三郎『森のきた道』（日本林業技術協会）一九八七年、七～一〇頁。
(9) 山林局は二年後の明治一四（一八八一）年、農商務省設置と同時に同省へ移管された。
(10) ドイツにおける森林管理行政の特徴は、国公私有林（州有林・団体有林・私有林の三者）を統括して管轄する統一森林署の存在であり、我が国の国有林経営が民有林行政とは完全に切り離されてきたことと好対照をなすといえる。
(11) 西尾隆『日本森林行政史の研究』（東京大学出版会）一九八八年、一三五頁を参照されたい。
(12) 林業発達史調査会編『日本林業発達史　上巻』（林野庁）一九六〇年、五五～六二頁。
(13) 船越昭二『日本林業発展史』（地球出版）一九六〇年、一二〇～一三一頁および西尾隆『日本森林行政史の研究』（東京大学出版会）一九八八年、七四～八八頁。
(14) 松波秀實『明治林業史要』（大日本山林会）一九一九年、九四七～九五四頁。
(15) 宮本常一『山村と国有林』（未來社）一九七三年、七八～七九頁。
(16) 農林大臣官房総務課編『農林行政史　第5巻上下』（農林協会）一九六三年、一五五一頁。
(17) 手東平三郎『森のきた道』（日本林業技術協会）一九八七年、一七一頁。同書によれば、特別経営部による造林面積は三〇万町歩、同時期に経営部によって行われた造林面積が二八万町歩であり、二三年間における両者の総数五八万町歩という数字は、それ以前の二三年間の造林面積合計の一三・六倍に相当すると評している（一三一頁）。
(18) 林業発達史調査会編『日本林業発達史　上巻』（林野庁）一九六〇年、六五九～六七五頁。
(19) 西尾隆『日本森林行政史の研究』（東京大学出版会）一九八八年、一七一～一七六頁。
(20) 農林大臣官房総務課編『農林行政史　第5巻上下』（農林協会）一九六三年、一六五九～一七〇五頁。同書によれば、樹種別の伐期齢はスギ六〇年・ヒノキ七〇年・アカマツ四〇年・カラマツ五〇年・クヌギ二〇年であった。また、現場の状況に応じてケヤキ・カシ・クルミ・クスノキ等を植栽することも認められていた。
(21) この森林法改正は、それまで保安林と開墾禁止制限地を除いてほとんど制限がなかった民有林における伐採および再造林について、自ら作成する施業案によって長期的視野に立った計画的な伐採と再造林を促そうとするものであった。その限りにおいては自主性と地域特性を重視したものと評価することもできるが、結果的には森林組合を通した民有林からの木材供出を法的に合理化するものとなった。太田勇治郎『保続林業の研究』（日本林業調査会）一九七六年、五一七頁によれば、「戦後ＧＨＱのアメリカ軍閥の森林官はこれを鬼の首をとったように批難して、この民主的森林法を否定して国の一方的計画によって統制を行うという逆行的非民主主義法制に変えてしまった」ということである。

(22) 半田良一『林政学』（文永堂出版）一九八〇年、六八～七五頁および、遠藤日雄『改訂　現代森林政策学』二〇一二年、二五五～二七三頁。

(23) 三井昭二「戦時木材統制会社の展開と木材の生産・流通構造」『林業経済』一九八六年、四五五：一～一二頁。

(24) 戦前期ならびに戦時期を通して、山林局において数の上で多数を占める技官は局長をはじめとする組織の中枢を特権的事務官僚に占有されていた。そこで技官たちは地位の向上を求める運動（技術者水平運動）を展開していたが、望むような改革は進まなかった。そうした中、一九四〇年当時技官トップの業務課長であった早尾丑麿は軍部と結びつき保続概念を逸脱した木材増産をすることで、技官集団の相対的な地位向上を図った。西尾は「国有林における大増伐への転換が、軍部からの供出要求に屈して止むなく応じた性格のものであるどころか、むしろ国有林当局の自発的な供出提案に基づくものであった」と指摘している。西尾隆『日本森林行政史の研究』（東京大学出版会）一九八八年、二五六頁。後述のように、こうした動きは山林局技官が戦後いち早くＧＨＱ天然資源局のフォレスターに近づき、技官局長の実現に奔走したことにも繋がっていく。

(25) 香田徹也『日本近代林政年表　増補版 1867–2009』（日本林業調査会）二〇一一年、四一二～四二六頁。一〇ヵ所の木炭事務所の所在地は以下の通り：盛岡・仙台・福島・東京・横浜・名古屋・大阪・広島・福岡・長崎。なお、同事務所はその後各県庁所在地に逐次増設された。

(26) 農林大臣官房総務課編『農林行政史　第五巻上下』（農林協会）一九六三年、四六〇～四八六頁および、香田徹也『日本近代林政年表　増補版 1867–2009』（日本林業調査会）二〇一一年、四七〇頁。

(27) 手束平三郎『森のきた道』（日本林業技術協会）一九八七年、二九七～三〇二頁。

(28) 造林統計のようなところにまで「大本営発表」の精神が浸透していたことは興味深い。しかし後述するように、このようない加減な統計数値が氾濫していたことがＧＨＱのアメリカ人フォレスター達にとって日本の森林・林業政策レベルの劣等性の証左に写ったのであれば不幸なことといわざるを得ない。

(29) 農林大臣官房総務課編『農林行政史　第五巻上下』（農林協会）一九六三年、一〇七六～一〇七七頁および、手束平三郎『森のきた道』（日本林業技術協会）一九八七年、二九八～二九九頁。
(30) 農林大臣官房総務課編『農林行政史　第五巻上下』（農林協会）一九六三年、一〇七八頁および、萩野敏雄『日本現代林政の激動過程』（日本林業調査会）一九九三年、五一〇～五一六頁。
(31) 香田徹也『日本近代林政年表　増補版 1867–2009』（日本林業調査会）二〇一一年、五一二～五一五頁および、手束平三郎『森のきた道』（日本林業技術協会）一九八七年、二九七～三〇二頁。
(32) アメリカ国内において一九四五年までに森林施業法を制定していたのはオレゴン州やマサチューセッツ州などわずかであり、本格的に私有林の施業規制が強化されるのは環境保護運動が盛んになる一九七〇年代になってからであった。村嶌由直編『アメリカ林業と環境問題』（日本経済評論社）一九九八年、一四六～一五二頁参照。
(33) 黒木三郎・山口孝・橋本玲子・笠原義人編『新国有林論』（大月書店）一九九三年、三七～三八頁、四六～五一頁。
(34) 大田伊久雄『アメリカ国有林管理の史的展開』（京都大学学術出版会）二〇〇〇年、八一頁。
(35) Lowdermilk, W. C. (1927a) The forestry of Japan. *Journal of Forestry* 25(6): 715–722. および Lowdermilk, W. C. (1927b) The third Pan-Pacific Science Congress under the auspices of the National Research Council of Japan. *Journal of Forestry* 25(7): 873–884.
(36) Sparhawk, W. N. (1945) Japan: Forest resources, forest products, forest policy. USDA Forest Service (unpublished manuscript) 87pp.
(37) 西尾隆『日本森林行政史の研究』（東京大学出版会）一九八八年、二七三頁および萩野敏雄『国有林経営の研究』（日本林業調査会）二〇〇八年、五九頁。なお、この陳情は一九四六年二月二日に行われた。
(38) Nippon Times, Tuesday June 4, 1946, 四頁。また、Varney, Richard, M. (1947) The position of a forester in Japan. Journal of Forestry 45(7): 483–491. はこの記事を引用しており、著者ヴァーネイも同論文において事務官局長の無能力さと技官に対する見えない天井の理不尽さを痛烈に批判している。同論文に関しては、大田伊久雄「過去からの警告―一九四七年ＧＨＱフォレスターによる国有林野の未来予想」『日本森林学会誌』二〇一一年、九三：八八～九八頁も参照されたい。
(39) *Newsweek*, June 2, 1952: 26–30 参照。
(40) 林野庁『国有林十年の歩み』一九五七年、一一頁。
(41) アメリカでは、国有林を管理する森林局（一九〇五年創設）と国立公園を管理する国立公園局（一九一六年創設）は当初から自然環境の保護やレクリエーション活動に関して競合・対立してきた。第二次世界大戦前のＦ・Ｄ・ローズベルト政権下では、両者を統合して保全省を創設する案が真剣に検討されていたが、この計画は戦争突入で立ち消えになったという経緯がある。

(42) 大田伊久雄『アメリカ国有林管理の史的展開』(京都大学学術出版会) 二〇〇〇年、一七二～一七五頁を参照されたい。

(43) 萩野敏雄『国有林経営の研究』(日本林業調査会) 二〇〇八年、「まえがき」を参照されたい。

(44) Hubert Schenck (1948) Natural Resources Problems in Japan. *Science* 108: 367–372. ここでは(社)資源協会『日本の復興と天然資源政策』一九八六年、二七六頁に所収の日本語訳を引用した。

(45) 林政総合協議会編『語りつぐ戦後林政史』(日本林業調査会) 一九七七年、の中で、槇重博(当時山林局業務部経理課)は「……国有林野事業については、特別会計を創設するように指示してきた。それは、アメリカ連邦政府の会計では、国有林の会計が特別の計理となっているから当然と考えたものと思われる」と述べている。当時の担当者の理解はそのようなものであったのであろうが、実際にはアメリカ森林局の会計制度は独立採算ではなかった。ただ、GHQがそうした会計制度を当然のものとして採用するよう指示してきたということからは、フォレスター達に明確なビジョンがあったことがうかがえる。

(46) Varney, Richard, M. (1947) The position of a forester in Japan. *Journal of Forestry* 45(7): 483–491.

(47) ジョセフ・C・カーチャー、アルバート・K・デックスター「日本における民有針葉樹林の経営」『林業技術』一九五一年、一一二：一～一二頁。なお、原文はGHQの preliminary study #43. Management of Private Coniferous Forests of Japan. として公表されている。さらに、この勧告に対する解説論考として、早尾丑麿、片山茂樹、田中波慈女「カー＝デイ両氏の日本私有林経営に関する覚書を中心として」『林業経済』一九五一年、三〇：二〇～二五頁、および同三一：二一～三一頁がある。あわせて参照されたい。

(48) 面積平分法とは、当該森林を輪伐期で除した商をもって年間の伐採面積とする計画方法で、法正林状態ではなく若齢林を多く抱える当時の日本林業の現状では、過伐を引き起こす原因となっていた。

(49) 斜面における皆伐施業などはドイツのトウヒ人工林では可能な方法であっても、降水量や台風災害の多い日本には適用すべきでない方法であるとしたうえで、それにもかかわらず日本人がドイツ林業を適用してきたことは「全く不可解である」(ジョセフ・C・カーチャー、アルバート・K・デックスター「日本における民有針葉樹林の経営」『林業技術』一九五一年、一一二：五頁)と記されている。

同勧告では、林業技術の普及と教育の重要性を強調している。「林業技術の向上に伴い彼等は自己の所有する林木について一層の誇りを感ずると共に、二、三回の間伐を通じて林木が他の一般作物と同様に手入れすべきものであることを悟るであろう」（ジョセフ・C・カーチャー、アルバート・K・デックスター「日本における民有針葉樹林の経営」『林業技術』一九五一年、一一二：一〇頁）などという文言からは、アメリカ人フォレスターの目には日本の一般森林所有者の林業知識に関するレベルが極端に未熟であると写ったことが読み取れる。

(50) 萩野敏雄『国有林経営の研究』（日本林業調査会）二〇〇八年、三五～四六頁。

(51) 竹前栄治・中村隆英監修、松下幸司・田口標訳『GHQ日本占領史　第四三巻「林業」』（日本図書センター）一九九九年、六〇～六一頁。

(52) 萩野敏雄『日本現代林政の戦後過程』（日本林業調査会）一九九六年、一〇五頁。

(53) 竹前栄治・中村隆英監修、松下幸司・田口標訳『GHQ日本占領史　第四三巻「林業」』（日本図書センター）一九九九年、七九頁。

(54) 林政総合協議会編『日本の造林百年史』（日本林業調査会）一九八〇年、二九～三三頁。

(55) 竹前栄治・中村隆英監修、松下幸司・田口標訳『GHQ日本占領史　第四三巻「林業」』（日本図書センター）一九九九年、七一頁。

(56) 大田伊久雄『アメリカ国有林管理の史的展開』（京都大学学術出版会）二〇〇〇年、六三～六六頁、一二〇～一二五頁。

(57) 竹前栄治・中村隆英監修、松下幸司・田口標訳『GHQ日本占領史　第四三巻「林業」』（日本図書センター）一九九九年、一六一～一六二頁。

(58) 萩野敏雄『森林資源論研究』（日本林業調査会）一九七九年、七～八頁。

(59) 早尾丑麿『林政五十年』（日本林材新聞社）一九六三年、四九三～四九五頁および Varney, Richard, M. (1947) The position of a forester in Japan. *Journal of Forestry* 45(7): 483–491. を参照されたい。

(60) ただし、我が国における木材生産量は二〇〇二年に底を打って以降は微増傾向にあり、二〇〇九年に民主党政権によって打ち出された「森林・林業再生プラン」等の積極的な林業振興政策が奏功すれば、戦後の森林資源化政策が将来的に実を結ぶという可能性は少なからず残されている。

参考文献

（日本語文献）

安藝皎一『日本の資源問題』古今書院、一九五二年。

遠藤日雄『改訂　現代森林政策学』日本林業調査会、二〇一二年。

大田伊久雄『アメリカ国有林管理の史的展開』京都大学学術出版会、二〇〇〇年。

同「過去からの警告：一九四七年ＧＨＱフォレスターによる国有林野の未来予想」『日本森林学会誌』二〇一一年、九三：八八～九八頁。

太田勇治郎『保続林業の研究』日本林業調査会、一九七六年。

萩野敏雄『森林資源論研究』日本林業調査会、一九七九年。

同『日本近代林政の発達過程』日本林業調査会、一九九〇年。

同『日本現代林政の激動過程』日本林業調査会、一九九三年。

同『日本現代林政の戦後過程』日本林業調査会、一九九六年。

同『国有林経営の研究』日本林業調査会、二〇〇八年。

香田徹也『日本近代林政年表　増補版 1867–2009』日本林業調査会、二〇一一年。

島田錦蔵『林政学概要』地球出版、一九四八年。

ジョセフ・Ｃ・カーチャー、アルバート・Ｋ・デックスター「日本における民有針葉樹林の経営」『林業技術』一九五一年、一一二：一一～一二頁。

竹前栄治・中村隆英監修、松下幸司・田口標訳『ＧＨＱ日本占領史　第四三巻「林業」』日本図書センター、一九九九年。

手東平三郎『森のきた道』日本林業技術協会、一九八七年。

西尾隆『日本森林行政史の研究』東京大学出版会、一九八八年。

日本造林協会「民有林造林施策の概要」一九九九年。

農林大臣官房総務課編『農林行政史　第五巻上下』農林協会、一九六三年。

早尾丑麿『林政五十年』日本林材新聞社、一九六三年。

早尾丑麿・片山茂樹・田中波慈女「カー＝デイ両氏の日本私有林経営に関する覚書を中心として」『林業経済』一九五一年、三〇：二〇～二五頁、三一：二一～三一頁。

半田良一『林政学』文永堂出版、一九八〇年。

船越昭二『日本林業発展史』地球出版、一九六〇年。

松波秀實『明治林業史要』大日本山林会、一九一九年。

三井昭二「戦時木材統制会社の展開と木材の生産・流通構造」『林業経済』一九八六年、四五五：一～一一頁。

宮本常一『山村と国有林』未來社、一九七三年。

三好三千信『日本の森林資源問題』古今書院、一九五三年。

村嶌由直編『アメリカ林業と環境問題』日本経済評論社、一九九八年。

林業発達史調査会編『日本林業発達史　上巻』林野庁、一九六〇年。

林政総合協議会編『語りつぐ戦後林政史』日本林業調査会、一九七七年。

林政総合協議会編『日本の造林百年史』日本林業調査会、一九八〇年。

林野庁『国有林十年の歩み』一九五七年。

（英語文献）
Cummings, L. J. (1951) Forestry in Japan 1945–51. *NRS Report* No. 153.
Dana & Fairfax (1980) *Forest and Range Policy*. McGraw Hill.
GHQ (1946) NRS Report No. 13. Forest areas, forest composition and standing timber by volume in Japan.
GHQ (1946) NRS Report No. 51. Forestry education in Japan.
Guise, Cedric H. (1946) Statistics from schools of forestry for 1945: Degrees granted and enrollments. *Journal of Forestry* 44(2): 110–114.
Huberman M. A. (1947) Forest Research in Japan. *Journal of Forestry* 45(2): 85–88.
Huberman M. A. (1947) Forest Education in Japan. Journal of Forestry 45(5): 335–339.
Haibach D. J. (1949) Reforestation in Japan. *Journal of Forestry* 47(12): 971–977.

Lowdermilk, W. C. (1927a) The forestry of Japan. *Journal of Forestry* 25(6): 715–722.

Lowdermilk, W. C. (1927b) The third Pan-Pacific Science Congress under the auspices of the National Research Council of Japan. *Journal of Forestry* 25(7): 873–884.

Schenck H. (1948) Natural Resources Problems in Japan. *Science* 108: 367–372.

Sparhawk, W. N. (1945) *Japan: Forest resources, forest products, forest policy.* USDA Forest Service (unpublished manuscript)

Spillers, A. R. (1946) U. S. Foresters in Japan. *Journal of Forestry* 44(12): 1047–1052.

Steen (1977) *The US Forest Service*. University of Washington Press.

Varney, Richard, M. (1947) The position of a forester in Japan. *Journal of Forestry* 45(7): 483–491.

Winters R. K. (1978) American foresters in the Japanese occupation. Journal of Forestry 76(3): 184–185.

第五章　基地反対闘争の政治

――茨城県鹿島地域・神之池基地闘争にみる土地利用をめぐる対立――

安岡健一

農地に掲げられた労働組合の旗

1956 年の基地反対総決起大会後のデモの時の写真と思われる。

1950 年代の基地問題の現場となったのは農山漁村が多かったが、都市部の平和主義的な労働組合も積極的に闘争に参加した。政治的なイデオロギーだけでなく、合唱や演劇、文芸など様々な文化が交流の契機となった。写真は、総決起大会に参加した各労働組合の旗が、デモコース途中の畑の淵に掲げられている様子（連合茨城所蔵）。

はじめに

一．課題

本章は、高度成長期初期に日本農村に生じた自衛隊基地設置をめぐる問題を対象として、同時代の農業問題という視点から、反対闘争の歴史過程を分析するものである。

軍事基地という施設は一定の面積の土地利用を必然的に伴う。それゆえ、土地資源という観点からすれば、他の目的、たとえば食糧生産＝農業を目的とする土地利用と競合するということがあり得る。そしてこの点が、国土面積における耕地面積比率の低い日本という国において、とりわけ食糧が不足し、増産・自給を強く志向していた時代には、基地問題をかたちづくる重要な要素の一つをなしていたのではないか、という問いがここでの出発点である。

一片の土地という限りある「資源」を前にして、人びとも政府も、「あれか、これか」の選択を迫られた（それがあくまでも選択であったという点が、米軍統治下の沖縄を除く戦後日本の個性でもある）。この土地利用をめぐる選択は、一方では統治における課題であり、他方で問題の現場となる地域においては、生業を媒介とした人と人との結びつき方、また人と土地との結びつき方と密接に関連した課題であった。そうした視座から社会運動をみることで、一九五〇年代という時代を捉える手がかりとしてみたい。

近年、戦後日本の軍事基地問題は、とくに沖縄を焦点としつつ、多面的に研究されている[1]。本研究もそれら先行研究の成果を引き継いでいるが、とりわけ森脇孝広による石川県内灘地域を対象とした研究は、漁業という生業の変容と演習場接収期間に得られた補償とを結び付けて分析した点で、本書の問題意識と重なるところが大きい。(2) とはいえ、本章での課題からすると、やはり同時代の農業問題と基地問題を関連させた検討は全体として乏しいと言わざるを得ない状況である。

土地資源の利用をめぐって、軍事と食糧生産とが拮抗するのは、米国という超大国との関係に規定される米軍基地問題より、自衛隊基地問題における方が、形式的には自国「内部」の問題であるがゆえに、より鮮明となる。そこで本章では、当時全国各地で生じていた自衛隊基地設置反対闘争のなかで、最も先鋭化したといわれる茨城県の神之池《ごうのいけ》基地闘争を取上げることとし、次の三点を課題としたい。

一、軍事基地問題と農業問題の関係性の把握。
二、当時の基地反対運動に大きな役割を果たした労働組合の動きの確認。
三、神之池基地闘争の過程について、新たな資料による実証水準の向上。

本章で対象とする神之池基地闘争の経過については、すでに自治体史等で言及され、近年では菅谷務による基本的な整理もなされているが、公開がすすむ一次史料や国―県―町村議会の議事録、複数の新聞をもちいることによって、実証水準を引上げるとともに構造的な位置づけを試み、改めてこの事例に迫り直してゆきたい。(3)

凡例：新聞からの引用の際は煩雑さを避けるため以下のように略す。『いはらき』→『い』、『毎日新聞茨城版』→『毎茨』、『朝日新聞茨城版』→『朝茨』、『読売新聞茨城版』→『読茨』。

二．対象地域―鹿島町と神栖村―

本章で鹿島地域というときには、鹿島郡南部とくに鹿島町と神栖《かみす》村にかけての地域を指している。鹿島地域は北浦・外浪逆浦《そとなさかうら》・常陸利根川と鹿島灘に挟まれた農業地帯で、一九五〇年代においても強い自給性を維持していた地域であった。

鹿島町は一九五四年九月に鹿島町と高松、豊津、豊郷、波野村が合併してできた町である。鹿島神宮を主な観光資源としつつ、生産部門では農業が中心を占めた。人口は一万六二一六人、二八一六戸で、その内訳は農業一八一五戸、商工業三七三戸、その他六二八戸である。水田一〇三九町歩とともに、畑九三〇町歩では甘藷と葉たばこが主たる換金作物であった（『い』56・5・23）。

神栖村は一九五五年息栖村と軽野村が合併し、さらに一九五六年二月若松村の一部を加えて成立した村である。人口一万七二二二人、二八七一戸で全戸数の八割が農家であった。土地の構成は田一三一五町歩と畑一七八五町歩、山林一四〇〇町歩からなる。日本有数の砂丘とされる鹿島砂丘は主にこの神栖から南部の波崎にかけての海岸地域に広がっていた。東京市場へ向けた「鹿島西瓜」やトマトの生産も盛んで、さらに鹿島と同じく甘藷と葉たばこも重要な農産物であった（『い』56・7・5）。両町村に共通する合併直後の時期であるということも、基地問題への対応過程で影響してくるが、この点については議論を進めていく過程で触れていきたい。

この鹿島地域をふくむ九十九里浜から鹿島灘に至る太平洋沿岸部には敗戦までに数多くの軍事施設が設置されていた[4]。鹿島地域に限っても、大規模な軍用地として、旧高松村と息栖村にまたがる「神之池海軍航空隊」、旧息栖・軽野村にかかる「内閣中央航空研究所」、旧若松村の「横須賀海軍爆撃試験場」の三つがあり、そのいずれもが戦後に解放され開拓地となっていた（神之池基地は高松開拓地、中央航空研究所は大野原開拓地として）。入植地では新規入植者と地元増反者が開拓を行い、それぞれに組合を結成していた[5]。

第一節　軍事基地と農業問題

（食糧自給を目指した時代）　人びとの「胃袋」の状態は、時代を性格付けるうえで重要な意味を持つ。一九五〇年代の日本を全体として見るならば、敗戦直後の危機的状況こそ脱したものの、食糧、とくに主食である米が絶対的に不足していた。再軍備がはじまった当初、一九五〇～五二年の時期には国民一人当たりの熱量摂取量は一九三二キロカロリーまで回復していたが、それでも一九三五～三七年平均の二六〇〇キロカロリーには遠く及ばず、主穀のレベルで輸入に依存しなければならなかった。結果、一九五二年には年間輸入総額の実に二二％を米麦が占めるという状態だったのである。[6]さらに、占領期には一応得ることができた対日援助としての食糧も独立により打ち切られることが見越された。[7]さらなる外貨の流出が、国民経済全体の自立を妨げかねない状況を打開するための方策として「総合的食料自給度強化」が農業政策の柱となり、食糧増産・自給は国家的目標とされたのである。一九五二年には、食糧増産推進法というかたちでの法制化こそならなかったものの、耕地の拡張・改良と耕種改善を中心とする「食糧増産第一次五カ年計画」が策定され、一〇年後に「おおむね食料の国内自給」を達成することが目指された。[8]財政的制約から五四年に修正された計画では幾分規模を縮小しているものの、やはりこの時期は一九六〇年代以後の貿易自由化の時代と対比して「戦後日本農業の歴史のなかで特筆すべき時期だった」といえるだろう。[9]

農地法の制定によって、農地改革を通じて築かれた自作農体制を維持しようとする方向性がはっきりと示されていたとはいえ、各地で頻発する激しい災害等による農地潰廃はなお問題となり続けていた。農業の側からすれば軍用地問題も、貴重な耕地を減少させる一要素だったのである。

（国会農林委員会での議論）　国レベルの農政において、基地問題はどのように取り扱われたのだろうか。国会に設けられた農林委員会では軍用地問題が、しばしば議論されていた。占領下では、米軍の演習地問題については、極めて制限された情報しか得られない中、戦前来の農民運動家たちが議席を得て、朝鮮戦争下の困難な時期であっても、強権的な土地接収への反対や基地被害を受ける農民への補償について国会で追及を行っていた。こうした論戦や、当事者団体による運動、そして先に述べた食糧増産という国策を背景に、政権全体としては保守政党のもとにあったにも関わらず、衆議院農林委員会でも「農耕地・開拓地の接収反対の総理大臣宛の申し送り」（一九五二年二月七日）が決議されていたことは注目に値するだろう。(10)

（農林省の動き）　こうした議会での動きとほぼ並行するかたちで（場合によっては先行して）、農林省による関係各省への働きかけもなされていた。農林省で作成されたこの問題に関する当該時期の行政文書は原則的に廃棄済とされており、その動向を再検証することはほとんど不可能であるが、文献を通じて、基地問題にどのような姿勢で関与していたかを知ることはできる。(11)以下に提示するのは、在日米軍用地に関連して農林次官から外務次官に対して「要望事項」として伝えられた省議決定事項（一九五二年一月二五日）である。在日米軍用地については講話条約発効以後、日米合同委員会にて協議されることになるが、その直前の時期になされた申入れである。

この「要望事項」は、一般的要望事項と特殊的要望事項からなっている．一般的要望事項として示されたのは、「調達は軍事上真にやむを得ざる場合に限定し、その対象および範囲の選定にあたっては農林水産業に与える損失を最小限に止めるよう考慮せられたい」という大まかなものである。(12)特殊的要望事項としてそれよりもやや詳細な記述があり、当時の農林省の姿勢を示すものとして重要なので、少し長くなるが引用しておく。

日本においては国土が狭小であって農業者は他に耕地を求めることが極めて困難であり、他の職業に転ずることも亦極めて困難であります。また食糧は著しく不足しているため多額の国費を投じて土地改良を実施し、増産のため努力しています。特に開拓地に入植している者、又は入植しようとしている者は概ね引揚者、戦災者又は農家の二三男等で殆ど無一物の者が多く、入植後は言語に絶する辛苦の結果漸くここに生活の根拠を築いているのであります。一方日本政府としてもこれらの土地を農地とするために必要な工事を実施し、道路橋梁等の建設工事費を投下し、或いは開墾補助金及び住宅補助金を公布し営農資金を融資する等多額の国費を投じ開拓の成果をあげるよう措置を講じている。

従ってかかる農地を調達されることは投下された多額の国費が無為に帰するのみならず、食糧の不足に拍車をかけることにもなり、特に農民の生活の根底を脅かすため農民に深刻な不安感を与えると共に政府に対する不満を起させることにもなりますので、極力農地以外に他の適当な土地を求め、原則として農地を調達されないよう要望する次第です。[13]

これは在日米軍用地についてのものであるが、予備隊（保安隊、自衛隊）用地についても農地局長から防衛庁長官に対して同様の趣旨の申入れが行われた。[14] 食糧問題と併せて、旧軍用地に入植した戦後開拓者たちの存在は、農林省の側においては小さくない問題であった。そして、自衛隊が用地を取得しようとする場合「あらかじめ農林省にその取得計画を説明し承認を得てから所有者と交渉し合意の上買収することになっている」というのが原則だった（しかし、実際には神之池基地闘争の事例のように、農林省の承認と所有者との交渉は順番が前後していたようである）。[15]

また、一九五四年度から三年間の計画で、政治経済研究所に対して農林省委託研究費が交付された「接収地の設定に伴う農山漁村諸構造の再編成に関する調査研究」も行われている。[16] 調査の目的として、補償基準・補償方法の適正合理化および関係農山漁村民の社会経済的地位の安定に資するということが掲げられている。

同調査報告書に収録されたデータから表5-1として示したのは一九五四年一一月迄の期間における日本における軍用地面積とその地目である。大半が山林・牧野であり農地の比率は高くはない。また、注目を要するのは農林省に要求された件数と合意に至った件数との関係である。米軍関係施設についてみれば、演習場は五五件中四二件、飛行場は三八件中三六件と高い合意の比率を示している。他方、自衛隊関係では五四年度では一五八件

表 5-1　軍用地の地目別面積（1954 年 11 月 24 日）　（単位：町，石）

		農地	山林	牧野	その他	計	件数	農地中耕作不能のもの	減収量（米換算）
米軍陸上演習場	合意	3,176	82,195	21,020	9,714	116,105	42	1,743	32,071
	保留	1,375	4,439	6,624	1,405	13,843	7		
	小計	4,551	86,634	27,644	11,119	129,948	49		
	〔要求〕					〔171,969〕	55		
米軍飛行場	合意	185	14		14,060	14,259	36	185	3,404
	〔要求〕					〔14,590〕	38		
自衛隊	承認	881	3,126	2,446	170	6,623	77	881	16,210
	審議中			地目別数値不明		24,597	72		
	小計				〃	31,220			
	〔申請〕					〔42,300〕	158		
総計		5,617	89,774		55,439	175,427		2,809	51,685

出典：農林大臣官房調査課『「接収地の設定に伴う農山漁村諸構造の再編成に関する調査研究」について』1955 年、6–7 頁。
注：農林省農地局入植課調べ。

中合意に至ったのは七七件であるとなっている。

もちろん米軍の場合には既成事実を引き継いでいる側面があるとはいえ、自衛隊用地という施設が、この当時、決して国レベルでも容易に設定できるものではなかったということが推察される。[17] とはいえ、その後の結果を見ると、一九五九年度までには防衛庁が農林省に承認を求めた一七一地区のうち、承認されたのが一三四地区と承認比率も高くなった。[18] しかし、すべてが防衛庁の要求通りにならなかったということと、一九五〇年代中ごろがせめぎ合いの時代であったということは言えるだろう。

（高度成長の時代へ）　このせめぎ合いが、現場に暮らす広範な人びとを巻き込む形で最も激しくなったのが、一九五五年以後の状況である。国側の認識を示す『官報資料』でも、このように記されている。「過去においても基地問題は内灘、妙義山問題等地元の反対運動のためけん伝されたことがあつたが、今日の飛行場拡張のごとく政治的、社会的、思想的に深刻な様相を呈したことはいまだかつてない」と。[19] 複数の社会問題が重なって、一つの焦点を作り出すということがある。農地全体から見れば軍用地として要求されたのはごく一部であり、軍用地の側から見ても、その最大は山林であり、農地・

牧野は半分にも及ばない。しかし、この両者が重なりあったところに、戦後という時代をかたちづくる人びとの重要な動きが生じていたのである。

第二節　労働組合の平和主義と基地闘争

朝鮮戦争の停戦後、一九五四年六月には防衛庁設置法と自衛隊法が公布され、陸・海・空の三軍方式で再軍備が本格化した。それと並行する米軍の大規模な「再編」を伴う冷戦構造の変容と、軍事技術の革新（プロペラ機に代わって登場したジェット戦闘機の本格的配備）とに起因する五つの米軍飛行場用地拡張（立川、新潟、木更津、小牧、横田）を中心として激しい基地反対運動が全国各地で起きた。

主に日米関係を中心として理解されるこの過程も、東アジアという視野で見てみれば、この時代は外国軍隊とその駐留をめぐって大きな動きがみられた時代である。やや羅列的になるが列挙してみると、一九五四年七月、ジュネーブ協定の成立によるフランス軍のインドシナ撤退から始まり、一九五五年四月にはインドネシアのバンドンで開催されたアジア＝アフリカ会議において平和十原則が採択され、五月の中ソ共同声明でソ連軍が旅順等を撤退することが明らかにされた。一九五六年七月に米副大統領はフィリピン大統領と共同声明を発表し、軍用地に関する統治権はフィリピン政府に帰属することを確認、一九四七年に締結された基地協定に修正を加えた。一九五七年五月には台北での駐留米兵による射殺事件（いわゆる「レイノルズ事件」）に対して反米暴動が起こり、大使館が占拠される事態に至った。一九五八年一月、中朝共同声明が発表され、朝鮮民主主義人民共和国における中国に帰属する軍隊が年内に完全撤退することが発表された。「平和」と「独立」、「反植民地」という理念が、大きな議論の軸となっていた。

日本における最終的な結果は「本土」における米軍基地の大幅縮小と自衛隊基地の拡充、沖縄の軍事基地化、そして日米両国の関係を再規定した一九六〇年の日米安保条約改定となって表れることになる。

（平和四原則と労働組合）　このころの基地反対闘争の展開には、労働組合が大きな役割を果たしている。そこで労働組合の動きを確認しておきたい。

一九五一年一月に日本社会党が第七回大会にて再軍備反対を決議し、ここにいわゆる「平和四原則」が確立された。全面講和・中立堅持・他国への軍事基地提供反対というそれ以前の「平和三原則」に加えて、自国の再軍備にも反対することが目指されたのである。さらに同年三月の日本労働組合総評議会（以下、総評）第二回大会でも行動綱領の第一一条として「四原則」が採択された。「ニワトリからアヒルへ」と呼ばれる、総評の路線転換の核となった。この転換は、講和条約に対する賛否とあわせて左右社会党の以後五年にわたる分裂につながったが、国鉄労組をはじめ各種の産業別単一労働組合でもその後「四原則」の決議が続き、日本における左派政党および労働組合運動の平和主義路線の確定という意味で非常に画期的な性格を有しているものである。

（茨城県労働組合連盟の動き）　茨城において、こうした平和主義的労働運動の中心的担い手は、茨城県労働組合連盟（以下、県労連）であった（一九四六年結成）。県労連は、総評の地方組織には未だなっていなかったものの、平和運動への取り組みは、一九五一年の「茨城平和推進国民会議」の結成や、憲法擁護県民連合の結成に向けた動き、活発化する原水爆禁止運動などに結実していた。しかし、再軍備問題で独自の取り組みは未だ本格化していなかった。

すでに一九五二年の大会において、基本目標の一項目として平和憲法擁護と再軍備反対を決定していたが、いよいよ県内各地で基地問題が激化する情勢を受けて、関係地元代表を招いて茨城県軍事基地反対連絡会議（以下、県基地対）を開催し、反対運動にひとつのまとまりをつくりだしたのが一九五五年の七月九日である。この当時、茨城県では神之池をはじめ友部、百里原、勝田と、同時多発的に基地問題が重大な問題化していた。総評というナショナル・センターのレベルでみれば、この年は「春闘」の開始された年であり、政治主義から経済重視への移行ということが言われている。しかし、茨城県の労働組合運動においてはまさにこの時期こそ、平和主義を個別具体的な地域へと根付かせてゆく、始まりの年であった。

県基地対には各地区代表とともに常東農民組織総協議会（以下、常東）、東茨城農民組織総協議会（後の茨城農民同盟）、社会党、日本共産党が集い、「平和と生活権を奪う基地設置に全面的に反対する」旨が決議された。[20]会合では神栖村が反対運動費一〇万円を予算に組んでいるという報告が注目を集めたほか、農民団体の側から「基地反対を思想問題や再軍備賛成、反対といったことにすぐ結びつけてはいけない。あくまでも切実な生活の問題として地元農民を中心にしてやっていきたい」といった声が多数寄せられた（『朝茨』7・10）。こうした声は全国的な枠組みである全国軍事基地反対連絡会議でも、地方の農民代表から寄せられていたものである。[21]

おれ達が基地反対闘争をするのは、土地がとられるからであり、生活できなくなるからなのだ。何も再軍備反対とか原爆基地がどうだとかいうことではない。だが労働者は村に入って来て軍事基地に反対しろ、反対しろといっておしつけてくる。平和のためとかなんとかいうが、こんな頭からのおしつけでは農民がそっぽを向くだけだ。労働者は基地反対といって赤旗をもって応援に来てくれるが、おれ達の生活のことを考えてくれない。おれ達の生業に対しては興味をもっていない。これでは困る。

なお、茨城県開拓者同盟は「軍事基地反対のための闘争には同調できない」「開拓地の接収にだけ反対する」としてこの動きから離脱し、別途茨城県開拓地接収反対総決起大会を開催、中央省庁との交渉に臨むなど独自の動きを開始した。[22]

（農村と労働組合の接触）　県開拓者同盟（当事者団体）の不参加という若干の変動がありつつも、七月二〇日には、県基地対の結成総会が開かれた。事務局長には、国鉄労働組合から廣瀬栄が就任した。県労連の中央執行副委員長と県基地対の事務局長を兼ねた廣瀬は当時の活動を記録したノート二冊（『議事録』『軍事基地反対会議』）を保管しており、以下ではその資料および聞き取りに依りつつ、労働組合の動向を確認してみたい。

神之池は反対運動の展開上、ここを許せば突破口になるとの判断から、さしあたっての中心地という位置づけで優先的に取り組まれることとなり、現地調査と地域の労働組合の組織化（「オルグ」）がさっそく目指された。県基地対に参加した地元代表からは、これまで住民は様々な外部の団体や共産党を嫌っていたが、闘争が深刻化するにつけ、共闘を真剣に考えだしていることが報告された。

地元で最初の総決起大会が開催される直前に実施された現地調査の結果、この段階では、東京電力労組鹿島営業所、電気通信産業労働組合潮来分会、茨城県教職員組合支部からは、反対はしているものの積極的には動けない、立ち上がるまで至らないという回答が寄せられる一方で、全逓信労働組合では各支部とも基地反対、県職員組合が一番積極的というように、労組ごとに濃淡があった[23]。こうした状況を反映してか、組織を作ってから行動に入ると失敗するので、「仕事」（＝運動）をしてそこから組織を作ることが目指された。

各労組の調整と併せて、鹿島町の泉川、神栖村の木崎という集落で地元農民との座談会も実施されている。そこでは、労働組合はどういう立場で基地闘争をやるのか、農民と労働者は利害が反すると言われているがどうか、教育は基地化された後の対策をどう立てているかなどが尋ねられるとともに、「組合の応援を頼む事は良いのだが金がかかるという心配がある」という懸念が地元民から示された。定期収入が無く、現金収入機会に乏しい農民であれば、当然の疑問であった。実際当時の農民組合の活動家は支援者の家に泊まり込み、渡り歩いて暮らすという方法で生活をしていた。この点について、県労連は総ての活動を自分たち自身で賄うことを確約した。労組においては当然のことであっても、認識の行き違いはあり、労組と農民は基礎的な所から話し合いをしていったのである。

他方、「足元に火がついて始めて労組等が考えていたことが正しいという事に気がついた」「国がやる事なのでいくら反対しても最後は駄目なのだという弱気さを個々がもっている、労組はよろしく力付けを頼む」との期待も寄せられた。座談会という会合形式は農村で活動する際に最も重視されており、映画会・観劇会の開催や、闘争ニュースの発行に併せて、この後一ヵ月で数十回にわたり各集落で場を設定し、繰り返し話し合いがもたれていた。

闘争が本格化するなかで、地元からは労組に対して組合旗の持ち込みに関連して「支援の理由書」を出してほしい、動員よりも世論喚起をやってほしい、支援団体の主導権争いをやめてくれなど、様々な訴えがあった。噂による動揺や、いくつもの行き違いを抱えつつも、県労連では組合員一人あたり一二円を目標にカンパを集め、運動継続の上で必要不可欠な財政的な支援も行った。その他、農繁期には労働組合の青年を募って援農活動を行うなど支援を積み重ねるなかで信頼関係を作り上げ、運動は持続されていった。労組と農民たちとの提携は「理念」だけで結び合ったわけではなかった。映画、演劇や「うたごえ」などの文化交流、デモの練習、縁側での地道な話し合いが繰り返されるなかで、少しずつ連帯の基礎が作り上げられていったのである。

(県議会の動き)　県レベルの労働組合・左派政党の動きに対応する県議会の動向も、地域の闘争を規定する要因として確認しておく必要がある。正式通達の直前、八月上旬の県議会では石川次夫(社会党)からの神之池基地に関する質問に対して、友末県知事は「関知いたしておりません」と回答していた。(24) その後、地元から県議会への要請が行われ(『毎茨』9・15夕)、県議会運営委員会で「軍事基地問題についての現地の声」を聴取するという意思表示の場が設定されると、地元の代表は一様に反対の声をあげた(『読茨』9・27)。さらにこの運営委員会翌日には、のちに新聞で「近来の大出来」と評されることになる、自由党県議団による知事に対する紛争回避督励(『毎茨』9・28、10・2)が出されるなど、闘争初期において県議会は重要な政治の場であった。(25)

反対運動が本格的に開始された直後の一〇月議会には、神之池基地反対闘争本部委員長青野敏夫を代表者とし、六一五六名もの署名を添えて、議会に対して基地設置反対を求める請願がなされている。[26] さらに請願の紹介者であり、県基地対の議長である久保三郎（社会党）からは基地問題について次のような追及がなされている。

　神の池《ママ》の地元においては御承知のように、この地域を含めて鹿島南部総合開発の一環として大きな土地改良が今日進められているが、もしもこの神の池《ママ》を中心に基地を設定されるならば、この種の施設がだめになってしまう。そうなればこれに関係する地方住民というものは今の貧困の姿をさらに続けねばならぬということであります。事業施行の責任者であるところの知事は、この鹿南総合開発に対して、この神の池《ママ》基地の問題にからんでどういうふうに考えておるか。

それに対して友末知事はこのように回答している。

　（基地設置に）協力するとかせぬとかの段階にならぬとはつきり（防衛庁関係者に）お答えを申し上げておきました。まだ地元の意向がはつきりしないということと、それからただ地元ばかりではなく、開拓地の問題につきましては農林省の意向もあるわけであります。中央の意向―防衛庁等の意向だけではだめだ、農林省の意向も合せて中央の意向にならなければだめだ、さような段階にある際に知事は協力できないということをはつきり申しておきました。（（　）内は引用者による）

そして用地買収交渉に際しては、町村議会など公式な団体に限って意見の交換をするべきで、直接に防衛庁が関係住民に折衝することは避けるべきであると事前に要請していたことを明かし、最後の結論としてこのように述べた。「従いまして鹿島南部地帯の総合開発、これは従来どおり極力推進をはかつて行くという考えでございます」[27]。一部の県選出国会議員による誘致運動への関与が噂されていたものの、県レベルでは公然と神之池に基地を作るべきという政治勢力は存在せず、議会での討論は、保革共に開発推進の路線で一致がみられたことを示している[28]。

ここで基地と対置されている総合開発とは、県の計画していた農業開発政策であった。『神栖町史』に収められている『県営鹿島南部農業水利事業解説書』をみると、そこに込められた理念、また農民に託されていた使命というものをうかがうことができる。

　我が国の農村が現在及び将来に負わされた任務は重大である。即ち国家の自立自衛の基を確立すると共に文化国家としての農村を建設しなければならない。之は必ず速かに実現せねばならない事である。我が鹿島南部水利事業は右の趣旨にそうべき重大な意義を有するものである。鹿島南部地方はすぐれた条件をそなえ文化農村建設に最も適しているので最短期間の調査計画によって此の様な大事業が起こされたのである。関係農家各自の自覚と相互協力とが強く期待されるゆえんである[29]。

国レベルの農業政策も具体化するのは地方である。そして、地方自治体の中でさまざまな計画が立案され取り組まれており、それが地域に暮らす人びとにとって自分たちの将来を決める重要な要素として自覚されるようになっていた。

労働組合は自らの平和主義路線に基づき農村の人びとと接触を開始した。そこには当初、農業問題は含まれていなかった。不信や確執もあったが、座談会や大会を共催するなどの経験を経て、地元の農民たちが重要視する開発への要求を汲み上げ、その平和主義に「肉付け」し、県レベルでの政治に反映させていったのであった。

第三節　村の闘争の始まり

一九五五年、鹿島町と神栖村にまたがる旧海軍神之池航空隊基地高松開拓地に海上自衛隊の対潜水艦哨戒機基地を設置する計画案が発覚したところから、神之池基地闘争が始まる。第三節から五節では、町村という自治体および基地反対闘争本部＝集落の集合体の動きを中心に、この闘争の過程を明らかにする。

正式通達以前の四月に、鹿島町町長及び助役らが自衛隊幹部と面会し、六月の予算決定を待って七月には用地買収開始、家族を含め三〇〇〇人（他の資料では四千人――筆者注）を駐屯させる計画であるということが説明された。この事実は五月末に町長から町議に正式に伝達された（『い』55・6・11）。こうした伝達がある前に噂としては地域に広がっていたのか、五月二八日には神栖村議会で基地設置反対決議があげられ、六月六日に鹿島町泉川部落で反対同盟が結成された。農業委員会、消防団、青年団、婦人会各層が反対に向けて動き出し、神栖村農業委員会は機関紙『神栖農業時報』で基地反対特集号を発行するなど積極的な動きを見せた[30]。

（動き出す農村）　正式な通達を待たず、六月上旬には鹿島町、神栖村からそれぞれ防衛庁へ最初の反対陳情を行っている。そして、七月一七日に鹿島町議会でも基地設置反対決議が全会一致で採択される。開拓地はようやく県の成功検査を通過したばかりの「入植者の生命線」であること、「平和な環境の下に発展を図りたい」ということが強調され、反対運動の予算も計上された[31]。すでに神栖村でも反対決議があげられていたため、両者が共闘するための連絡機関として、鹿島・神栖基地設置反対連絡会議が設置された。そこで改めて、「各種団体の援助は受けるがあくまでも農民の生活権を守るため自主的な反対運動を展開する」ことが確認されたのである（『い』55・7・21）。

（総決起大会）　八月一五日、防衛庁は農林省・茨城県および鹿島町・神栖村に対して、関東地区に海上自衛隊の対潜水艦哨戒機基地を一つ設置するという一九五五年度計画に基づき、旧海軍神之池基地跡に基地を設置することを決定したと通達した（『朝茨』8・16）。

当時、海上自衛隊が配備していた対潜水艦哨戒機はすでに旧式のものになりつつあったが、そこへ最新型といってよい大型対潜水艦哨戒攻撃機、ロッキードP2Vネプチューン（以下、P2V）が米国から供与されることとなったのである。[32] この正式通達を契機に地元の「土木・資材供給・土地ブローカー・交通・消費営業・サービス業」といった業者を中心として誘致の動きがみられることとなった（『い』8・17）。いち早く反応したのは神栖村基地反対同盟で、「全村民」反対署名活動が開始される（『い』8・22）。鹿島・神栖基地反対連絡協議会では、この神栖村基地反対同盟の方針に鹿島町が合流することを確認、その席上では砂川の状況報告も行われた（『い』8・23）。

防衛庁側と農民側の最初の接触は、早くもこの直後八月二四日に生じている。代表団五〇名がバスで上京し、防衛庁に陳情に行っているあいだに、現地を調査団が訪問、これに対して半鐘代わりの「酸素溶接用ボンベ」が打ち鳴らされたのを合図に約三〇〇名の地元農民が集まり、実力でその活動を阻止したのである（『い』8・26）[33]。くしくもこれは砂川でも拡張地の測量を行うため警官隊四〇〇名が出動し、農民と労働組合、学生団体八〇〇名によって測量が阻止されたのと同じ日であった。

最初の接触を経た九月六日には「神之池基地反対総決起大会」が開催された。雨の中、次の大会スローガンの下、一二〇〇名が集まった。

神之池基地絶対反対／土地と平和を守れ／爆音から子供の教育と療養者を守れ／基地より鹿南総合開発を／神都鹿島をパンパンの街にするな

鹿島・神栖基地反対連絡協議会を解消し、神之池基地反対闘争委員会（本部：泉川西光院）を設置することが決議された。この大会では砂川町から小林利美（砂川町議会議長、砂川町基地拡張反対同盟委員長）も参加し、アピールを述べた（『い』9・7）。反対闘争本部は鹿島六集落（泉川、泉川浜、国末、国末浜、長栖、粟生）、神栖二集落（居切、居切浜）、開拓から構成される。闘争本部には三名が常駐し、連絡担当が各集落から一名任命され、それに闘争委員、青年団、消防団、病院の代表が加えられた。[34] 闘争本部がその後の中心となるが、その構成からわかるとおり、開拓地のみならず、地元増反で当事者となる集落が核となり、当初は区長たちが指導的な役割を果たしていた。

大会直後に防衛庁から鹿島町に対して、交渉の申し入れがなされたが拒否されている（『い』9・13）。翌週にも重ねて防衛庁からの申し入れがあったがこれも鹿島町は拒否し、強い反対の意思が示されていた（『い』9・18）。

（防衛庁の説得）　このころ行われた、茨城県開拓者同盟による、農林省への申し入れは重要な意味をもったと思われる。県開拓者同盟は先に述べたように独自の反対運動を展開するとしていたが、中村信書記長は全日本開拓者連盟代表と共に農林省を訪れ、入植課長と交渉し、住民の多数が基地誘致に賛成しているという防衛庁から送られた文書が事実と相違する旨を伝えた。入植課長はそれに応じ、防衛庁へ公文書を返送することを約束したという。[35]

このことは、防衛庁側が改めて合意形成活動を強化するきっかけとなったと考えられる。九月二〇日、防衛庁係官は鹿島を訪れて、町立ち会いのもと開拓者たちに対して基地計画を説明しようとしたが、会場とした旅館の入り口を反対する青年たちが監視したため人が集まらず、不成功におわった（『毎茨』9・21）。かろうじて個人宅に場所を移して十数名と会見ができたが、二二日に鹿島町議会で計画を説明するために訪れた際には、反対派議員五人が退場し、残りの議員も一切発言をしなかったため、そのまま撤収したという（『朝茨』9・24）。この説得の間も村内各所に設置された半鐘や太鼓が鳴らされ、数百名の農民が、個別交渉をさせないように行動した（『朝茨』9・24）。神之池闘争においては、この農村青年たちによる徹底した監視と集団的行動という様式が当初より確立されている。

（「弾圧」事件と買収価格）

それでも防衛庁による説得は効果があったとみられ、町議会に動揺が起きる。一〇月四日の鹿島町議会では、先に行った反対決議を「取消」すべきという陳情書が七〇〇名以上の署名と共に提出され、一部の町会議員からも再議に付すべきだという声が上がった。これを議決するか否かをめぐり激しく紛糾したが、最終的に保留となった。[36] 一方、農民たちの結束はいよいよ固くなり、町役場で開催された防衛庁係官との面会には誰一人訪れる者がなかった（『毎茨』10・7）。その後、反対派町議を筆頭に町会議員一八名の署名を得て反対決議の維持の声明がだされているが（『い』10・20）、この経過は強固な誘致派と反対派を除く町会議員は、事態に対して流動的であったことを示している。

その後、防衛庁による現地折衝をめぐって起きた事件によって、動揺はさらに大きくなる。一〇月一八日、反対派町会議員の直接説得に来町していた防衛庁係官を行動隊員が発見、説得の対象となった議員の自宅を約四〇〇名が包囲する動きにでた。すでに係官たちはその場を離れていたが、地域内に張られた警戒線によって発見され、約二〇〇名が駆けつけて抗議を行った。係官が帰ったあとに、案内を担当していた誘致派開拓者が糾弾されるなかで負傷した、ということが事件化されたのである（『い』10・20）。

まず、この出来事をめぐり青年三名が「暴力行為等処罰に関する法律」（以下、暴処法）違反容疑で逮捕された（『毎茨』10・28）。事件直後に県議会では久保三郎により、茨城県警察本部長に対して「トラブル」を捉えて暴処法を適用し組織破壊につなげるなど「今までの警察の姿」ではなく「県民のための警察」という立場を堅持するようにと批判がされて、[37] 神栖村でも村内各団体から県刑事部長に対して警察権の関与をしないよう申し入れがなされるなど、[38] この事件は非常に大きな問題となった。

議会に限らず、農民も独自の対応を見せている。検挙後ただちに約一〇〇名の農民が鹿島署を訪問、署長と面会して釈放を求めている（『毎茨』10・28）。警察の度重なる否定にもかかわらず、これが政治的な弾圧であるという認識は反対する農民に共有された。運動の代表者だけでなく、家族も釈放を要求し、闘争本部では「例え第二の犠牲者が出ても関係部落民全員で家族を救助する」ことを決定（『い』10・29）、さらに各戸に防衛庁係官、誘致派の「立入禁止」の立て札がたてられ（『い』10・30）、警察の捜査に対する「証言拒否」が闘争本部より指示されたという（『朝茨』11・10）。これに対して警察も態度をさらに硬化させ、第二次検挙としてさらに三名が逮捕される（『い』11・12）。この第二次検挙後、警察発表によると数人が参考人として呼びだしに応じるようになったと言われているが、農民と警察のあいだに非常に強い緊張関係が芽生えていたことは確かだろう（『朝茨』11・12）[39]。

買収交渉を推し進めるために鹿島町内に常駐する防衛庁のジープが鹿島署の車庫におかれ、それを使って誘致派が活動をするといった状況が、地元の農民が警察による逮捕を弾圧ととらえる背景であった（『朝茨』11・22）。実際、本事件は公安調査庁の月報にも記載されているように、県警本部は「この事件を重視し、直ちに警備課指導のもとに捜査を開始」していたのであり、暴処法の適用という手法だけでなく、捜査の初期段階から政治的意図が介在していたことは否定できないだろう[40]。

検挙、起訴と続く流れの中で防衛庁建設部長は、畑地一反五万円、原野一反三万円という買収額を提示した（『朝茨』『毎茨』55・12・21）。入植者の場合は平均二町歩の割当面積を全て畑地であると仮定すると、総額一〇〇万円となり、増反者は平均四反程度とされるから二〇万円程度である。『世界農林業センサス』によると一九六〇年においても鹿島・神栖ともに年間の農産物販売価額一〇万円以下の農家戸数が四〇％を超えていた。将来についての具体的な計算の間で人びとは揺れ動いていたと思われる。

（分裂の危機）　反対闘争は常に一枚岩であったわけではなく、激しい路線争いを含んでいた。県基地対とは別に、内田一鹿島町長と常東中央常任委員の主催で神之池基地反対鹿行共同対策会議という会合が開催されたことがその現れである。この会合では、「神之池の被害は鹿島、行方全域である」と位置付けて、鹿島および隣接する行方両郡下の町村代表、農業委員、教育委員、青年団、婦人会などから代表二〇〇名を集めたという（『い』55・10・1）。これに対して、県基地対からは統一行動を乱すものとして、常東に申し入れがなされることになった（『い』10・2）。

常東が組織していた地元の農民懇話会による分析では、開拓地内に滑走路など国有地が残存していることが基地設置を誘発しているのであり、これを払い下げなければならないというものであった[41]。しかし農民懇話会は自分たちの払下げ要求に対して入植者、増反者から反対陳情がなされていることを知り、「開拓者の利益をまもるために反対闘争をしてきたのに払下運動を妨害するのはもってのほかだ。今後われわれは基地反対運動からも手を引く」といったと報じられ，反対闘争本部に派遣していた役人全員の辞任が報じられている（『朝茨』10・26）。防風林の解放を要求する地元農民と、薪炭採草地として残したい開拓民の潜在的対立が基地問題を契機に顕在化したといえる[42]。「分裂」の噂も飛び交い、運動は激しく揺れ動く中で継続されていた。詳しい経緯は判然としないが、反対闘争本部と常東の間にはその後も何らかの軋轢が残っていたようである[43]。

（誘致活動）　地元で活発化したのは基地反対の動きだけではなく、誘致活動も展開された。誘致派も全く一枚岩ではなかった。簡潔に整理しておくと、誘致に動いていたのは次の三つのグループであった。

①開拓者　開拓農民のなかで誘致に向けて積極的に動いたのはごくわずかであったが重要な役割を果たしている。当初、基地問題対策委員会として結成され、一九五六年一月には鹿島航空基地条件闘争本部として再編された（『い』56・1・27）。この条件闘争本部が、現地調査の受入調整を担ったようである（『い』56・2・22）。

②商工観光業者　鹿島町および北浦を挟んで向かい合う潮来町の旅館業関係者、観光協会により結成された神之池基地設置対策協議会がある。一九五五年一二月に鹿島町の商工会会長を会長として設立されたこの会は防衛庁との折衝などを積極的に行っていた（『い』55・11・28）。「歓迎自衛隊、われわれは国へ絶対協力する」「われわれは基地設置に絶対賛成する」という幟を掲げて中央への陳情も行い（『い』55・12・8）、風船二万戸、パンフ一万部を使った宣伝活動を行うなど資金力も豊富であった[44]。

③右翼団体プラス地元町会議員　メディアで大きく取り上げられたのは、右翼団体とされる水戸学研究会が鹿

島町内に国防対策本部を設置したことである。この団体は「義公、烈公の水戸精神を発揚し国策に協力して、現地で反対闘争を指導している日共などの過激分子と対抗し、防衛庁側と地元農民との話し合いの斡旋を図る」ことを、地元の町会議員らとともに掲げた（『い』55・11・21）。そのビラによって主張を見てみれば、「国際謀略の魔の手がみなさんの周辺にひしひしと迫って」おり、そうした「政争の具に供されてはならない」、「真の平和を求めて「砂川町の二の舞になる愚を極力さけ」ようと人びとに呼び掛けるものであった[45]。

分立する誘致運動では幾度か合流への調整がなされはしたものの、商工会員を中心とする誘致運動は、国防対策本部とは絶対合流できないと主張していた（『い』56・2・2）。また、誘致派開拓農民に対して防衛庁係官が間接的に働きかけることで、国防対策本部との連携を阻んでいるという批判も出るなど、その動向は複雑であった（『朝茨』56・2・6）。①は開拓営農に限界を感じた立場、②は農業以外の経済活動を重視した立場である。③はやや複雑で、イデオロギー面を一端度外視して、その担い手である町会議員の議会での発言をみると、自分たちこそが誰も協力しないなか、先頭に立って戦後に軍用地を開拓地として解放させたのだという自負もうかがえる[46]。後に、この国防対策本部は鹿島航空基地対策本部へと改組し、町議会議員の多数を組織する。そこでは町長が本部長に就任し、積極的に誘致へと動き出すことになるのである[47]。思想や利害得失・親戚関係など様々な要素が集団化の要因となっていたが、反対派の側は、誘致に動く開拓民を「惰農」とし、誘致派を全体として商工関係者として農民の未来に敵対する存在として捉えていた。

（「主体」の外と内）　流動的な情勢はさまざまな主体の活動を促した。年末には、甘藷加工業である澱粉業者も基地反対を表明した（『い』55・12・12）。このころまでに、甘藷価格をめぐる闘争によって鹿島地方でも農民と澱粉業者は激しく対立するようになっていたが、基地設置による農地そのものの喪失を前に、共闘することとなった。さらに県の農政担当者も参加する茨城県農業会議でも、神之池基地設置反対を全員一致で決議し、次のような内容の決議文を県知事、防衛庁に送付することとなった（『読茨』1・7）。

商工業、観光業者など農地に関係ない者は防衛庁の基地設置に賛成しているが、鹿島、神栖の農民は反対している。特に八年間にわたり砂丘地を開墾、既成農家をしのぐ生産を挙げるまでになった入植農家の反対は強い。農民の代表である農業会議としては基地設置に反対することが正しいと思う（『い』56・1・7）。

食糧の生産者＝農民であるという立場は、軍事基地設置に対抗し、異なる社会的集団を繋いでゆく理念でもあった。運動の外延的広がりは内部の規律の強化に影響するのだろうか、基地問題の当事者である高松開拓組合では先の「弾圧」事件の契機となった人をリーダーとする基地誘致派を、無記名投票にて開拓組合から除名し「村八分」「組合八分」にしたのである。(48) この動きは問題として新聞各紙で大きく報じられ、のちに町助役が人権蹂躙として告発へ動いており（『い』2・22）、水戸地方法務局麻生支局でも、この八世帯五九名を対象とする、支局長すら「全くはじめて」というほど大規模な「村八分」の調査に乗り出したと報じられているが（『毎茨』2・24）、その結末は不明である。支援者ですら過剰ではないかと懸念するところまで、徹底的に結束が固められた（廣瀬氏談）。聞き取りをする中でも、五〇年経った現在でもこの村八分の記憶は人びとの印象に残っていることが窺われた。こうした農民たちの行動様式にも、「戦後民主主義」の歴史過程が一様に理解できるものではないということが示されている。

第四節　議会と住民の分裂

（基地設置に「反対しない」決議）　年が明けて一月一一日、鹿島・神栖両町村の婦人会員一〇〇名は防衛庁へ陳情に訪れ、防衛庁長官に「われわれは土地と子供を守るために、婦人の立場から計画の変更を要求する」と要求を行い、その後庁内の廊下、階段、玄関前といたるところで自分たちで作詞・作曲した「農地防衛の歌」を合唱した（『い』56・1・12）。一農村の女性たちが積極的に運動の前面にでてくるようになり、閣僚に対して直接要求を行うという、いかなる戦前の農民運動とも異なる様式がここに成立している。強まる運動を警戒したのか、防衛庁係官から接収予定面積の縮小、つまり強硬な反対派（泉川・居切集落）の関係する土地を除外して、二月下旬に測量を開始する方針が明らかにされた（『い』1・18）。そして、真意を確認するべくおとずれた鹿島町代表に対して、年度内に絶対に着工することを言明したのである（『い』1・20）。

この言明が決め手になったのか、一月二一日、鹿島町議会はついに基地設置に「反対しない」と議決を行った。国防対策本部にも関与していた小林光道議員ほか一七名により提出された動議に対し、強い反対意見が出されたが、「緊急を要する」との議長判断により、地方自治法第一一五条一項に規定された、議事を非公開とする「秘密会」の開催が告げられた。議場は騒然となり、書記にすら議論がしばしば聞き取れなくなるほどであった。

傍聴に集まった農民約一〇〇名は「我々の死活問題を秘密会議で議決するのは納得できない」として一時間にわたり抗議したが、武装警官隊二個分隊二四人が動員され全員が排除された（『い』1・23）。それでも窓越しに抗議の声は議場に響いていた。「農民の福利」「新憲法の意味」「土地収用法の適用可否」「共に反対する神栖村との関係」等、幾多の論点が提出されて議論は続き、議長は休憩と再開を繰り返した。最終的に深夜に入って午後一一時四五分に一五名（出席議員は二四名）の賛成を得て可決され、議会は閉じられた[49]。その緊急動議の要旨は次のようなものである。

鹿島町議会は昨年七月十七日、基地設置反対を決議した。当時開拓農民の生活を守るための反対をしたが、その後の情勢の推移は我々の反対が貫徹出来ないところまで進展し国でも国土防衛上、神之池基地を必要とし地元農民と話合いにより解決を希望するが最悪の場合は土地収用法の発動も辞さぬとの決意が判明した。かかる最悪の窮状に追いこまれた今日、関係農民は最良の条件で最大の補償を獲得することが不可能となり我々の反対決議がかえってわざわいをなし農民を困窮に落し入れる。鹿島町議会が国会の決議を取り消す権能はない。我々は反対すれば有利になると考えたことは水泡に帰した。町議会の地元農民への義務、即ち使命は当局に対して最大限の補償を要望し地元農民の補償を確保することだと信ずる。町は反対、賛成の二つに別れて紛争を続け、基地関係者の大多数も当局に対して了解の意を表現している。この二つの実情を見て善処し、鹿島町永遠の平和と地元農民の利益のため動議を提出した（『い』56・1・23）。

この議会の動きに対して泉川集落では「我々の選んだ議員が我々の気持ちを少しもくんでくれない」として鹿島町から分町し神栖村に合併することや行政訴訟すら議論された（『い』『読茨』1・23）。ほかに、こうした反対取り消しの動きが「旧鹿島町の商工業者が議員たちをまるめ」たものであり、「これに屈服すれば、将来町の行政は旧鹿島町中心」になるとの懸念も示された（『朝茨』1・26）。町村合併からわずか一年、「町議会に見放された」という経験の積み重ねが、後の町政変革につながってゆくのである[50]。

鹿島町議会の「反対しない」決議により、闘争は、年度内に予想される防衛庁の測量調査にいかに立ち向かうかという段階にいたった。これを受けた反対闘争本部の会議には一五〇名の地元民が集い、立入り測量の実力阻止という方針が確認された（『読茨』1・26）。他方で条件派の動きも具体化し、条件闘争本部は反当りの補償金一〇万円という要求を発表している（『い』1・27）。

防衛庁は鹿島町長、県知事、県農地部に協力を依頼しはじめ（『い』2・15）、その直後、鹿島町町会議員協議会は誘致運動を進める方針を協議している（『い』2・17）。着々と町議会との協調に成功する防衛庁側にたいし、地域の住民をより強固に組織化し、防衛庁によりつくりあげられる「同意」に反駁するため、反対闘争本部でも委任状あつめを開始し（『い』2・22）、即座に委任状が増反農家の当事者三三一戸のうち三一四戸に到達したと発表している（『い』2・27）。そして三月一日、茨城県知事、県警察本部長、鹿島警察署、鹿島町長あてに防衛庁より三月中旬に国有地測量、四月上旬に民有地を測量するとの「協力要請状」が到着した（『読茨』3・17）。

（祭頭祭の分裂）　基地闘争を通じた地域社会秩序の変容をあらわす象徴的事件は、伝統的な祭礼に現れた（『い』3・2）。「棒祭」として知られる鹿島神宮の祭頭祭は鹿島神宮の重要な行事であり、「南郷」「北郷」合計九〇集落からそれぞれから前年に卜定された集落（「左方」「右方」）が神事の担い手となるが[51]、その「右方」と定められた神栖村の木崎が祭頭祭当番を常会の多数による決定によって返上したのだった。区長のコメントを報じた記事によれば「なぜ祭を受けないかは表明できないように部落できめてある」とのことで、あくまでも公的には「種々の事情」とのみされていたが（『読茨』3・2）、地元紙、全国紙地方版ともにだいたい下記のような見方を示している。

木崎部落は戸数わずか三十余の小部落でしかも費用は最小五十万円、各戸二万円づつという莫大な費用がかかる。返上した理由は「この冗費を節約し率先して生活改善を行う」というもので神宮側の度重なる説得にもはねつけたが神之池基地問題に積極的に誘致策を講じている鹿島町商工会がこのお祭りで莫大な利益をあげるということに対する基地誘致反対派のレジスタンスというのが返上の底流だといわれる（『い』56・3・2）。

結局この問題は神栖村の区長と神宮委員が代行することでかろうじて祭礼が実施されることで決着したが、基地闘争をめぐって地域に生じた社会的対抗は、地域秩序のシンボルであった祭礼をそのままでは成り立たせないほど強いものがあった。また、そこで「生活改善運動」の論理が持ち出されていることも注目に値するだろう。こうした過程をへて、地域社会における旧来の秩序は、そこに生きる人びととの痛みと試行錯誤を伴いつつ変容をとげていった。

反対する集落が離脱する一方で、この鹿島神宮祭頭祭において、基地完成の結果配備される予定で、日本に到

（写真上）1956年4月16日の総決起大会後のデモ行進。若い女性が先頭に立つ。母親たちは子どもの手を引いて参加している。
（写真下左）飛行場跡地遠景。（写真下右）闘争本部の様子。
出典：連合茨城所蔵。

着したばかりのP2Vのデモンストレーション飛行が行われたことも、このとき祭礼が帯びた政治性を明確に示すものであった（『い』3・3）。

（総決起大会へ）　反対闘争本部は着々と測量実力阻止の方針を具体化していった。行動指揮者のもと、関係九集落が各々組織された（『い』3・14）。さらに労働組合活動家、各地の基地反対関係議員が現地訪問をし、経験を交換するなど動きが活発化した（『い』3・18）。三月三〇日には神栖村議員は基地反対を再確認し、反対運動対策費二万円の支出も確認した[52]。

年度末までに絶対に着工すると述べた防衛庁であったが、調査を行うための調整段階で難航していた。というのも国有地の立ち入り調査には農林省の許可を要するが、防衛庁は未だにその申請を出していなかった。出せない理由は条件派が過半数に達しないためであると報じられている（『い』3・29）。

結局そのまま年度を越え、防衛庁は事前の測量調査を行わずに、直ちに所有権者との価格折衝に入ると声明を出した。これに対し反対派は、防衛庁が調査を回避したのは、条件派の提出した承諾書の中には「口頭承諾受理」などという信用できない資料が多いからだとして批判している（『い』4・9）。

測量実力阻止の体制も決定したことを踏まえ（『い』4・11）、四月一六日に神之池基地反対総決起大会が、反対闘争本部・全国軍事基地対策委員会・県基地対の共催で開催された。国会議員をはじめとして、半年後に再び機動隊による強制測量と向き合うことになる砂川町からは、「土地に杭は打たれても、心に杭は打たれない」という言葉を残した青木市五郎行動隊長が参加している（『朝茨』4・17）。報じられているところの大会宣言要旨は次のようなものである。

鹿島、神栖の農民は戦時中、神之池基地設置のため田畑山林を取上げられた苦しみと、飛行場がつくられてから次々に起った不幸な出来事を今日なおまざまざと思いうかべるものである。防衛庁は鹿島南部に対し、大がかりな軍事基地設置を計画し、神之池基地設置を第一に取上げその実現をはかろうとしている。これに対して昨年七月以来示された反対闘争により防衛庁は他の基地設置に見られる強制測量を前面に振りかざす単純な接収方式を改め、陰に陽に策動し足並みを崩し、現地農民を孤立させ、力の弱まったところを待って一挙に強制測量を行い、反対闘争を弾圧しようとする露骨な意図を示している。本大会で鹿島、行方はじめ全県下の農民労組民主団体の提携を強め、農民の生命である土地を力で取上げようとするものには力をもって守りぬく決意を新たにした（『朝茨』56・4・17）。

この総決起大会では、「闘争初期の総けつ起大会にくらべて基地反対のたすきをかけた婦人男女青年などの参加がかなり増えたことが目をひいた」といわれる（『い』4・17）。七〇〇名以上が参加したこの集いからも、闘争を通じた地域住民の変容の一端がうかがえる。若者と女性という、当時、社会教育政策等を通じてムラを変える担い手とされた層が、ムラを新たに担う主体として、はっきりと登場し始めていたのである。

この段階においても、町村代表者のあいだでは折衝が続けられている。神栖村代表は波崎町、鹿島町を訪れて共に反対する呼びかけを行っている。しかし、国防対策本部のメンバーでもあった鹿島町議会副議長から「入植者は開拓地だけでは生活困難で入植者を助ける為に賛成しているのだ。入植者の中にも賛成者は相当あると思う」といわれるなど、合意形成は容易なものではなかった（『い』4・29）。この頃、鹿島町内に回覧された内田町長による「町民の皆様に」という文書を見ても、防衛庁が計画を「絶対変更しない」と述べており「最早や、打つべき手段なく」「町民の大多数は賛成に傾」いてしまったとの認識が示されている。「何処までも話合によってこの難問題を処理いたし度い」との見解は、町長として議会でも絶えず主張していたことであったが、事態はいよいよ対立を深めていた[53]。

（基地誘致決議：鹿島町）　そして、五月二七日、鹿島町議会はついに基地誘致を決議した。町議会内に設置されていた反対対策委員会の委員長であった給前議員が、立場上採決に加わることができないとして退場したほか、反対七名の挙手を以て賛成多数として議決された[54]。この議決を受け、六月一日、町長を本部長とする鹿島航空基地設置対策本部が設置され、いよいよ町による正式な誘致運動が開始されるのである（『い』6・4）。

これまで共に歩んできた鹿島町、神栖村の両町村代表が鹿島神宮で討議をしたが合意には至らなかった（『い』6・7）。町議会の動きに対し、後に町長となる黒沢義次郎ほか二人の町議は友末県知事への議会決議無効、執行停止を求める訴願を行っている（『い』6・17）。しかし、それも功を奏さず防衛庁「鹿島駐在事務所」が鹿島町に新設され、いよいよ基地建設への動きが本格化するのである（『い』6・22）。

反対闘争本部では，防衛庁通達のあった八月一五日に一周年平和祭を開催するなど方針を協議したが、そこでは参議院選挙後、町による誘致活動が強硬な態度に出てくることが予想されていた（『い』7・7）。

最終的に、一周年平和祭は八月二〇日開催という決定とともに、原水爆禁止世界大会に代表を派遣することも決定されている（『い』7・23）。これまで防衛庁が行っていた説得工作は、いよいよ町内部へと移行し、基地設置対策本部による説得工作が開始される。反対闘争本部でも半鐘を鳴らして集団でこれに対抗している（『い』8・3）。五五年の基地設置案発覚以来、町と反対する農民たちは反対の立場をかろうじて共有してきたが、ついに対決は具体的に地域内部の問題となった。三月の鹿島神宮祭頭祭をめぐる亀裂は、こうした事態の予兆であったかのようである。

八月六日、原水爆禁止世界大会に出席する地元代表者の見送りをかねて、闘争本部の旗を先頭にした一〇〇名以上が内田町長自宅を訪れ公開質問状を提出、三時間以上の交渉を行った（『鹿島新聞』一四・一五号、56・8・19）。町の政治は、すでに大きく揺らぎだしていた。

（最後の実力阻止）　九月、神之池に常駐する防衛庁係官により国有地の骨格測量が開始された。栗生集落で突如実施された調査に対し、反対する農民約三〇〇名が行動し、その調査は実力で阻止された。報道にあるようにそれは「新段階」を意味した。反対運動本部では、「農繁期につけこんだ挑発行為《ママ》を徹底的に抗議し測量の真意を質そう」と決定（『い』9・12）。いつ行われるかわからない測量に対抗するため、望遠鏡と半鐘を備えた監視所が設けられ、厳戒態勢がとられた（『読茨』9・14）。そして、全責任を負うと述べた山中副委員長によって「承諾者の土地測量を阻止することは慎むが一歩でも反対派農民の土地に入ったら財産権の侵害として徹底的につるしあげろ」という、最終的な指示がなされる（『い』9・14）。

この反対運動本部の動きに対して、防衛庁側も「長い次日《ママ》をかけても絶対あきらめない」と強硬な姿勢を崩さなかったが（『読茨』9・28）、実際には現地の体制は強化され「骨格測量を実施したのはマイナスだった」という評価が防衛庁側でもなされていたようである[55]。神栖村村議会では防衛庁鹿島駐在官に「立ち入り禁止通告書」を手渡し、近日中に農林省にも「国有地の立入り測量に同意しないよう」に地元農民の署名を添えて陳情を行う予定をたてている（『い』9・28）。

この一〇月には砂川で第二次測量が行われ、地元住民・支援者が警官隊と激突し双方に多数の犠牲を出した様子は、あらゆるメディアで報じられた。神之池基地反対闘争本部からも、砂川支援のため区長など代表五〇名で激励団を編成し上京、併せて防衛庁と農林省に陳情を行った(『い』10・5)。砂川のたたかいはメディアの報道と具体的な交流を通じてたしかに神之池基地闘争とも結合していた。

物理的衝突もありうるという緊張感が高まるなか、大きな事故が起きている。一〇月二六日、神栖村の海岸側にある知手浜集落に米軍ジェット機が墜落し、農業を営む一人の青年が重傷を負ったのである(『い』10・27)。翌年の報道によると、五六年秋には防衛庁の現地駐在員が東京に撤収したとあり(『い』57・8・30)、先の調査失敗に併せて、この事故ともなんらかの関係があった可能性もある。

こうした状況のなか、反対闘争本部は一一月九日に拡大闘争委員会を開催。一、今後は労組などの革新勢力だけでなく保守派へも呼びかけ幅広い闘争を行う。二、全日本開拓者連盟の仲介で行われる農林省で開催される「防衛庁、農林省、地元民との三者会談」に代表を派遣するという二点が決定された(『い』11・12)。

村のなかで若者と女性という新たな担い手が立ち上がってくるのと並行して、闘争の外延は着々と拡大していた。一一月二四日、県労連主催の「生活と権利と国土を守る県民中央大会」でも賃金要求などに並んで「神之池百里原の基地設置に反対しよう」という項目がスローガンに掲げられた(『い』11・25)。また、全国基地反対連絡会議への代表者派遣、また青年集会の男女九〇人が行方郡のコーラス団一〇〇名の応援をうけて、「生活と権利と国土を守る大会」に参加し、二日目の「沖縄―砂川―神之池を結ぶ集い」に出場することが決められた(『い』11・29)。この集いのタイトルにも、このころの鹿島地域が基地問題を通じておかれた社会的な広がりが示されている。

第五節　闘争の終わりと村の変容

神之池基地闘争が最も激化したのはこの一九五六年だった。五七年になると、その動きを報じる記事もめっきり減少し、かわって関係農家の大半が土地売却へと動きだした百里原基地問題が大きく取り上げられるようになる。『いはらき』紙上でも神之池基地問題は「賛成、反対両派とも鳴りをひそめにらみ合いの状態が続いている」といわれていた（『い』1・18）。防衛庁事務官の発表で基地関係者の七割が同意したと唐突に報じられはしたものの、「内半分は口頭承諾者」という状態では、五五年以来の闘争を知るものには事態が進展しているとは思えなかったであろう。しかし防衛庁係官の調査・説得活動は間歇的に続けられていたようである（『い』57・4・18、『い』57・8・30）。現地でも農繁期における防衛庁からの「切り崩し」を警戒し、『神之池基地反対闘争概要』というパンフレットを全国に二〇〇部発送した（『読茨』4・12）。

情勢は確実に変わりつつあった。二月中旬に参議院内閣委員会から派遣された国会議員が、茨城県選出の参議院議員、森元治郎（社会党）の案内で現地調査として訪問し、その結果は三月の内閣委員会で報告された[56]。そこでは当初、防衛庁としては百里原より土地買収が容易であると考えていた鹿島であったが、実際には反対が強固であることから、内閣委員の意見としては、百里原については「基地設置はやむを得ない」が、神之池については「現段階においては（略）百里ケ原と同様には取り扱い得ない事情」であると困難さを認めているのである。

さらに基地やむなしと言われた百里原でもこの直後、県政にも大きな影響をもった基地誘致派の小川町長幡谷仙三郎がリコールされ、新たな町長選挙で県史上初の女性町長であり基地反対派の山西きよが当選するということが起きている。基地問題を契機に生じた人びとの動きが地域の社会秩序を流動化させつつあったのである。

八月二〇日には神之池反対闘争二周年記念祭が開催された。地元青年団、婦人会員らによる演芸などが催され、各地からの支援者八〇名、地元民千余名が参加した。そこでは「防衛庁はなりをひそめているが一種の冷却作戦とみるべきだ。さらに士気を奮い起こして闘争を推し進めよう」と宣言された（『い』8・21）。実際、防衛庁は昨秋以来撤収していた係官を再び現地に駐在させる動きをみせていた（『い』8・30）。

（議会での決着：神栖村）

こうした基地問題は鹿島・神栖の両町村で明確なかたちで終わりを迎えている。それぞれの動向を確認しておこう。神栖村で事態が動き出したのは一九五七年一一月、深芝集落から突如大野原地区への基地誘致の運動が起こったのである（『新いばらき』11・10）。反対闘争本部では、防衛庁側が沈黙していることから、当初これをブローカーによる偶発的な動きであると分析していたようである（『い』12・11）しかし、その後に会議を開き、この動きには防衛庁とのつながりがあると断定、大野原における反対の動きと共闘か統一闘争かを決定することが予定された（『い』12・14）。この年末の神栖村議会では一議員から、役場玄関にかかっている航空基地反対の看板を取り外してもらいたい、基地反対についても条件闘争に切り替えてもらいたいという動議が出されると、複数の議員が賛同し、塩害対策に看板を切り替えてほしいとの声も出るなど、鎮静化していた神之池基地問題が新たな展開を見せはじめた。議長の判断でこの動議は保留とされたが、翌年にはさらに大きな動きとなって現れてくるのである[57]。

一九五八年二月六日、神栖村議会で突如一一名の村会議員（総数二四名）によって「神之池基地設置反対決議取消の件」という議案が出され、議場は大混乱に陥った。地方自治体として国の事務を引き受けておきながら国策に反対するのはおかしい、国策に従わなければ神栖村が発展しない、神之池はそもそも鹿島町の問題だ等の様々な理由が提起され、それに対して強硬な反対がなされた。一日の議論では収集がつかず、翌日に延期された議会へは約五〇〇名の傍聴者が参集し、賛成・反対両派の代表により妥結案が提示されることになった。そこで、「反対決議取り消し」議案は保留、ただし神栖村役場、前息栖支所に掲示されている神之池航空基地設置反対同盟本部の看板は撤去するという案で合意がなされた[58]。これまで一貫して反対を貫いてきた神栖村議会もついに動き出したのである。

このタイミングで二月二三日、農林省から防衛庁に「開拓政策に重大支障」があるとして「神之池地区は基地用地に賛成できない」と正式に通達がなされたのである（『い』2・24）[59]。一九五五年八月の承認申請から、すでに二年半が経過していた。従来の記述では、この農林省通達を以て神之池基地問題が終わったとされているが、実際に鹿島地域の基地問題が完全に収束した時期はその半年以上あとのことである。三月末には大野原基地反対総決起大会が開催され、一五〇〇名が結集し、反対同盟が新たに準備された[60]。それから半年が過ぎた九月、村会議員五名から改めて基地反対決議を取り消す議案が村議会に再び提出された。議会議事録に添付された趣旨文によると、当時神栖地域の農業に大きな被害を与えていた塩害問題について、地元住民の中には県・国から適切な助成が得られないのは神栖村議会が基地反対決議をあげているからだという声があり議員として無視できない、それゆえ基地反対決議を撤回するべきだと主張されている[61]。ここでもやはり問題は農業であった。このようなかたちで大野原基地誘致問題が再燃したが、翌日に会議を再開し、結局「1、村の平和を考えて本案を撤回する　2、以後この件に関しては今後提案しない」という案で妥結した。強い反対を訴え続けてきた議員からは、「以後旧神之池飛行場関係の提案は絶対受付けない様又提案しない様願って賛成」という発言がなされ、提案者からも正式に議案の撤回が請求された[62]。この時点をもって、神栖村での基地問題はついに収束したといえるのである。

（村長選挙での決着：鹿島町）　鹿島町の場合には、一九六〇年代以後の時代へとつながっていく、ある意味で鹿島地域において決定的となる大きな変容がおこる。すでに基地闘争のさなか一九五七年五月には「保守の牙城」と呼ばれた鹿島郡教育会長に、茨教組の指導的立場にあり、県労連中央委員も務めたことがある猿田勘寿が当選したことにもその変化の徴候は現れていた（『い』5・19）。

地域社会の変化を決定的に示したのは、一九五八年一〇月一〇日に基地反対派の町議黒沢義次郎（五一歳）が現職の内田一に「町政刷新」を掲げて圧倒的な勝利をおさめたことである（『い』59・9・19）。黒沢は戦前より橘孝

表 5-2　鹿島町の首長選挙候補者と得票数（単位：票）

	候補者				有権者(人)	投票数	投票率(%)
1954年10月15日	内田一 3,603	石上留次郎 1,030			8,784	4,143	47.20
1958年10月10日	黒沢義次郎 4,794	内田一 2,854	内山安正 121	小田俊与 8	9,118	7,825	85.82

出典：『いはらき』1954年10月17日、1958年10月12日。

三郎の愛郷塾と関係をもち、戦時期に翼賛壮年団鹿島支部長を務めるなどし、一九四七年の全県一区の国政選挙に立候補・落選したのち追放されていたが、追放解除後に町議会議員に当選、町土木部長を務めつつ基地設置反対派の議員として一貫して活動していた。町議会全体として誘致を決議する頃になると、直接関係する集落選出議員以外で反対の立場を鮮明にしていたのは黒沢だけであった。

黒沢は戦後になって左翼に転向した人物というわけでは全くなく、橘との関係を戦後も持続していた天皇主義的農本主義者であったが、しかし、基地闘争に際しては他集落から選出された議員たちが次々と誘致を容認するなかで、最後まで村のためを主張して基地に反対し続けたのである。

そうした経緯があり、この町長選挙は神之池基地闘争の総括として位置づけられた(63)。町村合併後初の選挙であった一九五四年の選挙に比べて人びとの投票行動が大きく変容していることに着目したい。投票直前の立会演説会において、すでに参加者が約五〇〇名（高松会場）、一〇〇〇名（鹿島会場）となるなど、町政をめぐる意識が変化していたことは明らかであった（『い』10・7）。

そして投票率は基地闘争を経ることで四七％から八五％へと四〇ポイント近い飛躍的な上昇をみたのである（表5-2）。五四年の町長選挙においては、保守と革新という対立軸は一応存在したものの、それは町民の関心を集めたとは言えなかった（『い』54・10・17）。そしてこの基地問題で誘致の側に立つ（誘致に失敗する）ということがなければ、一九四七年以来町長の座にあり、鹿島郡の町村会会長や茨城県町村長会の政務調査会長も務めた内田が新人に惨敗するということは、ほとんどあり得なかったことのように思われる（事実、この後二度の敗北を経て、一九七〇年の町長選挙で内田は再び勝利する）。

選挙運動の担い手となったのは、基地反対闘争を支えた旧高松村の六集落を中心とした部落統一選挙対策委員会であり、青年たちは「愛町青年同志会」を結成し、手弁当で選挙運動に取り組んだ。社会党員、共産党鹿島町細胞も黒沢支持のために動いた。[64] 基地に反対し、新しい町政を求めた青年たちは、自分たちの地域で公正な選挙を実現するため、選挙の二日前から不正防止のため、各々の集落の入り口でかがり火をたいて買収の監視行動を行った。[65] 基地問題の過程で、議会と住民との間に生じた溝は深く、争点は町全体の将来をめぐるものへと拡張されていった。こうして鹿島町政は大きく変容することになるのである。

このころ、県政全体をみても興農政治連盟（一九五八年一二月五日結成）が、瓜連町町長・茨城県農協青年連盟顧問の岩上二郎を知事候補として推薦し、この動きに県労連・社会党も合流し、四選を目指した現職の友末洋治に一九五九年四月の選挙で勝利をおさめた。「農民政治力結集運動」と呼ばれる農協関係者の政治参加によって福島、宮城、滋賀ですでに知事選挙に勝利する流れが生まれていたが、そうした動きと結びついたものであった。[66] 農業の未来を焦点として、一九五〇年代の地方政治が争われていたといってよい。これは、功刀俊洋が「労農提携型知事選挙」として、都道府県知事選挙を対象に一つの政治の型を析出していることと重なるものであると思われる。[67]

そしてこの二年後、掘込港湾プラス鉄鋼・石油化学コンビナート建設を中核とする鹿島大規模開発が、「農工両全」を掲げる岩上知事の指導のもとに県政の重要な課題となる。当初は開発を支持していた黒沢町長が、その手続き面での不備に対して決定的に批判を強めて大規模開発に反対する「愛町運動」を組織した一九六四年頃から、再び鹿島町政は地域開発の是非を巡って政治的に厳しい対立の時代を迎えることになるのである。

神栖村村長選挙では、当初から一貫して基地反対の立場を代表し、鹿島南部土地改良事業の理事長も兼任していた城之内村長の続投が決まり（塩害・洪水対策としての常陸川水門（いわゆる逆水門）[68]の建設と鹿島南部水利事業の実施、開拓・干拓を通じた入植という方向性が目指されていた）、その後の鹿島開発の受入・推進の過程も、城之内村長のもとで進められていった。鹿島・神栖の議会には基地誘致派だった議員も存在したが、首長レベルでは、基地反対の立場にたった存在だけが選ばれることとなったのである。

この農村の政治を代表する町村長たちは決して「革新」であったわけではない。革新勢力も支持をしていたが、その政治的核心は農業中心の将来像を人びとに提示したことにあったように思われる。青年達の取り組みのように個の自発性に支えられた部分もあると同時に、実質的な部落推薦制という、伝統的な集団性に支えられた部分もある。「五五年体制」という言葉すらない時代、それは「保守」の内実が未だ定まらない時代であった。人びとは激しい闘争を経て政治の枠組みを作り上げていったのであり、この時代に農民・農村が「保守化」したというときには、農民たちが、何を求め、何と闘ったのかを見なければ、十分に把握することはできないということを、鹿島の歴史は示唆している。

おわりに

一九五〇年代、日本の再軍備において軍用地問題は非常に大きな政治問題となった。この間、さまざまな研究がその過程を明らかにしてきたが、同時代の農業問題との関わりについては研究の対象となってこなかった。反対闘争が激化した事例においては、農林省も転用許可を出していた事例が多かったから、防衛庁と農林省との間に生じた摩擦が見えにくかったということも一因であろう。しかし、転用の承認というかたちで基地問題に関与した、農地局を中心とする農林省の動向は、基地問題を総合的に分析する際に、重要な要因であったということを改めて確認しておきたい。

実際には、この時代、食糧増産は防衛力の強化とならび重要な国家の目標であり、基地建設予定地とされた場所でも撤回となった事例も少なくない。このプロセスのすべてを国家の巧妙な「戦略」であったと把握するよりは、限られた資源の利用をめぐる統治権力内部にすら及ぶ相克という面を見ることが、時代の個性を考察するうえで重要ではないだろうか。敗戦直後の食糧不足による統治全体の危機から一〇年余りの時期、資源という概念と、食糧が密接に結びついていたことの時代的意味は過小評価されるべきではない（資源調査会報告『明日の日本と資源』[69]）。

こうした相克は、必ずしも機能分化という官僚制の一般的性質のみから由来するのではなく、戦争経験と敗戦後の緊急開拓政策という歴史、および地域に暮らし、実際に農業を営む人びとの意志と行動が重要な役割を果たしていた。鹿島の場合は町議会が誘致決議をするに至ったにも関わらず、最終的には買収ができなかったのであり、他の地域の誘致活動と比較することができれば、よりこの当時の地域の政治状況が明らかになるだろう[70]。さまざまな地域で同時に起こっていた基地問題を全国的に繋ぎあわせるうえで、平和主義的労働組合運動は重要な役割を果たしていた。そして、生活の維持と向上を目指す地域の農村に暮らす人びとと、平和主義を選択した労働組合が、異なる立場で接触し、行動を共に作り上げていく中で、双方が変容していったのである。農村の側で培われた平和への意志や、原水禁運動や青年団運動に見られる国際的な広がりすらもつ平和運動の展開について、本章ではほとんど触れることができなかったため、この双方の変化という点については十分には展開できなかった。また、農業問題という視点を強調するあまり、闘争で重要な役割を果たした結核療養者・療養施設関係者の動きに全く言及できなかった。

一九五〇年代に軍用地と農地とのあいだで土地利用を巡って生じた問題をみると、人がそこに暮らしているということの社会的な「重み」が、軍事的な土地収用が極めて容易であった戦前の体制と、決定的に異なるということが改めて明らかになる。農地改革を通じて、各人が所有権者になり、自己の経営の当事者になっていたこともこの闘争の基礎になっていただろうが、強靭な結合力を持つ集落の存在も重要であった。闘争の全体を通じて、集落単位での座談会や学習会、文化行事が集団性に強い影響を与えていることは述べたが、集落という結合が、このころどのように運営・維持されていたかについては、稿を改めて議論したい。

軍事面についていえば、最終的に、神之池に配備される予定であったＰ２Ｖは青森県八戸基地、鹿児島県の鹿屋に配備される。Ｐ２Ｖが関東地区に配備されるのは、一九六〇年代になって八戸から千葉県下総基地に部隊が移転したころになってのことである。[71] 時間的な前後関係と、同じ茨城県の事例であることから、神之池から百里へ土地買収の対象が移行したと言われることもあるが、航空自衛隊基地と海上自衛隊基地に託された機能は別であるから、区分して考えた方が良いように思う。各地域に配分された軍事的機能の意味についてはさらに研究する必要がある。

このように、本章は数多くの不十分な点や未検討の部分が残されているが、批判をいただき、資料収集を通じてより分厚い記述を目指していきたい。

比較史を掲げる本書において、本章では比較の視座をほとんど提起できなかった。筆者の調査範囲の限界もあるが、そもそも自国軍隊の基地設置に、広範な反対が起こるというケースが、稀であるということもある（法的強制手段＝土地収用法を用いず、あくまで買収交渉によって基地用地を確保したという意味でも稀であろう）。二〇一一年以来、隣国韓国では済州島に建設が計画される海軍基地に対して自然保護等の観点から史上初と言われる反対運動が起きている。地域の自然環境が、普遍的に保護されるべき「自然」として対象化されている点などは一九五〇年代にはあり得なかったことであり、対抗する側の主張にも大きな時代の変化が見て取れる。土地が豊富にある場合には、こうした基地用地に関する問題も起こりにくいのかもしれないが、世界各地で民主化が進み、人びとの暮らしの基盤が一つの土地に築かれるとき、様々なかたちで軍事化に抗する運動がおこってくるだろう（他方でイスラエルによる軍事占領地帯にみられるように、「入植地」の建設がさらなる地域軍事化の呼び水となるケースもある)。その意味でこの戦後日本の経験も、未来に書かれるであろう比較史の素材となるのではないだろうか。

注

(1) 明田川融『沖縄基地問題の歴史』みすず書房、二〇〇八年。荒川章二『軍用地と都市・民衆』山川出版社、二〇〇七年が近代以来の軍用地問題研究の展開を整理している。ほかに中野良「「軍隊と地域」研究の成果と展望」『季刊戦争責任研究』四五号、二〇〇四年も論点が整理されており有益である。

(2) 森脇孝広「軍事基地反対闘争と村の変容」『年報日本現代史』一一号、二〇〇六年。

(3) 鹿島町史編さん委員会『鹿島町史　第五巻』鹿嶋市、一九九七年、神栖町史編さん委員会『神栖町史』神栖町、一九八九年、鹿島開発史編纂委員会『鹿島開発史』茨城県企画部県央・鹿行振興課、一九九〇年。菅谷務『近代茨城の自画像―鹿島地域からのまなざし―』文真堂、二〇〇四年、特に第六章「戦後の神栖地域―開拓と基地化への動き―」の部分。また、同時代に基地反対闘争にも関与しながらなされた研究として潮見俊隆『農村と基地の法社会学』岩波書店、一九六〇年にも神之池の事例について言及がある(二四六~二五二頁)。

(4) 詳しくは、防衛庁防衛研修所戦史室『戦史叢書　本土決戦準備1　関東の防衛』朝雲新聞社、一九七一年が参考になる。

(5) 農地局『開拓組合別建設、入植営農状況』未定稿、一九五八年、頁番号なし(東京農地事務局管内の一四頁)。神之池基地は旧軍用地部分が一九四七年および四九年に大蔵省財産に所管替され、これにあわせて民有地が一九四~五〇年に買収され、一九四七年以後入植が開始されたという。『第二六回国会参議院内閣委員会会議録第五号』、一九五七年三月五日、一九頁。

(6) 『官報資料』三三号、一九五四年一〇月二九日、三頁。

(7) 後には米国における外交政策としての対外食糧援助と、日本との相互防衛援助協定とが結びついたことで〔農産物購入協定に基づく〕支援を受けることになるのであるが、少なくとも講和直後においてはこうした危機感が存在した。国会農林委員会(一九五二年一二月三日)での渡部伍良農林官房長官の発言を参照。

(8) 山下粛郎「食糧増産第一次五カ年計画の概要」『農地』一二号、一九五二年。

(9) この段落の記述は、個別に注で示したもののほかは、暉峻衆三編『日本の農業150年』有斐閣、二〇〇三年、一五二~一五九頁を参照した。

(10) この決議に基づいて「駐留軍ノ用ニ供スル土地等ノ損失補償等要綱」が一九五二年七月四日に閣議決定され、報道されたことから各地で基地誘致運動が台頭してきたという開拓者同盟の指摘は重要である。茨城県開拓十年史編集委員会『茨城県開拓十年史』茨城県開拓十周年祭委員会、一九五五年、二七五～二七六頁。

(11) 筆者は二〇一一年七月、二〇一二年八月に当該時期の軍用地問題と農政の関係について農林水産省に情報公開請求を行ったが、いずれの結果も、保存期間を経過しており保有していないため不開示というものであった。

(12) 農林大臣官房弘報課『1953年版　農林水産年鑑』日本農村調査会、一九五三年、一五二頁。法律の面で関連するのは、国有財産法及び農地法である。この点について関係省庁は当初見解を異にしていたが、一九五四年に一応の合意に到達したとのことである。農林大臣官房調査課『昭和29年度　農林省年報』日本農村調査会、一九五五年、二一七頁。

(13) 前掲農林大臣官房弘報課、一五二～一五三頁。

(14) 前掲農林大臣官房弘報課、一五三頁。

(15) 農林大臣官房総務課『昭和30年度　農林省年報』日本農村調査会、一九五五年、二四三頁。

(16) 農林大臣官房調査課『「接収地の設定に伴う農山漁村諸構造の再編成に関する調査研究」について』一九五五年。見解として示されているのは、あくまで受託団体である政治経済研究所によるものである。

(17) 米軍の要求施設については、保留中のものも日米合同委員会の折衝で決定されるため、「従来の経緯から推せば、結局、合意の成立をみるものが大部分であろう」と分析されている。前掲書、四頁。また、米軍の陸上演習場の要求については、一九五三年から五四年にかけて要求地区数四、面積六三四五町歩の増加を示しており、米軍の拡張意欲がなお継続していることが指摘されている。前掲書、三頁。こうした傾向も、一九五五年以後には変化してゆく。林博史『米軍基地の歴史』吉川弘文館、二〇一二年、一〇二～一一〇頁。

(18) 農林大臣官房総務課『昭和34年度　農林省年報』日本農村調査会、一九六一年、二五〇頁。

(19) 『官報資料』五五号、一九五五年一〇月一日、一頁。

(20) 加盟団体は、県労連、左派社会党、茨城平和委員会、小川町基地反対連絡会議、珂北農民同盟、労農党茨城地方本部、社会党茨城県連、共産党茨城県委員会、常東農民組織総協議会、東茨城農民組織協議会、神之池基地反対闘争本部、救難艇設置反対会議（大洗）であった。茨城県軍事基地反対連絡会議『情報』一号、一九五五年九月一四日、大原社会問題研究所『全国軍事基地反対闘争資料一九五五』所収。

(21)『基地情報』一号、全国軍事基地反対連絡会議、一九五五年七月二七日、前掲大原社研資料所収。

(22)報道だけでは開拓者団体の動きがわかりにくいが、全日本開拓者連盟では、一九五一年九月の全国開拓者大会にて開拓地接収問題を取り上げて以来、「開拓地接収に対する基本的態度」を決定して接収反対運動に取り組んでいたことが背景にある。予備隊(自衛隊)関係だけあげれば、次のようなものであった。一、農地、開拓地は原則として使用しない事。二、現地交渉(現地部隊、県を含む)をさけて中央交渉とする事。三、直接被害は勿論、間接被害(人畜に及ぼす精神的被害を含む)によって生ずる損害をも補償する事。四、現農地法によると、農地及び開拓地を農業以外の目的に使用せんとする時は、農林大臣の承認を必要とするので、現地契約だけでは違法になり、従って現地のみにて契約中のもので一時契約の期限は勿論其の他の条件も更新しないこと(農地法制定は一九五二年のことなので、ある程度の期間を経てこの「基本的態度」も決定されたのだと思われる)。前掲茨城県開拓十年史編集委員会、二七五頁。

(23)全逓は地元総決起大会後に開催された地本大会で神之池基地反対闘争支援を決議したり(『毎茨』9・14)、その後も学習会をひらくなど積極的に地域闘争に参加した。

(24)茨城県議会『昭和三十年(八月)第三回茨城県議会臨時会会議録』、第二号、一九五五年八月一〇日、茨城県議会事務局所蔵、一一二頁。

(25)この後、自由党は県議員総会において基地問題についてしばらく静観の態度をとることを申し合わせたとのことである(『毎茨』10・7)。

(26)茨城県議会『昭和三十年(十月)第二回茨城県議会定例会会議録』、第三号、一九五五年一〇月一五日、茨城県議会事務局所蔵の請願・陳情「受付番号　184」。

(27)茨城県議会『昭和三十年(十月)第二回茨城県議会定例会会議録』、第五号、一九五五年一〇月二〇日、茨城県議会事務局所蔵、久保と友末の応答については二二七～二四〇頁を参照。

(28)県レベルでの動向は各都道府県によって異なる。態度を明確にしなかった茨城県と異なり、大分県の場合は県レベルでの誘致・反対という決定が個々になされていた様子である。大分県総務部総務課『大分県史　現代篇I』大分県、一九九〇年、五四～五九頁。

(29) 前掲神栖町史編さん委員会、七五〇〜七五一頁。

(30) 神之池基地反対闘争本部（ビラ）「神之池航空基地反対闘争資料」、『全国軍事基地反対闘争資料一九五五』、前掲大原社研資料所収。

(31) 鹿島町議会『鹿島町議会第三回定例会会議録』、一九五五年七月一七日、鹿嶋市議会事務局所蔵。

(32) 防衛庁自衛隊十年史編集委員会『自衛隊十年史』防衛庁、一九六一年、二三四頁。ジェット戦闘機に並んで、潜水艦技術の革新もこのころの軍事上重要な要素であった。原子力潜水艦「ノーチラス」が一九五四年九月に就役し、一九五五年初めには潜水中の潜水艦から弾道ミサイルを打ち上げる兵器開発に着手するまでになっていた。アイゼンハワー、ドワイト『アイゼンハワー回顧録Ⅰ』みすず書房、一九六五年、四〇八〜四〇九頁。

(33) 茨城県労連史編纂委員会編『茨城労働運動三十年史』茨城県労働組合連盟、一九七七年二八三頁。半鐘ではなく酸素溶接用ボンベであったというのは、江戸喬「神之池基地」『新日本文学』一一巻八号、一九五六年、一四二頁による。

(34) 只松祐治『基地No.1〔ノート〕』国立国会図書館憲政資料室所蔵、只松祐治関係文書より。

(35) 前掲茨城県開拓十年史編集委員会、二七八〜二七九頁および『い』55・9・12。

(36) 鹿島町議会『鹿島町議会第四回定例会会議録』一九五五年一〇月四日、鹿嶋市議会事務局所蔵。

(37) 茨城県議会『昭和三十年（十月）第二回茨城県議会定例会会議録』五号、一九五五年一〇月二〇日、二二八〜二二九頁。

(38) 神栖村議会「議員協議会要領」一九五五年一一月九日、『昭和三十一年　会議録綴』。

(39) その後は出頭するが証言を拒否するなどの抵抗が続けられていた模様（『朝茨』11・14）。県労連からは証人喚問拒否はプラスにならないとの申し入れがなされていることからも、こうした行動は地元により自主的に決められていたことがうかがわれる（『朝茨』11・15）。

(40) 『公安調査月報』四巻一二号、一九五五年、三八〜三九頁（堀幸雄『中央学院大学所蔵　初期「公安調査月報」復刻版』三巻、二〇〇七年、三六二〜三六三頁）。

(41) 高松農民懇話会、息栖農民懇話会「声明書」一九五五年一〇月二二日、神山義雄常東資料所収。

(42) 薪炭採草地をめぐる争いは激しい。鹿島町農委は鹿島開拓農協と鹿島町土地解放促進期成同盟による未墾地解放要求を否決した。農業経営に、薪炭採草地が絶対に不可欠であるとの判断からであったという（『い』56・4・1）。常東の本部はこうした

(43) 農民懇話会の役員辞任について一切連絡がなく「デマ宣伝」であるとして退けている(『朝茨』55・10・26)。記事に掲載された佐久間弘書記局員のコメントを参照。

(44) 一九五六年四月に開催された総決起大会を前に、常東から合同開催の申し入れがなされたが、断られるということもあったようである。常東の書記である柴田友秋は新聞取材に対して、闘争本部は常東のことを「誘致派と思っている。反対運動は広い地域の農民の問題としてやっていかなければダメだ。あれでは本部は身が細るばかりだ」とコメントした(『朝茨』4・8)。

(45) 『神之池基地反対闘争一周年記念祭プログラム』の「闘争経過一覧」参照。日本社会党国民運動局旧蔵資料、国会図書館憲政資料室所蔵。

(46) 国防対策促進本部「平和運動大会見聞記」只松文書所収。

(47) 「鹿島町議会第四回定例会会議録」一九五五年一〇月四日。確かに国防対策本部に関与した議員は、かつて常東農民組合の旧高松村における幹部でもあったことから、未墾地解放運動を担ったことは事実であろうと推察される。『常東農民組織総協議会めいぼ』神山義雄常東資料所収。

(48) 『い』56・2・8、2・19。こうして町議会の多数を組織しても、最終的には商工会系との合流は見送られた(『い』56・2・26)。

(49) 武藤泰詮「神之池軍事基地調査報告書」、旧日本社会党国民運動部旧蔵資料所収。

(50) 以上二段落の記述は鹿島町議会『昭和三十一年第一回鹿島町議会定例会会議録』一九五六年一月二一日、鹿嶋市議会事務局所蔵、参照。

(51) カッコ内の発言は反対闘争本部議員の一人によるもの(『読茨』56・1・23)。

(52) 鹿島神宮社務所編『新鹿島神宮誌』鹿島神宮社務所、一九九五年、三三一～三三五頁を参照。

(53) 「神栖村議員全員協議会議事録」一九五六年三月三〇日『昭和三一年三月　会議録綴』神栖市議会事務局所蔵

(54) 内田一「町民の皆様に」前掲日本社会党国民運動部旧蔵資料所収。

(55) 『昭和三十一年鹿島町議会第二回臨時会会議録』一九五六年五月二七日。

(56) 前掲茨城県労連史編纂委員会編、三二五頁。

『第二六回国会参議員内閣委員会会議録第五号』一九五七年三月五日。

(57)「神栖村第四回定例会会議録」一九五七年一二月二〇日『昭和三一年三月　会議録綴』神栖市議会事務局所蔵。
(58) この段落の記述は一九五八年二月六日、七日の村議会議事録を参照した。「神栖村議会第一回臨時議会会議録」『昭和三三年会議録綴』神栖市議会事務局所蔵。
(59) 当時の農相は茨城県選出の赤木宗徳であった。農地局では、一九五七年末に防衛庁に対して高松開拓地の取得不可を通知していたとされている。農林大臣官房総務課『昭和32年度農林省年報』日本農村調査会、一九五八年、二二二頁。
(60)「大野原基地反対総決起大会参加要請について」、ビラ、一九五八年三月一七日、及び大野原基地反対総決起大会「決議文」一九五八年三月二五日と社会党基地対・全国基地対宛の茨城県基地対名義の現地聞き取りメモ。前掲日本社会党国民運動局旧蔵資料。
(61) 一九五八年九月一八日の議事録を参照。「神栖村議会第三回定例会議録」『昭和三三年　会議録綴』神栖市議会事務局所蔵。
(62) 前掲会議録所収、九月一九日の議事録より。
(63) もちろん選挙スローガンとしては汚職・暴力の追放、税金の減免、国庫補助金・助成金の増額、町長交際費・報酬の引き下げ等による町費の節約という経済的な課題も掲げられていた。『農村青年同盟』鹿島地区版、一号、一九六〇年、一頁、および『新いばらき』一九五八年一〇月一二日より。
(64)『新いばらき』一九五八年一〇月一二日より。
(65) 笹沼汎氏への聞き取りによる。その後、黒沢町政はたとえば羽仁五郎『都市の論理』勁草書房、一九六八年においても独裁町政・自治体腐敗の典型として取りあげられるが、その誕生の過程がいかに地域におけるたたかいと結びついていたかはこれまでほとんど明らかではなかった。
(66) 興農政治連盟の幹部であった小島英雄自身が宮城県の県政刷新連盟に学んだとしている。サンケイ新聞水戸支局編『土と炎と』鶴屋書店、一九七五年、三二一頁。
(67) 功刀俊洋『戦後型地方政治の成立』勁草書房、二〇〇五年。功刀の分析は一九五一年―六三年の全国各地における社会党・野党連合勝利型の知事選挙を幅広く論じているが、この茨城県知事選挙についても同書(一一四～一一九頁)で取上げている。
(68) 以前より利根川洪水時の逆流に鹿島南部は苦しめられていたが、一九五六年頃になると、北浦、外波逆浦、常陸利根川の水位が干天により低下し、そこへ海水が遡上することによる塩害が激しくなり、もはや農業用水として利用不可能な状態になっていたという。『神栖村建設基礎調査書』（一九五九年）、前掲鹿島開発史編纂委員会、二九頁。一九五八年五月から七月にかけての利根川水系の異常渇水による深刻な塩害を契機として塩害対策農民総決起大会がひらかれ、関係町村では、常陸川逆水門設置促進同盟が組織された。この工事は一九五九年に着工し、一九六三年に完成。その後、水門の開閉をめぐり漁業民との間で対立がおこり、さらにこの工事により貯水池化した霞ヶ浦は鹿島開発のための工業用水源を構成することとなったという点で一九六〇年代以後の地域史においてきわめて重要な意味を持つ施設である。前掲鹿島開発史編纂委員会、二九〜三〇頁。

(69) 総理府資源調査会事務局『明日の日本と資源』ダイヤモンド社、一九五三年。

(70) 自衛隊の誘致活動は各地で展開されたが、個別の研究としては少ない。岡田知弘「農村リゾートと複合的発展」中村剛治朗編『基本ケースで学ぶ地域経済学』有斐閣、二〇〇八年は、由布院地域の長期的な発展過程を検討したものであるが、そこでは神之池基地闘争とほぼ同時代に、青年団、農業団体、商工団体が一致して自衛隊の誘致に取り組んだ事例が紹介されている。このほか、上野裕久『農山村と家族の法社会学』法律文化社、一九八一年も岡山県についての研究を含んでいる。

(71) 水野民雄「海上自衛隊P2V-7、P-2J運用史」『世界の傑作機　ロッキードP2V／川崎P-2J』文林堂、一九九五年、五二〜五四頁。

参考文献

アイゼンハワー、ドワイト『アイゼンハワー回顧録I』みすず書房、一九六五年。

明田川融『沖縄基地問題の歴史』みすず書房、二〇〇八年。

荒川章二『軍用地と都市・民衆』吉川弘文館、二〇〇七年。

同　『日本の歴史16　豊かさへの渇望』小学館、二〇〇九年。

雨宮昭一『戦時戦後体制論』岩波書店、一九九七年。

五十嵐仁編『「戦後革新勢力」の奔流』大月書店、二〇一一年。

茨城県開拓十年史編集委員会編『茨城県開拓十年史』茨城県開拓十周年祭委員会、一九五五年。

茨城県労連史編纂委員会編『茨城労働運動三十年史』茨城県労働組合連盟、一九七七年。

茨城大学地域総合研究所編『鹿島開発』古今書院、一九七四年。

上野裕久『農山村と家族の法社会学』法律文化社、一九八一年。

潮見俊隆『農村と基地の法社会学』岩波書店、一九六〇年。

江戸喬「神之池基地」『新日本文学』第一一巻第八号、一九五六年。

大串潤児「占領期における東富士演習場問題の展開」『裾野市史研究』第九号、一九九七年。

大和田正広編『茨城を語る』常野文献社、二〇〇〇年。

岡田知弘「農村リゾートと複合的発展」中村剛治朗編『基本ケースで学ぶ地域経済学』有斐閣、二〇〇八年。

鹿島神宮社務所編『新鹿島神宮誌』鹿島神宮社務所、一九九五年。

鹿島町史編さん委員会編『鹿島町史第五巻』鹿嶋市、一九九七年。

鹿島開発史編纂委員会編『鹿島開発史』茨城県企画部鹿行開発課、一九八七年。

神栖町史編さん委員会『神栖町史』神栖町、一九八九年。

功刀俊洋『戦後型地方政治の成立』勁草書房、二〇〇五年。

古関彰一『基地百里—開拓農民と百里基地闘争—』汐文社、一九七七年。

佐久間弘『鹿島巨大開発』御茶の水書房、一九七六年。

サンケイ新聞水戸支局編『土と炎と』鶴屋書店、一九七五年。

清水洋二「都市化と農村の変貌」石井寛治・原朗・武田晴人編『日本経済史　5　高度成長期』東京大学出版会、二〇一〇年。

萱谷務『近代茨城の自画像—鹿島地域からのまなざし—』文真堂、二〇〇四年。

千田夏光『砂のつぶやき』新日本出版社、一九八二年。

武田晴人『高度成長』岩波書店、二〇〇八年。

暉峻衆三編『日本の農業150年』有斐閣、二〇〇三年。

中岡哲郎『コンビナートの労働と社会』平凡社、一九七四年。

永田恵十郎編著『空っ風農業の構造』日本経済評論社、一九八五年。

中野良「「軍隊と地域」研究の成果と展望」『季刊戦争責任研究』第四五号、二〇〇四年。

林博史『米軍基地の歴史』吉川弘文館、二〇一二年。

福島在行「「内灘闘争」と抵抗の〈声〉」広川禎秀・山田敬男編『戦後社会運動史論』大月書店、二〇〇六年。

防衛庁自衛隊十年史編集委員会『自衛隊十年史』防衛庁、一九六一年。

防衛庁防衛研修所戦史室『戦史叢書　本土決戦準備1　関東の防衛』朝雲新聞社、一九七一年。

松田圭介「一九五〇年代の反基地闘争とナショナリズム」『年報日本現代史』第一二号、二〇〇七年。

森武麿編『1950年代と地域社会―神奈川県小田原地域を対象として―』現代史料出版、二〇〇九年。

森脇孝広「軍事基地反対闘争と村の変容」『年報日本現代史』第一一号、二〇〇六年。

第Ⅱ部　ドイツ・アメリカ

第六章　「第三帝国」の農業・食糧政策と農業資源開発

―戦時ドイツ食糧アウタルキー政策の実態―

足立芳宏

（上）：「農場巡回 Hofbegehung」の様子
（下）：生乳供出のための乳量検査の様子（右は検査官）
　独ソ戦開始後、戦時ナチ政権は、農民経営への直接管理を強めた。本章第一節二②を参照。

出典（上）Clauß, W., Die deutschen Landwirtschaft, Bericht über die Landwirtschaft, NF. 148 Sonderheft, Berlin 1939, S. 75;（下）Tillmann, D., Landfrauen in Schleswig-Holstein 1930–1950, Heide 2006, S. 124.

はじめに

第二次大戦時の「ドイツ国内《アルトライヒ》」(1)の食糧事情については、第一次世界大戦末期の飢餓とドイツ革命というトラウマを背景に、ナチ政権が食糧政策を最重要課題と位置づけたことが、折に触れて強調されてきた。しかもこの食糧政策の「成功」神話は、単にナチ同調者の自己正当化の言説に限られたものではなく、かつて広く同時代に生きた人々の経験にもとづく集団的な記憶であったといってよい。例えば戦時の食糧政策を論じた一九八〇年代執筆のフォルクマンによる論文の冒頭でも、高速道路《アウトーバーン》建設にともなう失業の回復とならんで、戦時の食糧確保がナチ国家体制の肯定的側面として語られてきたことが指摘されている(2)。

しかし、この戦時食糧政策の「成功」は、単にナチズムの問題に限定されるものではなく、より広義の空間的・時間的な文脈においても論じられている。その代表的な研究者として、戦時・戦後の西欧経済史研究の泰斗であるミルワードがあげられよう。一九八二年、ブダペストで開催された国際経済史学会のおりに、その分科会において「第二次大戦における農業と食糧」と題するシンポジウムがもたれた。その報告内容が後に同名の書物として出版されているが、その序論において編集者の一人であるミルワードが、第二次大戦が二十世紀の世界農業史に与えた重大な影響に関して、比較史的な視点から論じているのである(3)。そのさい、われわれの研究との関わりで興味深いのは、彼が主として西欧と日本・アジアの戦時農業政策を「成功」例と「失敗」例としてきわめて対照的に描き出していること、さらに戦時の欧米の食糧増産政策こそが、戦後西欧の農業保護に基づく増産政策の起点として理解されている点である。戦時ナチ食糧政策の「成功」評価の認識が、こうした議論の前提の一つとなっているのは間違いない(4)。

ミルワードはイギリスの著名な経済史家であるが、現代西ドイツ史学においてナチ期の農業・食糧政策史に関する研究を代表する業績としては、コルニとギーズの手による共著『パン・バター・大砲―ヒトラー独裁下における食糧経済―』（一九九七年）がまっ先にあげられなければならない。(5) この書物においても、少なくともソ連が東《オスト》プロイセンに進攻する一九四四年夏時点までについては、ドイツ国内において食糧供給が維持された事実が指摘されている。そこでは、冷戦期のイデオロギー的な立場からナチズムに過度に厳しい旧東独のマルクス主義史家レーマンの戦時農業論の叙述においてすら、食糧供給上の弱点とされた油脂産業の崩壊が阻止された事実が認められている、という主旨の記述がみられるのである。(6) もっとも反ナチズムを国是とする「西／統一ドイツ」にあってみれば、ミルワードのように戦時ナチ農政を二十世紀西欧史における共時的ないし通時的な史的文脈のみで論じることは許されない。他とは異なるナチ支配様式の固有性を批判的に言及することは、ここでも決して忘れられることはないのである。すなわち食糧政策の「成功」評価に関しては、なによりもまず、それが東欧占領地ないし南欧同盟国からの食糧収奪、さらには外国人労働者の強制動員を前提に初めて可能であったことが強調されるのである。(7) この占領地からの食糧資源搾取の強調は、コルニとギーズに限らず他のドイツ語文献にも頻繁に見受けられるものであり、ほぼ一般通念となっているといっても過言ではない。クルーゲによる二十世紀ドイツ農業史の通史的叙述においても、この点が看取できる。(8) このように、同じく食糧政策の「成功」の事実を一面で認めつつも、ナチ農政の人種主義や暴力性を強調するドイツ農業史学にあっては、ナチ農政の近代性・合理性に対する評価は低く、実はこの点でEEC共通農業政策の前史の一つとして戦時ナチ農政を位置づけようとするミルワードら英米系の認識とは、立場がやや異なるのである。(9) さらにいえば、占領地の食資源収奪の強調がもっぱらホロコーストの動機付けという文脈で語られ、戦後東欧の土地改革との社会史的な関連が論点としてほとんど浮上していないのも―私にはこの点がやはり不満であるが―、このことと深く関わることがらだと思われる。(10)

とはいえ日本における戦時ドイツの農業・食糧政策、さらには農学を含む農業資源開発に関する研究は、いまなおほとんど空白に近い状況である。(11) そこで本章では、その手始めとして、戦時日本の農林資源開発を意識しつつ、主に近年のドイツにおける研究成果に依拠する形で、第一に戦時期の農業・食糧政策の実態を、第二にナチ期における農業資源開発の一端を概括的に論じることを課題とする。[12] 叙述の焦点は、前者については主としてドイツ国内の農畜産業のありよう、より具体的には、穀物、酪農、養豚の三部門であり、後者については、油脂・蛋白資源の開発の象徴的事例としての大豆である。本章は、ナチ食糧政策の「成功」評価の是非を厳密に検討するものではなく、あくまで戦時日本との比較を念頭に、「第三帝国」圏内の食糧自給体制確立を目指したナチス・ドイツの「資源化」を論ずることを目的とするから、全体として戦時の変化や革新性をやや過度に強調することになろうことはあらかじめ断っておきたい。

なお、本研究の途上においては、現地にて一次史料調査を何度か行ったが、現在のところ、その本格的分析にもとづく叙述にまでは至らなかった。このため本章は、前者の戦時農業・食糧政策に関しては、コルニとギーズの前掲書のほか、ハーナウとプラーテの共著『第二次大戦期のドイツ農業価格および市場政策』（一九七五年）[13] の研究に主として依拠している。また、後者の農業資源開発に関しても、その一端を、ナチ期の農学研究に関する近年のズザーネ・ハイムらの研究と、ナチス・ドイツの大豆開発プロジェクトに関するヨアヒム・ドゥルースの研究に依拠する形で論じることとする。[14]

第一節　戦時ドイツ国内の農業・食糧政策

一・農産物の市場統制 Marktordnung

よく知られるように戦時ドイツの農業・食糧政策は、全国食糧職能団 Reichsnährstand[15] による統制経済を軸として実施されたが、ドイツの場合、こうした統制経済のありようは開戦時にはじまることではなく、一九三〇年代前半に農業の世界恐慌対応として形成されてくるものである。初期ナチ農政を代表する全国食糧職能団の設立と世襲農場法の施行は一九三三年六月のダレーの食糧農業大臣(以下、農相)就任直後のことであるが、市場統制に関しては一九三四年六月の穀物経済秩序法(穀物基本法)施行により穀物供出義務が開始されたことが重要である。さらに同年中には他の主要農産物に関しても固定価格制が導入されたという。(16) これらは、もちろん世界恐慌下で低位の農産物水準にあえぐ農民経営の健全化と生産意欲の回復を狙ったものだが、同時に一九三四年の不作ともあいまって、穀物調達の強制的性格が一九三五年において深刻な畜産危機を招来する結果となったためでもあった。(17)

だが、本章の問題関心から注目するのは、恐慌回復後にあたる一九三六年の第二次四ヵ年計画以降の時代である。この時期こそは、食糧アウタルキー(自給)政策が前面に押し出され、油脂と蛋白と工芸作物の帝国圏内自給を課題とする農業資源開発が内外で強力に推し進められるとともに、農業の市場統制政策も、農民経営安定化対策としてではなく、むしろ価格誘導をテコとする戦略的な増産政策の装置として位置づけられた時期である。四ヵ年計画の食糧自給政策のもとで特に重視された作物は菜種と甜菜とリンネルであるが、後にみるように、このころに菜種の作付けは急速に拡大し、甜菜も恐慌期の世界的な過剰による低迷からいち早く脱し、増産傾向をたどることになった。この食糧自給政策が同時に固有の意味での食料消費政策の開始でもあったことは、様々な文献でしばしば指摘されることである。(18)

ところでドイツの農産物市場統制の特徴として第一にあげるべきは、その職能的な編成原理である。職能原理に基づき農業団体の統合が果たされることは、近代ドイツ農業史に広範にみられる現象であるが、これはナチ統治期の市場統制においても変わらない。上述のように市場統制の担い手は、政府や党と一体化し農相ダレーを全国農民指導者とする全国食糧職能団であるが、実質的な統制主体といえば、この傘下におかれた各部門の同業者団体であった。各同業者団体の「中央組織 Hauptvereinigung」が、価格の決定や農産物の調達と生産指導を行うが、その決定事項を具体的に実施する責任を負うのは、州レベル組織である「経営団体 Wirtschaftsverbänden」であった。一般に郡レベルの農業政策の主体は全国食糧職能団の郡組織である「郡農民団 Kreisbauernschaft」であるが、「郡農民団」が農産物の流通統制に果たす役割は ── 独ソ戦開始後の農場カードや農場巡回制度などの直接的な経営統制を別とすれば ── 副次的な位置にとどまるといってよいだろう。

市場統制において第二に注目すべき点は、供給統制が農民経営をターゲットとするよりは、むしろ流通業者や加工業者に対する上からの介入を鍵として組み立てられているということである。生産者は必ずしも農産物を国家の供出機関に直接収めるわけではなく、あくまで固定価格で商人に売却し、商人がその売買締結証を管轄の同業者団体に提出する形であり、その限りでは書面上の管理にすぎない。開戦前までは農民たちには誰に販売するかを選択する自由があったという。市場統制のターゲットは、穀物であれば製粉所、酪農であれば酪農場、養豚であれば屠場、甜菜であれば製糖工場などにあった。上述のように各部門の同業者団体が、それぞれの加工施設に対する規制を行うのだが、そのさい彼らは加工施設の操業率や作業規模を決める権限を持ち、場合によっては不要な経営の操業を停止させることも可能であったという。コメに特化される日本と異なり、ドイツの市場統制では複数の主要農畜産物を全体として統括的に管理する必要があったが、それを可能にした条件の一つとして、農産物加工業の発達度合いが全体として高水準に達しており、そのために加工過程の管理が有効であったのではないかと考えられるであろう(19)。

一九三九年九月一日の第二次大戦開戦に伴う制度上の変化は、こうした市場統制政策を踏まえつつ、規制がより包括的かつ厳格化することになった点にその特徴があった。第一に統制は末端の消費過程にまで及ぶこととなった。開戦を機に、各州《ラント》政府およびそのもとにある各市・郡の行政機関にそれぞれ食糧課が設置され、食糧切符に象徴される配給制が始まったのである。第二に、生産者に関しては、農産物は自給部分を除いて全量義務供出制の対象となり、全ての農産物が国家の管轄下におかれる（ただしジャガイモについては一九四一年まではその対象から外されている）。農産物の調達は、売買締結書とは別に、「証明書と引き替えにおいて」のみはじめて許され、さらに生産者の自給部分も規制対象となった。農業統制は、もはや流通部門に限定されるのではなく、農場カードの運用や農場巡回制度の実施を通して、備蓄を含む個々の農民経営に対する生産統制が、とくに一九四一年六月の独ソ戦開始後において強化されていくこととなるのである[20]。

二　戦時期の食糧供給実態

以上のような戦時統制経済の枠組みのもとで、現実に食糧供給はどの程度達成されたのであろうか。もとよりドイツの場合、その対象は広範囲におよび、かつ食用と飼料用の競合という問題が加わる。しかし、ここではもっとも基礎的である穀物、「乳製品＝酪農」、「食肉＝養豚」の主要三部門に絞って、戦時の食糧供給と農業生産の実態を概観することにしたい。そのさい、とくに酪農と養豚の顕著な対照性を浮かび上がらせることが、本節の主要な狙いである。

①　穀物

図6-1は一九三七年時点の「ドイツ国内」に関して、一九三六年以降における穀物生産高の推移を示したものである。これをみると、ピーク時の一九三八／三九収穫年度（以下、年度と略記）を基準とした場合、確かに開戦後には二五〇〇万トンから二〇〇〇万トンへと下降傾向にあったこと、しかし一九四三／四四年度までほぼ二〇〇〇万トン水準を維持しており、しかもその水準は一九三六／三七年度と同程度であることがわかる。穀物別にみると、焦点となるライ麦の生産高の変動が大きいことが目につく。より興味深いのは次の表6-1である。こ

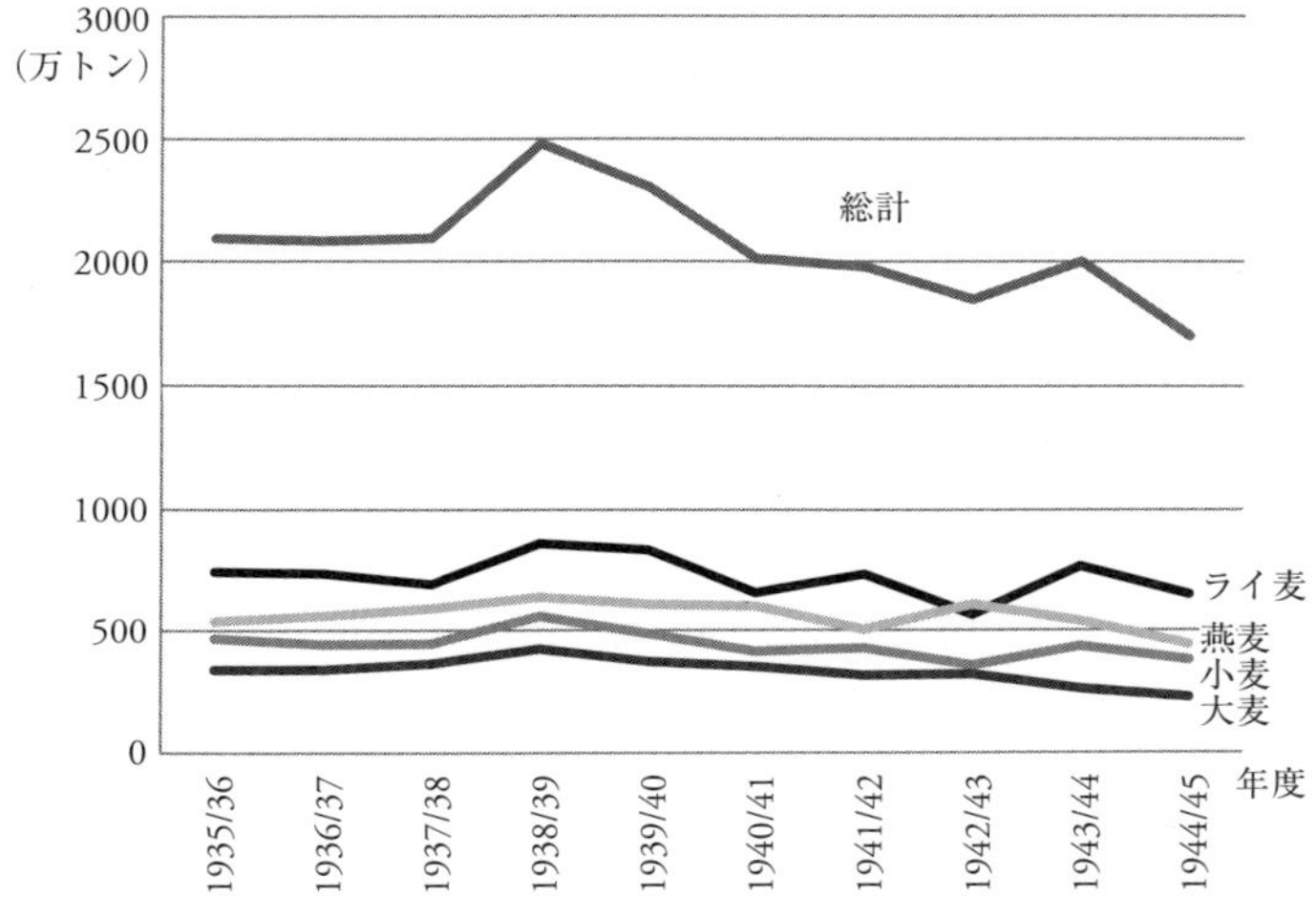

図 6-1　ドイツ国内における穀物生産高の推移

出典：Hanau, A./Plate, R., Die deutschen landwirtschaftliche Preis- und Marktpolitik im Zweiten Weltkrieg, Stuttgart 1975, S.44 より作成。

注：1937 年時の領土を基準とする。

表 6-1　戦時ドイツの穀物需給状況　（単位：万トン）

収穫年度	1938/39	1939/40	1940/41	1941/42	1942/43	1943/44
収穫高	2,960	2,750	2,400	2,360	2,270	2,390
輸入	250	210	220	300	510	460
備蓄	480	880	750	310	180	250
供給計	3,690	3,840	3,370	2,970	2,960	3,100
種子フォンド	300	300	290	300	290	290
食用	1,240	1,410	1,380	1,320	1,280	1,450
うちパン原料	1,040	1,180	1,190	1,150	1,160	1,320
飼料	1,270	1,380	1,390	1,170	1,140	1,050
消費計	3,850	4,270	4,250	3,940	3,870	4,110

出典：Hanau/Plate, a.a.O., S.45 より作成。

注：1939 年時の領土を基準とする。

れは一九三九年時点の帝国領土《ライヒ》――つまりオーストリアとチェコを含む範域――に関して、戦時穀物の需給の内訳の変化を示したものである。確かに、生産高については、図6-1でみた傾向と同じく、一九三八/三九年度の三〇〇〇万トンから二四〇〇万トンへと減少している(図6-1に比べ表6-1は範域が広くなるので、絶対的な水準は当然高くなっているが)。しかし備蓄動向にみるように、実は一九三八/三九年度産の豊作が一九四〇/四一年度と一九四一/四二年度の穀物備蓄の増大に寄与していること、さらに独ソ戦開始後において東欧からの穀物輸入が急増していることがみてとれる。その結果、総供給量は戦時期を通じて三〇〇〇万トンを維持することが可能となった。他方、穀物消費の内訳において特徴的な点としては、食用穀物が維持されていること、さらにその大部分を占めるパン穀物に関してはむしろ増大傾向にあること、これに対して飼料用穀物は減少傾向にあることがわかる。これは戦争の長期化に伴い他の食品の調達が相対的に困難になるなか、人々がパン食の比重を増大させたこと、このため飼料穀物がパン用に転用されたことを意味する。パン食の増大はバターなどの油脂の重要性をますます高めたであろうし、またパン穀物確保に関しては、肉豚へのライ麦の給餌問題がますます切実なものと意識されることになるであろう。ちなみに当時ナチ政権が推進した「全粒パン Vollkornbrot」運動に対する人々の評判は、あまり芳しいものではなかった[21]。

ライ麦はドイツ全土で作付けされるが、このうち相対的に穀物栽培の比重が高いのは東エルベのグーツ経営である。恐慌からの回復後の一九三〇年代半ば以降、これらの大農場では、トラクターが積極的に導入され、化学肥料の利用も増大した。ドイツにおけるトラクター台数は、二十二馬力以下の小型のいわゆる「農民トラクター」を含め、この時期に飛躍的に増大したとされている[22]。労働力流出問題が深刻化する四ヵ年計画の時期においても穀物生産が急増したことは、こうした農業資材への積極投資の反映と考えることができよう。しかし開戦により農業機械生産は戦車の生産へ、化学肥料生産は爆薬の生産に比重を移すことになった。軍需優先による鉄・ゴム・ガソリンの不足も、トラクターの生産と稼働を大きく妨げた。占領地の農業の円滑な管理ために、トラクターと農業技師が東欧地域に優先的に配置されたというが、これに対してはドイツ国内の農民から強い反発があったといわれている。[23]

興味深いのは、にもかかわらずナチ農政は、酪農や畜産、根菜類、菜種などと比べると、穀物増産に対してはあまり強い関心を示さないように思われる点である。例えば農産物増産には価格引き上げがもっとも効果的なことは言を俟たないが、ライ麦については、季節ごとの価格調整が細かくなされるのに対して——農民倉庫を国家の備蓄場として利用しようとしたがゆえの価格政策であった——、年間の平均価格でみる限り、一九四一／四二年度から一九四二／四三年度にかけてたった一度の引き上げがなされただけなのである。パンの消費者価格に関しては完全に固定化されている。こうした穀物やパン価格の固定化はもちろん戦時インフレを回避するためだが、イギリス政府が同じく戦時インフレの懸念に悩みつつも、戦時中に小麦価格を引き上げることで急速な穀物生産の回復を達成していったことに比べると、非常に対照的である。[24] フランスやウクライナからの穀物調達が好調なこともあって、穀物の政策上の焦点は生産よりは、むしろ加工や配給の仕方などの消費局面におかれた。食糧アウタルキー構想に基づく農政の重心は、四ヵ年計画以来、「炭水化物」の穀物ではなく、「油脂」と「蛋白」に関わるもの、すなわち根菜類と菜種の増大におかれたのである。穀物作における化学肥料不足の原因として、軍需産業との競合のみならず、化学肥料が菜種などの油糧作物に優先的に配分されたためといわれているのも、こうしたナチ農政の優先順位を物語るものである。[25]

②「乳牛＝酪農」とバター

戦時期のナチ農業・食料政策でもっとも特筆されるべき事象の一つは、バター供給が開戦前にもまして増大したこと、さらにこれが酪農場・酪農経営の近代化ともいうべき事態を伴っていたという点である。

この点を、まずは統計数字をもって確かめてみよう。バターは、農民たちが毎日おこなう搾乳のうち、飲料や

表 6-2 ドイツ国内における生乳の生産とその仕向先

	生産			仕向先（単位：百万トン）				
	乳牛頭数 千頭	一頭あたり搾乳量（リットル）	生乳生産（万トン）	飼料用	自家飲料	酪農場	地場販売	自家製バター
1936 年	10,038	2,530	2,540	270	350	1,410	140	370
1937	10,173	2,501	2,544	270	330	1,480	130	330
1938	10,108	2,492	2,519	270	320	1,480	130	310
1939	9,881	2,567	2,536	260	290	1,610	120	260
1940	9,980	2,447	2,442	220	270	1,720	70	160
1941	9,976	2,386	2,380	200	220	1,780	70	120
1942	10,051	2,239	2,250	190	200	1,730	50	80
1943	10,130	2,251	2,280	180	200	1,790	50	60
1944 (*)	10,259	1,696	1,740	140	150	1,390	30	40

出典：Hanau/Plate, a.a.O., S.76 より作成。
注：1937 年の領土を基準。(*) 1944 年は 1 月から 9 月までの数字。自家製バターにはチーズを含む。

表 6-3 メクレンブルク地方における牛乳生産（1938-1949 年）

	乳牛頭数	1 頭あたりの搾乳量（単位：kg）
1938 年	390,666	2,842
1939	388,456	2,936
1940	260,716	2,898
1941	266,465	2,943
1942	271,976	2,820
1943	274,873	2,323
1944	274,495	2,856
1945		
1946	228,313	1,824
1947	237,899	1,923
1948	244,226	1,953
1949	329,262	2,289

出典：Clement, A., Produktionsbedingungen und Produktionsgestaltung in den bäuerlichen Wirtschaften Mecklenburgs zur Zeit der Bodenreform 1945 bis 1949, Rostock Univ. Diss., 1992, Tab.51 より作成。
注：乳牛頭数は平均頭数。「搾乳量 Michertrag」は明示されていないが明らかに年間搾乳量と思われる。「メクレンブルク地方」は戦後の領域（メクレンブルク・フォアポンメルン州）を基準としている。

自家製バターなどの自己消費分を別として、指定された酪農場に供出する生乳を原料として作られる。表6-2は、一九三七年時点のドイツ領土に関して、一九三六年から一九四五年までの乳牛頭数、乳量、およびその仕向先内訳を表したものである。第一に、生産に関しては、まず乳牛頭数が戦時期を通して維持されていること、次に一頭あたりの搾乳量は、確かに戦前の二五〇〇キロ水準から戦時中の二三〇〇キロ水準へと下落しているものの、その下落幅は一割にとどまっていることがわかる。ちなみに表6-3はメクレンブルク州における戦時から戦後復興期までの乳牛頭数と搾乳量を示したものである。メクレンブルク州の場合、他州と異なり開戦時に乳牛頭数が大幅に減っているが―その理由は不明である―、その後、戦時中においては総頭数のみならず総搾乳量も十分維持されていることがわかる。一頭あたりの年間搾乳量は二八〇〇～二九〇〇リットル弱とかなりの高水準である。むしろこの表で驚くべきは、劇的な変化が訪れるのは戦後の土地改革時であったということであろうか。ソ連の家畜接収による頭数減もさることながら、搾乳量の落ち込みが激しい。戦時農業の「安定性」と戦後のすさまじい食糧危機の対照性を、この表はまざまざと浮き彫りにしているのである。

第二に、生乳の仕向先に関する情報からは、酪農場への供出部分が増加する反面、逆に自家飲料や自家製バターなど、経営内・家庭内・村落内の自給的消費が大きく減少していることがわかろう。これらは、後述のように、生乳の供出強化が図られた結果であった。さらに表6-4は、バターを含む当時の脂肪をめぐる国内生産と消費の内訳を示したものである。食糧アウタルキーをかかげるナチ農政にとって、蛋白とともに脂肪の自給こそは、「生産戦」の主要課題とされ、そのために様々な手立てが打たれた。結果的には、まずバターについては、上記の国内生乳を供出強化により確保することで国内バター生産を維持したこと、ただしその消費量のすべてを賄うには至らなかったことがわかる。（不足分は輸入によると思われるが詳細は不明である。）次に、注目すべきは、これとは対照的な動きをするマーガリンである。実は、すでに一九二〇年代にマーガリン産業が急速に勃興したことで、ドイツの油脂消費における輸入依存が大幅に進行した。後述のように、世界恐慌期において最大のマーガリン

表 6−4　ドイツにおける油脂の生産と消費の動向（単位：千トン）

		国内生産				消費				油脂の自給率	
		バター	マーガリン原料・食用油	獣脂	鯨油	バター	マーガリン・食用油	獣脂	工業用		（工業用を除いた場合）
（1937 年領土を基準）	1933 年	368	12	358		417	575	439	387	40.6%	51.6%
	1934	370	56	383		422	549	434	434	44.0%	57.6%
	1935	371	31	396		429	544	435	378	44.7%	56.7%
	1936	407	40	420	33	469	559	463	368	46.6%	58.1%
	1937	424	45	423	92	497	467	493	390	48.3%	61.2%
	1938	416	56	416	86	492	515	496	380	47.2%	59.1%
（1939 年領土を基準）	1939/40	558	45	332		610	347	361	102	65.8%	70.9%
	1940/41	563	48	281		665	306	323	38	67.0%	68.9%
	1941/42	555	122	224		622	320	238	0	76.4%	76.4%
	1942/43	568	85	171		627	297	165	25	74.0%	75.7%
	1943/44	546	249	207		664	262	208	28	86.2%	88.4%

出典：Hanau/Plate, a.a.O., S.88 より作成。

注：マーガリン原料・食用油は植物性油脂のみで獣脂を含まない。獣脂は主に豚脂と牛脂である。消費には鯨油を含んでいないが、主としてマーガリン原料に利用された。

原料として利用が高まったのが「満洲大豆」であった。[26]だが、恐慌期におけるこうした形の過剰な油脂供給はバター価格の暴落を引き起こし、農民経営に大きな打撃を与えた。その結果、一九三三年三月の油脂法により、輸入油脂・油糧種子に対して課税が強化されることになり、さらに翌一九三四年五月に至って、ナチ政権は外国産油糧作物の輸入禁止を宣言することになった。他方で、バター価格の政策的な引き上げがなされ、その増産が目指されたのである。[27]（もっとも外国産油糧作物の輸入禁止は、短期的には飼料不足を引き起こすことで、一九三四年の畜産危機を引き起こす要因ともなってしまうのであるが[28]）。そしてこの傾向は戦時期を通して貫徹していく。この表6−4において、戦時期のバターの生産と消費の高位安定化とは対照的に、マーガリン消費量の急激な落ち込みが顕著であること、しかし、他方で国産の植物性油脂については、菜種の増産を反映してであろう、戦時末期に急増していることが注目されよう。[29]最後に戦時における油脂の消費にあっては、石鹸や洗剤などの工業用原料としての利用が激減しており、そのことが油脂の需給逼迫を緩和することに大いに寄与しているが、これは主として「合成脂肪酸」、つまりは合成石鹸の開発によるものと考えられる。[30]
かように脂肪の国内自給はナチ農政の中心にあり、その資源となるものは多様であったけれども、中心をなすのは酪農振興による生乳確保であった。これは、政治的には消費者対策のみならず、国内の農民対策としての意義をも帯びるから、その意味で酪農による乳脂生産こそは、最重要課題のひとつであったろう。じっさい穀物生産に比べると酪農業に対するナチ農政の関心は極めて高い。とくに注目すべきが、上記のように生乳の自家消費を抑え、これを酪農場に集中させたことである。酪農場の生乳把捉率は、一九三二年が約四〇%であるのに対し、一九三八年が約六〇%、戦時中は七五%と急速に高まった。[31] 酪農は二十世紀ドイツの中農・大農経営の基軸部門であり、生乳生産に携わる経営は二五〇万経営にも達するといわれる。また腐敗しやすさなどの製品特性から、もともと他の農産物のような市場統制が難しい。このため、すでに一九三〇年代より生乳供出の整備と酪農場の近代化が推進されることになった。まず各酪農場ごとに「調達区域」が設定され、全生乳の強制供出と、その裏返しとして自家製バターや飲料用ミルクの庭先販売が禁止される。この場合、農民に対する管理権限を付与されたのは生乳の同業者団体であった。「調達区域」の設定により、区域内で酪農場が過剰な場合は、能率の低い酪農場は閉鎖されるなどして、その整理・統合が図られる一方、逆にそもそも酪農場が存在していない区域には近代的な酪農場が新設されることになった。一般に近代ドイツにおいて酪農場が協同組合形態で設立されてくるのは一八七〇年代以降のことと思われる。[32] 二十世紀前半の状況が不詳ではあるが、おそらくはナチ酪農政策において問題となったのは、そうした自生的な性格をなお濃厚に帯びていた農民的な酪農場であったと推測される。ナチ政権は、酪農区域を再編・整理するのみならず、国家の投資によって酪農場の資本装備の近代化をも進めていく。一九三四年から一九三九年までに、酪農場、チーズ工場、乳脂センター、牛乳集荷所などの関連施設について、新設が約二〇〇〇件、改築が約一万四四〇〇件にのぼり、そのために二億七八〇〇万ライヒスマルク（以下、マルクと略記）が支出されたという。[33] 現在も続くドイツの最も代表的な農業経済学学術誌『農業報告 Bericht über

Landwirtschaft』の一九三九年発行の別冊版の一つに、当時のナチス・ドイツ農業をイタリアに紹介する冊子があるが、そこにはナチ時代の農業近代化を象徴するものとして近代酪農場の室内の様子を見せる写真が掲載されている。(34)

他方でナチ当局は、開戦後の一九四〇年六月一日法により、農民の生乳の自己消費分を抑えるために農民経営のバター桶や遠心分離器を接収するという荒技ともいうべき物理的強制措置をも施している。さらにまた、供出割当遵守に関わって、乳量・乳質検査制度が導入されたことも、農民の酪農経営に対する国家の直接管理をいっそう強めたであろう。(35) 酪農に限定されることではないが、供出実績カード、農場カードに加え、村長、村農民指導者、村ナチ党などの村の有力者によって農場巡回制度が、一九四二年夏以降より本格的に強化されることとなった(36)（本章扉の口絵写真を参照）。

こうした国家主導による近代的酪農場への農民経営の強制的統合ともいうべき仕方は、農民経営の私的イニシアティヴを損なうものであるから、農民の反発は当然ながら強くならざるを得ない。すでに一九三五年秋以降、都市のバター不足問題にかかわって、農民たちの反発をナチ当局は認識していた。(37) こうした経験を踏まえつつ、戦時期にはナチ農政はなによりも乳価を優遇することで農民たちの反発を吸収しようとする。もっとも引き上げ幅が大きかったのは、上記の一九四〇年六月一日法に先立つ一九四〇年三月で、キロあたり平均二ペニヒ、率にして一三％の乳価の引き上げがなされた。この引き上げは、同年二月にゲーリングがラジオ演説で発表した。彼はこう語ったという。「私は諸君がもっとミルクとバターを増産することができるよう新しいミルクとバター価格を認めた。……（より多くのミルクを酪農場に供出することで、農民の収益が向上する。そうすれば生産に必要な飼料の調達も容易になるであろう。しかし、他方では、この政策は、生産者たちは牛乳の増産に努めるのであり、決して高価格に安住して乳牛頭数を減らすようなことはしないという無条件の信頼に基づくものである。）……私が価格に介入しなかったために脂肪不足になるよりも、私が価格を引き上げることにより、戦争継続中において十分な脂肪を供給

できる状態の方がよいのである。[38]」（括弧内は引用者による要約）

乳価の引き上げはその後も継続的に行われる。一九四二年には賞与制度を本格的に導入。平均供出量を基準として、各自の供出量が八〇～一〇〇％の場合は乳脂肪一％あたり〇・六ペニヒ、一〇〇～一二〇％の場合は同一・五ペニヒ、一二〇％を超える供出の場合は二・四ペニヒの賞与が与えられるとされた。さらに翌一九四三年には、平均供出量の六割以上について乳脂肪一％あたり一・二ペニヒを支払う制度に変更され、このために総額三億七千万マルクが国庫から支出されたという。一九四三年の制度変更がいかなる背景や意図によるのかは不明だが、平均してキロあたり一・七ペニヒの乳価引き上げに相当すると評価されており、農民に対するいっそうの増産刺激を意図したものであることだけは間違いなかろう。[39]

ところで、脂肪増産政策は、酪農場や供出制度に限られるものではない。当然ながら、乳牛飼養の側面においても、飼料自給基盤を高めるための対策が様々な形で打たれている。ここではナチ農政を代表する作物である菜種と甜菜、そしてサイロ建設について言及しておこう。

まず菜種について。菜種は既述のように国産の油糧作物であり、マーガリンなどの油脂原料であるとともに、副産物の油粕が牛の蛋白飼料として給餌される点が重要である。ドイツの菜種栽培は、一九世紀半ばには作付面積が総計三八万ヘクタールにも達し、当時、最も重要な国産の油糧作物であった。江戸期の日本と同じく菜種油はランプの燃料として使われたという。メクレンブルクのコッペル農法においては、ちょうどコッペル一区画に対して―コッペルとは穀草式農法における耕区のことである―、輪作体系上において休閑地の後作で穀物の前作にあたる場所に菜種が作付けされた。だが一八六〇年代になると、灯油の登場や、さらには東アジアから安価な菜種が化学工業用に輸入されることで競争力を喪失、また輪作体系の上でも、菜種の代替作物として根菜類が導入されたために衰退に拍車がかかった。一八七八年には一八万八千ヘクタール作付けられていたものが、第一次大戦前には三万二千ヘクタールにまで後退。今日の菜種の花の黄色一色に染まる北ドイツ農村の夏の風景からは想

表 6-5 ドイツ国内における菜種および甜菜の生産動向

	菜種 Raps und Rübsen				甜菜			
	価格（RM/100kg）	作付面積（百 ha）	収穫面積（百 ha）	収穫高（百トン）	価格（RM/100kg）	作付面積（千 ha）	単収（百 kg/ha）	収穫高（万トン）
1932/33 年度			60	74	3.5	271	291	790
1933/34	30		51	67	3.9	304	282	860
1934/35	30	275	267	421	3.6	356	292	1,040
1935/36	32	479	470	809	3.6	373	284	1,060
1936/37	32	554	546	1,002	3.5	389	311	1,210
1937/38	32	589	499	793	3.3	455	345	1,570
1938/39	32	625	619	1,283	3.3	502	310	1,550
1939/40	40	561	438	757	3.2	503	333	1,680
1940/41	40	857	467	650	3.5	537	307	1,650
1941/42	45	1,641	1,475	2,617	3.5	544	296	1,610
1942/43	50	2,126	912	1,225	3.5	547	300	1,640
1943/44	51	3,024	2,939	5,518	3.5	544	269	1,460
1944/45		3,744	3,605	5,155	3.5	543	252	1,370

出典：Hanau/Plate, a.a.O., S.61, 67, 93 より作成。
注：1937 年の領土を基準とする。価格は生産者価格。

像できないかもしれないが、一九三〇年前後の時期には国産菜種の栽培面積はほとんどゼロに等しい状態にまでなったという(40)。ちなみに、恐慌期に満洲大豆がドイツの最大の輸入油糧作物となったことは先に述べたとおりである。こうした状況のなか、油糧生産の自給を重視するナチ農政において菜種生産が積極的に奨励され、菜種作は劇的な回復を見せるのである。表 6-5 はナチ期の菜種と甜菜の生産動向をみたものである。ここにみるように、開戦前の菜種の作付面積は五〜六万ヘクタール、同収穫量は七万五七〇〇トン、さらに戦時末期には作付面積が三六万ヘクタールとほぼ一九世紀半ば水準を回復、同収穫量も五五万一八〇〇トンに達しているのである。ただし、この表からは、確かに戦時期の急増は顕著ではあるが、他方で収穫面積の年々の変動の大きさが物語るように菜種の冬枯れ問題が非常に深刻であったことも読みとれる。菜種価格はもともと一キロあたり三〇マルクと高水準であるが、さらに戦時中に何度も引き上げが行われ、最終的には五〇マルクになっている。また菜種はマーガリンの原料となるが、国産菜種を原料とするマーガリンは油脂税と同じ額の調整金が支払われることとなり、事実上マーガリン課税を免除された。[41] 副産物の国産油粕が、牛の蛋白飼料源としていったいどの程度輸入代替品になり得たかは疑問ではあるが、それなりの意義があったことは否定できないであろう。

同じことは甜菜についても妥当する。甜菜は、もちろん砂糖として、ジャムやマーマレードとして食されるが、当該期に関しては「砂糖フレーク」や「甜菜粕」として牛の飼料として製品化されたことが重要である。甜菜糖は、一九世紀後半より穀物に代わるドイツ農業の輸出品であり世界商品であったが、戦間期は世界的な過剰生産状態に陥った。このため他の国々と同じく、世界恐慌期におけるドイツ糖業の打撃は深刻で、一九三一年には砂糖の作付けに割当制が導入されるなど、生産調整の対象となっている。しかし、このことは、逆にいえばもともと甜菜の潜在的生産力が極めて高いことを意味するから、価格引き上げの増産効果は容易に発揮される。ここで前掲表6-5の甜菜の生産動向を改めてみてみよう。ドイツ農業の主要な商品作物として、収穫の絶対量がまずは圧倒的であるが、とくに一九三六／三七年度から一九三九／四〇年度の開戦までの時期にその収穫高が急速に伸びていることが目を引こう。一九三八年には、過去最高水準であった一九三〇年の作付面積を回復し、さらにこれを凌駕したといわれる。戦時中においても、高栄養価を理由に増産が奨励され、甜菜作付け農民に対しては百kgあたり三・二〇マルク～三・六〇マルクの高価格が保証され、また製糖工場は国家の補助金で支えられたという。とはいえ、同じく表6-5にみるように、注目すべきことに開戦前の伸びに反して戦時期の甜菜の生産は、菜種とは異なりそれほどの伸びを示しておらず、一九四三／四四年度以降は逆に急減してしまっている。肥料不足もさることながら、後述のジャガイモの場合と同じく、労働集約的作物である甜菜に関しては、戦時期の労働力問題がその増産の大きな制約要因となったことがここから容易に推測されるのである。[42]

油粕の場合と同じく、「甜菜粕」がどの程度の飼料的意義をもったかは不詳だが、「砂糖フレーク」に関しては、一九三八年以降、大規模に利用されることになった。製糖工場が加工割当の一部を「砂糖フレーク」製造に充てることを義務づけられたからである。これにより「砂糖フレーク」の産出高は年間六〇万トンとなり、戦時中も

表 6–6 ドイツ国内における豚飼育頭数の動向とその内訳 (単位：千頭)

	総頭数	子豚	若豚	肥育豚	雌豚
1932 年	22,859	4,834	9,884	6,161	1,869
1933	23,890	5,126	10,353	6,285	2,015
1934	23,298	4,512	10,052	6,719	1,781
1935	22,827	4,768	9,583	6,408	1,958
1936	25,892	5,212	10,958	7,575	2,039
1937	23,847	4,083	10,029	7,991	1,657
1938	23,567	4,290	9,686	7,664	1,840
1939	25,240	4,943	10,558	7,782	1,869
1940	21,578	3,807	8,499	7,622	1,567
1941	18,303	3,003	6,906	7,024	1,302
1942	15,025	2,087	5,363	6,323	1,187
1943	16,549	2,937	6,109	5,874	1,531

出典：Hanau/Plate, a.a.O., S.104 より作成。
注：1937 年の領土を基準とする。子豚は 8 週間以下、若豚は 6 ヶ月未満、肥育豚と雌豚は 6 ヶ月以上である。

この水準を維持したという。この甜菜の飼料利用との関わりで注目されるのが、当該期に急速に建設の進んだサイロである。(43) サイロは冬期の牧草確保である以上に、発酵を通して飼料の栄養価を保持ないし高める目的がある。ドイツでは一九三二年から一九三九年までの間に、一立方メートルあたり四マルクを基準にサイロ建設に補助金が拠出され、合計七四〇万立方メートルのサイロが建設されたというが、このとき主として念頭におかれたのが「甜菜葉 Zuckerübenblätter」であった。この新たな飼料の登場によって、油粕消費の減少にもかかわらず乳牛の搾乳量が低下せず、戦時期における搾乳量の維持に寄与したと評価されている。(44)

③ 豚とジャガイモ

以上に述べた酪農とは対照的な動向を示したもの、それが養豚であった。養豚こそは戦時の農業・食糧政策の矛盾が集中的に現れた部門であるといってよい。それはひとえに豚の飼料が、牛とは異なって、ライ麦やジャガイモなど人間の食資源と競合すること、このために食用を優遇する食糧政策体系のなかで、価格誘導をテコとした豚肉増産策がきわめてとりにくいためであった。

表6-6はナチ統治期の豚の総頭数の変動をみたものである。みられるように、ドイツ養豚は世界恐慌時の大打撃と一九三四～三五年の不作により頭数が停滞するが、一九三七年以降、若干の回復傾向が観察される。しかし戦時期になると、豚頭数は劇的な減少をみせることになる。総頭数では一九三九年の二五〇〇万頭から一九四三年の一六〇〇万頭に四割も減少。この表には記載されていないが、屠畜数をみると、屠場における屠畜数が一四〇〇万頭から七〇〇万頭へと半減、農家庭先屠畜数も八九〇万頭から五〇〇万頭へと四五％もの減少である。さらにその内訳をみると、子豚、若豚の減少が著しく、その水準は半分以下に落ち込んでいる。子豚の減少は、そのまま雌豚の減少の反映である。将来の迅速な頭数回復にとって重要な雌豚の頭数も、一九三八、三九年の一八〇万頭水準から一九四二年の一二〇万頭水準へと三分の二にまで落ち込んだ。これに対して六ヶ月以上の肥育豚の落ち込みはそれほどではないようにみえるが、実はこれは蛋白飼料不足のために若豚の成長が悪くなり、肥育期間が著しく延びたことも一因であったといわれる。(45) 各経営は、単なる頭数減のみならず、飼料効率の低下にも苦しんだのである。

ところで、戦時期の豚頭数の劇的な減少の最大の理由は、飼料ジャガイモの不足であった。世界恐慌期、ジャガイモは、安価な飼料穀物、および満洲大豆粕などの安価な輸入油粕との競合で苦境に陥るものの、一九三三／三四年度以降、これらの輸入制限や肉豚価格により増産へと転化、ジャガイモは中心的な養豚飼料の地位を確立したとされる。(46) 表6-7は戦時期におけるジャガイモの供給量の変化と需要の内訳を示している。まずジャガイモ全体の供給量をみると、第一に、国内生産量は一九四〇／四一年度までは五六〇〇万トン水準を保っているが、戦時中は一九四一／四二年度の不作と一九四三／四四年度の凶作の結果として、その供給量を大きく減らしたことがわかる。先にも触れたように、一九三九年の開戦時においてはジャガイモは食用需要の増大にもかかわらず配給制の対象にならず、またジャガイモ調達にもとくに支障がみられなかったという。(47) そのときには需給の逼迫感はなかったのである。しかし、そうした状況も二度の不作により一気に変化し、事態は急速に深刻化し

表 6-7 戦時ドイツにおけるジャガイモの需給動向 (単位：万トン)

	1938/39 年度	1939/40	1940/41	1941/42	1942/43	1943/44
収穫高	5,600	5,630	5,740	4,770	5,440	4,250
輸入	10	50	20	130	240	220
供給計	5,610	5,680	5,760	4,900	5,680	4,470
種子フォンド	700	690	680	680	700	680
腐敗損失	480	660	570	480	440	340
食用	1,400	1,600	1,940	2,130	2,630	2,250
飼料	2,530	2,310	2,160	1,340	1,530	1,100
加工	500	420	410	270	380	100
消費計	5,610	5,680	5,760	4,900	5,680	4,470

出典：Hanau/Plate, a.a.O., S.55 より作成。
注：1939 年の領土を基準。

ていったのである。第二にジャガイモの輸入をみると、穀物に比べてもその意義は小さいと言わざるをえない。輸入がもっとも多い一九四二／四三年度(二四〇万トン)においても、全体に占める比率は四%にすぎない。ジャガイモはもともと水分を多く含むために、芋の凍結や腐敗の問題がつきものとなるだけでなく、穀物などに比べ運搬効率が悪くなるという問題がある。このためジャガイモに関しては、東欧地域からの食糧調達はもともとそれほど期待できなかったといってよいだろう。(48)

問題は二度にわたるジャガイモ凶作の理由である。一般には天候不順と肥料不足があげられようが、ここでは労働力不足の問題こそを重視しておきたい。ジャガイモ栽培の機械化は一九三〇年代にはその試みが始まったばかりで——機械化が完成するのは一九六〇年代を待たなければならない——、戦時においては、甜菜とともに、なお代表的な労働集約的な作物でありつづけた。適期の除草や収穫作業がとくに重要で、もし労働力不足により首尾よく作業が行えず、たとえばジャガイモが畑に放置されることになれば、雑草繁茂による成長不良、あるいは収穫に関しては霜害による芋の凍結など、被害を著しく増幅させる結果となる。しかし農村労働力の戦時動員は労働力不足を深刻化させる。代替としての大量の外国人労働力も、絶対数はともかく、その配置や動員の仕方が常に銃後農村当局の悩みの種であった。[49]戦時ドイツ農村を象徴する外国人強制労働者問題が、ジャガイモ凶作問題とも強く関連する事項であったことは、戦時の農業・食糧問題とナチの農村支配のありようを考える上できわめて重要な論点といえよう。

しかし飼料ジャガイモ不足は凶作だけが要因であったわけではない。前掲表6-7における需要の内訳をみればわかるように、供給の減少以上に大きな要因は、ジャガイモが食用に優先的に回されたことにあった。戦時の食用ジャガイモの需要量は顕著に増加した。パンの消費量が伸びたのとまったく同じ論理で、肉類などのタンパク質の供給量の減少は必然的に炭水化物たる食用ジャガイモの消費増を引き起こしたのである。

ただし、こうした過程は自然発生的に生じたものではなく、政策的な意志をもって計画的に行われたことは是非とも指摘しておかなければならない。ライ麦と並んでジャガイモを食用に確保することこそが、戦時食糧政策の焦点となった。一九四一／四二年度の不作に対する対応として、政府は食用ジャガイモの買い取り価格を引き上げる一方で――備蓄不足の恐れからとくに早生ジャガイモの増産が奨励された――、補助金を使って豚肉百キロあたり一四マルクの賞与を付けることで豚の屠殺を奨励、これにより豚頭数の削減を図ったのである。[50]研究史上、戦時期ドイツの国家と農民の緊張関係を表すものとして、いわゆる豚のヤミ屠畜問題がしばしば言及されてきた。ヤミ屠畜の背景には、戦時下の肉不足とヤミ経済の問題がある。ナチ農政は、農民たちが当局の意志に反して、隠匿したジャガイモなどの自家飼料で豚のヤミ飼育をするのではないかという不信の眼を農民たちに向けつづけていたのであろう。ただし戦時ドイツの場合、東欧の占領地などと異なってインフレは生じていないとされるので、戦時ヤミ経済に対する過剰評価は禁物であろう。[51]ヤミ経済の本格的展開は戦後の深刻な食糧危機の時代にこそ当てはまる事柄である。

このように、ジャガイモは食用への調達が優先され、ライ麦と同じく、ジャガイモの飼料化は抑制される。豚肉価格の引き上げがライ麦・ジャガイモの飼料化を促進するために人間の食資源にマイナス効果を及ぼす可能性が高い以上、ナチ農政は、乳量増産の場合に行ったような価格誘導による増産政策をここでは取りえない。このためナチ政権は、これとは別の代替的措置を考案せざるを得なくなった。その一つが、いわゆる「豚肥育契約制度 Schweinmastvertrag」である。これは飼料を供与する代わりに、一定量以上の屠畜用肉豚の供出を義務化するという、ある種の契約生産である。一九三六年の食糧危機以後からはじまる制度で、ここでもライ麦の豚給餌をなくして他の飼料への代替を進めることが狙いとされた。見返りの飼料として予定されるのは、トウモロコシか大麦の穀物、および「砂糖フレーク」であった。しかし、「戦争末期には利用可能な飼料の量はますます減少、……契約枠内で提供される飼料は、飼育・肥育に要する飼料の五〇〜七〇％に過ぎなくなく」なり、一九四一年のジャガイモ不作後はまったく停滞してしまう。(52)こうした結果、戦時のドイツの一人あたりの肉消費量は急減することになった。(53)結局のところ、パンとバターは、質はともかく量においては平時の状況に匹敵する状況であったが、ハム・ソーセージなどの食肉に関しては入手が困難であったというのが、一九四四年夏までの戦時下ドイツの食料事情の実態だったのである。

第二節　ナチス・ドイツの食糧アウタルキー政策と農業資源開発

一・農学研究の拡大とナチ政権による再編

二十世紀前半は、育種学をはじめとする現代農学が顕著な学問的進展を見せ、社会の脚光を大いに浴びた時代であった。当時、パブロフを軸に育種学の先端を走っていたソ連農学においてルィセンコ問題が生起したことは比較的よく知られていることであろう。(54)ドイツでもワイマール期には農学関連の研究機関や試験農場が次々と設立されていく。一九二二年には酪農試験研究所が北ドイツのキールと、南ドイツのヴァイエンシュテファンに、畜産試験研究所がブレスローとミュンヘンの郊外にそれぞれ設けられた。また、ほぼ同時期に、穀物加工研究所（ベルリン・ダーレム）、果樹・野菜の研究所（アイゼンハイムとベルリン）、農業労働研究所、市場統制研究所が開設される。研究所ばかりではない。各大学においても研究室の拡充がなされている。具体的に言えば、ギーセン、ゲッチンゲン、ライプチヒ、ハレ、イェーナ、ケーニヒスベルク、ホーエンハイムの各大学で畜産学ないし酪農学の講座が、ベルリン大学で動物育種・畜産遺伝学講座が設置された。とくにブレスロー大学はヨーロッパにおいてもっとも充実した農学研究の場になったといわれる。(55)

むろんナチ政権もまた、こうした新たな農学の可能性に対してきわめて敏感であった。「民族と食の自由」をスローガンにかかげるナチ農政において、農学研究は最大級の研究奨励の対象領域となったのである。とくに四ヵ年計画局の設置により——農業部門の責任者は食糧農業省事務次官ヘルベルト・バッケであった——、潤沢な資金を投じて農学研究ないし農業資源開発が強力に推進される。(56)それは、上記のように各大学の研究室、公的研究機関、大企業研究所、ドイツ陸軍(57)などを中心に進められるが、このうち大学所属の農学研究者をナチ農政に統合する組織として作られたのが、いわゆる「農学研究奉仕団 Forschungsdienst」であった。これを主導したのは、ドイツ農学再編の中心人物、コンラート・マイヤーである。

いうまでもなく、マイヤーは、かの東部総合計画の立案者としても著名な人物である。一九三〇年、三〇歳の若さでゲッチンゲン大学において育種学教授資格を取得したマイヤーは、急進的民族主義の青年運動指導者として一九三一年二月にナチ党に入党。一九三三年にプロイセン文部省の補佐官に、さらに一九三四年にベルリン大学農学部教授になっている。(58)一九三四年末にベルリン農科大学がベルリン大学に農学部として統合されるのだが、マイヤーはその再編劇の中心人物の一人であった。ナチの強力な人事介入により、農学部の多数の有力教授が大学を追放されたり、あるいは不本意な異動を強制されたが、彼らに代わって親ナチの人々が教授ポストを得たのである。マイヤーがその一人であったことはいうまでもない[59]。他方で、こうした動きに合わせるかのように、マイヤーは二十世紀ドイツ農政学の重鎮、マックス・ゼーリングの影響力を排除していく。一九二六年、ゼーリングがベルリン大学国家学部退官と同時に肝いりで設立した財団法人「ドイツ農業・入植研究所」――理事会には帝国《ライヒ》食糧農業省およびプロイセン農業省・文部省も参加――は、一九三四年一二月、マイヤーの手によって解散に至らしめられる。シュテールはこの事件を、入植政策史において、第二帝政期以来のゼーリング的な「農民経営創出政策」路線から、「ドイツ的農村空間の創出」路線への転換を意味するものとして位置づけている[60]。「帝国《ライヒ》地域開発計画局 Reichsstelle für Raumordnung」が設置されるのは翌一九三五年のことであった[61]。

　上記の「研究奉仕団」の設立もこうしたドイツ農学研究のナチ化の一環である。「研究奉仕団」のトップはバッケだが、実質的な指導者は総裁のマイヤーである[62]。「研究奉仕団」の定款によれば、文・農両相の監督下にある大学の試験農場、およびその他の機関に従事するすべての農学研究者がその構成員とされた。農学の強制的同質化といわれる所以であろう。総裁のもとに、育種学、農業史、農業機械、健康、植物学の五分野の専門家からなる顧問団がおかれているが、これ自体は形式的な存在であまり影響力はなかったといわれる。（ちなみに農業史部門の顧問は、戦後西ドイツの農業史学会創設者ギュンター・フランツである。）基幹的な七つの「帝国《ライヒ》研究部会ＲＡＧ」――農芸化学、畜産、園芸、農産加工、農政・農業経営、農業機械――の他に、水産学などいくつかの研究部がおかれた[63]。第一節で論じたように、ナチ農政のポイントは、油脂と蛋白質の国内供給力の確保であり、ジャガイモの不作に象徴されるような戦時労働力不足に対する対応であった。残念ながら、「研究奉仕団」の活動実態に関して、その詳細をここで論じうる準備が現在の私にはないが、第一に、この機関を通じてマイヤーの差配のもとに潤沢な研究資金がドイツ農学研究に注ぎ込まれたであろうこと、第二に、その研究テーマをみると、育種学や栽培学の分野では、ルピナスやクローバーなど高蛋白を含有する牧草の品種改良、菜種・ヒマワリなどの油糧作物の研究、ジャガイモの収穫減や虫害に関する研究が、畜産学の分野では、豚肉の増産、蛋白質の代替方法、自給肥料の合理的利用、甘味ルピナスの給餌方法に関する研究が、農産加工の分野では牛乳業調査、油脂・脂肪業の調査、馬鈴薯業調査、糖業調査など、ナチ農政に密接にかかわるテーマが散見されること、以上の点を指摘しておこう。農業機械に関しては「農業技術家連盟」との緊密な連携のもとに研究開発が行われるとされている。(64)

次に、公的研究機関としては、ドイツの学術振興団体であるカイザー・ヴィルヘルム財団の研究所 ── 戦後のマックス・プランク研究所の前身にあたる ── がまず第一にあげられよう。一九二二年、ベルリン・ダーレム昆虫学研究所を吸収することにより、同研究所は害虫研究を開始しているが、農学研究に本格的に着手することになったのは、一九二八年にミュンヒベルクに育種学研究所が開設されてからとされる。ここでは所長のバウアーのもとで、ゼンゲブッシュが、先にも言及した蛋白が豊富な新しい牧草品種「甘味ルピナス」の開発に成功した。(65) さらに四ヵ年計画の時期ともなると、一九三六年に「水産・内湖研究所」── プレーンとボーデン湖にあった二つの研究所がこの年に統合 ──、一九三八年にロストクの畜産学研究所、開戦後については、一九四〇年にブレスロー大学に農業労働研究所、一九四二年、ソフィアに「ドイツ・ブルガリア農業研究所」というように、蛋白と油脂の供給力の向上のための農業資源開発や農業労働の合理化の促進など、ほぼナチ農政の重要課題に沿う形で続々と研究所が設立されている。「水産・内湖研究所」の統合は、内陸漁業を蛋白源の供給元として開発しようという主旨に基づくものであった。(66) また、一九三八年以後は、カイザー・ヴィルヘルム研究所も南東欧農業資源開発への関心を強め、非熱帯性の天然ゴム原料となるゴム・タンポポの研究開発、東欧農業に適した農具の開発、さらに占領地域の植物遺伝資源調査やソ連農学研究成果の奪取などが行われたとされる。(67)

こうしたカイザー・ヴィルヘルム研究所の農学研究に深く関与したのは、さきの農務次官バッケであった。バッケは一九三七年に研究所の参与になり、さらに一九四一年には副代表に任命されている。彼の政治的影響力によってであろう、食糧農業省は文部省にもましてカイザー・ヴィルヘルム研究所に財政的な支援を行った。バッケは研究所における農学研究分野の資金配分に強く関与し、一九四二年六月には、「大ドイツ食糧政策計画研究所」

の設立までも提案している。ロシア農業に強い関心を抱くバッケこそは、ヒムラー親衛隊の東部入植政策に傾注するマイヤーとは異なる脈絡ではあるが、ナチの東欧拡張主義に基づく農業資源開発に「適した」人物であったといえるかもしれない。(68)

さて、こうしたナチの東方政策と結合する農業資源開発研究は、大学、カイザー・ヴィルヘルム研究所、ドイツ陸軍などの公的機関だけに限らなかった。当時の代表的なドイツ独占企業体であるＩＧファルベン社もまた、ナチス・ドイツの東南欧諸国の経済支配戦略に深く関与する立場から、新たな農業開発事業を開始していた。なかでも日本帝国圏とも関連が深い大豆に関わって、ＩＧファルベン社は、南東欧における大豆生産プロジェクトを推し進めたのである。以下、ドゥルースの近年の研究に依拠しつつ、「大豆」を素材に、ナチ時代の南東欧農業資源開発の一端をみてみることにしたい。

二．ナチス・ドイツのルーマニア大豆開発プロジェクト

①　第二次大戦と満洲大豆

今や世界の主要農産物として国際市場に君臨する大豆であるが、大豆が世界商品化したのは今世紀に入ってからで、一九〇八年に満洲大豆が三井物産の手によってロンドン市場に登場してからのことであるという。また、現在は大豆の主要生産国であるアメリカであるが、この国で大豆生産が本格的に拡大したのはニューディール農政下、とりわけ第二次大戦の時期のことであるにすぎない。表6-8は戦前から戦後にかけての満洲大豆とアメリカ大豆の生産動向を示したものだが、ここからは一九三〇年代半ばにおいて満洲大豆が生産量・輸出量とともに停滞状況であるのに対し、アメリカ大豆が、いかにこの時期に急激に生産を拡大したかがわかろう。細野重雄の研究によれば、これ以前の時期における大豆栽培は、じつは乾草などとしての利用が主であり、油糧子実と

表 6-8　満洲およびアメリカ合衆国の大豆生産動向（1933-1947 年）

	満洲大豆			アメリカ大豆			
	生産量（千トン）	輸出（千トン）	単収（kg/ha）	生産量（千トン）	作付面積（単位：エーカー）計	牧草	子実
1933 年	4,601	3,854	1,150	334	3,777	2,780	997
1934	3,349	2,892	1,007	588	4,455	4,455	1,539
1935	3,797	2,901	1,151	1,128	4,414	4,414	2,697
1936	4,104	2,864	1,213	762	4,514	4,514	2,132
1937	4,337	3,055	1,185	1,042	4,645	4,645	2,337
1938	4,433	3,053	1,170				
1939	3,746	1,147	966	2,265	4,307		
1940	3,425	1,174	969	1,963	4,505		
1941	3,196		985	2,692	5,916		
1942				4,730	9,926		
1943				4,780	10,421		
1944				4,831	10,223		
1945				4,856	10,718		
1946				5,107	9,926		
1947				4,705	11,411		

出典：日満農政研究会新京事務局「満洲にニ於ケル大豆栽培消長ノ歴史的研究」1942 年、29-30 頁。濱田信夫「米国大豆について」『満洲特産月報』1940 年 7 月号、4-5 頁。Bendelsdorf, J., Die Landwirtschaft der Vereinigten Staaten von Amerika im zweiten Weltkrieg, St. Katharinen 1997, S.108, より作成。
注：戦時期のアメリカの生産量については「大豆 1ﾘｯﾄﾙ＝714g」で計算した。

しての大豆収穫を目的として作付けが始まるのは、この急拡大の時期からである。その中心はイリノイ州やアイオワ州などトウモロコシ地帯であったという(69)。この表の右側の数字をみてもそのことが確認できる。こうした急激な拡大の背景には、ブロック経済化や第二次大戦の開戦に伴う油糧作物の輸入途絶、南部綿花の衰退による綿実油生産の落ち込みなどがあるが(70)、他方でより積極的な促進要素としては、優良な植物性蛋白飼料として大豆が「発見」されたことの意義が重要であろう。戦時アメリカ国民旺盛な牛肉食を可能にしたのは、この大豆の発見であったとすらいいうるである(71)。

さて、前述のように、ワイマール期のドイツは、欧州における満洲大豆の最大の市場であった。前掲表6-8にみられるように満洲大豆の年間生産量は約四〇〇万トンだが、表6-9にみるように、ドイツは一九三四年の数字で約一一七万トンをアジアから輸入して

表 6-9 ナチス・ドイツの大豆輸入と南東欧の大豆栽培面積の動向

	ドイツの大豆輸入量		南東欧の大豆栽培（単位：千 ha）			
	アジアから（千トン）	南東欧から（千トン）	ルーマニア	（同：単収 kg/ha）	ブルガリア	その他
1934	1,171	0	2	330	2	0
1935	901	133	25	499	14	1
1936	466	180	58	554	6	1
1937	546	555	111	661	16	2
1938	718	655	63	898	13	5
1939	702	891	104	851	21	6
1940	59	1,030	136	885	46	17
1941	109	405	25		54	18
1942	0	715	41	530	34	22
1943	0	205	84	714	19	36
1944	0	210	62		10	48

出典：Drews, *Die"Nazi-Bohne"*, S.279–280 より作成。
注：「その他」はユーゴとハンガリーの合計である。

いるのである。このアジアからの輸入は満洲大豆の輸入と同義である。ハンブルクが輸入の拠点であり、ここに大手の搾油会社があった[72]。大豆の第一の用途は、既に述べたように食用油やマーガリンの主要原料であり、さらに搾油後の副産物である大豆粕は濃厚飼料として活用された。満洲大豆は落花生やパーム椰子などの他の輸入油糧作物に比べて安価であったこと、大豆粕が蛋白分を豊富に含むこと、さらに保護関税により穀物飼料価格が相対的に割高になったことが、とりわけ恐慌期に酪農・畜産農民経営における大豆粕需要を急激に高めたと言われる。畜産・酪農の比重を一気に高めつつあった戦間期のドイツ農民にとって、豚や乳牛に与える蛋白飼料として大豆粕はとくに重用されたようである[73]。

しかし前述のようにナチ政権は食糧アウタルキー政策のもとで油糧作物の輸入を強く制限しようとしたから、ドイツによる満洲大豆の輸入量も一九三〇年代後半には半減することとなった。また、マーガリンはバター優遇策のもとで生産が抑制されたが、その原料は、輸入油糧子実である大豆よりは、既に述べたように国産の鯨油や菜種が使われるようになる。「生産戦」のもとで、それでもなお大豆粕が濃厚飼料としてどれほどの意義を持ったかは不詳であるが、全体としては家畜飼料としての大豆粕も、増大する菜種や甜菜の絞りかすによって代替されていったとみるほうが自然であろう。もちろん関東軍はこれに強い危機感を抱いた。一九三〇年代を通して満洲特産中央会はロンドンのほか、ハンブルクにも駐在員として杉本勇蔵をおき、その関連記事を『満洲特産月報』に随時掲載している。[74] そこからは満洲農業利害関係者がドイツ市場に一喜一憂する様子がリアルに伝わってくる。

② ナチス・ドイツの大豆開発

だが、ナチ食糧アウタルキー政策にとって、大豆は排除すべき作物であるよりは、再発見すべき新しい食資源であった。というのも、「民族と食の自由」を掲げるナチ政権にとって、そのウイークポイントは油脂と蛋白の問題であったが、大豆はとりわけ高い植物性蛋白を含有する作物であったからである。確かにバター保護の観点から安価な油脂原料としての大豆の輸入は回避されねばならず、なによりアジア由来のこの作物は、ナチズムの人種主義イデオロギーにそぐわない。ましてや第一次大戦末期の食糧危機のさい、肉の代用食として大豆食を半ば強制されたことがドイツの人々には苦い経験として記憶されていたという。にもかかわらず、わざわざ「大豆Sojabohn」という言葉を「ドイツ豆Deutsche Bohn」などのドイツ風の呼称に変更しようと試みるほどに、ナチ政権は大豆の国産化と有効利用に大いなる関心を示したのである。[75] とくに消費の仕方という点で興味深いのは、アメリカのように大豆を搾油原料や緑肥・家畜飼料などとしてではなく、人間が直接食する新たな蛋白食品としてこれを開発・利用しようとしたことである。この点では、大豆を粉末にして食することをはじめて可能にした「エーデルゾーヤ」という「大豆パウダー」の開発の成功が大きい。「エーデルゾーヤ」は一九三〇年に製品化されている。ナチ政権は、これを新たな栄養食品として一般家庭に普及することに努めるが —— 大豆に限らず「完全食」へのナチの人々のこだわりは、全粒ライ麦パンを始めつとに有名であるが[76] ——、しかし、現在に至るまでドイツにおいては大豆食品はマイナーな存在であり続けていることに変わりはない。ここからも推測されるように、私的な食の空間に対する大豆食の浸透には結局は失敗した。にもかかわらず、社員食堂や給食など、国家と党の規制力が有効に作用する戦時動員下の共同炊事の場において、大豆は、大豆パウダーを料理に混入する形で消費された。だが、もっとも熱心であったのが軍隊——ことに陸軍と空軍——であった。とくに電撃戦戦略において武器と弾薬の迅速な補給は生命線であるが、そのためにこそ栄養価が高いのみならず、かさばらなくて保存も利くコンパクトな兵食の開発こそが急務とされたのである。

ドゥルースによれば、一九三六年から一九四〇年の間に一四〇種類の新しい兵食の開発が試みられたという。その結果、例えば、ビタミン供給食品として「ビタミンCドロップ」が発明され、また、ブリキを使う缶詰ではなく、水を抜いた乾燥食として各種の粉末食が開発。肉は冷凍されて段ボールにパッキングされたという。こうしたなか、大豆は軍の兵食において様々な形で利用された。一九三八年の『国防軍野戦調理本』には大豆利用の仕方や大豆食品が記載されているという。[77] 食堂での料理に加える「大豆パウダー」はもとより、加工食品の添加物、さらには「ペムカン野戦食」「軍用栄養スープ保存食」「大豆肉団子」など新種の高密度兵食が生まれる。さらに、失われた体力への補給財として、「ソーヤ・ファブリン」がサプリメントのような形で使用されたという。[78]

やがて緒戦の電撃戦勝利を大豆食品と結び付けられる神話まで生まれた。一九四〇年四月二三日付けのロンドン・タイムズ紙は、「活発なドイツの供給品。魔法の豆。人と家畜のための大豆食品」との見出しで、ドイツの大豆開発を論じている。「開戦以来、新聞紙上においてしばしば大豆に関する言及がみられる。いわゆる『ナチ食品弾薬 Nazi food pills』である」で始まるこの記事では、「大豆は食糧、経済、軍事のうえでナチスにとって非常に重要となった」ことを指摘、「ドイツでは戦争を見越して、大豆を備蓄した。一説ではその量は二〇〇万トンにも達している」とまでまことしやかに書かれているのである。[79]『満洲特産月報』一九四〇年六月号には、この記事が「大豆と独逸軍隊」と見出しを変更したうえで全文が訳出掲載され、さらに翌七月号にも「爆弾になる大豆—ドイツの電撃は大豆のおかげ」と題する満洲日報の記事を転載している。この後者の記事では「ドイツでは食糧局から、『ドイツ軍に大豆がなかったらあのやうな迅速な進撃は出来なかったらう』といってゐますし、ロンドン・タイムズは大豆の軍事的重要性を……説いています」と書かれている。[80] そのドイツでも「ドイツ勝利の秘密はナチの豆にありと外国のマスコミで語られている。ドイツ軍は日露戦争で知られるようになった大豆を、ドイツ軍に有用なものとなるように試みてきた。……今回の戦争で大豆はその試験に見事合格した。大豆はもはやなくてはならないものとなった」と論じられたという。[81]

しかし、問題は消費よりは大豆栽培の方にあった。農学研究者のあいだでは、ドイツに適した大豆品種開発を目的として、すでに第一次大戦前から大豆研究が開始されている。とくにボン大学は、早くから土壌や育種に関する研究を始め、一九二八年には栽培技術と気象条件に関する研究に重心をシフト、一九三〇年代にはドイツの大豆研究の中心地となった。さらに前述の「甘味ルピナス」の開発に成功したベルリン・ミュンヒベルクのカイザー・ヴィルヘルム育種研究所においても大豆の研究がなされているが、こちらはベルリンの気象条件があわなかったせいか、全く成果がなかったとされている。ギーセン大学の育種研究所でも大豆研究が行われた。[82] この講座の教授であったゼッソウは、ナチ大豆開発の中心とされる人物で、[83]「農学研究奉仕団」育種学研究部門の部門長も努めている。[84] こうして早熟化と収量増大、さらには脂肪と蛋白の含有量の増大などを目標に大豆品種開発競争にしのぎが削られたが、しかし、時代の寵児であった育種学は、結局は画期的な成果をあげることはできなかった。[85] 大豆栽培の実地試験に関しても、地域的条件と天候状況により収穫が不安定であり、地域的差異も大きかった。メクレンブルクやシュレスヴィッヒ・ホルシュタインなどのドイツ北部では、日照時間が短いためであろうか、まったく育たなかったという。もっともこの地域は広大なる菜種の適作地であることを考えれば、大豆栽培への動機付けももともと弱いかもしれないが。良好な成績を見せたのはバイエルン、ヘッセン、バーデン、ラインラントなどの南西部地域であった。ドイツの大豆は気象の関係で生育期間が長く、除草作業負担も大きく、かつ大豆は当地では労働集約的作物とみなされた。[86] 南西部地域は北部とは違い小農地帯であり、労働管理の点では大豆作受容の条件があったかもしれないが、現実には同じ集約的作物である甜菜やブドウが大豆に立ちはだかった。[87] こうしてドイツの大豆自給プログラムの焦点は、ドイツ国内ではなく、食糧アウタルキー圏内にあるとみなされたルーマニア、ブルガリア、ハンガリーなど、南東欧の「同盟国」となったのである。

③ ルーマニアの大豆プロジェクト

ここで再び表6-9をみていただきたい。表の左欄は、一九三〇年代のドイツの大豆輸入の内訳を示している。ナチ政権成立後は満洲大豆の輸入が半減していること、また独ソ開戦にシベリア鉄道による輸送が不可能となったことでそれが完全にストップしたことが、ここからは読みとれよう。注目すべきは南東欧からの輸入である。同表の右欄にみるように、南東欧からの大豆輸入は、一九三〇年代後半から一九四〇年まで急激に増大していることがわかる。もちろんその量はピーク時でも一〇万トン前後であり、往年の満洲大豆の輸入減少分を補塡するだけの水準にはとうてい及ばないものではあるが。

この南東欧のドイツ向け大豆生産の中心地がルーマニアであった。同表にみるように、当該期にはドイツ向け大豆輸出の増大と軌を一にして、ピーク時の一九四〇年には、作付面積が一三万ヘクタール、一ヘクタールあたり収穫が八八〇キロと、大豆生産が急速に成長していることがわかる。[88] この結果、開戦に伴う海上封鎖による満洲大豆の輸入減少分を南東欧からの大豆輸入の急増により埋め合わせることが可能となった。ドイツの大豆輸入量が全体としては維持されていることがそれを物語る。もっともそれも束の間であり、翌一九四一年にはルーマニアからの大豆輸入は急減してしまう。これは一九四〇年六月にルーマニアの大豆主産地であったベッサラビア地方にソ連軍が進攻、その後に割譲された影響だと考えられる。[89] 一九四二年の満洲大豆の完全途絶は、もちろん一九四一年六月の独ソ戦開始に伴い、シベリア鉄道を利用しての輸入が最終的に不可能になったからである。

一九三〇年代のルーマニアの大豆生産拡大は、ＩＧファルベン社による南東欧の大豆開発プロジェクトによるものだが、これは、ＩＧファルベン社の南東欧進出戦略、ナチの食糧アウタルキー政策、そしてこれを受容するルーマニア農業の状況という三つの条件の重なりのうえで生じたものであった。すなわち、よく知られるように、深刻な外貨不足に苦しむナチ政権は、南東欧諸国との間で二国間のバーター取引を基本とする相互貿易条約を通して南東欧経済をドイツのマルク経済圏に編入しようとした。これにより南東欧諸国はドイツ工業の販売市場であるとともに、ドイツへの農産物輸出国であることとなった。ナチの食料アウタルキー政策が、こうした拡張主義的な「第三帝国」の経済圏構想と一体であったことはいうまでもない。他方で一九二〇年代に有力な小麦輸出国として登場したルーマニアは、世界農業恐慌による小麦価格の急激な下落により（六割にまで落ち込んだといわれる）、農村部が甚大な打撃を受けた。これによりルーマニアは、農業はもとより国民経済全体が外貨不足に陥って国民経済破綻の危機に直面。こうしたなか、ルーマニアは、ドイツ農産物市場を確保するために、上記のナチの相互貿易協定を「同盟国」として受け入れることになったのである。[90] ドイツ政府が世界価格水準を超える価格でルーマニアから穀物を輸入したことで、ルーマニアの貿易収支は一時的に黒字となったとされる。[91]

ＩＧファルベン社は、すでに一九二七年からレーネ・ミュラーの主導のもとでアジアの大豆品種の収集を行っていた。[92] 一九三五年四月、同社は国防大臣に接触し、兵食に「大豆パウダー」を取り入れるよう要望――ＩＧファルベン社は大豆が国防軍の兵食に導入されるにあたって決定的な役割を果たした[93]――、さらに同年八月に、同社の通商会議においてイルグナーの主導のもとに、ルーマニアとブルガリアを対象とした大豆生産プロジェクトが決定された。[94] そして一九三四年一〇月にブカレストに「ゾーヤ社」（文字通りには「大豆株式会社」である）が、[95] 同じく一二月にはソフィアにも同名の「ゾーヤ社」が設立されるのである。[96] ナチス・ドイツ政府の側も、財相シャハトがこの大豆計画に同意を表明、一九三四年秋に外務省の通商政策委員会において、ルーマニアとブルガリアの大豆生産に関する検討が開始されたという。[97] こうして翌一九三五年四月に、ＩＧファルベン社、ドイツ経済相、エルザート社のあいだで「大豆契約」が締結される。もっとも油糧種子会社であるエルザート社はＩＧファルベンの子会社にすぎないから、事実上は、ＩＧファルベン社がナチス・ドイツの国策を一身に引き受けたということになろう。この契約により、エルザート社はブルガリアとルーマニアで二〜三万ヘクタールの大豆作付けの義務を負うことになった。そして、この業務を具体的に実施することになったのが、既に設立されていた上記の二つの「ゾーヤ社」——エルザート社の子会社とされた——だったのである。「ゾーヤ社」は生産された大豆のすべてをドイツに輸出する。相互貿易協定により、その見返りにルーマニアはドイツ工業製品を輸入しなければならなくなるが、大豆契約の第十条で、その輸入製品の五割がＩＧファルベン会社の製品にあてられるとされた。[98] 当時、ルーマニアでは外国企業の設立が法的に禁止されていたから、[99] その孫会社である「ゾーヤ社」設立はこの規定をかいくぐるための手段にすぎず、その実態はＩＧファルベン社そのものである。要するに、相互貿易協定の枠組みにおけるナチの東欧経済戦略ないし食糧アウタルキー政策を背景に、ＩＧファルペン社は「大豆開発プロジェクト」の「国策会社」となることを通して、新たな東欧圏市場の確保を目論んだのである。ＩＧファルベン社の大豆プロジェクトは最後まで赤字であったが、そのほとんどはドイツ国家の補助金によって補填された。一九三九年に関してみると、全体で一三〇〇万マルクの赤字のうち補助金補填分は一一七〇万マルク、比率にして九割に達している。他方で、大豆見返り分による製品輸出による同年のＩＧファルベン社の収益は、ルーマニアとブルガリアの二ヵ国で四〇〇万マルクにのぼっている。[100]

「ゾーヤ社」は、ＩＧファルベン社重役のクルト・ヘルプをトップに、現地スタッフとして、農業技師一三名と農業技師補佐五名をおいた（一九三五年）。正規職員の数も一九三六年に六二人、一九三七年に一〇一人、一九三八年に一三五人と、毎年増加している。資本装備としては、自動車二八台、馬三三頭、脱穀機五台、トラクター一台などであり、一九三八年には——大豆の調達の上ではこちらの方が重要であるが——、倉庫三棟と乾草施設六棟を建設している。[101] そしてルーマニアがいくつかの生産区域にわけられ、各区域にそれぞれ主任がおかれた。この主任が各区域の生産と収穫の実施責任を背負うのである。各主任のもとに農業技師補佐一〜二名が配置され、加えて「村代理人 Dorfagent」が採用された。一人の「村代理人」が数村を管轄し農民との大豆契約を締結に従事し、契約面積一ヘクタールごとに四〇レイをえるとされた。「村代理人」の数は全部で二九六名である。[102] したがって大豆プロジェクトを末端で担い、この計画の成否の鍵となったのは、これらの「村代理人たち」ということになろう。おそらくは現地の有力ルーマニア人たちからなると思われるが、残念ながらその詳細は不明である。

農民たちは、「村代理人」と大豆栽培の契約を結ぶことになる。その内容は現代の契約栽培と同じであって、「ゾーヤ社」は全量を契約価格で買取り、農民は全量を会社に売り渡す。もちろん大豆はルーマニア農民たちには見慣れない初めての作物であるから、栽培技術の指導はもとより、農具・機械類の提供がなされたうえで、さらに大豆不作時には世界市場価格より二割も高い買取価格が保証された。[103] 杉本勇蔵の調査報告によれば、買取価格は一トンあたり、一九三五年度産が三五〇〇ライであったものが、一九三六年度産が四〇〇〇ライ、一九三七年度産が五〇〇〇ライとなった。これをドルに換算すると一一ドルで満洲大豆の八ドルに比べて三ドル高の水準であるという。[104] 当時のルーマニア農民について杉本は、「トウモロコシを主食としているから生活費はすこぶる安く、農業賃労働者の賃金も安い」と述べているから、[105] この買取価格は十分魅力的だったと考えられる。とりわけ開戦前、小麦価格が未だ低い水準にある時点では、大豆栽培は有利な選択であり得たであろう。「ゾーヤ社」のライバル企業としてチェコの大豆会社「プログレス・ベッサラビア社」が存在したことも、価格引き上げの効果をもった。[106] さらに、ルーマニア農民の土地がトウモロコシと小麦の連作によって地力を著しく低下させていたこと、大豆を輪作体系に取り入れることによって地力回復の効果も見込めたことも促進要因とみていいかもしれない。もっともこのためにこそ早生の大豆の品種開発が求められた。[107] その新品種「ヘルプ22号」は、クルト・ヘルプの妻となった前述の大豆育種研究者レーネ・ミュラーによって一九三九年に開発されている。[108]

こうして「ゾーヤ社」設立以後、一九三五年からの四年間に、ルーマニアにおいて契約栽培に基づく大豆作付けが持続的な拡大をみせる。一九三七年には、ルーマニア東部のソビエト国境に位置するベッサラビア北部とドブロジャ南部が大豆栽培適地と判明し、「ゾーヤ社」はこの地域に活動を集中させることになった。一九四〇年、ルーマニアの大豆作付面積一三万ヘクタールのうちベッサラビアは一一万ヘクタールであり、全国の約八五%を占めたが、とくにホチン、ソロカ、バルツィの北部三郡だけで八万五〇〇〇ヘクタールが作付けされたといわれ、大豆栽培がいかに特定地域に集中したかがわかる。(109) ゾーヤ社はベッサラビアに検査所を二ヵ所設置しているが、(110) これもベッサラビア地方の重要性を示すものだろう。もっとも、皮肉なことに多くの「民族ドイツ人」農民が暮らすベッサラビア南部地方は、穀物と酪農を主体とするドイツ型経営による優良経営が多かったのであろう、大豆栽培には消極的であった。(111) だが、こうして順調にみえた大豆プロジェクトも、先述の一九四〇年のベッサラビアのソ連軍進攻と割譲、戦時インフレ下でのルーマニア農民の農業自給化志向、そしてなによりも、新参の大豆よりは南東欧の主要な油糧作物であったヒマワリを最重要視するナチの食糧政策上の決断、これらによって大豆プロジェクトは突然の終焉を迎えることになったのである。(112) そういえば、独ソ戦でもっとも激しい戦場となった東欧の穀倉ウクライナにおける地上戦が戦われたのも、夏の広大なヒマワリ畑であった。(113)

おわりに

ヨーロッパの第二次大戦は、世界史上、他に類をみないほどの夥しい、かつ多様な形の死者を生んだ。しかし、ナチ占領下のソ連・東欧地域を除けば、また「飢餓の冬」にみまわれたオランダを別とすれば、(114) イギリス、ドイツはもとより、同じくナチ占領下となったフランス、ベルギーなどの西欧諸国を含めて構造的な飢餓状況が発生することはなかった。冒頭でミルワードの議論を引きあいに出して述べたように、この点は、戦争と飢餓が常に隣り合わせで存在したアジアの戦争の場合とは大きく異なる西欧社会の特徴である。のみならず、イギリスの戦時農業政策に典型的にみられるように、戦時農政は、戦後の食糧増産政策の史的前提を構成することとなった。もとより敗戦国となり、冷戦体制のもとに国民国家が分割された戦後ドイツに関しては、イギリスほど明瞭には戦時との連続性は語り得ない。それでも意識的な農学動員と食資源開発奨励のもとに、戦時期のナチス・ドイツの農業生産はやはり想像以上に維持されたといってよく、また、本章では論じられなかったが、戦後のＥＥＣ共通農政や東欧の「社会主義」農業のありようにつながる側面もあったことは否定できないだろう。以下、イギリスや日本との比較を意識しつつ、「第三帝国」の戦時農業・食糧政策と農業資源開発の歴史的特徴に関して、①戦時ナチ農政の近代化作用、②鍵としての農業労働力問題、③世界的な油脂・蛋白の供給問題の三つの視点からいくつかの論点を提示することで、本章の末尾としよう。

まず第一に、農業生産統制については、暴力などの強制的契機のみでは語り得るものではなく、それ以上に、バターや菜種の増産にみられたように、価格政策を通した生産誘導政策が、統制経済のもとである程度の増産効果を発揮した。同時に酪農場の整理・再編やサイロ建設にみられたように、これらの諸策は、戦後につながる農業生産力の近代化・合理化の側面を随伴していた。

もちろん価格政策の成功のためには、戦時インフレの抑制に成功することが決定的な与件ではある。森建資の研究によれば、戦時イギリス農業では、三分割制のもとでコーポラティズムにもとづく価格調整が図られていくが、このために、容易に農業労働者の賃上げが食糧価格高騰にリンクする構造をもっていた。[115] これと対比すれば、グーツ経営の穀物作から農民経営の酪農・畜産に比重が移行していた戦間期のドイツ農業にあっては、農業の賃上げが食糧価格上昇に連動するという問題は相対的には小さくなろう。階級的なコーポラティズムではなく、全国食糧職能団を軸に職能的な農民主義による調整が図られるのはそうした理由に基づく（後述のように農業奉公人の不足問題も家族労働力への負担強化による対応が図られた）。ただし、養豚に典型的にみられたように、農民経営を前提とする調整様式にあっては、食用と飼料の資源競合の問題が価格統制では制御しえないという問題が別途発生することとなり、その調整効果を過大評価することにもまた慎重でなければならないが。

こうした農民経営の私的な行動領域に対して、ナチ政権は、農場カードや農場巡回制度の導入と強化のほか、新たに農業相談制度や乳質検査制度を重視し、これを有効に活用することによって、農民経営に対する国家の直接管理を高めようとした。従来、こうした側面はナチ農村支配のファッショ的側面として――あるいは国家主義的な側面として――否定的に評価されてきたと思われる。しかし、酪農・畜産において新たな近代的な資本装備を必須とする段階に至って、国家の農業テクノクラート層が、統制経済のもとにおいて個別経営を超えて農村の地域支配の要として浮上したことの農業史的な意義はもっと重いのではなかろうか。むしろ、それは戦後の「国家的な」西欧農政をささえる農業の社会的制度の史的形成の一局面として理解することができるのではないかと思う。統制経済としてのナチ農政からの連続性を、実質的に西ドイツよりもより濃厚に帯びることになった東ドイツの場合、この点はいっそう当てはまろう。例えば戦後の機械貸与ステーション（MAS）、及びその後身の機械トラクターステーション（MTS）において、農業技術カードルとして地域農業の組織化を担ったのは、戦前来の農業相談員の系譜にあった人々であった。[116]さらにいえば、ナチ統治期の農業テクノクラートの増大は、ナチ農政における農学研究の拡充や奨励と大いに関係している可能性も十分あると思われる。

第二に、戦時のナチ農政の限界は、本章でみたように、養豚などの食肉にもっとも集中して現れた。それは上記の農民経営における人間と家畜の資源競合の問題のみならず、一九三〇年代において、大豆粕などの輸入飼料を排するなか、養豚の中心的な飼料となったはずのジャガイモが、一九四一／四二年度と一九四三／四四年度に相次いで深刻な不作に陥ったからである。その意味では――イギリスとはまったく異なった内容においてであるが――、ナチ農村支配の大いなるアキレス腱は、耨耕作物の不作の最大の原因と考えられる労働力問題だったのである。

本章では詳述しなかったが、すでに四カ年計画時において、農業奉公人などの農村青年層の農外流出は大きな問題として社会的に自覚されていた。このためにいまや重要性を増しつつあった酪農部門においても、搾乳を担当する家族労働力、とくに農婦の労働負担が非常に増大した。それは当時の社会問題になるほどだったのである。そうした状況のもとで、さらに第二次大戦の開戦により農村から大量の男子労働力が徴兵される。コルニとギーズによれば、青年男子を中心とする農村からの徴兵は、農業従事者九〇〇万人（一九三八年）のうち二五〇万人にまで達したという。(117) この場合、徴兵率は単純計算で二七％となるが、もちろん母数を男子だけに限定すればこの比率はもっと高くなるであろう。じっさいコルニとギーズは、別の箇所で、オヴェーリの言として「農業は開戦の年にその賃金労働者の三〇％を、男子労働力の四五％を失った」とまで述べている。(118) 嘆かれたのは農村青年と農業労働者の喪失だけではない。機械化と装置化が進むなかトラクター運転手や搾乳夫などの役割が、とくにグーツ経営において増大するが、彼らの徴兵によって専門労働者の不足が深刻化する。加えて独ソ戦開始後は、東部占領地農業のために、国内から大量の農業技師らが農業指導員として現地に派遣され、このために国内の「農業相談制度」が一時的に機能しなくなるという事態までが発生したといわれる。(119)

代替労働力として大量に東欧から調達された外国人農業労働者に関しては、ナチ政権は当初は農家に同居させることには消極的で、収容所を設置して、ここに配置した。彼らはジャガイモや甜菜などの労働集約的な耨耕作物の撫養・収穫作業に動員されたであろうが、その管理は困難を伴った。のちに農民たちの強い要望を受け入れて、彼らは農家に配属されることになった。とくに搾乳を担当する女子労働者の農家への割当ては、農婦の労働負担を軽減する効果をもったであろう。(120) このように外国人労働者は戦時労働力問題解決の切り札であったが、しかしそれがどこまで有効に解決し得たかは、なお議論の余地があると思われる。だが、労働力不足と外国人労働力導入が与えた影響は、農業生産に対する直接的な効果よりも、ドイツ農業の雇用関係においてはるかに甚大であった。戦後土地改革時の東ドイツ農村において、新農民となるはずの土着労働者は、想定されたような存在感をもっておらず、その数は決して多くはなかったのである。(121)

こうした農業労働力問題に対するナチス・ドイツ農学の対応はきわめて「工学的」である。カイザー・ヴィルヘルム研究所は、一九四〇年、ブレスロー大学との共同で、人間工学的発想にもとづく農業労働研究所を同大学内に設置し、さらに一九四三年には、同労働生理学研究所の生理化学部部長クラウト（戦時食料栄養学）の主導のもとに、外国人強制労働者に対する「最適な」栄養供与の研究を開始した。前者では、個々の農作業の動作や道具の研究だけでなく、「女性の目からみた農家経営」をスローガンに、家事・畜舎を含む農場空間全体の最適な配置が探求されたといい、後者は、もともとは労働量に応じた食料配給量に関する研究を行うところであるが（ハイムはこれを畜産研究所の最適給餌研究に対応するものと評している）、その延長線上に外国人強制労働者の栄養研究がなされた。強制労働者は三つのグループに分けられ、毎日、体重と右ふくらはぎの太さが測定され、カロリーと労働遂行量を正確に記録、こうして配給一覧表が作成された。そのさい東方労働者の基礎代謝は、背が低くて軽いからとドイツ人より一〇〇カロリー低く設定され、捕虜労働者はさらに一〇〇カロリー低くされたのだという。[122] 農場管理・人的資源管理における機能主義的・技術主義的な合理化へのあくなき探求姿勢がすさまじい。

第三に、ナチス・ドイツにおける農業資源開発については、油脂と蛋白への強い関心が顕著であった。それはブロック内の食糧アウタルキー政策をめざすナチ農政にとって至上命題だったが、しかし決してドイツに固有なものではなく、むしろ世界的にみても油脂と蛋白の問題は、穀物以上に当該期の食糧安保の戦略上の焦点であった。ドイツのみならず一九三〇年代後半以降のアメリカ中西部の大豆生産の急激な拡大が、そのことを物語る。そういえば、戦後欧米の食糧増産は一九七〇年代になって過剰生産に招くことになるが、そのさい問題になったのは、パンの過剰である以上に、膨大な牛肉とバターの在庫だったではなかったろうか。[123]

食糧アウタルキーの要請に従ってナチ政権は、マイヤー主導のもとに大学の農学研究を「農学研究団体」に再編・統合、ここに多額の研究資金を投入した。他方で、カイザー・ヴィルヘルム研究所においても、育種研究所を筆頭に、畜産研究所、内湖研究所、農業労働研究所など、ナチ農政理念に沿った研究所の拡充がなされていった。

本章で詳論した大豆開発も、もちろんこうしたナチの食糧アウタルキー構想のなかに位置づけられた。それが世界恐慌前後の時期における満洲大豆の欧州市場戦略――その挫折――と深く関わるものであったことは、「大豆プロジェクト」が決してナチ・テクノクラートの開発妄想のみに帰しうるものではなく、右記の二十世紀の油脂・蛋白をめぐる世界的な動向を背景に企てられていたことを物語ろう。大豆開発に関しては、大学や研究所における育種学研究を軸になされたこと、消費の局面においては栄養素に基づく新たな食品・兵食の開発として大豆の食品化が進められたこと、最後にそれらがＩＧファルベン社の東欧農業開発戦略と結びつくことで、大豆開発が研究室の枠をこえて、限定的ながらナチス・ドイツの油脂供給にある程度の貢献を果たしたこと、以上の点を確認しておきたい。ＩＧファルペン社の大豆開発が、ルーマニア農業史において、あるいは戦後の東欧農業のありように、いかなる史的意義をもったのかは、現時点で論じうるだけの状況にはないが、しかしそれが戦後の農業世界で普遍化するアグリビジネスの契約生産方式と同型の構造を持つものであったろうことだけは、ここで指摘しておくことにしたい[124]。

注

（1）本章でいう「国内 Altreich」とは、チェコやオーストリア併合以前の一九三七年当時のドイツ領土をさすこととする。なお表題の「第三帝国 das Dritte Reich」は、本章ではナチス・ドイツの国家体制と同義とする。また、本書全体の表記に従い、Ernährung には原則として「食料」ではなく「食糧」という表記を用いる。

（2）Volkmann, H. F., Landwirtschaft und Ernährung in Hiter Europa 1939–1945, *Militärgeschichtliche Mitteilungen*, 1984, H. 35, S. 9.

（3）Milward, A. S., The Second World War and Long-Term Change in World Agriculture, Martin, B./Milward, A. S. (ed.), *Agriculture and Food Supply in the World War (Landwirtschaft und Versorgung im Zweiten Weltkrieg)*, Ostfildern 1981, pp. 5–15

（4）「ナチスの強制的な生産計画に対するヨーロッパ農民たちの抵抗」の事実は明らかだが、にもかかわらず「政府の介入が驚くべきことに成功したという印象は否定しがたい。非常に困難な状況なもとでも、フランスの農業機関は一貫した計画のもとに、現地調達主義の巨大なドイツ占領軍と折り合いをつけ、かつ高水準のドイツの食糧輸出を果たしながら、フランス国民に食糧を供給する任務を一丸となってやり遂げたのである。同じくドイツの食糧・農業省も、体制が異常な緊張状態にあったにもかかわらず、一九四四年夏までは、首尾一貫した生産目標のもとで国内生産と食糧供与を維持したのである。」*Ibid*, p. 10. 戦時イギリスの農業政策に関しては、森建資『イギリス農業政策史』東京大学出版会、二〇〇三年、同「イギリス帝国の農業問題」佐々木雄太編著『世界戦争の時代とイギリス帝国』ミネルヴァ書房、二〇〇六年、を参照のこと。

(5) Corni, G./Gies, H., *Brot-Butter-Kanonen. Die Ernährungswirtschaft in Deutschland unter der Diktatur Hitlers*, Berlin 1997. この書物の第四部が戦時期を扱っている。IV. Die deutsche Ernährungswirtschaft im Zweiten Weltkrieg, S. 400–597.

(6) Ebenda, S. 485.

(7) たとえば外国人労働者については「戦時食糧経済のもっとも辛苦をなめた人々」という記述を（Ebenda, S. 468）、食糧収奪に関しては、戦時占領地農業政策研究のテーマとして「ドイツ民族共同体優位の下でのヨーロッパ農業搾取の総括」をあげている点を（Ebenda, S. 504）参照。また、この書物の末尾においては、「戦時ナチス食糧経済の成功の裏側には、農民、農業者、全国食糧職能団活動家らがナチ体制の維持に少なからず貢献した」ことが指摘されている（Ebenda, S. 597）。

(8) 「占領地からの巨大な備蓄抜きにドイツ人民族同胞の食の安定はあり得なかった。配給量のさらなる削減を回避するために占領地の農業資源搾取がドイツ人給養に役立った。ドイツ人のパン穀物需要の約四五％、脂肪・食肉需要の約四二％は、ドイツ域外において、あるいはまた強制労働者の手によって生産されていた。」Kluge, U., *Agrarwirtschaft und ländliche Gesellschaft im 20. Jahrhundert*, München 2005, S. 34. 最も新しい研究の記述としては、ライト夫妻による「ナチ時代の魚消費と『蛋白不足』」と題する論文の冒頭において、「第一次大戦との比較で外国の食資源収奪による食糧供給の維持」がなされたことが研究上の合意事項であることが指摘されている。Pelzer-Reith, B./Reith, R., Fischkonsum und „Eiweißlücke“ im Nationalsozialismus, in: *Vierteljahresschrift für Sozial-und Wirtschaftsgeschichte*, Bd. 96, 2009, H. 1, S. 4.

(9) これらに対して、古内博行は、ナチ統治期の農業問題の深刻さや、あるいはダレー農政の救いがたい過誤を重視し、これがナチ支配体制の構造的な脆弱点であったことを強調する。その意味ではナチ農業・食糧政策の成功評価とは立場を異にしている。ただし古内の分析は一九三四年から一九三六年までであり、本章が主として対象とする四カ年計画以降および戦時期の分析は行われていない。古内博行『ナチス期の農業政策研究 1934–1936』東京大学出版会、二〇〇三年。

(10) 第二次大戦と欧州農業に関する英語圏の最新研究としてはブラースリ他編『戦争・食糧・農業。一九三〇年代から一九五〇年代におけるヨーロッパ農村』(二〇一二年)がある。Paul Brassley, Yves Segers, and Leen Van Molle (eds.), *War, Agriculture, and Food: Rural Europe from the 1930s to the 1950s*, (Routledge studies in modern European history; 18), New York 2012. イギリスとベルギーの研究者を軸に欧州各国の研究者を糾合して編まれた学術書である。これまで欧州農業史において戦時が語られてこなかったことの反省、および第二次大戦こそが、国家が国民の食糧安保に責任を負う体制の画期になり、共通農業政策に象徴されるような戦後の全面的な国家管理下での食糧増産に帰結していったとの認識(同時に資本集約型農業への転換を伴う)、これらを共通の理解としつつ、第二次大戦を挟む時期を中心に戦時の農業・農政の比較史が試みられている(*ibid*, pp. 8, 55, 245)。比較対象とされる国はさまざまであるが、大きくは「連合国・枢軸国・中立国・占領地」という戦争を軸とした区分のほか、英仏を中心とする工業的な西欧の中核地域と、なお農業的で「遅れた」東欧および南欧の周辺地域という枠組みも打ち出されている(*ibid*, p. 247)。戦時経験が戦後欧州農業・農政の主要因となったとする点では上記のミルワード編共同研究と同一の認識に立つものの、欧州内の農業の比較分析が深まっている一方で、逆に、アメリカを別として欧州外の世界が視野の外におかれてしまった点が私としては大いに気になった。この点は、全体しての帝国論的視点の欠落につながるものと言わざるを得ない。比較の視点は全体として国家介入と農民主体のありようであり、「資源化」の観点はみられないことも付言しておこう。

なお本書のうちナチ農政に関わっては、バイエルン農村を扱ったゲルハルト(カリフォルニア大学)の論考(第一一章)と併合地オーストリア農村を扱ったラングターラーの論考(第四章)の対照性が興味深い。Gerhard, G., Change in the European Countryside. Peasant and Democracy in Germany, 1935–1955: *ibid*, pp. 196–208; Martin, J./Langthaler, E., Paths to Productivism. Agricultural Revolution in the Second World War and Its Aftermath in Great Britain and German-Annexed Austria: *ibid*, pp. 55–74. 前者は、戦時ナチ農政の農業史上の画期としての意義をあまり評価せず、むしろ西独農業基本法に基づく一九五〇年代の農村の劇的な変化を強調する。これとは反対に、後者は「ナチ農政の犠牲者としてのオーストリア農民」論を神話として批判すべく、トラクター普及に代表されるように戦時期こそが戦後の資本集約型農業への転機となった点が強調されている。

(11) 近年の日本の研究については、上記の古内の研究のほか、とくにホロコーストとナチ環境思想との関わりを意識する立場から、コンラート・マイヤーの「東部総合計画」に注目する研究が農業思想史・環境思想史の領域で多くみられるのが特徴である。代表的なものとして、藤原辰史『ナチス・ドイツの有機農業』(柏書房、二〇〇五年)および小野清美「ナチズムと景観イデオロギー」『ドイツ研究』第四五号（二〇一一年）をあげておく。（ちなみに藤原の最新作『ナチスのキッチン――「食べること」の環境史――』（水声社、二〇一二年）では、主として都市家庭の台所という「空間」における食のありようとの関わりから、ナチ時代の食糧政策への言及が随所になされている。）他方、雨宮昭彦の近作では、戦後西独の経済政策思想の源流となった秩序（オルド）自由主義経済学に関する問題関心から、一九三〇年代の食糧統制計画および世襲農場法とともに、「東部総合計画」が検討されているが、その論文末尾においては、マイヤーの空間概念が戦後西独の「社会的市場経済における空間＝地域計画」に継承されていったことが指摘されている。雨宮昭彦「第三帝国」の食糧経済システムの課題と政策」首都大学東京・経営学系、Research Paper Siries, 第七七号、二〇一一年。

（12）本章ではドイツ林業および林業資源開発については論じることができなかった。ナチ期の林業・林政については、Rubner, H., *Deutsche Forstgeschichte 1933–1945. Forstwirtschaft, Jagd und Umwelt im NS Staat*, St. Katharinen 1997, を参照こと。

（13）Hanau, A./Plate, R., *Die deutschen landwirtschaftliche Preis- und Marktpolitik im Zweiten Weltkrieg*, Stuttgart 1975. この書物の前書きによれば、戦後直後にスタンフォード大学の食糧研究所において「第二次大戦期の食糧と農業」というテーマの研究プロジェクトが立ち上げられた。その研究成果として、国内と占領地の農業政策ごとに計二冊の報告書が書かれたが、一九五三年に出版されたのは占領地に関する冊子だけであった。国内農業政策に関しては、一九七五年になってはじめてドイツ語で出版されることになった、と記されている。

ちなみにこの一九五三年のナチ占領地農業政策に関する書物とは、以下の英語文献である。Brandt, K. (ed.), *Management of agriculture and food in the German-occupied and other areas of fortress Europe: a study in military government*; in collaboration with Otto Schiller and Franz Ahlgrimm, Stanford University Press, 1953. この書物の協力者の一人にあげられているオットー・シラーはナチ時代のソ連農業専門家で、ウクライナなどナチのソ連占領地における「コルホーズ再編＝耕作協同体化」に深く関与した人物である。

（14）Heim, Susanne (Hg.), *Autarkie und Ostexpansion: Pflanzenzucht und Agrarforschung im Nationalsozialismus*, Göttingen 2002: dies., *Kalorien, Kautschuk, Karrieren. Pflanzenzüchtung und landwirtschaftliche Forschung in Kaiser-Wilhelm-Instituten 1933 bis 1945*, Göttingen 2003: Drews, Joachim, *„Die Nazi-Bohne“: Anbau, Verwendung und Auswirkung der Sojabohne im Deutschen Reich und Südeuropa (1933–1945)*, Münster 2004; Ders., VomSoja-Anbau zum „Wohlthat“-Vertrag. Der ökonomische Anschluß Rumäniens an das Deutschen Reich, in: *Besatzung und Bündnis. Deutsche Herrschaftsstrategie in Ost-und Südosteuropa*, Beiträge zur Nationalsozialistischen Gesundheits-und Sozialpolitik, Nr. 12, Berlin 1995.

(15) Reichsnährstand については定訳が存在していない。例えば本章注(9)(11)(18)であげた文献をみると、磯部は「全独食糧団」、古内は「全国食糧職分団」、藤原は「帝国給養身分団」、雨宮は「国家食糧団」という用語を使っている。また英語表記についても、管見の限りだが Reich Food Estate と German Food Corporation というかなり異なった二種類の表記が見られる状況である。本章では、ドイツ農業団体の編成原理は職能的 berufsständig に構成されている点に特徴があるとの観点から、さしあたり「全国食糧職能団」と表記することとした。

(16) 古内博行、前掲書、二一～四一頁。Hanau/Plate, a.a.O., S. 8–9.

(17) 古内はこれをダレー農政の失政として論じている。同八〇～八一頁、および一〇一頁を参照。

(18) ナチの食政策に関する本格研究としては、Melzer, J., *Vollwerternährung. Diätetik, Naturheilkunde, Nationalsozialismus, sozialer Anspruch*, Stuttgart 2003, S. 143–259; Heidel, W., *Ernährungswirtschaft und Verbrauchslenkung im Dritten Reich 1936–1939*, Diss. Freien Uni. Berlin 1989, をあげておく。部分的に言及がみられるものとして、Pelzer-Reith, B./Reith, R., *Magarine. Die Karriere der Kunstbutter*, Berlin 2001, S. 79–82; 藤原辰史『ナチス・ドイツの有機農業』一二四～一三一頁。磯部秀俊『ナチス農業の建設過程』（東洋書館）一九四三年、一七八～一八二頁。なお、以下では食資源として油脂と蛋白源に着目し、工芸作物であるリンネルに関しては、議論の対象外とする。

(19) Hanau/Plate, a.a.O., S. 30–31.

(20) Ebenda, S. 27–29, u. 32f.; Corni/Gies, a.a.O., S. 473–475; Lehmann, J., Die Deutschen Landwirtschaft im Kriege, in: Eichholtz, D. (Hg.), *Geschichte der deutschen Kriegswirtschaft 1939–1945*, Band 2: 1941–1943, Teil 2, München 1999, S. 575–578 u. 589–590.

(21) Bundesarchiv-Berlin, R 3601, Nr. 3115 „Brotgetreide und Mehl, 1942–1944". このファイルに収められている文書には「全粒パン」に関する記述が散見される。たとえば一九四三年六月一〇日付けのハンブルク市から州食糧課宛の文書では、ハンブルクの飲食店から「全粒パン」対する客の評判が大変悪いという苦情が来ていると述べている（Ebenda, Bl. 165（＋RS））。これとは表現は逆だが同じ主旨の文書として、一九四三年七月二八日付けアイハッハの製粉所から国防省宛文書では、「製粉の漂白はほとんど意味がないが、パン屋や消費者が漂白製粉を好むのでこれを継続している」との記述がみられる（Ebenda, Bl. 85）。

(22) Corni/Gies, a.a.O., S. 427–428; Hermann, K., Tendenzen der landwirtschaftlichen Mechanisierung im Deutschland der Zwischenkriegszeit, in: ders. (Hg), *Die Entwicklung der Agrartechnik im 19. und 20. Jahrhundert*, Ostfildern 1984, S. 87–93, bes. S. 92.

(23) Corni/Gies, a.a.O., S. 431.

(24) イギリス農政に関しては、森建資、前掲書、第四章以下を参照。

(25) Corni/Gies., a.a.O., S. 423–424.

(26) Drews, J., „*Die Nazi-Bohne*“, S. 28–29.（以下、括弧を外して満洲大豆と記述する）。満鉄商工課のロンドン駐在員であった永田久次郎によれば、一九三三年において、ドイツ輸入油糧種子二二三万トンのうち満洲大豆は一一七万トンと約半分を占め、断トツの一位である（南満洲鉄道株式会社地方部商工課『独逸と満洲大豆』一九三五年三月、一五～一六頁）。「大豆油は今日欧州市場において食料油として決定的な役割を演じている。而して之は液体あるいは硬化体において使用されている。……大豆油は一番安い食料油であって、しかも価値特徴の点においては綿実油に等しく落花生油に近い。……大豆から生産されるレシチンは脂肪に類似した物質であって、……マーガリン工業においては大豆が有するレシチンが重要な役割を有する。」（「グルネワルド博士の小文「大豆の意義」から。同上（参考資料四）七一～七二頁。）同時期、マーガリンは失業と賃金低下にあえぐ労働者のバターの代用品として急速に増大したという。Pelzer-Reith/Reith, *Magarine*, S. 64. かつて砂糖と紅茶が産業革命期の工場労働者の食を支えたように、極論すれば、満洲の大豆こそは、マーガリン原料となって、世界恐慌期のドイツの労働者の食を支えたといえようか。

(27) Hanau/Plate, a.a.O., S. 87–90; Corni/Gies, a.a.O., S. 53–62. 前掲『独逸と満洲大豆』、一一～三二頁。熊野直樹「バター・マーガリン・満洲大豆―世界恐慌期におけるドイツ通商政策の史的展開―」同他編『政治史への問い／政治史からの問い』（法律文化社、二〇〇九年）、一四七～一七四頁。ただし熊野は、油脂法に関しては、飼料穀物価格をめぐる大農業者と酪農民の対立を重視している。

(28) 古内博行、前掲書、八八頁以下。

(29) 一九三六年六月にハンブルクで開催された満洲特産座談会におけるマーガリン製造業社長モーアの発言によれば、当時のマーガリン原料に占める大豆油の割合はわずか六・七％である。『満洲特産月報』（満洲特産中央會編）一九三六年九月号、二七頁。大豆に取って代わったのは鯨油であった。とくに一九三六年時点では鯨油が四割にも達している。南満洲鉄道株式会社地方部商工課『欧州市場に於ける満洲大豆の地位』一九三六年、一九～二〇頁。戦時期には鯨油に代わって菜種が登場する。Pelzer-Reith/Reith, *Magarine*, S. 87–88. さらに戦時中は褐炭から食用の合成油脂を製造する試みまでが行われている。Ebenda, S. 96f.

(30) Hanau/Plate, a.a.O., S. 94.

(31) Ebenda, S. 75–77; Corni/Gies, a.a.O., S. 482–483.

(32) ただし酪農地帯であるホルシュタイン地方の事例である。Thyge Thyssen, *Bauer und Standesvertretung. Werden und Wirken des Bauertums in Schleswig-Holstein seit der Agrarreform*, Neumünster 1958, S. 99ff.

(33) Hanau/Plate, a.a.O., S. 75, u. 80.

(34) Clauß, W., Die deutschen Landwirtschaft, *Bericht über Landwirtschaft*, Neue Folge, 148. Sonderheft, Berlin 1939, S. 195.

(35) シュレスヴィッヒ・ホルシュタイン地方における戦時期の生乳供出のための生乳検査の様子を示す写真として、Tillmann, D., *Landfrau in Schleswig-Holstein 1930–1950*, Heide 2006, S. 124.（本章扉の口絵写真参照）

(36) Lehmann, a.a.O., S. 589 ff; Corni/Gies, a.a.O., S. 474. 農場巡回の写真として Clauß, W., a.a.O., S. 75.（本章扉の口絵写真参照）

(37) 古内博行、前掲書、二三三～二三九頁。

(38) Gorni/Gies, a.a.O., S. 482f.

(39) Hanau/Plate, a.a.O., S. 85.

(40) Schröder-Lembke, G., *Studien zur Agrargeschichte*, Stuttgart/New York 1978, S. 190 u. 192–195.

(41) Hanau/Plate, a.a.O., S. 92–93.

(42) Ebenda, S. 60–67

(43) 当時の新式のサイロの写真として、Clauß, W., a.a.O., S. 121.

(44) Ebenda, S. 83.

(45) Ebenda, S. 103–107.

(46) Ebenda, S. 50. パルヒム郡のマルヒョー農場（四三六ヘクタール）は、一九三五年にはトラクター六台、トラックと自家用車各一台を保有する先進経営だが、この経営の根幹をなすのはジャガイモである。その作付け率は耕地の三八%に及び、自給飼料に充てるにとどまらず、相当量を販売に仕向けている。Niemann, M., *Mecklenburgischer Großgrundbesitz im Drittenreich*, Köln 2000, S.

131ff.; ders., Traditionalität und Modernisierung in der Mecklenburgischen Gutswirtschaft in der ersten Hälfte des 20. Jahrhunderts, in: Bispinck, H.u.a. (Hg.), *Nationalsozialismus in Mecklenburg und Vorpommern*, Schwerin 2001. 105ff; Vgl. Schröder, P., *Erfahrungen und Erfolge mit technischen Hilfsmitteln im Betriebe des Herrn Burgwedel-Hof Malchow*, Diss. Bonn 1935.

(47) Ebenda, S. 56.

(48) 開戦から一九四三／四四年までの期間で、ドイツ占領区ポーランドからのジャガイモのドイツ国内への移送は、全輸入のうちの三分の一以下であったという。Corni/Gies, a.a.O., S. 512.

(49) Lehmann, a.a.O., S. 609, u. 612–13; Corni/Gies, a.a.O., S. 463–468.

(50) Hanau/Plate, a.a.O., S. 106.

(51) Hanau/Plate, S. 23. これに対して占領下のポーランド農民は、強制供出に対する抵抗という意味でも、当然ながらヤミ経済に深く関与した。Corni/Gies, a.a.O., S. 511.

(52) Corni/Gies, a.a.O., S. 485; Hanau/Plate, a.a.O., S. 109.

(53) 全体としてドイツの食糧配給水準は一人あたり二二〇〇〜二三〇〇カロリーで、一九四三年まではイギリスの水準と同じである。第一次大戦との比較でも、食肉配給量はその二倍の水準であった。コルニとギースはこれを食糧政策の成功と評価し、その要因として合理的な食糧の供出・配給制度、農業生産力の高水準での維持、生産者と消費者に対する高度な管理を、占領軍からの容赦ない食糧収奪とともにあげている。Corni/Gies, a.a.O., S. 573.

(54) ロスクートフ（山田実訳）『食を満たせ。バビロフとルィセンコの遺伝学論争と植物遺伝資源』（未知谷）二〇〇九年。フォスター（渡辺景子訳）『マルクスのエコロジー』（こぶし書房）二〇〇四年、三七八〜三八一頁。Heim, S., Forschung für Autarkie. Agrarwissenschaft an Kaiser-Wilhelm-Institut im Nationalsozialismus, in: dies. (Hg.), *Autarkie und Ostexpansion*, S. 154f.

(55) Heim, *Kalorien, Kautschuk, Karrieren*, S. 10; Clauß, a.a.O., S. 51.

(56) Heim, Forschung für Autarkie, S. 145.

(57) 詳細は不明だが、軍も食資源研究を重視した。その代表的な存在が、当時の国防省の兵食担当トップであったツィーゲルマイアーである。一九三六年発行の著作には、食資源項目ごとに詳しい記述がみられる。Ziegelmayer, W., *Rohstoff-Fragen der deutschen Volksernährung. Eine Darstellung der ernährungswirtschaftlichen und ernährungswissenschaftlichen Aufgaben unserer Zeit*, Dresden

1936. 興味深いことにツィーゲルマイアーは、戦後においてソ連軍占領区の東ベルリンの食糧政策の担当者になっている。

(58) Stoehr, I., Von Max Sering zu Konrad Meyer-ein „machtergreifender“ Generationswechsel in der Agrar- und Siedlungswissenschaft, in: Heim (Hg.), *Autarkie und Ostexpansion*, S. 64–65; Oberkrome, W., *Ordnung und Autarkie. Die Geschichte der deutschen Landbauforschung, Agrarökonomie und ländlichen Sozialwissenschaft im Spiegel von Forschungsdienst und DFG*, Stuttgart 2009, S. 112; Klemm, V., *Agrarwissenschaften im „Dritten Reich“. Aufstieg oder Sturz? (1933–1945)*, Berlin 1994, S. 18–19; Heim, *Kalorien, Kautschuk, Karrieren*, S. 15; 渡邊庸一郎『ドイツ農学研究団体。Forschungsdienst の組織と活動』中央農林協議会、一九三八年、一五頁。

(59) Klemm, a.a.O., S. 29–31.

(60) Vgl. Stoehr, a.a.O., S. 57–90. これによりゼーリング研究所編だった『内地植民研究誌』（いわゆるチューネン・アルヒーフ）は、「研究奉仕団体」編の『新農民主義 Neuer Bauerntum』に名称変更されて発刊されることとなった。なお、シュテールの議論については雨宮も参照。雨宮昭彦、前掲論文、四一頁。

(61) Henkel, G., *Der ländliche Raum. Gegenwart und Wandlungsprozesse seit dem 19 Jahrhundert in Deutschland*, Studienbücher der Geographie, Stuttgart 2004, S. 276.

(62) オーバークローメによれば、マイヤーは「民族と食の自由」のスローガンのもと、「民族主義的な農民主義」と農業生産力主義のあいだで綱渡りを演じたが、伝統的な農民主義を捨て、「新しい農民主義」を打ち出すことで、ゼーリング的なもの、あるいはダレー的なものから決別し農学研究を四カ年計画の政策目的に対応させたという。Oberkrome, a.a.O., S. 116.

(63) Ebenda, S. 121–126; 渡邊庸一郎、前掲書、九～二二頁。

(64) 同上、二六～四六頁。

(65) 「甘味ルピナス」については様々な文献において言及がみられる。Heim, Forschung für Autarkie, S. 150; dies, *Kalorien, Kautschuk, Karrieren*, S. 33–38; Clauß, a.a.O., S. 129; 前掲『独逸と満洲大豆』三五～三七頁。

(66) Heim, *Kalorien, Kautschuk, Karrieren*, S. 49ff., 63ff., 72, u. 91ff. なおナチ政権は、内湖や河川に限らず、新たな蛋白源として魚食を推進した。北部を除き魚食習慣があるとはいえないドイツ人に対して魚食を奨励、そのために「魚の切り身（フィレット）」や「魚の缶詰」などの魚の製品化を行っている。一九三六年には「水産物取引推進会社」を設立し、公的融資によって、水産物流通施設の整備をおこなった。現在、北ドイツを中心に展開するファストフードチェーンである「ノルトゼー」の躍進はこの時に始まったという。供給については、開戦前は、遠洋漁業とデンマークおよびノルウェーからの輸入に依存していたが、戦時中はノルウェーがナチス・ドイツの占領下におかれることによって、ノルウェー漁業がドイツ向け水産資源由来蛋白の拠点として編入される(ドイツの遠洋漁業は停止)。「ノルトゼー」を含む三つの会社が、ここに大規模な冷凍施設を建設、とくに「ノルトゼー」は、すでに開戦前に、「魚切り身」日産七〇万トンの生産能力をもつ冷凍加工工場建設の契約を締結していたという。漁船の燃料は陸軍が提供(魚の切り身は陸軍の兵食として利用)、また労働力としてはロシア人戦争捕虜とウクライナの外国人強制労働者が利用されたという。以上は、前掲 Pelzer-Reith/Reith, Fischkonsum und „Eiweißlücke" im Nationalsozialismus, S. 5–26による。こうしたナチの水産資源開発の論理は、後述する南東欧の大豆開発の論理とかなりの程度まで同型である。

(67) Heim, *Kalorien, Kautschuk, Karrieren*, S. 17. 高速道路とフォルクスワーゲンに代表されるナチス・ドイツのモータリゼーション推進策は、他方でタイヤ原料(もちろん軍需も含む)である天然ゴムの輸入代替品を帝国圏内でいかに開発・確保するかという難題を浮かび上がらせた。合成ゴム開発に従事していたIGファルベン社が一九三〇年代中葉にはその工場生産に成功していたものの、質的な面で合成ゴムはどうしても天然ゴムに劣ったのだという。このため四カ年計画のアウタルキー政策を背景に、一九三八年よりベルリンのカイザー・ヴィルヘルム財団育種研究所でゴム・タンポポの研究開発がはじめられたとされる。

ゴム・タンポポの別名はコーカサス・タンポポ Taraxacum Kok-Saghyz である。長い根に乳液が含まれ、それが新たな天然ゴムの原料として注目された。一九三一年にソ連で発見され、一九三五年からは本格的な栽培がはじまる。適作地はその名のとおりロシア・コーカサス地方、クリミア半島、そしてウクライナであった。ちなみにアメリカも一九四二年にソ連より種子の提供をうけて研究を開始している。

ナチス・ドイツのゴム・タンポポ研究が本格化するのは独ソ戦開始後にこの地方を占領してからである。ゴム・タンポポの種子はもとより、ウクライナのウーマンにあったソ連のゴム工場、ロシア人農業技師、そしてロシア語研究文献にいたるまで、ソ連のゴム・タンポポ研究成果を根こそぎ奪取した。これを礎に、親衛隊経済管理本部の主導の下に、カイザー・ヴィルヘルム財団の育種研究所と化学研究所が両輪となって、新たな代替ゴムの研究開発が進められたのである。他方で現地ウクライナでは全国食糧職能団と食糧農業省がロシア農民にゴム・タンポポの大規模な作付け強制を行う。しかし、現地視察報告によれば、ウクライナにおけるゴム・タンポポの栽培面積は二万五六四〇ヘクタールに達するものの、農民たちは手間のかかるタンポポの栽培を敬遠。さらに散在する作付け地、貧弱な牽引力と農具、ロシア人農業技師の研修不足、そしてなにより現場管理者たるドイツ人農業指導者がパルチザンの活性化によって危険にさらされていること、これらのためにタンポポの栽培は困難を極めた。雑草が繁茂し、発芽率は一割から二割程度、そのうえで生き残るのはその四割にすぎない状況であったという。戦況悪化もありウクライナでの栽培実験は放棄されるが、にもかかわらず、カイザー・ヴィルヘルム研究所によるゴム・タンポポの育種研究は、一九四四年二月、その場をベルリンからアウシュビッツのライスコ農業試験場に移動して続行される。そこではドイツ人スタッフの主導のもとに、対独協力者ロシア人農学者や、さらにアウシュビッツの囚人であったフランス・ユダヤ人科学者が動員されたという。以上は主としてS・ハイム前掲書による。Heim S., Kalorien, Kautschuk, Karrieren, S. 125–198 (Kautschuk-Kriegswichtige Pflänzchen) ハイムは、ナチ農学の輸入代替作物開発研究がソ連占領地の農業資源開発(搾取)とアウシュビッツと深く結びついてあったことの象徴的事例としてゴム・タンポポ研究をとりあげ、その実態を詳細に明らかにしている。なおゴム・タンポポの邦語文献として、住田哲也「ゴムタンポポ(Kok-saghyz)とその栽培法」『農業および園芸』第三十巻第七号、一九五五年七月号、九三一～九三四頁、および小川房人・小山博史「巣まきは収量を高めうるか」『日本生態学会誌』第六巻第四号、一九五七年三月、一三六頁、がある。

(68) よく知られるようにH・バッケはロシア農業の専門家である。もともとコーカサスの港町に生まれ、父は退役軍人の商人、母は当地のドイツ人移民農家の出身者である。ロシア革命を機にドイツに亡命。一九二六年にはゲッチンゲン大学農学部でロシア穀物経済に関するテーマで農学学位を取得している(Ebenda, S. 29)。同じ「民族ドイツ人」出身者でもW・ダレーは南米アルゼンチン生まれである(Anna Bramwell, *Blood and Soil. Richard Walter Darre and Hitler's 'Green Party'*, p. 13)。ナチの東欧拡張政策にはバッケの方がフィットしたということかもしれない。

(69) 細野重雄「アメリカの大豆経済」『農業総合研究』第五巻第一号、一九五一年、六〇～六二頁。管見の限り、この主題に関する戦後日本の研究としては唯一のものである。

(70) アーカンソー州のミシシッピ河デルタの綿花プランテーション地帯では、世界農業恐慌とニューディール農政の結果、削減された綿花の代替作物として大豆栽培が拡大した。大豆は地力増進作物であり、新しい商品作物でもあったが、同時に綿花に比べれば(南西ドイツの場合と異なり)労働粗放的な作物であった。これに農業調整法による補助金取得やトラクターの本格導入が重なって、プランテーション経営の解体が進んだと指摘されている。Whayne, Jeannie M., *A New Plantation South. Land, Labor, and Federal Favor in twentieth-Century Arkansas*, University Press of Virginia, 1996, pp. 168–171. ただし、本書第八章の名和の記述にみるように、ジョージア州などアメリカ南東部七州を対象とする地域計画委員会の生産調整計画では、タバコや綿花のプランテーション作物から、主として酪農・畜産・野菜作への転換の転換が目指されている。飼料生産としてはオート麦（燕麦）と干し草が重視され、大豆は作付面積の増大率は高いものの全体に占める比率はなお小さいままである。（本書第八章表8-2参照）。イリノイ州やミズーリ州な大豆適作地の中西部を中心に新しい農作物（飼料・油糧作物）として大豆栽培の拡大が生じたのは事実だが、それが大恐慌以後のアメリカ農業全体の構造転換にどの程度のインパクトをもつものであったかは別途検討すべき課題である。

(71) アメリカ農業においては、一九二五年から一九三六年にかけて、綿花は三五万トンから二九万トンへ、トウモロコシは六〇八万トンから三八六万トンへと大幅減産であるのに対して、小麦は微減にとどまる。他方で一九三六年の牛頭数は六六五〇万頭であり、対一九二五年比で一九五〇万頭もの大幅増大であったとされる。Bengelsdorf, J., *Die Landwirtschaft der Vereinigten Staaten von Amerika im Zweiten Weltkrieg*, St. Katharinen 1997, S. 25.

(72) 満洲特産中央会は一九三六年六月にハンブルクで「満洲特産座談会」なる日独の関係者による会合を開催している。この会合にはハンブルク市長のほか、製油工場「ハンザミューレ」社長のシュルツが参加している。「漢堡に於ける満洲特産座談会」『満洲特産月報』一九三六年九月号、一八頁以下。

(73) 前掲『欧州市場における満洲大豆の地位』八～九頁。

(74) 満洲特産中央会は、ブロック経済化のなかで市場喪失の危機に直面するなか、関東軍主導により一九三五年六月に設立された（『満洲日報』一九三五年六月二二日。神戸大学付属図書館デジタルアーカイブ新聞記事文庫より）。後述のように杉本は一九三七年の八月から九月にかけルーマニアをはじめとする南東欧の大豆栽培に関して調査旅行を行い、その報告書を『月報』に随時掲載している。なお杉本は、一九三四から三五年にかけてハンブルク大学の日本学教室の日本語教師だったようである。Asien-Afrika-Institut a.d. Universität Hamburg: http://www.uni-hamburg.de/Japanologie/sem_ge_in.html

(75) Drews, a.a.O., S. 34–35, u. 75–76.

(76) Melzer, a.a.O., S. 207ff.

(77) Drews, a.a.O., S. 174–176.

(78) Drews, a.a.O., S. 182–184

(79) The Times, Apr. 23, 1940, "A VITAL GERMAN SUPPLY. THE MAGIC BEAN. SOYA FOOD FOR MAN AND BEAST".

(80) 『満洲特産月報』一九四〇年六月号、三〇頁、および同七月号、六〇頁。

(81) Drews, a.a.O., S. 167.

(82) Drews, a.a.O., S. 41 u. 74. 前掲『独逸と満洲大豆』三五頁、八六～九六頁（「参考資料十。独逸に於ける大豆試作の現状と其の将来」）。

(83) Drews, a.a.O., S. 72–73.

(84) Oberkrome, a.a.O., S. 123, u. 131.

(85) むしろ、施肥、播種、植え付け間隔、収穫技術などの栽培技術学の分野において一定度の進展があったという。Drews, a.a.O., S. 77–80.

(86) Drews, a.a.O., S. 85–87.

(87) Drews, a.a.O., S. 96–97.

(88) ちなみに、満洲の一ヘクタールあたり収量は約一トン水準である。日満農政研究会新京事務局『満洲ニ於ケル大豆栽培消長ノ歴史的研究』一九四二年、二九～三〇頁。

(89) これによりベッサラビア地方の「民族ドイツ人」農民は、戦時ナチ強制移住政策の一環として、ヴァルテラントおよびダンチヒ・西プロイセンの両大管区に集団入植することになる。この間の事情については拙稿「「民族ドイツ人」移住農民の戦時経験―ナチス併合地ポーランド入植政策から東ドイツ土地改革へ―」『生物資源経済研究』（京都大学）第一七号、二〇一二年、三九～七六頁、を参照。

(90) Drews, Vom Soja-Anbau zum „Wohlthat" Vertrag, S. 70–73.

(91) Ebenda, S. 71

(92) Drews, *Die „Nazi-Bohne"*, S. 41.

(93) Ebenda, S. 169 u. 173.

(94) Ebenda, S. 231. イルグナーは中欧経済会議の人脈に太いパイプをもつ人物とされる。ドュルースは、大豆プロジェクト計画における中欧経済会議の果たした役割を重視している。Ebenda, S. 203f.

(95) Ebenda, S. 245.
(96) Ebenda, S. 266.
(97) Ebenda, S. 231f. シャハトは中欧経済会議議長でもあった。
(98) Ebenda, S. 234, 前掲『独逸と満洲大豆』三八頁、『満洲特産月報』一九三八年二月、三七頁、九八頁。
(99) Ebenda, S. 245
(100) Ebenda, S. 236–237.
(101) Ebenda, S. 247.
(102) Ebenda, S. 247–248.
(103) Ebenda, S. 233.
(104) 『満洲特産月報』一九三八年二月、三八頁。
(105) 前掲『独逸と満洲大豆』、一〇二頁。
(106) Drews, *Die „Nazi-Bohne"*, S. 252. ルーマニア農民たちは一九三五年の干ばつ時、収穫した大豆を大豆会社に引き渡さずに自家飼料として利用したといい、さらに一九三七年には、契約農民の大豆収穫のうち一三%が会社に提供されず、このうちの三分の二は自家消費に回り、残りの三分の一は他の商人に転売された。これに対してゾーヤ社はなす術がなかったという（Ebenda, S. 251）。契約に対する農民たちの理解の仕方とともに、農民たちの取引力が強かったことを示す事例といえよう。
(107) 当時のトランシルバニア地方では伝統的な三圃式農業が営まれていたとされる。Drews, Vom Soja Anbau zum „Wohlthat" Vertrag, S. 66. また、杉本の報告によれば、ルーマニア政府は「小麦→トウモロコシ→燕麦→大豆」の四年輪作を推奨しているという。『満洲特産月報』一九三八年二月、四二頁。
(108) ルーマニア大豆会社のトップはＩＧファルベン社重役のクルト・ヘルプであったが、重要な役割を果たしたのは、妻で大豆育種学者であったレーネであった。レーネは、一九二七年にＩＧファルベン社のオッパウ植物学研究所の勤務時代に大豆に出会い、その後一九三〇／三一年にソ連、中国、日本、満洲に大豆に関する調査旅行をした。一九三四年、「ゾーヤ社」設立にさいして大豆栽培の技術指導に従事するが、これがきっかけでクルトと結婚している。ドイツでは貴重であろう大豆の技術指導者として、彼女は各村を巡回し農民や農業技師に対する技術指導を行う一方、南東欧の気象条件に適した品種改良にも勤しみ、一九三九には、早生で乾燥にも強いという「ヘルプ22号」—自らの名を冠している—の開発に成功した。この新品種は一九四〇年にベッサラビアで作付けられたという。Drews, *Die „Nazi-Bohne"*, S. 257–258.

(109) Ebenda, S. 250–251.

(110) Ebenda, S, 245.

(111) Ebenda, S. 255.

(112) Ebenda, S. 260 u. 262–263.

(113) 一九三六年において、ドイツは「ロシア」から一〇万トン、ルーマニアから四千トンのヒマワリの油粕を輸入している。前掲『欧州市場に於ける満洲大豆の地位』、三一頁。

(114) 連合軍のノルマンジー上陸後のドイツ軍撤退時に、戦場となったオランダ西部都市地域を中心に一九四四／四五年冬にかけ大規模な飢餓状況が発生。死亡者は二万人ともいわれる。この事件については、Trienekens, G., The Food Supply in the Netherlands during the Second World War, in: *Food, Science, Policy and Regulation in the Twentieth Century: International and Comparative Perspectives*, (Studies in the social history of medicine, 10), ed. by David F. Smith and Jim Phillips, London: Routledge, 2000, pp. 117–133. 一九四四／四五年冬以前のナチ占領下のオランダについては、もともと高度な畜産・園芸が発達しているが、穀物自給率は低く食用・飼料とも輸入に依存していたこと、戦時には肥料・機械・労働力の不足が生じたこと、そしてナチの強制供出に対する農民の強い抵抗がみられたこと、これらのために西欧諸国の中では戦時オランダでは、牛頭数が三五％、豚頭数が七六％も激減するなど、農業生産力の低下が顕著であったといわれる。ナチス・ドイツにとって占領当初こそ畜産物輸入が急増したが、一九四五年初頭には「ドイツ戦時経済にとってなんの役にも立たない状況」になった。Corni/Gies, a.a.O., S. 518–519, Volkmann, a.a.O., S. 395f.

(115) 森建資、前掲書を参照。

(116) 戦後東ドイツの農業技師については、拙著『東ドイツ農村の社会史—「社会主義」経験の歴史化のために—』（京都大学学術出版会）二〇一一年、第七章、を参照のこと。

(117) Corni/Gies, a.a.O., S. 436.

(118) Ebenda, S. 437f.

(119) Ebenda, S. 510, Lehmann, a.a.O., S. 583.

(120) Tillmann, D., *Landfrauen in Schleswig-Holstein. 1930–1950*, Heide 2006, S. 127.

(121) 前掲拙著参照。

(122) Heim, a.a.O., S. 91–96, u. 109–116.

(123) Vgl. Puhl, H-J., *Politische Agrarbewegungen in kapitalitischen Industriegesellschaften*, Göttingen 1975, S. 12.

(124) 以上は、主として戦時ナチ食糧アウタルキー政策に即した戦後への展望である。ところでこれとはやや異なるものとして、本章でも言及したマイヤー「東部総合計画」に象徴される併合地・占領地農村のゲルマン化政策を軸に、戦後への史的脈絡を論じるスタンスがある（本章注(11)も参照）。戦時ナチ農民入植政策は、仮に併合地全体を「地域土地資源」、また入植者の人種的選抜を「人的資源管理」とみるならば、これを大規模なナチ「資源化」政策とみなすこともできるであろう。この研究潮流の主たる問題関心はホロコーストの史的解明であるが、同時に民族浄化を伴いつつ追求された機能主義的で合理的な農村空間の建設に戦後西独の「農業構造政策＝農村整備事業」の農政思想上の先取りを読みとったり（Mai, U., „*Rasse und Raum*". *Agrarpolitik, Sozial-und Raumplanung im NS-Staat*, Paderborn 2002）、戦後東独の土地改革において、ナチ入植学の人的系譜に属する農村建築家たちの手による新農民家屋建設事業にフォーディズム的な機能主義的農村景観思想をみてとるなど（Dix, A., „*Freies Land*". *Siedlungsplanung im ländlichen Raum der SBZ und frühen DDR 1945–1955*, Köln 2002）、そこでは戦時ナチ農政から戦後東西ドイツ農政への連続性が、断絶性にもまして強く意識されている。日本の地域資源開発と比較した場合、二〇世紀ドイツの地域資源開発の決定的な特徴として浮かび上がるのは、この強烈な地域空間概念の存在、「農村空間の機能主義的合理化」ともいうべき強固な志向の作用である。その意味で次章で菊池により議論される東独エアフルト市の「社会主義」的で空間的な農業資源開発は、戦時ナチ「資源化」政策の史的系譜のうちにも十分位置づけられるものと思われる。

参考文献

（欧語文献）

Brassley, P., Segers, Y., and Van Molle, L. (ed.), *War, Agriculture, and Food: Rural Europe from the 1930s to the 1950s* (Routledge studies in modern European history; 18), New York 2012.

Bengelsdorf, Joachim, *Die Landwirtschaft der Vereinigten Staaten von Amerika im Zweiten Weltkrieg*, St. Katharinen 1997.

Corni, G./Gies, H., *Brot-Butter-Kanonen. Die Ernährungswirtschaft in Deutschland unter der Diktatur Hitlers*, Berlin 1997.

Drews, Joachim, *„Die Nazi-Bohne": Anbau, Verwendung und Auswirkung der Sojabohne im Deutschen Reich und Südeuropa (1933–1945)*, Münster 2004.

Ders., Vom Soja-Anbau zum Wohlthat-Vertrag. Der ökonomische Anschluß Rumaniens an das Deutsche Reich, in; *Besatzung und Bündnis. Deutsche Herrschaftsstrategie in Ost-und Südosteuropa*, Beiträge zur Nationalsozialistischen Gesundheits-und Sozialpolitik, Nr. 12, 1995, S. 61–109.

Eichholtz, Dietrich (Hg.), *Geschichte der deutschen Kriegswirtschaft 1939–1945, Band II 1941–1943*, Mit einem Kapitel von Johachim Lehmann, Teil 2, München 1999.

Gerlach, Christian, Die deutsche Agrarreform und die Bevölkerungspolitik in den besetzten sowjetischen Gebieten, in; *Besatzung und Bündnis*, S. 9–60.

Hanau, A./Plate, R., *Die deutschen landwirtschaftliche Preis- und Marktpolitik im Zweiten Weltkrieg*, Stuttgart 1975.

Heim, Susanne, *Kalorien, Kautschuk, Karrieren. Pflanzenzüchtung und landwirtschaftliche Forschung in Kaiser-Wilhelm-Instituten 1933 bis 1945*, Göttingen 2003.

Diese (Hg.), *Autarkie und Ostexpansion: Pflanzenzucht und Agrarforschung im Nationalsozialismus*, Göttingen 2002.

Klemm, Volker, *Agrarwissenschaften im „Dritten Reich". Aufstieg oder Sturz? (1933–1945)*, Berlin 1994.

Kluge, Ulrich, *Agrarwirtschaft und ländliche Gesellschaft im 20. Jahrhundert*, München 2005.

Langthaler, E./Redl, J. (Hg.), *Reguliertes Land. Agrarpolitik in Deutschland, Österreich und der Schweiz 1930–1960* (Jahrbuch für Geschichte des ländlchen Raumes 2005, Innsbruck 2005.

Mai, Uwe, *„Rasse und Raum". Agrarpolitik, Sozial-und Raumplannung im NS-Staat*, Paderborn 2002.

Martin, B. and Milward, A. S., *Agriculture and Food Supply in the Second World War (Landwirtschaft und Versorgung im Zweiten Weltkrieg)*, Ostfildern 1985.

Oberkrome, Wille, *Ordnung und Autarkie. Die Geschichte der deutschen Landbauforschung, Agrarökonomie und ländlichen Sozialwissenschaft im*

Spiegel von Forschungsdienst und DFG, Stuttgart 2009.

Pelzer, B./Reith, R., *Margarine. Die Karrire der Kunstbutter*, Berlin 2001.

Dies., „Fett aus Kohl"? Die Speisefettsynthese in Deutschland 1933-1945, in: *Technikgeschichte*, Bd. 69 (2002) Nr. 3, S. 173–205.

Dies., Fischkonsum und „Eiweißlücke" im Nationalsozialismus, in: *Vierteljahresschrift für Sozial-und Wirtschaftsgeschichte*, Bd. 96, 2009, H. 1., S. 4–26.

Tillmann, D., *Landfrau in Schleswig-Holstein 1930–1950*, Heide 2006.

Uekötter, Frank, *Die Wahrheit ist auf dem Feld: Eine Wissensgeschichte der deutschen Landwirtschaft (Umwelt und Gesellschaft)*, Göttingen 2010.

Volkmann, Hans-Erich, *Ökonomie und Expansion. Grundzüge der NS-Wirtschaftspolitik*, München 2003.

Whayne, Jeannie M., *A New Plantation South. Land, Labor, and Federal Favor in twentieth-Century Arkansas*, University Press of Virginia, 1996.

Ziegelmayer, Wilhelm, *Rohstoff-Fragen der deutschen Volksernährung. Eine Darstellung der ernährungswirtschaftlichen und ernährungswissenschaftlichen Aufgaben unserer Zeit*, Steinkopff 1936.

（日本語文献）

足立芳宏『近代ドイツの農村社会と農業労働者―土着と他所者のあいだ―』京都大学学術出版会、一九九七年。

同　『東ドイツ農村の社会史―「社会主義」経験の歴史化のために―』京都大学学術出版会、二〇一一年。

同　「民族ドイツ人」移住農民の戦時経験―ナチス併合地ポーランド入植政策から東ドイツ土地改革へ―」『生物資源経済研究』（京都大学）第一七号、二〇一二年、三九〜七六頁。

雨宮昭彦「「第三帝国」の食糧経済システムの課題と政策」（首都大学東京・経営学系 Research Paper Siries）、第七七号、二〇一一年。

磯部秀俊『ナチス農業の建設過程』東洋書館、一九四三年。

小野清美「ナチズムと景観イデオロギー」『ドイツ研究』第四五号、二〇一一年、五〜二四頁。

熊野直樹「バター・マーガリン・満州大豆―世界第恐慌期におけるドイツ通商政策の展開―」同他編『政治史への問い／政治史からの問い』法律文化社、二〇〇九年、第五章（一四七〜一七四頁）。

永岑三千輝『ドイツ第三帝国のソ連占領政策と民衆：1941–1942』同文舘、一九九四年。

同　　『独ソ戦とホロコースト』日本経済評論社、二〇〇一年。

藤原辰史『ナチス・ドイツの有機農業―「自然との共生」が生んだ「民族の絶滅」―』柏書房、二〇〇五年。

同　　『カブラの冬―第一次世界大戦期ドイツの飢饉と民衆―』人文書院、二〇一一年。

同　　『ナチスのキッチン―「食べること」の環境史―』水声社、二〇一二年。

古内博行『ナチス期の農業政策研究 1934–1936―穀物調達措置の導入と食糧危機の発生―』東京大学出版会、二〇〇三年。

細野重雄「アメリカの大豆経済」『農業総合研究』第五巻第一号、一九五五年、四四～一三九頁。

マインホルト・W（永井建造訳）『戦時農業論』国際日本協会刊、一九四四年。

松家　仁　『統制経済と食糧問題―第一次大戦期におけるポズナン市食糧政策―』成文社、二〇〇一年。

南満洲鉄道株式会社地方部商工課『独逸と満洲大豆』一九三五年。

森　建資　『イギリス農業政策史』東京大学出版会、二〇〇三年。

ロスクートフ（山田実訳）『食を満たせ。バビロフとルィセンコの遺伝学論争と植物遺伝資源』未知谷、二〇〇九年。

第七章　冷戦期における農業・園芸空間の再編

――戦後東独における農林資源開発の構想と実態――

菊池智裕

「社会主義諸国・国際園芸展覧会」（IGA'61）の会場における園芸用トラクターの展示 (開催：1961 年 4 月～10 月)

園芸機械の充足が「社会主義の成果」を端的に示すものとされた。出典：Riesterer, Christine, Kerstin Richter, Rudolf Benl, (Hg.), *Die Reihe Bilder aus der DDR. Erfurt 1945 bis 1980*, Erfurt, S. 48.

はじめに

本章の目的は、第二次大戦後、ソ連軍占領期（一九四五～四九年）から四九年のドイツ民主共和国（DDR。以下、「東独」と略記）建国を経て農業集団化（五二～六〇年）が「完了」する六〇年までの時期を対象として、農林資源開発の実態をチューリンゲン州エアフルト市の人々の具体的行動に着目して明らかにすることにある。しかし導入として、四五年四月から六月末までの三ヵ月間弱続いた米占領軍政期のエピソードから始めてみたい。対象地域のナチ期までの農業・園芸問題を読み取ることができるからである。

ナチス・ドイツの無条件降伏より一ヵ月ほど前の四五年四月一二日、前日に州都ヴァイマル市を陥落させた米軍第三軍は、散発的抵抗を受けながらもエアフルト市を制圧、法律家出身の「活動的ナチ党員」市長ヴァルター・キースラー（任三六～四五年）を解任・逮捕し、「無党派」の薬草商オットー・ゲルバーを臨時市長に任命した。[1]ゲルバー臨時市長は戦後処理として、行政・警察・医療・教育機関から「活動的ナチ党員」とシンパを追放する「非ナチ化」、帰還する兵士・疎開者のために学校校舎・郵便局倉庫などから成る「一時収容所」設置、そして軍事施設の「非軍事化」に着手した。

この中で農林資源開発への関心から興味深いのが、「非軍事化」処置の一環として市評議会に提出された「空港を食糧確保のために利用可能とする件」という一連の文書である。[2]作成者はオイゲン・ケルツィヒ（以下、一般の人々の個人名には偽名を用いる）[3]という人物で、ナチ期の単一農業団体「全国食糧職能団」の下位組織である「郡農民団」で農業機械化の指導に携わっていたという。「空港」とは、市北西部のビンデルスレーベン空軍基地を指す。二五年に国内線空港として建設されたビンデルスレーベン空港は、ナチス政権樹立直後からヴェルサイユ条約違反を「ドイツ航空スポーツ協会」用と偽って軍用に整備され、三五年の再軍備宣言により公に空軍基地となった。[4]

空軍第四爆撃連隊の拠点として、市長キースラー主導の下、「都市的庭園の性格」を重視した将校用住宅地をはじめ、[5]兵舎、パイロット養成学校・気象専門学校、射撃訓練場など練兵場、航空機専門の「エアフルト修理工場」および武器・爆弾製造の「中部ドイツ金属工場」など軍需工場が相次ぎ建設された。四四年から激化した連合軍爆撃による破壊と[6]四五年の米占領軍による戦闘機計六〇機の解体は基地機能を消滅させた。ケルツィヒが臨時市長ゲルバーから課されたのは、空港を農場に転用することで残された軍事的性格を除去しつつ戦後食糧難を緩和することであった。

重要なのは、ケルツィヒが空港跡地で主穀ではなく蔬菜の生産を主張していることである。彼は、「パン用穀物・油糧植物・ジャガイモ・甜菜の生産を確保することは無条件で必要である。しかし、蔬菜栽培の重要性はこれに劣らない。野菜を質・量ともに十分に増産できるよう考える必要がある」と述べ、市内農村部の農民経営における主穀生産を維持し、農民経営に課された野菜生産義務を低減するために、空港の農場化を「粗放的大量生産野菜――コールラビ、キャベツ類、豆類、果物・液果――」専門として実現すべきだと主張しているのである。[7]この「粗放的大量生産野菜」の重視は、「ビタミンとミネラルを含むので都市住民にとって最も重要かつ決定的な食糧となった」という栄養学的理由からでもあるが、それ以上に、戦後食糧難から「膨大な需要が存在」するにもかかわらず、市内の「蔬菜栽培の規模は大きいものの、園芸家から発展したものであって、カリフラワーや早熟野菜など日和見主義的な作物ばかり生産している」ことが大きな理由であった。こうした問題を解決しうるのは、市に欠如する「大面積での露地栽培」をおいて他にないが、「空港の地質と気象条件は蔬菜・果物栽培に適している」し、必要な機械・器具とガソリンも十分にあるから、「技術上の可能性はすでに完全に備わっている」[8]。自然条件と技術的条件を基礎として、専門的指導を伴う多様な野菜品目と穀物を組み込んだ体系的輪作を導入すれば天候不順や労働ピークの発生を回避できる。つまり、「大規模経営だけが、優れた機械・器具・栽培方法を完全に使い尽くすことができる」のだという。残る問題は労働力の調達である。戦争中の蔬菜生産は農村部の各

表 7-1　エアフルト市における耕地利用状況（1938 年、45 年、47 年）（単位：ha）

耕地利用内容	穀物・根菜生産	蔬菜生産	計	種子（花卉・蔬菜）生産注 1
1938 年末	1,600	460	2,060	4,013
1945 年 4 月	1,552	508	2,060	0
1947 年末	1,114	739	1,848	4,497

出典：StAE, B-Nr. 1–5/29–4651: Rat der Stadt Erfurt, Abteilung Landwirtschaft, „Die Bedeutung Erfurts als Blumen- und Gemüsestadt und die Rolle Erfurts für den Export", 1954 から筆者作成。
注 1：種子会社の所有地と栽培契約面積の総計。市外の土地も含むため、値が非常に高く出ている。

集落に割り当てられたために労働力分散を招いたし、終戦後には「外国人労働力」が「剥奪」されて「はじめから失敗を運命付けられている」状態であった。しかし「都市に豊富に存在する労働力」を組織化すれば解消できる。ケルツィヒの計画は以上のようなものであった。

この計画は占領軍交代後にソ連軍がドイツ人の空港立ち入りを禁じたため実現せずに消えたが、ケルツィヒの指摘した問題も同時に消えたわけではない。戦後エアフルト市の農林資源開発に一つの方向を与えることとなるその問題とは、第一に、耕地の分配である。空港の農場化が提案されたのは、一方で需要はあるものの蔬菜生産面積の増加が主穀生産面積の削減を意味したからであり、他方でカリフラワーへの特化を批判された経営――当該地方で「野菜農民 Gemüsebauer」と呼ばれる(9)――も、主穀生産者たる農民――「野菜農民」と対照して「純粋農民」とも呼ばれる――も終戦期には「粗放的大量生産野菜」に関心を示さなかったからである。また、市街地を中心に労働者層の菜園（クラインガルテン）が広がり、主に市内種子会社との契約による花卉・蔬菜の種子栽培が行われていたことも耕地配分問題を構成していた。以上の状況を生産物ごとの土地利用面積として示すのが表7-1である。

利用内容の項目は左から、農民、「野菜農民」、種子会社（契約栽培含む）とほぼ対応している。本表から、四五年四月には三八年末に比して蔬菜生産面積がやや拡大し、その分だけ穀物・根菜生産面積が減少したこと、種子会社が戦争末期に種子の生産を完全停止したことが読み取れる。本表の数値には表れていないが、種子生産用地は食糧生産に転用された(10)。四七年末までに種子会社の契約栽培が拡大を伴って復活し、ケルツィヒが憂慮したように蔬菜生産面積も主穀生産面積を削って増大したことが分かる。

第二に、耕地と労働力の組織化という問題である。空港の農場化計画では、自然条件（土壌、気象）も機械・器具も「すでに完全に備わっている」とされ、大規模輪作を可能とする統一的耕地利用と専門的指揮下での都市労働力の利用が課題とされていた。つまり、土地と労働力の組織化こそが問題であって、資源の改良という意味での開発は構想されていなかったのである。換言すれば、潜在的可能性に人為を加えて有用性を引き出すという資源観ではなく、既存の有用性を最適に組織化することでそれを「使い尽くす」という資源観なのである。[11] これは、終戦直後の資本不足で前者の意味での開発が不可能だったからではない。ナチ時代までの開発を前提とする後者の型の開発構想が五〇年代末まで支配的だったからである。一例として、東独農林省副長官エーリヒ・リューベンザム（任五四〜五九年）の著書『ドイツ民主共和国における農業生産の立地配置』（一九五九年）から当該地方に関する記述を引用しておく。[12] リューベンザムは、地質をはじめとする自然条件を主要基準に東独を一九の「生産区域」に区分し、エアフルト市周辺を「最良の土壌」とした上で、「機械・器具を耕作に利用できる可能性が特に高いために、労働生産性を向上させるような大面積での輪作が可能である。大面積輪作は、工業・鉱業地帯に近く、農村人口の大部分が工業に従事していることから特に重要である。夏前に行われる慰撫作業〔作物の防虫作業 —— 引用者〕や根菜収穫の際に労働ピークが生じるが、追加労働力を調達できる」と述べている。[13] 終戦後とは全く時代背景が変化した五〇年代末にもなお土地と労働力の組織化が焦点となっていたことが分かる。

本章の以下の部分では、四五年から六〇年に至る時期における、主穀—蔬菜—種子のための土地利用の競合と、土地と労働力の組織化が実際にどのように起こっていたのか、そこに開発主体はいかに関与していたのか、これらの問いを具体的な場から分析してみたい。

第一節　社会主義的農業に関する先行研究の議論

東独農業は一九四五年秋の土地改革と一九五二年七月から六〇年四月までの農業集団化で画期される。前者は一〇〇ヘクタール以上のグーツ（領主制大農場）の接収・分割による新農民経営の創出を主眼とし、後者はドイツ社会主義統一党（Sozialistische Einheitspartei Deutschlands、以下、ＳＥＤと略記）第二回党協議会決定を受けて着手、途中五三年にノルマ引き上げなどに対する全国的民衆蜂起である「六月一七日事件」による事実上の中断を経ながらも、六〇年四月に「完了」が宣言された。農業集団化を通じて、五〇年代初頭に約八五万を数えた農民的私経営は二万弱へと激減し、他は集団農場を意味する一九〇〇〇余りの「農業生産協同組合」（Landwirtschaftliche Produktionsgenossenschaft、以下、ＬＰＧと略記）に組み込まれたのである。

土地改革から集団化「完了」に至る時期については、九〇年の東西ドイツ統一で公開された旧東独アルヒーフ史料の分析によって、テーマの多様化を伴いながら実態解明が進められてきた。ドイツの代表的研究者アルント・バウアーケンパーは、東独時代の公式歴史叙述とは全く異なる実態を明らかにするというスタンスから近年の東独農業・農村社会史研究を牽引してきた。[14] バウアーケンパーは、土地改革と集団化がＳＥＤの公的定式化である「一六世紀以来の農民解放運動の最終的勝利」という性格を持つものでは全くなく、土地改革による脆弱な新農民経営の創設、四〇年代後半から五〇年代初頭にかけての「階級闘争」イデオロギーに基づく「大農弾圧」、「供出ノルマ」の未達成による「経済刑」の恐怖などによる西への逃亡、これによる耕作放棄地の急拡大、といった社会経済的危機を自ら誘発しつつこれに対処する性格のものであったとして、「東独社会主義」権力の限界を指摘している。[15] このような「ＳＥＤ権力の限界」を確定しようとする議論は過去二〇年間の東独農業史研究における主要テーマであるが、足立芳宏は、他の社会主義諸国に比して東独の集団化におけるテンポが遅く、危機も深刻であったことを農村住民の行動の多様性と、「党＝国家」だけには還元しきれない「ＳＥＤ権力」の重層性から分析する必要があると述べている。[16]

本書の主題である農林資源開発という観点からすれば、「ＳＥＤ権力」の限界はある意味で容易く指摘できる。スターリンの「自然改造計画」に代表されるような「ソヴィエト科学」[17]は、「擬似科学」ルィセンコ学説が東独では政治的次元でしか受容されず、農民によって拒絶されたという事実があるからである。[18]しかし、「ＳＥＤ権力」が資源をどのように捉え、いかに開発・再編しようとしたのか、またはしたのか、を実態に即して論じようとすれば問題は複雑になる。東独各地で多様な自然条件・経済地理学的条件を考慮に入れた分析が必要となるからである。

本章ではこれらの問題意識から、東独南部の一地方都市であるエアフルト市の国際園芸展覧会に注目したい。これは第一に、従来の研究が「土地改革＝グーツ解体」という注目点から、グーツの密集地帯であった東独北部に集中しがちで、南部における土地改革から集団化にかけての農業史研究は蓄積が少ないからである。[19]

第二に、南部は一般的に、グーツの稀少性（したがって土地改革の影響の小ささ）、小中農中心で相対的に小規模な農業、これに反するように密集する工業、という点から特徴づけられてきたが、実は南部は園芸の中心でもあるからである。ドイツにおける園芸は、穀物生産や畜産に比べて注目されておらず、[20]東独では西ドイツに比べて園芸生産物消費の伸びが格段に遅れた。[21]しかし東独では園芸の集団農場である「園芸生産協同組合」（Gärtnerische Produktionsgenossenschaft、以下、ＧＰＧと略記）もＬＰＧと並行して設立され、集団化のもう一つの側面を成していた。ＧＰＧに関する研究は本国ドイツにおいても空白状態であり、バウアーケンパーがベルリン近郊の事例に短く言及しているものの、「強制集団化と果樹農民の抵抗」およびＧＰＧの不安定さをＬＰＧとの共通性として指摘するに留まり、ＧＰＧを焦点としているわけではない。[22]そこで本章では、もとより集約的で品目ごとに異なる生産のあり方から集団農業に不向きと思われる園芸の集団化がいかに進められたのか、事例分析から背景を探ってみたい。

そして第三に、エアフルト市は、ベルリン周辺、ライプツィヒ市、マグデブルク沃野と並ぶ主要な園芸地帯であったが、他の生産地とは異なって、冷戦期東独の国家的事業である一連の国際園芸博覧会が開催された場所であった。これらの博覧会は、「花と園芸の都市」と呼ばれる同市を会場として、東独の戦後復興と社会主義の成果を西側諸国に示すために開催されたものである。そのピークが六一年の「社会主義諸国国際園芸展覧会」(Internationale Gartenbauausstellung der sozialistischen Länder、以下、ＩＧＡと略記)であった。

本章では、土地改革から集団化までを連続的な過程に位置付けつつ、第二次大戦後の園芸に関する資源開発がどのようなプロセスを辿ったのか明らかにする。

第二節　国際園芸博覧会と「社会主義」

一九世紀から占領期まではドイツ各地で農業・園芸展が開かれたが、五〇年代の東独では博覧会ごとに開催地が固定された。ライプツィヒ県マルククレーベルクの農業博覧会やエアフルト市のＩＧＡが典型である。エアフルト市は確かに、一九世紀以来の園芸生産（蔬菜・花卉生産、特に種子生産）の伝統を持っていたが、一九五〇年台初頭まで東独園芸生産の中心というわけではなかった。占領期から東独建国期にかけて中心地化し、そして六一年までに社会主義諸国園芸の代表的役割を担うこととなったのである。この過程を、国家的「開発」と博覧会の「社会主義化」という面からみておきたい。

表7-2は、四七年から五五年までのソ連占領区・東独全体における園芸生産面積を、四七年を基準とした比率、および国有・私有セクターの内訳から表したものである。

表 7-2　ソ連占領区・東独における園芸生産面積の変化（1947〜55 年）

年	蔬菜			花卉
	総生産面積	うち、国有セクター（%）	私有セクター（%）	総生産面積
1947	100	48.5	51.5	100
1949	88.9	56.3	43.7	256
1951	38.5	82.3	17.7	325
1953	38.0	87.5	12.5	225
1955	55.6	89.7	10.3	227

出典：StAE, B-Nr. 5/423A-3, Pfeiffer, Renate, *Die Samenzentren Erfurt und Quedlinberg in ihrer geschichtlichen Entwicklung auf Grund ihrer besonderen örtlichen Verhältnisse. Inauguraldiussertation zur Erlangung des Grades Doltors der Landwirtschaft an der Humboldt-Universität zu Berlin*, 1957, S. 105 u. 115 より筆者作成。

注：総生産面積の数値は、1947 年の総生産面積を 100 とした場合の比率。

本表からまず読み取れるのは、蔬菜生産面積の急速な縮小傾向と、これとは対照的な花卉生産面積の拡大傾向である。蔬菜に関しては、総生産面積が四七年から五一年にかけて三分の一近くまで大幅に減少している。これは、レナーテ・プファイファーによれば、終戦後の食糧難のために早熟蔬菜の国内需要が急拡大したと共に四八年までは西側占領区・西ドイツも東独産蔬菜を購入していたため、生産面積が過大に拡大されていたことと、四九年に蔬菜需要が急落し、売れ残りが生じるほどであったためにソ連占領軍当局が縮小を決定したことによる。[23] 四九年の供給過剰状態は、①主穀生産の回復による食糧難の緩和、②西ドイツが通貨改革後に東独産蔬菜の購入を停止したこと、③四九年に例外的な豊作であったこと、によるという。[24] この時期には国有セクターが四八・五％から八二・三％へとほぼ倍加しているが、比較的大規模な私有種子会社を中心に国有化が進められたことを示している。

花卉に関しては、総生産面積が四七年から五一年にかけて三倍強へと急拡大している。これは、四六年七月二六日のソ連占領軍命令第五八号を受けて種子調整を目的に設立された「ドイツ種子協会」（ＤＳＧ）が、同年九月の会議において、ザクセン＝アンハルト州とチューリンゲン州で生産される花卉に輸出用ないし他国の原料との交換用としての価値を確認し、生産拡大を決議したからである。[25] 五一年から五五年にかけては一転して栽培面積が縮小しているが、これは全国的傾向ではなくザクセン＝アンハルト州におけるものであった。同州の花卉生産面積は五一年に東独全体の五〇・八％を占めていたが、五二年には四六・〇％へと低下した。その分チューリンゲン州は五一年の四三・一％から五二年の五三・七％へ上がり、五三年には同州三県のうちエアフルト県だけで東独全体の五〇・〇％を占めるに至っている。[26] つまり、花卉生産は全体としての拡大と同時にエアフルト市・県への集中が進んだのである。

さて、大戦前のエアフルト市域には、上述のように市内外での契約栽培を柱とする大規模種子会社一〇社[27]ほどと、私的園芸経営一五〇経営（農用地面積は計約七五〇ヘクタール）があり、人口約一六万人のうち一〇％ほどが園芸に従事していた。園芸従事者は「エアフルト園芸協会」と「エアフルト・カリフラワー協会」を結成、構成員の共通する「全国食糧職能団」の第一回全国展覧会を三四年に開催、中断されたものの四二年には「全国園芸展」も企画していた。[28]「全国園芸展」が中止されたのは、戦争の勃発だけでなく、「エアフルト市は小さ過ぎるし、広い範囲からの観衆が訪れるとは期待できない」という地理的理由からの中央決定でもあった。[29] 終戦直後の四五年九月から一〇月にかけては、両協会が市庁舎ホールを会場に「飢餓との闘い―経済の飛翔―」と題した展覧会を開き、自給食糧の生産方法を教示した。[30]

四六年にゲオルグ・ボーク（SED）が市長になると（任四六〜六一年）、中止となった四二年の「全国園芸展」の開催を復興政策として提案、「博覧会有限会社」を設立して自ら社長に就任、園芸生産の拡大指示を出した。[31] 本章「はじめに」の表7‐1にある四七年の蔬菜・花卉契約栽培面積の拡大はこうして準備されたのである。市評議会はポツダムから「景観建築家」ヴァルター・フンケ[32]を招き、市住民を形式上は復興ボランティアである「国民建設作業」（NAW）に動員して、戦時期に兵舎のあったシリアクスブルク城砦跡地三五ヘクタールの博覧会会場への整備を進め、中央当局に「ドイツ園芸博覧会」としての公認を要請した。しかし中間成果報告の意味を持った四八年の「農村、森林、園芸」展は国家的園芸博の雛形というよりも地域復興のマスタープラン展の性格が強く、[33] 国家公認は当時の東独における園芸の中心であったザクセン＝アンハルト州マルククレーベルクに与えられた。このため、「ドイツ園芸展」として準備されてきた「エアフルト開花」展はチューリンゲン州公認の形で五〇年に開催され、「ドイツ種子協会」からの出展も行われなかった。

しかし「エアフルト開花」展は予想を裏切る成功を収めた。前年秋に分断された西ドイツをはじめとする周辺諸国を含む来場者は五五万一〇〇〇人を記録し、反響を受けて急遽用意された東独首相オットー・グローテヴォールの「記憶と平和」演説にも十二万人の聴衆が参集したのである。東独中央当局が見落としていたのは、東西分断という冷戦的文脈で新たに発生した地政学的条件、つまり、エアフルト市が「資本主義諸国、特に西ドイツから近い」という「特別な地理関係」であった[34]。同市は西ドイツとの種子取引に関して「切断された関係を回復する」ために、花卉を主とする種子生産に「世界的な競争力を付与する」場として新たな意味を獲得したことを、期せずして「エアフルト開花」展で示すこととなったのである[35]。これを受けて、おそらく同市博覧会を国家公認する意義を最終的に確認する意図をもって、五三年七月から九月にかけて「エアフルト花卉大会」展が企画された。開会の一カ月前に全国的民衆蜂起である「六月一七日事件」が勃発、エアフルト市でもデモと戒厳令発令という緊迫した状態となったが[36]、それでも展覧会には四五万人の来場があった。この結果から五四年には同市博覧会が国内唯一の国家公認園芸博覧会とされ、東独農林省と「ドイツ種子協会」の主催で「東独輸出種子・園芸博覧会」と題された国際見本市の開催が決定された。五五年八月から九月の会期までに、シリアクスブルク会場の拡張工事と「ドイツ園芸博物館」の建設をはじめ、市街地の宿泊施設・道路の拡張、軍需工場跡地の動物園への改造などが「国民建設作業」によって進められた。会場では「ドイツ種子協会」と「半国有」種子会社の最新技術と共に、第一次五カ年計画（五一～五五年）の園芸部門における増産生花を示すパネルなどが展示された。来場者数は五一万人であった。

五七年末、経済相互支援会議（ＣＯＭＥＣＯＮ）園芸部会において、西ドイツ・ハンブルクで企画されていた「国際園芸博覧会」に対抗する社会主義諸国の国際園芸博覧会を作るべきだとの提案がなされた。エアフルト市は「エアフルト開花」展以来の成果と会場・市街地整備の充実から会場に選出され、国際見本市の場から「社会主義諸国の国内経済にとっての園芸の意義を示すと同時に、園芸部門においても社会主義的経営様式が資本主義的経営様式に優越することを、疑いの余地無く展示する」という課題を課される場となったのである。[37] この決定を受けて市評議会は、「国民建設作業」のみならず東独軍である国家人民軍（ＮＶＡ）と国内に駐屯するソ連軍の協力も得て、鉄道路線の追加・延長、タクシー・バスの調達、市内住宅・商店・宿泊施設の「近代化」、公園整備・植林などに着手、「開会までにエアフルト市は全面的に変化するに違いない。そして外国人訪問者の目には東独の鑑と映るだろう」と言われるほどの大規模改修を行った。[38] ドイツ人に対して閉鎖されていたビンデルスレーベン空港は五八年にソ連軍管理から東独国有企業「ドイツ・ルフトハンザ」管理に移され、六一年春に開港した。開港後最初の着陸は、ルーマニアからＩＧＡ出展品を輸送する便であった。[39] 第一回ＩＧＡの開催期間は六一年四月から一〇月であり、六〇年四月二五日の農業集団化完了宣言以降の成果、つまりＧＰＧの生産能力と「社会主義的園芸」の科学技術を示すものとされた。本章扉絵に掲げたのは、園芸用の小型トラクターがＩＧＡ会場で過剰なまでに強調されて展示されている様子である。また、会期後半の八月一三・一四日には「ベルリンの壁」が建設され、東西ドイツ国境の通行が困難となった。この影響で来場者数は当初の予想である四〇〇～五〇〇万人を大きく下回る三〇〇万人となった。

以上のような同市の中心地化は、具体的な次元ではどのように経験されたのであろうか。以下では、同市市域の三つの村落（地区）[40] を取り上げて、可能な限り詳細に人々の行動を追ってみたい。

第三節　農林資源開発の実態

一・ビッシュレーベン＝シュテッテンの土地改革と集団化における園芸

ビッシュレーベン＝シュテッテン村[41]は、エアフルト市唯一のグーツ[42]（約二〇九ヘクタール）が存在した村落である。本村における土地改革はこのグーツを分割して新農民経営を創設することに主眼を置き、一九五二年に始まる農業集団化によって新農民経営の一部から市内最初のＬＰＧが設立されることになる。東ドイツ南部地方においては希少と言える典型的（北部的）な土地改革から集団化への過程を辿った村落である。本章では南部的特性の一つとしての園芸に注目していることから、以下では本村の土地改革および集団化の主軸となる新農民ないし旧農民経営の動向よりも園芸に関する実態を明らかにしていきたい。

まず本村の基本的データである。三九年の本村人口は二〇二四人、開戦後に国内各地から避難民四七〇人余りが戦火を逃れて村内に滞留、終戦後の四五年九月時点で人口は二八九一人となった[43]。国内からの避難民は徐々に故郷へ戻ったが、代わって四八年頃から東部難民が流入した。当該地方の難民は主にズデーテンないしシュレジエンからの難民で、本村では四八年一月時点で一〇三二人の難民がいた[44]。南部農村における難民比率は一般に二割程度だが、本村では三割程度と比較的多い。これは元々住宅が多く難民吸収力があったことに加えて、グーツの「館」に四九年まで数百人が住んでいたからである。

職業構成をみると、四六年には、避難民を含む数値と思われるが、有職者が一九〇八人、そのうち工業・手工業に従事する者が一六九六人（八八・九％）と圧倒的で、農業に従事する者はわずか一二〇人（六・三％）にすぎない[45]。ほぼ労働者のみの村落と言ってもよい。これは、本村がエアフルト市旧市街と鉄道で連絡されていて、一九

表 7–3　ビッシュレーベン＝シュテッテン村における農業経営規模別分布（単位：経営）

<table>
<tr><th></th><th>0.5～5ha</th><th>5～10ha</th><th>10～20ha</th><th>20ha以上</th><th>計</th></tr>
<tr><td>1939 年</td><td>39</td><td colspan="2">29</td><td>1</td><td>69</td></tr>
<tr><td>1946 年</td><td>35</td><td colspan="2">31</td><td>1</td><td>67</td></tr>
<tr><td>1950 年</td><td>48</td><td>19</td><td>14</td><td>1</td><td>82</td></tr>
</table>

出典：StAE, B-Nr. 1–3/Bischleb/08–1, B3121 Schi/Jsch, 4.1947; 30.9.1950 より筆者作成。

世紀以来、市中心部（旧市街。Altstadt）に通勤するペンドラー（通勤労働者）の「ベッドタウン」となっていたからである。[46]

本村のグーツを除く農民的農業経営の規模別分布を示したのが表7－3である。三九年および四六年と五〇年との間では統計方法が異なるが、第二次大戦後〇・五～五ヘクタール層を中心に経営数が増加していることが分かる。ここで留意すべきは、グーツを除く数値である以上、土地改革による新農民経営の新設以外の理由で経営数が増大したことが示されていることである。

本村の土地改革は、グーツの本村部分一五二ヘクタール余りと、隣接するメービスブルク村部分五八ヘクタールを土地フォンドに入れることで始まった。ビッシュレーベン＝シュテッテン村部分に関して、地目ごとに土地が誰に分割されたのかを示すのが表7－4である。

本表によれば、難民新農民が一般的な新農民経営の水準である八ヘクタールに近い平均面積を分割されているのに対して農業労働者らがその半分程度に留まったことがまず読み取れる。村落土地改革委員会は後に農業労働者の新農民を一六経営から八経営に半減させて五〇年までに平均規模を九・五ヘクタールに拡大した。[47] ただし表にある「園芸地」一・〇ヘクタールは新農民とは別の扱いで、五〇年までに終戦後の副村長アントン・メルケレが「新園芸家」経営を創設した。

この園芸地分割の経緯をみると、本村における園芸の価値が予想以上に高いことが分かる。メルケレは戦前からのドイツ社会民主党（Sozialdemokratische Partei Deutschlands、以下、ＳＰＤと略記）党員、四六年からはＳＥＤ党員だが、村落土地改革の上位機関であ

表 7-4　ビッシュレーベン＝シュテッテン村における土地分割（1946 年）

	農業労働者・土地無し農	零細農	小借地農	難民	労働者・職員	ゲマインデ・土地改革委員会	総計
経営数	16 経営	8 経営	3 経営	4 経営	102 世帯	1 経営	135 経営
耕地	70.39ha	15.01ha	3.50ha	26.69ha	3.50ha	0	119.09ha
園芸地 1)	1.00ha	0	0.08ha	0.35ha	6.80ha	0	8.23ha
森林	0	0	0	0	0	10.58ha	10.58ha
草地	4.25ha	2.83ha	0	1.64ha	0	0	8.77ha
その他	0.48ha	0	0	0.92ha	0	1.83ha	5.86ha 2)
計	76.15ha	17.85ha	3.58ha	29.60ha	10.30ha	9.43ha	152.52ha
平均	*4.76ha*	*2.23ha*	*1.19ha*	*7.40ha*	*0.10ha*		

出典：StAE, B-Nr. 1–5/29–4546, 14.3.1946.
注 1)「園芸地」は、庭地の他、液果・ワイン・ホップ園、苗代を含む。「森林」には森林の他に庭園と雑木林が含まれる。「草地」は自然牧草地と沼地を指す。
注 2) 未分割地 2.63ha を含む。

るゴータ郡土地改革委員会にビッシュレーベン＝シュテッテン村の土地改革の不当性を訴える文書を送付している。この文書によれば、「この村には、真正の反ファシストやファシストに立ち向かった闘士〔メルケレのこと――引用者〕が配慮を受ける可能性がなく、現在のところ生活や生存の基盤すらない」[48]。彼が要請する「配慮」というのが、上記の園芸地の獲得だったのである。四七年、グーツ「館」を解体し新農民住宅を建設するプログラムが着手され、「集落配置計画」という青地図が作成されたが、四七年九月の計画ではまだメルケレが上記の園芸地を別の農業労働者と半分ずつ利用することになっている[49]。しかし翌四八年九月の「集落配置計画」では、同じ園芸地にはメルケレの名前しか書きこまれていない[50]。以上の経緯からはメルケレが過去の党籍を利用して村内の重要資源を獲得する行動に出ていたことが分かり[51]、同時に、園芸用地に高い価値が付されていたことも明らかとなる。

表7-4では、土地獲得者の数の上では労働者・職員が圧倒的である。彼らは主として旧市街に通勤するペンドラーであるが、農業・園芸経営も副業として営んでいる。四六年三月の「分割地を法的に獲得可能な経営」という統計資料では、「労働者・職員」の欄がゼロであり、代わりに表7-4において三経営と

ある「小借地農」が一〇三経営とされている。[52] ところが同じ日付の「ソ連占領区における土地改革実施成果に関する評価」という統計では反対に、「労働者・職員」が一〇二世帯、「小借地農」が三経営とあるのである。[53] 統計作成者はいずれも村落土地改革委員会なので、委員会にとって「労働者・職員」と「小借地農」がほぼ区別不可能に重なり合う存在であったことを示唆している。彼らは市内の職場に通勤しつつ、「副業経営」あるいはクラインガルテン（小規模菜園）も営んでいたのである。[54]

彼らに分割された小区画は、グーツの北端にあるロー耕区（約三・五ヘクタール）と、旧住宅地および「泥炭地・荒地」の開墾地（約六・八ヘクタール）の計一〇ヘクタール余りであった。[55] 菜園小区画の分割原則は、一区画〇・一ヘクタール程度、「一世帯につき二区画まで」であった。[56] 当初、村落土地改革委員会はこの規模の菜園を計九八区画用意していたが、もともとグーツの菜園であったロー耕区は土壌の手入れが行き届いていて特に肥沃であったために希望者が殺到、土地改革委員長ボイメが「土地飢餓」と表現するほどであった。[57] 表7-4は四六年三月の状態を表しているが、この時点までに村落土地改革委員会は四区画だけ増加させている。しかし申請に全く追いつかなかったため、一区画を〇・〇四〜〇・〇五ヘクタール（四〇〇〜五〇〇平方メートル）に半減させることで「土地飢餓」を回避しようとした。この規模は、五〇年代の集団化において私的所有が認められた「自留地経営」で一般に〇・五ヘクタール、第二次大戦前までのビッシュレーベン＝シュテッテンのクラインガルテンですらも最小で〇・〇六ヘクタールだから、極めて小さい土地である。

このような状況に対して、一〇月末の村落会議では、アイゼナハ郡教会がビッシュレーベン＝シュテッテンに所有していた一・六ヘクタールから「いくらか切り離す」ことで新たな菜園用地を作り出そうとしているし、新たな開拓地の候補も挙げられたが、結局実現されなかった。[58] 開墾地は地質が低く不人気で、四六年三月の村落会議では会議傍聴者から、「すでに菜園を〔開墾地に ―― 引用者〕持っている者が新たにロー耕区に小区画を得ると、以前の土地を耕作しなくなってしまう。例えばトランヴェッタ―夫人は、大変に肥沃とは言えない区画を耕作してきたが、今やロー耕区に土地を得たので以前の土地を荒廃するに任せている」、したがって、すでに小区画を持っている場合にはロー耕区を分与しないべきだという声が上がっている。[59] これを受けて工業労働者クルト・フェリンクがロー耕区での小区画獲得申請とセットで「旧菜園地の返上申請」を行っている。

小区画の「不平等な分配」を巡る論争はその後も続いた。四六年一二月の村落会議において、村会議員ヴァルター・グリューン（ドイツ自由民主党。Liberale Demokratische Partei Deutschlands、以下、LDPDと略記）[60] は、菜園用小区画について「全く不利な状態にある者がいる一方で、すでに一区画を獲得していたのに、ロー耕区に菜園を二区画持つものがいるのはどうしてか。例えば、イェッセル氏は、すでに一区画を獲得していたのに、息子が結婚することを理由にしてもう一区画を申請し、これが許可された。ゼーベル氏は、自分のために一区画持っているだけでなく、義理の母のためにも一区画持っている。この女性は土着ではない。このような現状が人々を憤慨させる原因になっている。したがって、小区画の二重所有者から二区画めを差し押さえるべきだ」と村落土地改革委員会の対応を非難している。[61] これに対してSED村議のヘルムート・ホルスティンは、「一世帯につき二区画まで」の原則を確認しつつ、「自由意思によって二区画めを放棄する形が望ましい」と応じ、村土地改革委員長でもあるSED村議ボイメは、難民・園芸専門家・村議から成る専門的委員会を設置して調整すると応じている。[62] このロー耕区問題は、食糧難を背景とする菜園用小区画に対する希求の高まり、そして形式的平等が確保されるべき範囲として「土着」という範疇が浮上していることを垣間見せている。言い換えれば、土着と難民の間での生産資源の「争奪戦」が、狭い菜園地を巡って浮上しつつあることを示しているのである。

その一方で、血縁関係を利用して菜園用区画の入手に成功した難民もいた。四七年、「集落配置計画」の作成が始まると、すでにグーツの耕地を獲得していた新農民からも菜園地獲得の要求が出始め、メービスブルクに住む難民出身の新農民アルチュール・ミュラーは、LDPDの村議オットー・ミュラーの義兄弟（オットー・ミュラーの姉妹アンナの婿）であり、義兄を通じてグーツの「庭園」のうち、自身の耕地に隣接する部分を分与するよう村会に要請した。[63] この要請は、「一世帯につき二区画まで」の原則が村会で議論になった際、ＳＥＤ村議が「隣接する区画を二区画持っている場合は所有権を優先的に認めるべきだ」と主張していたことを指摘することで承認された。この決定を受けた「集落配置計画」の地図群を見ると、グーツの正門北側にある前庭のような「庭園」に区分線が引かれ、アルチュールが〇・〇六ヘクタールを獲得していることが分かる。[64] さらに、隣接する〇・〇四ヘクタールを彼の弟と思しきクルト・ミュラーが獲得している（二人は住居が一緒なので兄弟と思われる）。こうして、土着農業労働者兄弟が、村会の処置を逆手にとって菜園用小区画の拡大に成功した。なお、庭園の残りの部分は、部分的に他の新農民に分割されていくが、それ以外の部分には、一九四八年初頭の「集落配置計画」の地図には鉛筆で「工業労働者用クラインガルテン」と書き込まれ、二月半ばの地図には「村所有地」とあり、三月末の地図には「共有地」と書かれている。[65]「庭園」分割後の所有権と利用方法が、利害関係の衝突の中でなかなか決まらなかったことが読み取れよう。

以上、ビッシュレーベン＝シュテッテン村の土地改革において菜園が重要な意義を持っていたことを確認した。従来の土地改革史研究において菜園は、その面積がネグリジブルなだけでなく、経営として独立したものではないことからほぼ触れられてこなかったが、本例からはむしろ土地改革の最大の焦点の一つになっていたことが示されたと思う。ここでは詳述できないが、五二年に始まる農業集団化では、このように分割された土地がＬＰＧに組み込まれることで過剰なまでの小規模耕地の分散状態が発生し、集団農場が本来持つべきとされた「農業機械化の前提としての大面積経営」が全く実現されず、ＬＰＧを崩壊寸前にまで追い込んだ。[66] 園芸地の分割は後の集団化の動向を強力に規定していたのである。

次に、規模の小さい菜園ではなく、独立した経営としての園芸が土地改革の焦点となった事例を二つの村落から見てみたい。

二・「混合型村落」マルバッハ村および「純園芸村落」ディッテルシュテット村

ここでは、一〇〇ヘクタール以上のグーツを欠き、野菜栽培が主要であるような旧村落を事例に取り上げ、土地改革による変化を一次史料から再構成する。

①マルバッハ村における土地改革

マルバッハ村は、エアフルト市北西端（冒頭で述べたビンデルスレーベン空軍基地の北側）に位置し、交通の便が良いことから旧市街へ通勤するペンドラーが多く住んでいた都市近郊型村落である。四九年の人口・職業統計によれば、難民を除く「恒常的住民」計一一二九人のうち有職者七一三人、このうち「労働者・職員」が二九一人（四〇・八％）を占め、「農民・園芸家」は一六八人（二三・六％）であった。[67]住民の職場は旧市街にあることが多く、労働者・職員だけでなく、「本来は農民である者、あるいは農民として行政上登録されていた者の多くがエアフルト市内の工業で働いていた」と報告されている。農業経営をむしろ副業として工業労働にも従事する副業的「労働者農民」が多く存在していたのである。

表7-5は、マルバッハ村の農業経営を規模別に集計したものである。本村はグーツが存在せず、農業が農民経営四九経営から成る旧農民村落だが、過半数の二五経営が経営規模五ヘクタール以下である。本章と同じくチューリンゲン地方の都市近郊農村を調査したA・M・フームによれば、当該地方で農民経営が自立するには五ヘクタール以上の農用地面積が必要だとされているから、[68]この基準を採用すれば本村農業経営の半数以上は副業的農業を営んでいたことになる。対照的に、経営規模二〇ヘクタール以上の大農層が、経営数は少ないが所有農用地面積では存在感が強い。大農三経営だけで本村の農用地二四一ヘクタールのうち一二五ヘクタール（五一・九％）を所有し、村に計七台あったトラクターのうち六台を占有していた。その中でも最大規模の大農はアルン

表 7-5　マルバッハ村の農業経営規模別分布（1949 年）

経営規模	5 ha 以下	5 ～ 20 ha	20 ha 以上	（計）	（総農用地面積）
経営数	25	21	3	49	241ha

出典：StAE, B-Nr. 1-5/29-6297, „Marbach: Ökonomische, soziale und politische Struktur des Ortes“, S. 1.

ト・ボーフムが所有する経営であり、農用地六一・九七ヘクタールを農業機械と農業労働者二家族七人で耕作、キャベツ類を中心的生産物としながら穀物生産と畜産も行う「野菜農民」であった。

マルバッハ村における土地改革の詳細をみる前に、本村の特徴を挙げておく。第一に、本村はドイツ共産党（以下、ＫＰＤ、四六年からＳＥＤ）によってナチスの影響力が強い村であったとされている。党員数で言えば、三三年にナチスが政権を掌握する以前にすでに村のナチ党員は二一人を数えていたが（これに対してＳＰＤ党員は六一人、ＫＰＤ党員は五二人）、ナチ政権樹立後には七二人へと急増、親衛隊（Schutzstaffel、以下、ＳＳと略記）にも三人が加わった。党員数の拡大は主にＳＰＤと非合法化されたＫＰＤからの移籍によるもので、全国的に日和見主義的判断によってナチスやＳＳへの入党・入隊が増加したことに対応した現象だが、本村の場合には、比較的大規模な「野菜農民」経営・園芸経営の所有者が労働力のペンドラー化による流出を恐れて、労働力確保をナチスに期待したことも寄与したといわれている[69]。村落のナチ化の結果、四五年四月にアメリカ軍戦車部隊が進撃してきた際、村にいたＳＳ隊員がこれを砲撃、戦車砲による応戦を招いて村が戦場となった。戦闘は半日で終了したが、「多数の死者の他、住居六四七軒と農舎二七棟が完全にないし部分的に破壊された」という被害が生じた[70]。当時の村の人口は一一〇〇人程度だから、一世帯二人として世帯数は五五〇世帯ほどであり、破壊は実質的にすべての住居におよぶという甚大なものであった。

三三年以降もＫＰＤ党員に留まった農民は、零細農フーゴー・リュシュトと同じく零細農のカール・シュトーバーの二人だけであった。両者ともに後にブーヒェンヴァルト強制収容所に収容されている（ともに生還したが、シュトーバーは政党活動および農業経営から引退してしまう)。

第二に、難民が四五年の終戦後から四九年までの間に一〇〇〜五〇〇人ほどいたことを確認できるものの、村内定着率が低く、短期間で西へ去った[71]。一般にチューリンゲン地方で難民の大量流入が起こるのは四八年頃からだが、本村に生活拠点を築いた難民を史料上確認できるのは五〇年からである。第三に、村のカトリック教会が「顕著な影響力」を持っているとされている[72]。

さてグーツを欠く本村の土地改革は、「戦争犯罪人および戦争責任者」すなわち「指導的ナチ党員」が所有する経営資本の無補償接収として実施されることになった[73]。四五年九月末、村ガストハウス（旅館兼居酒屋）における集会で村落土地改革委員会が選出された。委員長はブーヒェンヴァルトから生還した「純然たる反ファシスト」であるＫＰＤ党員の零細農リュシュト、委員は村内の「無党派」小規模農民四人である[74]。委員会はヴァイセンゼー郡土地改革委員会の指示を受けて村内の「指導的ナチ党員リスト」を作成、村落最大の大農であり、ナチ時代に村内農民を指揮する役職の「村農民指導者 Ortsbauernführer」を務めた上述のボーフムを筆頭に、ナチ時代の村長やナチ党員の大農二人など農民八人、その他一二人の計二一人をリストアップした。

ところが興味深いのは、リストにある「接収予定の土地の面積」欄をみると、ボーフムの経営について「八ヘクタール」とあり、彼の全経営面積約六二ヘクタールの一三％弱にすぎない数値が記入されていることである。さらに、大農二経営については、それぞれ農用地面積が二三・〇〇ヘクタールと四〇・〇三ヘクタールであったにもかかわらず、これらを含む計八経営の農業経営で「一八・九八ヘクタール」のみが接収予定とされているにすぎない。「反ファシズム」を掲げる土地改革の基本理念からすれば、「指導的ナチ党員」の経営は全面的に接収されるはずであるが、経営の一部分に限定されているのである。この措置の理由を直接的に示す史料は存在しないのだが、一九五〇年代末の史料から推測することができる。というのは、アルント・ボーフムの息子ヴェルレンが、ボーフム家の経営について、「この経営は私や父の所有ではない。母の所有だ」と述べた記録があることから[75]、ボーフムがナチ党籍歴のない妻に経営の所有権を移すことで接収対象にされることを回避したと考えられるからである。さらに彼は、八ヘクタールの接収予定地に関しても、自分が活動的ナチ党員ではなかったこと、食糧事情の改善のためには経営分割は望ましくないことなどを根拠に挙げて村土地改革委員会に異議を申請、委員長リュシュトから「アルント・ボーフムの経営接収は土地改革法から不可能である」との決定を引き出している。[76] この他の大農たちに関しても同様に、経営接収は「活動的ナチ党員ではなかった」として全て撤回されている。

接収案の撤回は一見すると「活動的ではなかった」とは言い難い元ナチ党員にも及んだ。リストの「その他」は村ガストハウス所有者や旧市街の工場の監督などで、おそらくアメリカ軍との交戦による住宅被害を背景として彼らの住居の接収が議論されている。彼らのリストアップ理由はゲシュタポ（秘密警察）のスパイとしての活動である。ガストハウス所有者はＫＰＤ党員の農民シュトーバーが逮捕の危険から別の農民に匿われていた時に潜伏先をゲシュタポに密告したとされている。工場監督のほうは、村に住む少女がユダヤ人の娘であることをゲシュタポに密告、彼女が四一年に強制収容所に送られて殺害される原因を作ったとされている。[77] しかし彼らの住居は接収されなかった。撤回理由は、「土地改革は土地所有者に関する接収である。建物だけで土地を持たないガストハウスなどは対象外である」とされている。[78]

こうして旧来の村落社会は土地改革法の抜け道、あるいは逆に厳密な適用によって保全された。リュシュトは郡委員会に宛てた報告書において、「厳正に審査を行った結果、かつて接収案が出された人々に接収関連法に該当する者は一人もいないことを確認した」ため、「本村で接収は実施されない。大土地所有は存在しないし、ナチ農業資本の接収に該当する者も存在しない」と述べ、土地改革に幕を引いた。[79] 注目すべきは、接収案撤回に対して決定的な役割を演じたのが村落土地改革委員長リュシュト自身であったことである。彼は強制収容経験もある確信的ＫＰＤ党員であったにもかかわらず元ナチ党員の資本の保全に動き、上位機関から問題視されることになる。例えば、四六年四月に牛乳配送業者エルンスト・マウアーが州ＳＥＤ指導部に宛てた借地契約の不当解除に関する告発文書と、その内容を巡るリュシュト対州指導部の論争記録がある。[80] これらによれば、まずマウアーは、自身がかつてＳＰＤに属していたため逮捕された経験があるし、終戦時の地上戦のせいで経営する五ヘクタールの七〇％を喪失した「ファシズムの犠牲者」である。彼の耕地は村落所有地からの借地だったが、村落土地改革委員会によって借地契約を一方的に解除されてしまった。のみならず、この耕地が突撃隊（Sturmabteilung、以下、ＳＡと略記）隊員であったカール・シュテンフの私的所有地として委譲された。シュテンフは元ＳＡ隊員であるばかりか、すでに他の村落にも土地を所有しているので不公平である。[81] 以上のような告発であった。

これを受けて州ＳＥＤ指導部は郡指導部に緊急の手紙を送付した。「郡指導部の同志諸君にマルバッハ村から届いた文書を転送する。〔……〕驚くべき事態が起こっている。元ＳＡ隊員シュテンフなる人物が新たに土地を獲得したために、反ファシズム的人物がその土地を喪失したというのである。全くもって耐え難い事態だ。本件に関して調査のうえ結果を報告してほしい。[82]」

州・郡党指導部に対してリュシュトは村のＳＥＤ党員や村長を交えて反論を組織した。その要点は、シュテンフは確かにＳＡに属していた過去があるが、「一九三三年以前にはＫＰＤ党員であった。一九四五年六月よりＫＰＤに復帰し、現在は〔一九四六年四月のＳＥＤ結党によって ―― 引用者〕ＳＥＤ党員である。党活動への参加は活発である」ということと、その一方でマウアーに関しては、彼の職業は牛乳配送業なので土地を賃貸しても牧草地にしかならない、国民経済上重要な穀物や野菜の生産には貢献できないこと、である。[71] つまり、一方では旧党籍を根拠に、他方では土地利用内容を根拠にして所有権委譲を正当化しているのである。州ＳＥＤ指導部は最終的に村落土地改革委員会の判断を優先し、土地はシュテンフの所有となった。

「指導的ナチ党員」の接収案全廃という経緯も鑑みれば、リュシュトら委員会の判断には一貫性がなく、単に元ナチ党員を優遇したものであるようにも思える。しかし、その背後には、「反ファシズム・民主主義的改革」というイデオロギー的目標よりも終戦時の地上戦で破壊された村落の復興という現実的措置を優先する態度があったと考えられる。村落の復興とは、具体的にはナチ時代に「大変に成績の高かった」野菜生産の回復を意味している。[84] 例えば、四七年三月、エアフルト市域各地に土地を総計約一四〇ヘクタール所有するベルヴィッツ家がマルバッハ村の親族の死去に伴って土地を相続した。[85] リュシュトはベルヴィッツ家の相続地計七・九六ヘクタールを「不在地主の土地」として接収、「野菜農民」および園芸家一〇経営にそれぞれ約〇・六ヘクタールを追加地として分割し、一区画〇・〇七ヘクタールのクラインガルテンを一九区画設けて労働者用に分配することを決定した。[86] この措置に対して郡委員会から、もともと八ヘクタールほどでひとまとまりの新農民経営を設立するのに適しているという指摘と、分割地の獲得者がすでに土地を所有している者ばかりであるという批判が起こった。しかしリュシュトは、ベルヴィッツ家の土地が「地質が高く、園芸経営への委譲にしか適さない土地である」と理由付けて新農民経営を作ることを拒否し、土地を持つ者ばかりが追加地を得ているのではないかという批判に対しては、クラインガルテンを獲得するのが労働者であることを主張した。[87] 労働者用クラインガルテンの設置については、旧市街への労働力流出に歯止めをかける目的があったと考えられるが、土地の分割が追加地という形態で旧来の「野菜農民」層が強化される結果となっていることが確認できる。

このような村落土地改革委員会の行動は、市ＳＥＤ指導部から見れば、土地改革の理念に反する「反民主主義的勢力」の中心である大規模「野菜農民」ボーフムや園芸家たちに「取り込まれてしまった」ものと映った。[88] 特にリュシュトは、市指導部から「農民の網にとらわれた。口を開けば農民が言っていることを繰り返すだけだ」として「問題党員」扱いされ、四八年にはＤＢＤに移籍してしまう。[89] すなわち、土地改革は本村において、野菜生産のための農用地・労働力を組織的に強化することを目指すものとして実施され、この点で「反ファシズム・民主主義的改革」を掲げる上位土地改革委員会やＫＰＤ／ＳＥＤ指導部とは相容れなかったのである。

②マルバッハ地区における農業集団化

マルバッハ村の土地改革は、村において「野菜農民」の復興・強化としての意味を持ち、上位機関からすれば旧来の勢力の温存であった。本村は一九五〇年七月の行政区画再編によってヴァイセンゼー郡からエアフルト市へ管轄が移って市の一部である「地区」となった。エアフルト市ＳＥＤ指導部は五二年七月に農業集団化が開始されても「反民主主義的勢力」の問題を放置したが、東独農林省の主催による「東独輸出種子・園芸博覧会」の開催が五四年に決定してからはマルバッハ地区の再編に乗り出した。地区園芸の再編は「野菜生産ベルト構想」として計画された。

「野菜生産ベルト構想」とは、市評議会農業課の議事録[90]によれば、まず、東西ドイツ分断のために中断されている西側諸国への輸出（外貨獲得）を復活させる契機として博覧会が位置付けられ、「エアフルト市を輸出都市に！」というスローガンが掲げられる。輸出用種子は、ロータ－・ベルクにある「ドイツ種子協会」管轄の国有種子農場と旧市街の種子会社が専門的に生産し、旧市街近郊で契約栽培面積を拡大する。この面積と労働力を確保しつつ、国内消費に向けた野菜の大量生産を各地区の園芸経営が担う。しかし各地区では、「大部分の農業経営で野菜を生産し、反対に園芸経営では部分的に穀物やジャガイモなども栽培している」という混在的生産状態――つまり、「野菜農民」的生産形態――が支配的である。これは土地と労働力の「可能性を使い果たしていない」ことになる。したがって、各地区の経営は第一に、農民的農業経営か「純粋な園芸経営」へと専門化される。次いで第二に、農民がＬＰＧに、「純粋な園芸経営」が「伝統的な野菜栽培に基づくＬＰＧ」に合同することで、耕地が統合され農業機械化の前提条件が創出されることになる。最終的に旧市街を中心にその周囲を円環状に専門的ＬＰＧ群が取り囲む「野菜生産ベルト」が形成され、秩序だった土地・労働力・機械の利用によって増産が達成されるべきである。以上のような構想であった。

ここで、第一に、「野菜生産ベルト構想」に基づく園芸再編が「野菜農民」的生産形態と正面から衝突すること、第二に、園芸の集団化に対して有効な意義付けができていないこと、を指摘できる。後者については、園芸集団化による耕地統合が機械化の基礎とされてはいるものの、園芸ＬＰＧ――この頃はまだＧＰＧという語句が用いられていない――の性格が「伝統的な野菜栽培に基づく」ものとされている以上、従来型の生産を超える生産体制とは考えられていないのである。そして第三に、博覧会会場のシリアクスブルク城塞跡から最も近い園芸中心の地区としてマルバッハ地区の意義が急浮上したことである。

したがって、五四年秋にマルバッハ地区で市ＳＥＤ指導部が主導して開催した農民集会では、「野菜生産ベルト構想」に対する激しい反対が起こった。臨席した市評議会農業課員が後に「〔園芸の――引用者〕ＬＰＧに対する否定的な見解が列挙され」、「極めて敵対的な雰囲気が支配的だった」と評し、当該地区には園芸ＬＰＧ設立に「前提条件がまだ全く存在していない。前提条件が創出されるまでは二度と行きたくない」と怯えを示すほどの猛烈さであった[91]。かかる敵視を受けて、翌五五年には、市評議会と市ＳＥＤ指導部がマルバッハ地区との間に――本地区はすでに市の行政管轄下にあり、独立した村落ではなくなっていたにもかかわらず、相互独立性を含意する――「友好協定」の締結を打診する事態にまで関係が悪化した[92]。すなわち、土地改革期には上位土地改革委員会・ＫＰＤ／ＳＥＤ指導部の対抗相手は村内の元「指導的ナチ党員」に限られていたのだが、ここに至ってついに市ＳＥＤ指導部・市評議会と村落それ自体の対立が発生したのである。市長ボークが「園芸家が問題だ。新しい道を探さねばならない」と述べ、「野菜生産ベルト構想」を事実上中断する結果に終わった[93]。

園芸の再編が最終的に試みられるのは、五八年五月にＩＧＡの開催が最終的に確定してからである。この頃には本地区は「否定的分子」から成る「強大な敵対的勢力」の支配する場所とみなされるようになり、市ＳＥＤ指導部は党幹部や園芸学校教師、シュタージ（国家保安省）工作員など一一人から成る「情宣作業班」を結成、「敵対的勢力」の解体とＧＰＧの設立を目指す調査活動を開始した[94]。同年七月の「マルバッハ地区農業再編に向けた政治的・イデオロギー的闘争において国家機関作業班が実施した作業とその成果に関する中間報告」および関連する調査報告書群[95]によれば、「反動勢力」の性格は次の三点に要約される。第一に、大規模「野菜農民」ヴェルレン・ボーフム――土地改革で「指導的ナチ党員」とされながら接収を回避したアルント・ボーフムの息子[96]――が「反動勢力」の中心人物であり、地区の農民と園芸家らに反集団化を扇動している。五八年七月の農民集会には彼を招待しなかったが、五〇年から本地区に住んでいる難民出身のSED党員メレク・ギュンターが「農民集会会場へ自転車で向かい、その途中でボーフムの家に立ち寄ったところを目撃された。集会が終わった後にもボーフムのもとへ向かった。集会で話し合われた内容を報告した模様である[97]」。ヴェルレン・ボーフムは地区の「農民互助協会」会長を務めていて、農民・園芸家に多大なる影響力を持っている。本地区の農作物生産状況は一見すると極めて良好だが、市に供出される量は予想以下なので、闇取引に従事している疑いもある。ボーフムら「野菜農民」は、「国家から与えられた利益を自分たちのためだけに使い果たしている」ので、「大変に高額の収入を得ている[98]」。

第二に、「反動勢力」の拠点は村ガストハウス――経営者が「ゲシュタポのスパイ」であったため接収候補に挙がった経営――である、とされている。「作業班員が判断するところでは、ここに集まっているのは特に敵対的な勢力である。一九五八年七月一五日火曜日の午前零時、ガストハウス経営者は民主主義的法律〔東独民法のこと――引用者〕に様々に違反した。例えば、規定の閉店時間を超過する営業、一八歳以下の青少年に対するアルコールの提供、民族主義的な歌の合唱などである[99]」。したがって「本ガストハウスは閉鎖も可能なので、必要か否か決定するべき」であり、閉鎖する場合は「村落アカデミー」を設立して専門的教育を行うべきである[100]。第三に、カトリック教会の神父が反SEDの立場を明確にして女性と若者に影響力が大きい[101]。社会主義的な青少年活動に反対しているだけでなく、「メービスブルク地区の若者三人が神父に共和国逃亡の相談を持ちかけた際に資金援助を行った模様である[102]」。

かかる「敵対的状況」に対して地区のSED組織は脆弱であるばかりか、市SED指導部の管理から離れてしまっているとされている。「マルバッハ地区の既存の民主主義的勢力を市ＳＥＤ指導部の大衆政治活動に完全に動員することはできなかった」[103]。すでにリュシュトはＤＢＤに移籍してしまい、六名しかいない地区ＳＥＤ党員のうちそれでも主導的なギュンターはボーフムの「子飼い」化して「政治的にどんどん後退している」[104]。停滞状況を脱するには市指導部による体系的な指揮を強化する必要がある。

「中間報告」の結論では、「情宣作業班の工作活動は遅々として成果をあげることができていない。これまでの活動でＬＰＧ建設に前向きなのは経営的に脆弱な農民二名と小規模園芸家二名のみである」[105]。したがってＬＰＧないしＧＰＧの設立には相当な労力と時間が必要である、とされている。

しかし五八年の時点ではＩＧＡは六〇年に開催される予定で時間が限られていたし、旧市街のほぼ全域におよぶ建築物の修改築や道路・公園建設などのためにＧＰＧ設立に割くことのできる労力にも限界があった。市ＳＥＤ指導部の一人は、現実的な方針として、エアフルト郡シュトッテンハイム村において「情宣活動だけでなく物質的支援も行った結果」ＬＰＧ設立に成功した事例を引き合いに出して、本地区にも「物質的支援」を行うこと、具体的には「温室一棟の建設」を市の負担で行うことを提案した[106]。市指導部長でもある市長ボークは「新しい道を試さねばならない」として提案を支持、村の旧勢力を解体したうえで集団農場に再編するという困難な方法ではなく、資金投下による直接的な懐柔策を指示した[107]。これを受けて「情宣作業班」の活動はボーフムらの監視から直接的な交渉へと変更され、最終的に温室だけでなく、「将来の全面的な灌漑設備の建設、井戸の建設、水源の確保による露地栽培の改善の実施」を市側が約束し、ヴェルレン・ボーフムがＧＰＧを設立することで妥協が成立した[108]。五八年九月、初代組合長にボーフムを据え、「野菜農民」と果樹栽培園芸家の三経営六人、農地面積三四・五〇ヘクタール（野菜露地栽培二四・九〇ヘクタール、果樹園二・一二ヘクタール、穀物七・四八ヘクタール）で、市域で初となるＧＰＧが「成果」という名称を付して設立された。ＧＰＧ「成果」はＩＧＡの「会場外展示場」として「社会主義的園芸生産の模範」として政治的意義を付与された。

しかし、以上の設立経緯からも読み取れるように、ＧＰＧを設立する積極的な意義は、ＩＧＡ開催が近いということを除いて市ＳＥＤ指導部側からも「野菜農民」側からも見出されていない。政治的意味はみられるが、「情宣作業班」が主張したような「社会主義的大面積経営こそ土地・労働力・技術の可能性を使い尽くし、増産を可能にする」という経済的意味はごく影が薄いのである。第一に、機械・技術に関しては、市ＳＥＤ指導部の介入を伴ってＧＰＧが「成果」と名付けられた経緯がこのことを示している。[109] 当地区の「野菜農民」エルンスト・テーベは、燃焼機関工場の経営者一族の親族だが、親族の機械知識を援用して独自にキャベツ収穫用ベルトコンベア体系をすでに発明していた。[110] この技術は収穫したキャベツ類を箱まで自動で運ぶという単純なものにすぎないが、「ＧＰＧ設立が機械化の前提条件である」という宣伝の効果を弱める作用 ── 少なくとも市ＳＥＤ指導部がそのように考える作用 ── はあった。五八年八月の市ＳＥＤ指導部会議では、テーベの経営が「新たに開発した機械によって労働力を節約する」成果をすでにあげているので社会主義的大経営の説得力が低下する、という意見に対して、「マルバッハ地区はダレー〔ナチ時代の農相 ── 引用者〕の時代から園芸の成果が高かった」から仕方がない、というＧＰＧへの意義付与を諦めたかのような発言が飛び出しているのである。[111]

また、ＧＰＧ「成果」はＩＧＡの「会場外展示場」として集中的な「物質的支援」の対象となったが、それ以外のＬＰＧないしＧＰＧには技術的利益が存在しなかった。例えば、後にリュシュトが集団農場を設立した際、畜産用水の確保ができなかった。しかし市ＳＥＤ指導部は、ＧＰＧ「成果」の水問題を灌漑設備などの「物質的支援」で解決したのとは対照的に、何ら支援を行うことはなく、リュシュトらは自力で井戸を掘ることになった。これについて市ＳＥＤ指導部は、リュシュトらの井戸掘りについて、「彼らは自分たちの力で井戸を掘って水不足を克服した。協同組合意識が高い」と褒めるだけであった。[112] 技術的支援が一ヵ所に集中した分だけ他のところでは負担が嵩んだことがうかがえる。

第二に、労働力の組織化に関しては、実質的に私経営と変わりがなかった。設立から一年強を経た五九年一一月の市SED指導部報告では、本GPGで「定款が守られないために内部で対立がある。すでに昨年末に組合員二名が脱退した」とあり、組合長ボーフムによる組合員の「搾取」が問題視されている。[113] ボーフムは協働に参与せず、組合員を農業労働者のように扱っていたのである。この間にボーフムはシュレジエン難民出自で元グーツの管理人のギュンターなど農業能力の高いと思われる者をGPGに加入させていたものの、組合員脱退のため三世帯五名の小規模な組織のままで、生産や労働の内容に応じた作業班を設置するでもなく、労働組織としては実質的に大規模私経営の様相を呈していたのである。

GPG「成果」を脱退したバッハ夫妻は元々花卉栽培が専門であり、直接的な脱退原因は「資格取得を巡る対立」だったというから、温室の利用目的が野菜か花卉かでもめたものと想像される。夫妻は六〇年四月まで私経営に戻ったのち、同様の花卉園芸家と共に新たなGPG「花の都市」を設立した。このGPGの設立には、ビッシュレーベン＝シュテッテン地区に戦前からある煉瓦造りの石炭温室数棟（計一四〇〇平方メートル）が所有者の放棄により空きとなっていたのを移譲されたのが決定的となった。夫妻らはこの温室を使って、サボテン、バラ、ダリア、グラジオラスなどを栽培し、マルバッハ地区の所有地では野菜一〇ヘクタールやタバコなどを栽培した。[114] GPG「花の都市」設立経緯からは、多様かつ専門性の異なる生産内容を持つ園芸が集団農場的な労働力組織を困難にしていたことが読み取れる。

第三に、土地の組織化について、当地区の農民経営の集団化からみてみよう。GPG「成果」設立の二ヵ月後、五八年一一月に地区DBD代表となっていたリュシュトを組合長に、I型LPG「前進」が設立された（設立時の加入は四経営六名、農用地は二〇ヘクタール）。さらに六〇年三月には最後まで集団化に反応しなかった農民一六経営がI型LPG「郷土」（約七〇ヘクタール）を新設した。こうして元より農業と園芸の「混合村落」であった当地区は、LPG二経営とGPG二経営へ再編された。これは単なる村落の四分割というだけでなく、前節で述べたような追加地やクラインガルテンを団地化せぬまま人的関係から組織化した結果であり、ビッシュレーベン＝

シュテッテン地区でみられたような耕地分散が激しいままだった。集団化完了宣言の後で、六〇年秋以降の計画として市SED指導部は、「農業の社会主義的改造によって、土地統合は基本的には達成された。しかしまだ耕地分散がある。（……）一九六〇年秋から一九六一年にかけて土地交換を行う。これによって可能な限りの耕地分散を解決する必要がある」と決議している。[115]したがって集団化「完了」時点でもまだ「社会主義的大面積経営」は形成されていなかったのである。

ここでは触れることができないが、集団農場が団地化に成功するのは六〇年代後半のことである。園芸生産がその生産内容を地質に規定されるために土地交換が順調には進まず、六六年四月にLPGとGPGの連合組織である「マルバッハ協業共同体」が設立され、七〇年一月に集団農場が統合されて初めて耕地分散問題が解決されることになる。そしてその際に再びボーフムが「協業共同体」議長として主導的な役割を果たすことになる。

③ディッテルシュテット村の土地改革と農業集団化

最後に、「純園芸村落」ディッテルシュテット村の事例をマルバッハ村の事例と比較しつつ要約的に示す。ディッテルシュテット村は、旧市街を挟んでマルバッハ村と反対側の市南東部に位置する。人口は四九年時点で八二九人、住民の大半がカトリックで、貨物列車の駅があることから輸送業に従事する者が多い。[116]農業・園芸に関しては、計三四経営が「農用地を園芸だけに利用」する「純粋な園芸村落」であった。[117]本村も労働力問題からナチスの影響力が強かった村とされる。[118]さらに、村の北にローター・ベルク飛行場と軍需工場が隣接することから四四年の連合軍爆撃を受けて七〇人の死者が出ており、中規模園芸経営の所有者が終戦時に「外国人強制労働者」のポーランド人に射殺されるなど、[119]戦災の深刻な村でもあった。

本村土地改革の特徴は第一に、「指導的ナチ党員」の経営接収が、マルバッハ村の事例と同様に、所有権の移動によって実施されなかったことである。四五年九月、借地園芸家でKPD党員のフランツ・ペイザーを委員長、

「青年園芸家」で無党派のハインリヒ・ローゼを副委員長、「青年園芸家」二人と園芸労働者一人を委員として村落土地改革委員会が結成された。委員会が作成した「指導的ナチ党員リスト」には、ナチ時代の村長と「村農民指導者」をはじめ、パウル・ローゼなど一〇ヘクタール前後の中規模園芸経営所有者九人が挙げられ、接収予定の農用地面積は総計八九・二七ヘクタールとされている。[120] しかしこれらの接収案は、所有権を非ナチ党員の子弟へ移すことで全て撤回されている。例えば、「指導的ナチ党員」パウル・ローゼの経営は「接収」を経て村落土地改革委員会副委員長のハインリヒ・ローゼに「分割」されるものと決定されているが、両者は親子であり、後述するように一体的な経営を継続している。[121] ローゼ父子の他の接収案に関しても、経緯が明確には判明しないものもあるのだが、全ての経営が六〇年の園芸経営リストで存続していることが確認できるから、[122] 同様の方法で接収を回避したと考えてよいだろう。

村の主流を成す中規模園芸経営層のこうした対応については、リストに含まれたカリフラワー専門の園芸家アウグスト・シェラカーが、所有権を妻エルデに委譲したうえで、自ら経営する農用地が市内最高水準の地質であることを強調しつつ次のように正当化している。「私は大都市近郊村落において都市住民の食糧供給に関心を持っている。エアフルト市に野菜を供給するためには、このまま〔分割することなく――引用者〕耕作するのが望ましい。さもなくば専門的園芸経営が最大限の収穫量を確保することができない」。[123] シェラカーの主張はヴァイセンゼー郡土地改革委員会に承認されている。本村においても、土地改革で説得力を持ったのは「反ファシズム・民主主義的改革」という理念ではなく「最大限の食糧供給」とそれを可能にする経営の保全であった。

第二に、ＫＰＤ／ＳＥＤの政治的脆弱さ、より正確には、村党組織が村落の園芸家だけでなく上位党組織とも対立し自滅したことである。村党組織の弱さは、市ＳＥＤ指導部が本村を「住民の大部分がカトリックであり、きわめて非協力的」と評価したように宗教的背景からでもあったが、[124] 主要には村内のＫＰＤ党員がわずか二人という「反ファシズム的人物の不足」[125] のもと、ほぼ単独の党員ペイザーが旧勢力の中心人物ハインリヒ・ローゼらとの対立に敗れたためであった。

「指導的ナチ党員」接収案が撤回されつつあった四五年一〇月からペイザーは、郡および州の土地改革委員会に「経営不振」を理由とする代案を提出している。例えばローゼ父子の園芸経営に関しては、「土地を使い尽くしていない。非採算的である」として、都市住民への食糧供給能力の不備を根拠とした[126]。これに対してパウル・ローゼが反論、ナチ党員として「指導的」であった過去はないこと、農用地の耕作状況は確かに不十分だが、これは園芸労働者が徴兵されて労働力が不足したためで、今後は息子ハインリヒとトラクターを所有する親族が手伝うことができるから問題ではない、としている[127]。州土地改革委員会は法的観点からローゼの立場を支持、「土地改革法においては、劣悪な経営状態であってもそれを理由に経営を接収することはできない」との決定を下した[128]。

ペイザーは、アウグスト・シェラカー（経営面積一三・三一ヘクタール）とその弟エルンスト（同一八ヘクタール）のカリフラワー専門経営に関しても、経営状態を根拠とする接収案を州委員会に提出した[129]。彼によれば、シェラカー兄弟の共同経営はそもそもカリフラワー生産としての適切な規模を超えており、さらにポーランド人に所有者が射殺された経営の一部（三・二五ヘクタール）をも引き受けたから、過大となっている。したがって分割するべきである、という。これを受けて、新たに所有者となったアウグストの妻エルデ・シェラカーが州委員会に対し、夫アウグストが七六歳という高齢のために引退してこれまで通りの経営は困難だが、義弟エルンストの家族と射殺された人物の家族も彼女の家に身を寄せているので労働力に問題はない。そしてそもそもカリフラワー経営として過大というわけではない、という内容の異議を申し立て、州委員会から支持を得ている[130]。結局「劣悪な経営状態」を理由とする新規の接収案はローゼやシェラカーをはじめ全て撤回された。ペイザーの行動は村落土地改革委員会の法的権限を越えるものであったため、郡および州委員会から「体系的な指導が必要」とされ、ペイザー自身が問題視される結果に終わった[131]。

「指導的ナチ党員」の接収は実施されなかったが、マルバッハ村にも土地を所有していた旧市街在住の「不在地主」ベルヴィッツ家の相続地八・六〇ヘクタールは本村でも分割されることとなった。[132] ただし本村の場合は農用地だけでなく墓地も含んでいる。分割地の申請をしたのはペイザーとハインリヒ・ローゼ他一人である。ペイザーは早くも土地改革委員会結成の前日に郡土地改革委員会に手紙を送付、彼にベルヴィッツ家の相続地を分割するよう要請していた。[133] これによれば、彼は二〇年前に村に転入した際〇・一二ヘクタールを購入、借地を繰り返して四五年には経営を三・一二ヘクタールにまで拡大したので能力がある。しかし経営面積に占める借地率が九六％にものぼるので経営的には困難がある。したがってベルヴィッツ家の土地から幹線道路に面した有利な部分を購入して経営を改善したい。以上のように述べて彼は州委員会の支持を取り付けてベルヴィッツ家の所有から四区画、計四・六八ヘクタールを獲得した。[134]

ただし、「良い土地」である「幹線道路脇の耕地」はハインリヒ・ローゼの所有となった。彼は四五年一一月の時点で、おそらく父パウルから分割された土地である「所有地二・一五ヘクタール」と借地五ヘクタールを経営しており、経営規模としては小さくはない。しかし経営面積に占める借地比率が七割近いことを理由に自らを「零細農」と規定、村落土地改革委員会に「良い土地」の分割を要求したのである。このように強引とも言える論拠でありながら土地獲得に成功したことは、ローゼの村落土地改革委員会に対する支配力を表しているが、その裏返しとしてペイザーの立場の弱さをも表している。ペイザーは「幹線道路脇の土地」の代わりに「ベルヴィッツ家の墓地」一帯を割り当てられ、後には「追加の土地申請者」一六人に獲得した土地を再分割するよう決定されるなど明らかに差別的な待遇を受けているのである。[135]

こうして、良質な園芸地の獲得によって経済的上昇を果たそうとしたペイザーであったが、旧来の園芸経営勢力との対立を招き、四八年までに彼の名前が史料から消え、村落土地改革委員長にはキリスト教民主同盟（ＣＤＵ）の園芸家が就任している。こうしてディッテルシュテット村は事実上、ＫＰＤ／ＳＥＤ党員不在の村となった。五二年の市ＳＥＤ指導部報告では、この地区が「比較的規模の大きい園芸経営によって反動的勢力が支配されている。農業労働者さえも大部分が反動的である」とされ、マルバッハ地区と同様に地区単位で問題視されるようになるのである。[136]

次にディッテルシュテット地区における集団化の特徴をみてみよう。第一に、五四年の「野菜生産ベルト構想」において本地区は、すでにカリフラワーの露地栽培や温室での液果生産など専門的園芸経営が主流だったことから直接的に「伝統的野菜生産のＬＰＧ」設立候補地とされた。ただし本地区に対する市ＳＥＤ指導部と市評議会農業課の計画は、単に「伝統的野菜生産のＬＰＧ」設立というに留まらず、五五年の「東独輸出種子・園芸博覧会」に連動した大幅な園芸生産の再編を伴うものであった。五〇年代初頭から旧市街の国営商店に「果物・液果が並んでいない」という問題が議論されていたが、五五年の博覧会開催は夏であり果物類の消費が急増することも見込まれたので、「果物栽培のＬＰＧ」を設立するという案がすでに存在していた。[137] これに関連する調査で市指導部は果物不足の原因が「果樹園からの輸送能力の不足」にあると結論、したがって貨物駅のある「純園芸村落」ディッテルシュテット地区が「理想的な場所」として浮上することになったのである。[138] ディッテルシュテット地区にも小規模な果樹園が存在していたが、ここに他の地区から果樹を植え替えることで「輸送の可能性が最大限になる」とされている。[139] さらに液果と野菜については、旧市街外延部でディッテルシュテット地区と境界を接するクレンマーフォアシュテット地区の発電所から余熱を利用する温室を建設する計画も、五〇年代を通じた石炭不足問題を背景に実現可能性の高い計画として同時に議論された。「果物栽培のＬＰＧ」と温室新設は市内各地区単位で生産を専門特化するという「園芸生産ゾーニング（生産区画区分）」計画の一部を成すものであった。[140]

しかしながらこの案も、既存生産体制の根本的な変更を要請するものであり、農民集会で「建設計画に対する強力な拒絶があった。社会主義建設それ自体に対する拒絶さえもみられた」と報告されるほどの反対を引き起こし、[141] マルバッハ地区の抵抗を契機に市ＳＥＤ指導部が計画中断を決定したため実現されずに終わった。

第二に、ＩＧＡの開催決定以後のＧＰＧ設立の過程で地区社会が一挙に崩壊した点が特徴的である。五八年に市ＳＥＤ指導部はディッテルシュテット地区について、中断されていた上記の「果物栽培ＬＰＧ」や温室建設も「可能性」として残しながら「勤労園芸家の中でも経済的に脆弱な経営と園芸労働者を特にＧＰＧ設立に向かわせる」という方針を打ち出した。(142) この方針に基づく「個別説得作業」を通じて、五八年七月に本地区の小規模園芸家シューマンがついに同意し、ＧＰＧを共に新設する園芸家を募るも「他の園芸家に拒否された」。(143) 注目すべきは彼が「闇取引をしていることを密告された」ために逮捕され、これが契機となってＧＰＧ建設の動きが止まったことである。(144) 密告者は不明だが、村内で反集団化の立場をとる園芸家とみて間違いないだろう。というのは、次にＧＰＧ設立の動きが出るのは六〇年四月で、小規模園芸家ギューテら八経営一四人が経営を合同させる予定であったが、ギューテは「ファシストの陸軍少佐だった過去」を新聞に暴露されて西ドイツへ逃亡、他の経営からも二経営四人が「共和国逃亡」してしまったからである。(145) ディッテルシュテット地区ではこの時まで「共和国逃亡」が発生していない。ＧＰＧ設立を転換点として地区が急激に綻びだしたのである。結局、ギューテら不在のまま、「エアフォルディア」と名付けられたＧＰＧが農用地七六・二九ヘクタール（うち野菜類五四・七五ヘクタール）で設立された。(146)

市ＳＥＤ指導部は私的園芸経営に対する「情宣作業班」と並んで、新設（予定）の集団農場に対する「安定化作業班 Festigungsbrigade」を設置、「各地区に残された余力を開発し」、「ＬＰＧないしＧＰＧの生産を統一的路線で実現する」作業に当たらせた。(147)「安定化作業班」は市評議会農業課の管轄で、主に旧市街の「半国有」種子会社や園芸専門学校教師など「園芸専門家」から成り、生産計画と労働ノルマの作成、簿記会計処理、労働過程の設計などを各地区で実施した。(148) ディッテルシュテット地区では「情宣作業班」による「個別説得作業」と、「半国有」花卉・観葉植物種子会社のサボテン栽培の専門家シルヴィア・ハーゲンが指揮する「安定化作業班」によって、組合長不在となったＧＰＧ「エアフォルディア」の生産指揮が行われた。

これに対して本地区の旧来の園芸家たちはなお集団化に反対していた。しかし、集団化の圧力が高まるにつれて、当地区に残る私的園芸経営二六経営のうち一〇経営もが経営を放棄、都市労働者になるか「共和国逃亡」してしまう。これを受けて、事実上、放棄地を再び園芸に利用する組織としてＧＰＧが新たに設立された。参加経営はローゼ父子やシェラカー兄弟など一六経営二九人、名称は「クリスティアン・ライヒャルト」とされた。(149)ただし、六〇年五月の市評議会報告では、「このＧＰＧでは生産計画の話し合いがまだ一度も行われていない。協同組合的労働を延期しようと試みるものもいる。再三にわたり議論を重ねてきたが何ら改善は生じていない。党幹部や市評議会幹部が園芸家との個人的話し合いを通じて可能な限り迅速に協同組合労働を実現する必要がある」とあり、組合員集会の開催や組合長の選出も行われず、臨時で組合長となった「安定化作業班」のハーゲンがおそらく敵対的な態度を受けて当地区での活動をやめてしまうという状態であった。(150)つまり、ＧＰＧは設立されたものの、労働の協同組合的組織化は不在で、私的園芸経営がそのまま存続する形式的なものにすぎなかったのである。

この後、六〇年代を通じて本地区の二つのＧＰＧは「安定化作業班」の介入を受け続け、最終的には七八年に隣接する複数のＧＰＧを統合する一〇〇〇ヘクタール規模の大規模野菜生産ＬＰＧ「カール・マルクス」に吸収されてしまうことになる。

おわりに

本章は、戦後東独の「農林資源開発」を、園芸博覧会と土地改革・集団化期農村の変化から再構成した。園芸博覧会は、旧市街を舞台として、一九世紀以来の種子会社の（半）国有化を基礎としながらも、市を東独における種子生産の中心地、そして社会主義諸国園芸を代弁する地位に引き上げた。四七年当初の目的は戦後復興にあったが、国家公認を受けて全面的再開発を実現した。この面では市SED指導部の成功物語としてこの過程を読むことができるだろう。これに対して、土地改革・集団化期農村では、ビッシュレーベン＝シュテッテン村ではグーツ菜園の極端な細分化が発生して後の集団化期における耕地分散問題の原因を生み出し、マルバッハ村とディッテルシュテット村では「野菜農民」が「指導的ナチ党員」の過去を封印して経営を存続させた。集団化期に「野菜農民」たちは市SED指導部の「生産ベルト」構想を撤回させることに成功し、マルバッハ村ではGPG設立と引き換えに市の資金で設備充実を実現した。「SED権力」の限界が明白に示されたといえよう。

園芸博覧会をSEDによる「農林資源開発」構想の表現とみなし、農村における園芸再編過程を実態として対置するとすれば、第一に、ここにみられる「社会主義」とは何だったのか、という疑問が生じざるを得ない。四七年以降の計画の変遷は、博覧会というものが市SED指導部の決定権から離れていく過程であった。代わって決定権を握ったのは東独国家と「社会主義諸国」であったが、「社会主義的」園芸がはじめて焦点となったのは西ドイツの国際園芸博覧会への対抗という文脈においてであり、IGA出展諸国が社会主義国家であるという以上のものではなかった。実態としても、マルバッハ地区の例でみたように「社会主義的経営様式」たるべきGPGは市SED指導部の妥協の結果として設立に漕ぎ着けた事実上の私経営であり、IGAの「展示用」に過ぎなかった。ディッテルシュテット地区の例では、IGA来場者の消費だけを考えて果樹栽培専門のGPG設立が提起され、蔬菜栽培GPGが設立された後にも共同作業の計画すら立たず、「社会主義的経営様式」の形式性はより顕著であった。本章で分析した範囲では、「資本主義的経営様式に対する優越を示す」べき段階に至ってなお、「社会主義的経営」は実体としては存在していなかったのである。GPG内部の意思決定や協働の実態を明らかにすることで、園芸における「社会主義的なるもの」の成立を分析することが残された課題である。

第二に、構想に付随する設計主義的性格を指摘できる。特に五〇年代半ば、輸出用種子の栽培面積を拡大するために立案された「生産ベルト」計画では、穀物用耕地と蔬菜用耕地の分離分割や輸送手段・熱源の有無を基準とする果樹・液果栽培地の設定という、資源配分に対する顕著な政治介入がみられた。その基礎にあったのが、SEDの指導によってはじめて可能となるような、既存資源の能力を最適配置によって「使い尽くす」という資源観であった。この指導権要求は伝統的な「野菜農民」的生産と全く矛盾したために激しい抵抗の末に撤回されるが、当の資源利用者の協力が不可欠な計画を、地質や鉄道駅・工場の位置という人間不在の地理的関係だけで決定してしまったことに挫折の主要因を指摘できよう。

第三に、SEDの開発構想が徐々に無理のあるものとなっていったのに対して、人々の行動は生活に直結するが故に現実的であった。ケルツィヒによる空港の「粗放的大量生産野菜」農場化案、ビッシュレーベン＝シュテッテン地区非農民のクラインガルテン希求、マルバッハ村とディッテルシュテット村の「野菜農民」の存続では戦場化した村落の復興という要因が加わるものの、どれも戦後食糧難における蔬菜需要の高まりに対する反応であったと考えられる。元「指導的ナチ党員」を守ったかにみえたKPD党員たちの態度もこの点から理解することができる。次第に村落復興や需要対応よりも博覧会構想を根拠とした園芸再編案が市SED指導部から出されるようになると、地区単位での抵抗が発生するようになった。つまり、情宣作業班がつぶさに報告した「敵対勢力」は、いわば博覧会が生み出したものだったのである。

以上から最後に、本章の実証範囲を大きく超え出ることを十分承知の上で付言するとすれば、東独南部における「社会主義」の遊離性を指摘できるのではないかと思う。北部での「社会主義」が、難民流入による「入植社会主義」あるいは脆弱な新農民経営の「再グーツ化」としてある程度の内在的基礎をもって構築されたのに対して、本章の事例からは——南部の典型例だとは決して言えないが——「社会主義」が全く外在的であるように思われる。この「外在性」がいかなる帰結をもたらしたのかの分析は今後の課題としておきたい。

注

（1）ゲルバーはザクセン州出身、商船乗員としてインドでサンスクリットと薬草・茶について学んだのちサンフランシスコ滞在を経て帰国、エアフルト市で「薬草円蓋と自然食品」という店を営んでいた。英語を話せたことが臨時市長任命の理由であったという。Münzel, Sacha, „First Mayor of Erfurt" – die achtzig Tage des Otto Gerber, *Stadt und Geschichte. Zeitschrift für Erfurt (SuG)* 37 (2008), S. 27–28. キースラーについては、Raßloff, Steffen, Die Oberbürgermeister der Stadt Erfurt seit 1872, *SuG* 35 (2007), S. 26–27.

（2）Stadtarchiv Erfurt, Bestände-Nr.（以下、「StAE, B-Nr.」と略記）1–5/29–4651,3.6.1945; 1.6.[1.7.]1945; 12.7.1945. 本章の記述は主にエアフルト市公文書館（StAE）あるいはチューリンゲン州ヴァイマル中央公文書館（ThHStA Weimar）所蔵の資料に依拠している。出典を逐一明記すると煩雑になるので以下では最小限に留め、各資料に付されているタイトルは省略することとする。識別記号として資料作成の日付を記載することでこれに代える。

（3）本章で利用する一次史料は主に、市社会主義統一党（ＳＥＤ）指導部による市内各地区（旧村落）の調査報告書、市評議会農業課議事録・行政計画書、そして各地区の土地改革・農業集団化に関する報告書である。これらの文書には、例えばナチ時代および終戦後の各住民の発言・行為、出自・家族構成など個人情報が仔細に記載されているため、一部の資料に関してはチューリンゲン州公文書館法（Thüringisches Archivgesetz vom 23. April 1992, GV Bl. S. 139）に基づいて個人名が黒塗りされている。しかし本章は具体的な生活世界から見た国家的開発計画を主題としているため、個人の動向に注目せざるを得ない。従って、政治家など著名と思われる人物を除き、原語を推測できない形での偽名を用いることとする。なお、本節でのケルツィヒに関する記述は StAE, B-Nr. 1–5/29–4651,3.6.1945; 1.6.[1.7.]1945; 12.7.1945 に拠る。

（4）ビンデルスレーベン空軍基地は三七年のゲルニカ空爆や三九年のポーランド奇襲作戦にも利用された。ナチス軍事拠点としてのエアフルト市については、Könnig, Bernd, Die Erfurter Garnison 1925–1945. *SuG, Sonderhaft* No. 11 (2011), S. 32–37; Menzel, Eberhard, Die Fliegerhorst Erfurt-Bindersleben, *Ebenda*, S. 37–38; Soldan, Manfred, 50 Jahre Verkehrsflughafen Erfurt-Bindersleben, *SuG* No. 35 (2007), S. 28.

（5）Menzel, *Ebenda*, S. 38.

（6）エアフルト市は四〇～四一年にかけて二回、四四年に四回、四五年に五回の連合軍空爆を受けた。市内建築物の被害は五％程度と推定されており、近隣のイエナ市（一五％）やノルトハウゼン市（五五％）に比して被害が小さい。Raßloff, Steffen, Erfurt in der Nachkriegszeit 1945–1953, *Stadt und Geschichte, Zeitschrift für Erfurt (SuG)*, No. 26 (2007), S. 3. これは空軍基地に爆撃が集中したからである。なお人的被害は一四〇〇人～一六〇〇人（四五年末時点で市の人口は十六万五〇〇〇人）とされている。Bienert, Thomas, *Erfurt. Eine kleine Stadtgeschichte*, Erfurt, 2002, S. 103–104, 107.

（7）StAE, B-Nr. 1–5/29–4651,3.6.1945. 本段落の引用はこの史料からである。

（8）第二次大戦中すでに、ヨーロッパ戦線の拡大によるビンデルスレーベン空軍基地の軍事的意義の低下と、四三年の「総力戦」宣言に基づく食糧増産圧力の増大を背景として、空軍基地の一部が食糧生産に利用されていた。生産の実態は残念ながら不明であるが、備蓄食糧と農業機械・器具の盗難に関する報告書から部分的に推測することができる。この報告書によれば、基地から盗み出されたのは、屠畜期の中型ウサギ四〇〇羽（食肉に換算して六万～八万人の一週間分に相当する八〇～一〇〇トン）、チリメンキャベツ一二〇トン、コールラビ三一五トン、インゲンマメ一〇〇トン、エンドウマメ八〇トン、ホウレンソウ一五〇トン、そして園芸用耕耘機から犂に至るまでの機械・器具であったという。これらの数値には空軍基地外での生産物も含まれている可能性も捨てきれないが、ケルツィヒは生産体制の「完備」について言及していることから、比較的大規模で体系的な生産が行われていたものと推測できる。StAE, B-Nr. 1–5/29–4651,12.7.1945.

（9）「野菜農民」カテゴリーは、国家統計では使われず、チューリンゲン州に関する先行研究でも管見の限り扱われていないので、限られた地域のローカル・タームであろう。ケルツィヒが「園芸家から発展した」経営形態としているように、園芸家 Gärtner（花卉・蔬菜栽培）と農民 Bauer（穀物生産・畜産）の中間的カテゴリーである。史料上確認できる特徴は、①当該地方の園芸家・農民経営において比較的大規模な経営であること、②従って機械装備と、戦時期は「外国人労働者」、戦後期は「園芸労働者 Gartenbauarbeiter」の雇用がみられること、③カリフラワー、クレソン、ホウレンソウなど特定の生産品目に特化する傾向があること、である。なお、五〇年代に入ると、五〇年七月の行政区画再編、五二年七月の農業集団化開始、五三年末の郡部との農政管轄再編を経て、史料から「野菜農民」の語句が消えて単に「農民」ないし「園芸家」という記載に統一される。従って「野菜農民」の戦後史を追跡するためには個人名を辿らざるを得ない。本章のミクロヒストリーの手法はこのような実際的理由から要請されるものでもある。

（10）エアフルト市歴史協会編『市と歴史』誌に掲載された口承史から、種子会社の耕地での食糧生産を確認できる。ブリギッテ・

ヴォンチョウスキは終戦後に種子会社での組織的労働支援に駆り出され、代価として野菜を受け取っていたようである。「グレーテルと私は、ヴァイマル通りの園芸会社アルフォンス・ツィーグラー（種子栽培）に割り振られた。そこで私は一九四五年五月一四日から一〇月まで、陽気な女子児童たちと耕地で働いた。〔……〕私たちの食事にとって良かったのは、鍋に入れる野菜を持って帰れることだった」。Wongtschowski, Brigitte, Leben in Erfurt (1945–1948), *SuG* 19 (2003), S. 28–29. アルフォンス・ツィーグラーの種子会社は、契約栽培の三分の一を国外と結び、特に蔬菜種子（ホウレンソウ、ラディッシュ、キュウリ）を生産していた。StAE, B-Nr. 5/423A-3, Pfeiffer, Renate, *Die Samenzentren Erfurt und Quedlinberg in ihrer geschichtlichen Entwicklung auf Grund ihrer besonderen örtlichen Verhältnisse. Inauguraldissertation zur Erlangung des Grades Doktors der Landwirtschaft an der Humboldt-Universität zu Berlin*, 1957, S. 61.

(11) 「使い尽くす（こと）」の史料上の原語は、「利用し尽くす、搾取する ausnutzen」「汲み出す、利用し尽くす ausschöpfen」「使い尽くす、消耗させる erschöpfen」などである。他に、「あらゆる可能性を利用する alle Möglichkeiten nutzen」などの表現も対象が組織化に関する限り「使い尽くす」という意味になる。なお、「資源」を直接的に表す “Ressource” “Quelle“ といった語句は本章で用いた史料にはほぼ登場しない。「使い尽くす」対象としては「備蓄、備え Reserve」の語句が見られる程度である。こうした語用論的観点からは、「持たざる国」ドイツの分断された一部としての東独において、実は逆に「持てる国」意識が存在したことを示唆しているように思われる。佐藤仁は、資源をモノではなく「可能性の束」と捉える視点を打ち出した。佐藤仁、『「持たざる国」の資源論　持続可能な国土をめぐるもう一つの知』東京大学出版会、二〇一一年、一七頁。戦後東独もこの意味での資源観が強く見られた場ではなかったかと思われる。

(12) Rübensam, Erich, *Die Standortverteilung der landwirtschaftlichen Produktion in der Deutschen Demokratischen Republik*, 1959, Berlin.

(13) *Ebenda*, S. 157. リューベンザムの「生産区域」とは、工業・消費の中心としての都市を核に、交通網や食品加工業の立地から規定される各農作物の生産立地と、地質（黒土、黄土、泥炭など）と気象条件（降水量、気温、初霜の時期など）との組み合わせによって最適の輪作体系を導き出そうとするものである。全国の耕地の含有鉱物を水簸分析（水溶液の比重による分析）で測定するという「科学的」手法の採用が従来の経済地理学との差異として強調されているが、現状の耕地に最も適する作物を植えることで増産を実現しようとする点では、やはり「使い尽くし」型の資源観が継続していると言えよう。ただし、「農業生産の計画的立地配置、全農業従事者の広範な専門化、近代的技術の合理的投入、進歩的農学知識の包括的応用は、社会主義的大農業経営においてのみ可能である」との付言を繰り返しているように、「社会主義的」農林資源利用が必要不可欠の基礎とされている点は重要な違いである。なお、エアフルト市は地質最良の黒土地帯（「第一一生産区域」）に含まれるが、同水準の耕地はハレ県十六万三四七四ヘクタール、エアフルト県六万五九六四ヘクタールをはじめ全国で計三六万五〇四二ヘクタールあった。*Ebenda*, S. 11, 156.

(14) 代表的研究として、Bauerkämper, Arnd, *Ländliche Gesellschaft in der kommunistischen Diktatur. Zwangsmodernisierung und Tradition in Brandenburg 1945–1963*, 2002, Köln/Weimar/Wien.

(15) Bauerkämper, *Ländliche Gesellschaft*, S. 497.

(16) 足立芳宏『東ドイツ農村の社会史―「社会主義」経験の歴史化のために―』京都大学学術出版会、二〇一一年。

(17) 五一年五月、ＳＥＤ党中央委員会大会で東独農学者グループが「ソヴィエト農業と我々の農業」と題する報告を行っている。報告者の代表は、後に「小農的社会主義」と呼びうる独自の社会主義路線を提唱し失脚することになる農業経済学者クルト・フィーヴェクである。*Die sowjetische Agrarwissenschaft und unsere Landwirtschaft. Protokoll der Tagung des Zentralkomitees der Sozialistischen Einheitspartei Deutschlands mit führenden Agrarwissenschaftlern der Deutschen Demokratischen Republik am 25. und 26. Mai 1951 in Berlin*, Berlin 1952. フィーヴェクはミチューリン＝ルィセンコ学説について肯定的に次のように述べている。「生物学分野における厳密な社会主義的研究は我々の突破口となる。言うまでも無く我々科学者・実践家はみな、ミチューリン＝ルィセンコ学説に基づく実験を行って、新たな唯物論的生物学の知見を獲得すべく努めることになろう」。Vieweg, Kurt, Die Aufgaben der deutschen Agrarwirtschaft, in: *Ebenda*, S. 32. 五三年五月から六月にかけては、東独の若手農学者がソ連を訪問し、モスクワとレニングラード周辺でコルホーズ、ソフホーズ、コンビナートを視察、その「合理的農業」の成果を報告している。Dyhrenfurth, K. (Hg.), *Sowjetische Agrarwissenschaft. Berichte von einer Studienreise junger deutscher Agrarwissenschaftler (Mai-Juni 1953)*, Berlin 1954. 報告論文は全て同様の基調で書かれていて、集団農場こそ合理的・科学的であると論じている。例えば、「大卒園芸家」エゴン・ザイデルは、あるコルホーズの蔬菜栽培について、「蔬菜栽培は部分的に高度な労働を要するので、経営組織か特定品目において労働生産性を大きく向上させるような合理的方法が応用されている。特別な機械・器具を装備する機械・トラクター・ステーション（ＭＴＳ）による支援の下、労働過程の大幅な機械化によって、野菜作業班は科学的栽培方法を長期間試みてきた。あらゆるものが合理的蔬菜栽培の助けとなっている」。Seidel, Egon, Methoden des Gemüsebaues im Gebiet von Moskau und

(18) Leningrad und einige allgemeine Erfahrungen der gärtnerischen Produkution in diesen Gebieten, in: *Ebenda*, S. 136–137. 東独におけるミチューリン＝ルィセンコ学説の政治的受容と、対照的に農民による拒絶については、Fäßler, Peter E., Freiheit der Wissenschaft versus Primat der Ideologie – Die Irrlehren Trofim D. Lyssenko und ihre Rezeption der Sowjetischen Besatzungszone (SBZ) bzw. DDR, in: Kluge, U., W. Handler u. K. Schlenker (Hg.), *Zwischen Bodenreform und Kollektivierung*, 2001, S. 177–195; Bauerkämper, *Ebenda*, S. 145–152.

(19) Antonia Maria Humm, *Auf dem Weg zum sozialistischen Dorf? Zum Wandel der dörflichen Lebenswelt in der DDR und der Bundesrepublik Deutschland 1952–1969*, Göttingen, 1999; Schier, Barbara, *Alltagsleben im „sozialistischen Dorf“: Merxleben und seine LPG im Spannungsfeld der SED-Agrarpolitik 1945–1990*, Münster/New York/München/Berlin, 2001; Last, Georg, *After the ‚Socialist spring‘. Collectivisation and economic transformation in the GDR*, New York/Oxford, 2009.

(20) Schaier, Joachim, Die Erfurter Großgärtnerei J. C. Schmidt im 19. Und Anfang des 20. Jahrhunderts, *Zeitschrift für Agrarsoziologie und Agrargeschichte (ZAA)*, Jg. 57 (2009), H. 1, S. 59–76.

(21) 谷口信和『二十世紀社会主義農業の教訓』農山漁村文化協会、一九九九年、一五九〜一六一頁。

(22) Bauerkämper, *Ländliche Gesellschaft*, S. 479–481.

(23) StAE, B-Nr. 5/423A-3, Pfeiffer, *Die Samenzentren*, S. 104.

(24) *Ebenda*.

(25) *Ebenda*, S. 113.

(26) *Ebenda*, S. 115.

(27) 一例として、一八四三年設立のエルンスト・ベナリー社を挙げておく。同社は主に花卉の種子と市周辺向けの生花を扱い、一九世紀半ばから種子貿易部門を拡大、「ベナリー社の指揮の下、エアフルト市の園芸・種子栽培は世界的貿易網の中心に立った」と評される。Müller, Gustav, 1961, Geschichtliche Entwicklung der Internationalen Handelsbeziehungen des Erfurter Gartenbaus, in: Wissenschafliches Kollektiv zur Erforschung der Erfurter Stadtgeschichte in Deutschen Kulturband und Stadtarchiv Erfurt (Hg.), *Aus der Vergangenheit der Stadt Erfurt*, Reihe II, Bd. 3, H. 3, S. 104. 世紀転換期には国外契約栽培面積が数千ヘクタール、季節労働者も含めて従業員は一〇〇〇人に上った。一八九四年の例では、市内にある会社所有地約五〇ヘクタールで花卉の種子（エゾギク一五ヘクタール、パンジー三ヘクタールなど）、温室二〇棟（計三五〇〇平方メートル）で鉢植え（サクラソウ三万五千鉢の他、グロキシニア、シクラメンなど）を栽培、国外栽培契約はオーストラリア（ヤシ類）、地中海（苗木）、日本（キク類）などに広がっていた。一九四〇年の本社従業員は花卉部門にドイツ人三九人、外国人三二人、蔬菜部門にドイツ人三〇七人、外国人四一人いたが、四三年には徴兵により三〇〇人以下に減少した。StAE, B-Nr. 5/423A-3, Pfeiffer, *Die Samenzentren*, S. 51–52, 109. 五一年には経営者が「見せしめ裁判」を経て経営が国有化され、「ドイツ種子協会」管理下の「国有種子農場 VEG Sammenzucht」の一部とされた。Czekalla, Eberhardt, Die Firma Ernst Benary, in: Baumann, Martin, und Raßloff, Steffen (Hg.), *Blumenstadt Erfurt. Waid – Gartenbau – iga/egapark*, Erfurt, 2011, S. 133–151; Schaier, Joachim, Die Erfurter Großgärtnerei J. C. Schmidt im 19. und Anfang des 20. Jahrhunderts, *Zeitschrift für Agrarsoziologie und Agrargeschichte (ZAA)*, Jg. 57 (2009), H. 1, S. 59–76.

(28) 「全国園芸展 Reichsgartenschau」は、三六年ドレスデン、三七年デュッセルドルフ、三八年エッセン、三九年シュトゥットガルトで開催された。スザンネ・カーンによれば、ナチス期「全国園芸展」は、美的・装飾的景観設計と民族主義の宣伝（例えば、デュッセルドルフ会場での「故郷の居住様式」展示）を特徴としつつ、「目的は明らかに、国民に植物栽培知識を与えることで食糧アウタルキーを達成すること」にあり、「教習展 Lehrschau」の性格が強かった。Karn, Susanne, Die Gartenbau in Erfurt – von der harmonischen Kulturlandschaft zur mustergürtigen „Lehrschau", in: Baumann u. Raßloff (Hg.), *Blumenstadt Erfurt*, S. 288–289.

(29) Vagt, Kristina, Zwischen Systemkonkurrenz und Freizeitvergnügen. Die iga 1961 im deutsch-deutschen Kontext, in: Baumann u. Raßloff (Hg.), *Blumenstadt Erfurt*, S. 342.

(30) 「飢餓との闘い」と題されてはいるが、「主にアラセイトウ（Levkojen）の展覧会であり、他にゴールドラック、ダリア、エゾギクが展示された」という。Zerull, Jürgen, Entwicklung der Erfurter Gartenschauen. Ein Abriss, in: Baumann u. Raßloff (Hg.), *Blumenstadt Erfurt*, S. 220. ナタネ科に属するアラセイトウ類は食用にできるものもあることから、花卉の食糧化を意図した展覧会だった可能性もあるが、一次史料が十分でなく詳細は不明の状態である。なお、翌四六年の「より多くの食糧生産」と題された展覧会と、四八年の「農村、森林、園芸」展は、当時エアフルト市に滞在していたベルリン大学建築学教授グスタフ・アーリンガーが設計者として関与していた。アーリンガーはアウトバーン建設に携わり、三九年の「全国園芸展」シュトゥットガルト大会と中止になった四二年エアフルト大会を設計した人物である。

(31) Karn, *Die Gartenbau*, S. 289. ボークと園芸博覧会の密接な繋がりは、六一年の死去の後、六六年の第二回ＩＧＡに際して彼の顕彰碑が園芸博覧会場（現 ega-park）に建立されたことに見て取れる。ボークの伝記については、Hans-Rainer Baum/Manfred Hötzel, Georg Boocks Werdegang zum Oberbürgermeister von Erfurt, in: *Aus der Vergangenheit der Stadt Erfurt (N. F.)*, H. 4 (1988), S. 3–16.

(32)「景観建築家 Landschaftsarchitekt」とは、十九世紀末に都市の人口増大から都市計画における調和的景観と「公園 Freiraum」が重視されるようになって登場した専門職である。Kirsten, Rüdiger Paul, Konfliktem Courage und Kollektivplan. Der Landschaftsarchitekt Reinhold Lingner, in: Baumann u. Raßloff (Hg.), *Blumenstadt Erfurt*, S. 351. 農村に関しては公共施設を配置する際の景観と機能の調和を目指す「農村計画学 Landplanung」がある。これについては、東独「農村計画学」にナチス期からの人的・学的連続性を指摘する Dix, Andreas, „*Freies Land*". *Siedlungsplanung im ländlichen Raum der SBZ und frühen DDR 1945 bis 1955*, Köln/Weimar/Wien, 2001 が詳しい。

(33)「農村、森林、園芸」展では、都市部における実用的公園（児童公園、川沿いの「読書・休憩公園」、共同菜園）、農村部における公共施設（集会場、食品加工工場、冬季副業用の手工業場）、シリアクスブルク会場における共同有機園芸場である「園芸家農場 Gärtnerhof」、などの設置構想が展示された。復興に際して、装飾性ではなく実用性を持つ「公園」と、ルドルフ・シュタイナーの人智学に基づく有機農業が重視されている点に特徴がある。Karn, *Die Gartenbau*, S. 290–293. 四九・五〇年の国家二カ年計画では、重工業の優先的復興、耕地の集約的利用と無機肥料投入量の増大による農作物増産が前面に押し出されたため、ゆとりのある空間利用を主題に掲げた「農村、森林、園芸」展は国是とされ得なかった。なお、フンケの有機農業重視についてもナチス期「農村計画学」からの連続性を読み取ることができるだろう。ナチス期有機農業については、藤原辰史、『ナチス・ドイツの有機農業「自然との共生」が生んだ「民族の絶滅」』柏書房、二〇〇五年、特に第六章を参照。

(34) Lehmann, Helmuth, 2007(1962), Die Planung, der Aufbau und die Durchführung der 1. Internationalen Gartenbauausstellung 1961, *SuG*, No. 35, S. 8; StAE, B-Nr. 5/423A-3, Pfeiffer, *Die Samenzentren*. このプファイファーの博士論文は『種子栽培の中心地エアフルト市およびクヴェトリンブルク市。その特別な地理関係を基礎とする歴史的発展』と題されている。彼はおそらく意図的に「特別な地理関係」から冷戦の最前線であった東独の国境付近という地政学的要因を排除して自然地理学的条件に限定して分析を進めている。

(35) StAE, 1–5/29–4623/4802: Rat der Stadt Erfurt, Abt. Landwirtschaft, „Lage in dem Gartebaubetriebe".

(36) Kermarrec, Philippe, *Der 17. Juni 1953 im Bezirk Erfurt*, Erfurt, 2003.

(37) Thüringisches Hauptstaatsarchiv Weimar（以下、ThHStA Weimarと略記）, Bezirksparteiarchiv der SED (BPA der SED), Stadtleitung der SED Erfurt (SL der SED Erfurt), IV/5.01/110, Bl.341l. ＩＧＡについては、Baumann, Martin, 50 Jahre Internationale Gartenbauausstellung iga´61 in Erfurt. Historische Entwicklung und Bedeutung als Gartendenkmal, in: Baumann u. Raßloff (Hg.), *Blumenstadt Erfurt*, S. 309–340; Vagt, Zwischen Systemkonkurrenz und Freizeitvergnügen, in: *Ebenda*, S. 341–349; Gutsche, Willibald, 1961, Der Begründer des Neuzeitlichen Erfurter Erwerbsgartenbaues Christian Reichart – Sohn seiner Zeit und Wegbereiter des Fortschritts, in: Wissenschaftliches Kollektiv zur Erforschung der Erfurter Stadtgeschichte in Deutschen Kulturband und Stadtarchiv Erfurt (Hg.), *Aus der Vergangenheit der Stadt Erfurt*, Reihe II, Bd. 3, H. 4, S. 137–164.

(38) ThHStAW, BPA der SED, SL der SED, IV/5.01/101, Bl.77l.

(39) 第一回ＩＧＡの出展国は、東独、ソ連、チェコスロヴァキア、ブルガリア、北ヴェトナム、ルーマニア、アルバニア、北朝鮮、ポーランド、ハンガリー、中国、モンゴルで、各国のパビリオンが建設された。第一回ＩＧＡのシンボルマークはこれら一二ヵ国の国旗が一二枚の花弁にデザインされたものである。

(40) エアフルト市は五〇年七月に周囲の郡部から一一村落（ゲマインデ）を編入した（市総面積はこれに伴い五七・五四平方キロメートルから一〇六・一三平方キロメートルへ倍加）。市域再編によって村落は市の管轄下の「地区 Stadtteil」となり、自治権を喪失した。以下の叙述で登場する事例はいずれも五〇年に村落から地区へ再編された場所である。

(41) ビッシュレーベン＝シュテッテン村（Dorf）は、グーツ集落（Orts）シュテッテンと旧農民集落ビッシュレーベンの二集落から成る行政単位である。本節では、煩雑になるので一体を成す村落として叙述する。

(42) グーツ・シュテッテンはフォン・ケラー伯爵家の所有であった。フォン・ケラーはポツダム市を本拠とするプロイセン貴族である。伯爵夫人と家族は四六年二月に西ドイツへ逃亡した。Hans-Peter Brachmanski, *Schloss Stedten bei Erfurt. Ereignisse und Erinnerungen*, Erfurt 2004, S. 24–25.

(43) StAE, B-Nr. 1–3/Bischleb/08–1, 1.1.1939; 1.9.1945. 本村落は統計資料が豊富に残されており、数的データが詳細に入手できるという特徴がある。大戦中の避難民は、四五年九月の統計によれば、「西から」一四〇人、「北から」一二人、「東から」二六八人、「爆撃で焼け出された者 Ausgebombte」五一人とある。StAE, B-Nr. 1–3/Bischleb/08–1, 9.9.1945.「爆撃で焼け出された者」とは、既に述べたビンデルスレーベン村や後述するディッテルシュテット村の爆撃を逃れてきたエアフルト市域住民を指している。

(44) StAE, B-Nr. 1–3/Bischleb/08–3, 20.1.1948.

(45) StAE, B-Nr. 1–3/Bischleb/08–1, B3121 Schi/Jsch, 4.1947. 農業および工業・手工業以外には、商業・流通四〇人、公私職員五二人とある。

(46) Benl, Rudolf (Hg.), *Das Stadtarchiv Erfurt. Seine Geschichte, seine Bestände*, Erfurt 2008, S. 223; StAE, B-Nr. 1–3/Bischleb/08–1, B3121 Schi/Jsch, 4.1947; 1–3/Bischleb/71–1,（一九四六年春頃に作成の資料）。ペンドラーについては、加藤房雄、『ドイツ都市近郊農村史研究―「都市史と農村史のあいだ」序説―』広島大学経済研究双書、勁草書房、二〇〇五年、第四章および第五章を参照。

(47) StAE, B-Nr. 1–5/29–4546, „Bodenaufteilung in der Bodenreform“, S. 2; 1–5/29–4802, 新農民リスト（日付無し、一九五五年頃作成）。

(48) StAE, B-Nr. 1–5/29–4546, 8.3.1946.

(49) StAE, B-Nr. 1–5/29–4546, 22.9.1947.

(50) StAE, B-Nr. 1–5/29–4546, 28.4.1948.

(51) メルケレは四八年にドイツ民主農民党（ＤＢＤ）に移籍している。

(52) StAE, B-Nr. 1–5/29–4546, 14.3.1946.

(53) StAE, B-Nr. 1–5/29–4546, 14.3.1946.

(54) 主業を工業などの労働におき、副業として主に自給用食糧生産を行う通勤労働者たちは、一九五〇年代半ばに「工業労働者よ、農村へ！」政策によって工業から集団農場へと送り返されることになる。この経緯については、拙稿「東独集団化期における「工業労働者型」農業生産協同組合の実態―南部チューリンゲン地方エアフルト市　1952–1960年―」『歴史と経済』第二一二号（二〇一一年）、四九～六三頁を参照。

(55) 開墾地に関してはビッシュレーベン＝シュテッテンの土地利用統計から算出。一九三九年の統計と一九四六年の土地利用面積を比較すると、前者の「その他」（住宅地）が三・一一ヘクタール、「泥炭地・荒地」が三・七五ヘクタール、計六・八六ヘクタール減少し、代わりに「耕地」「庭地」が計六・六一ヘクタール増加していることから、六ヘクタール程度と見積もった。開墾の時期は史料から判明しないが、総力戦体制期か終戦直後と推測される。StAE, B-Nr. 1–3/Bischleb/08–1.4.1947.

(56) 「反ファシズム・ブロック会議」における村会議員ヘルムート・ホルステイン（ＳＥＤ）の発言。StAE, B-Nr. 1–3/Bischleb/02–2,

Bd. 6, 10.12.1946. クラインガルテンは戦前から「一世帯につき複数区画」の利用が可能であった。四六年一月にソ連占領軍が作成した、ビッシュレーベン＝シュテッテンにおける耕区の村外在住所有者リストには、アイゼナハ教会による一六ヘクタールの所有やマグデブルクの「中部ドイツ住宅会社」による二・六ヘクタールの所有など、六法人による比較的大規模な所有の他、私人一七四人による〇・〇六ヘクタールから二・五ヘクタールまでの所有が列挙されている。このうち三三区画が「一世帯につき複数区画」として利用されていた。例えば、「反ファシズム・ブロック会議」で原則論を述べたヘルムート・ホルステインと同姓のエアフルト市中心部に居住するヴィーラント・ホルステインは、三区画（〇・二五ヘクタール、〇・二三ヘクタール、〇・一一ヘクタールの計〇・五九ヘクタール）を所有していた。StAE, B-Nr. 1–3/Bischleb/71–1, 4–8.1.1946. 栽培物を入れ替える輪作体系のため、あるいは、市内種子会社との契約栽培のための花卉栽培で同じ土地に連続して栽培できない嫌地現象を避けるためだったと考えられる。

(57) StAE, B-Nr. 1–3/Bischleb/02–2, Bd. 6., 6.6.1946.

(58) StAE, B-Nr. 1–3/Bischleb/71–1, 4–8.1.1946.

(59) StAE, B-Nr. 1–3/Bischleb/02–2, Bd. 6., 17.3.1947.

(60) ドイツ自由民主党は保守派政党であるが、ビッシュレーベン・シュテッテンにおいては通勤労働者層の利害を代表していた。Brachmanski, *Schloss Stedten*, S. 23.

(61) StAE, B-Nr. 1–3/Bischleb/02–2, Bd. 6, 6.12.1946.

(62) StAE, B-Nr. 1–3/Bischleb/02–2, Bd. 6, 6.12.1946.

(63) StAE, B-Nr. 1–3/Bischleb/02–2, Bd. 6., 22.10.1946.

(64) StAE, B-Nr. 1–5/29–4546, 地図「ビッシュレーベン集落配置計画」オーバーレイ、30.3.1948.; 地図「耕区地図」スケッチ、28.4.1948; 1.4.1948.

(65) StAE, B-Nr. 1–5/29–4546, 12.1947; 地図「グーツ・ビッシュレーベン・シュテッテン解体に関する配置計画」、2.1948.; 地図「グーツ・ビッシュレーベン・シュテッテン解体に伴う各建設用区画に関する解説・報告書」、17.2.1948; 地図「ビッシュレーベン集落配置計画」オーバーレイ、30.3.1948.

(66) 拙稿「東独集団化期における「工業労働者型」農業生産協同組合の実態　―南部チューリンゲン地方エアフルト市　1952–1960

年——」『歴史と経済』第二一二号（二〇一一年）、四九～六三頁。

(67) 一九四九年統計は、一九五〇年代後半に市ＳＥＤ指導部が農業集団化を実施するために作成した調査報告書「マルバッハ。集落の経済・社会・政治的構造」(StAE, B-Nr. 1–5/29–6297, „Marbach—Ökonomische, soziale und politische Struktur des Ortes—“) に拠る。この報告書は本村の歴史に始まって人口・就業・農業・園芸、政治的状況、ナチスとの関係など多岐にわたる内容を分析している。以下、本節および次節において特に出典を明記しない場合はこの史料に依拠している。なお、「労働者・職員」「農民・園芸家」以外の就業状況は、手工業者一五四人（二一・六％）、知識人・頭脳労働者二四人（三・二％）、商業一六人（二・二％）、工場所有者二人、その他（郵便局員、警察官、鉄道員など）五八人、である。

(68) フームが調査したニーダーツィンメルン村はエアフルト市とヴァイマル市の中間に位置する。この村では、五ヘクタール以下の小規模経営は副業としての経営か農業以外の職を引退した者の経営とほぼ重なることから、農業を主業にできる最低水準をこの規模と推定している。Antonia Maria Humm, *Auf dem Weg zum sozialistischen Dorf? Zum Wandel der dörflichen Lebenswelt in der DDR und der Bundesrepublik Deutschland 1952–1969*, Göttingen, 1999, S. 133。ただし、一般に自立的農業の可否を規定するのは、土壌の性質、生産内容、労働力や機械装備の充実度など多様な要因であり、土地面積だけで単純に線引きすることはできない。

(69) StAE, B-Nr. 1–5/29–6297, „Marbach—Ökonomische, soziale und politische Struktur des Ortes—“ チューリンゲン地方における、「総力戦体制」下での増産圧力と徴兵および軍需産業による農業労働力不足、これらに対する対応措置としてのフランス人・ロシア人戦争捕虜の農業労働力としての配置に関しては、Moczarski, Norbert, Bernhard Post und Katrin Weiß (Hg.), Quellen zur Geschichte Thüringens. *Zwangsarbeit in Thüringen 1940–1945*, Erfurt, 2002, S. 38–41 を参照。なお、エアフルト市の終戦後に関する史料においては、後述のようにポーランド人が園芸経営で強制労働に動員された例が多い。

(70) StAE, B-Nr. 1–5/29–6297, „Marbach: Ökonomische, soziale und politische Struktur des Ortes“, S. 1.

(71) 本村では四五年の時点ですでに「東部移住者 Ostumsiedler」が存在したが、戦時期における都市部などからの避難民や、外国人労働者を相当数含んでいるカテゴリーであると考えられる。本村のみならずエアフルト市域では難民の流動性が高い傾向があり、実態解明はなお進んでいない。

(72) ThHStA Weimar, BPA-SED Erfurt, SL-SED Erfurt IV/5.03/019, Bl. 334r。ソ連占領区ないし東ドイツにおけるカトリック地域は、チューリンゲン地方の一部に限られる。他の地域では福音派が主流である。第二次大戦後から東西ドイツ統一までのカトリック教会神父・信徒の活動については、アメリカの人類学者D・バーダールが統一直後にチューリンゲン地方ケラ村で行ったフィールドワークに基づくエスノグラフィーがある。ケラ村が東西ドイツ間の国境線で分断された「境界の村」であり、国境直近の立入禁止区域に礼拝堂が入ってしまうという特殊な状況と、バーダールの分析が「SED政権に対する抵抗」としての宗教活動をやや過度に強調しているように思われること、という限界はあるものの、貴重な記録である。Berdahl, Daphne, Where the World Ended: Re-Unification and Identity in the German Borderland, Berkeley, 1999, ch. 3を参照。

(73)「一〇〇ha以上のすべての大土地所有、戦争犯罪人および戦争責任者の所有地が、すべての無生〔農機具・建物〕・有生〔家畜〕資産とともに無償で没収された。ファシスト活動分子、銀行、独占、およびファシズム国家の所有地についても同様であった。教会、都市、協同組合、教育・実験・研究施設の所有地と農業資産は、土地改革の没収規定から除外された。」(〔 〕内は訳者による補足)。クレム、V・編著(大藪輝雄・村田武訳)『ドイツ農業史—ブルジョワ的農業改革から社会主義農業まで—』大月書店、一四八頁。クレムが挙げているのはザクセン州の法令だが、チューリンゲン州の法令も同様である。

(74) StAE, B-Nr. 1–5/29–4536, 23.9.1945; 25.9.1945; 4.1946; 27.3.1947. 村落土地改革委員会は当初四人から設立されたが、数日後に理由は不明ながら委員二人が脱落、代わりに四人が加わって計六人となるなど不安定さを示していた。

(75) ThHStA Weimar, BPA-SED Erfurt, SL-SED Erfurt IV/5.03/019, Bl. 333r.

(76) StAE, B-Nr. 1–5/29–4536, 5.11.1945; 8.11.1945.

(77) StAE, B-Nr. 1–5/29–6297, „Marbach: Ökonomische, soziale und politische Struktur des Ortes“, S. 4–5。なお、この工場監督の勤務先は、旧市街にある工業用燃焼機関工場「テーベ&シェーン」社である。この会社は後に強制収容所で死体を焼却する火葬炉とガス室用の換気装置を製造、村のSS隊員を経由してハインリヒ・ヒムラーに装置を売り込んだという。終戦直後に社長は自殺、工場は火葬炉部門を廃止して「ソ連株式会社」の一つとして継続した。Bienert, *Erfurt*, S. 98–99。後述するディッテルシュテット地区の園芸家にしてベルトコンベア装置の開発者テーベはこの会社所有者の親族である。

(78) StAE, B-Nr. 1–5/29–4536, 20.10.1945; 26.10.1945.

(79) StAE, B-Nr. 1–5/29–4536, 20.10.1945; 26.10.1945; 5.11.1945; 7.3.1946.

(80) StAE, B-Nr. 1–5/29–4536, 4.1946; 14.6.1946; 20.6.1946.

(81) シュテンフは戦時期にビンデルスレーベン基地に配属されていたが、戦争末期から大工および「空港農場」と借地での農業生産をして暮らしていた。終戦後にはビンデルスレーベン村の村落土地改革委員会メンバーとなり、借地を私有地に切り替えると共に、空港付属の射撃訓練場から約三ヘクタールを得るなどして一三ヘクタール規模の経営を形成した。StAE, B-Nr. 1–5/29–4523, 7.11.1945; 20.11.1947.

(82) StAE, B-Nr. 1–5/29–4536, 14.6.1946.

(83) StAE, B-Nr. 1–5/29–4536, 20.6.1946.

(84) ThHStA Weimar, BPA-SED Erfurt, SL-SED Erfurt IV/5.03/022, Bl. 257r.

(85) ベルヴィッツ家の所有地はマルバッハ村の他に後述するディッテルシュテット村にもあった。ディッテルシュテット村の土地はすでに四五年秋の土地改革で分割された。なお、ホッホハイム村とモールスドルフ村の計一〇〇ヘクタールほどの土地は接収のうえで市の所有地となり、園芸専門学校と実習農場用地となった。StAE, B-Nr. 1–5/29–4536, 27.3.1947; 1–5/29–6296, 1945.9.25.

(86) StAE, B-Nr. 1–5/29–4536, 27.3.1947.

(87) StAE, B-Nr. 1–5/29–4536, 29.4.1947; 2.5.1947; 18.8.1947. 五二年頃に市評議会農業課が作成した土地改革の総括に関する史料では、土地改革によって各村落で農業労働者、難民、その他がそれぞれ何人ずつ新農民となったかが記されているが、マルバッハ村の項目には前歴の内訳が空欄で「新農民三三人」とだけ記入されている。これは、分割地を追加地として得たのが旧農民一〇人、クラインガルテンとして得たのが労働者一九人で新農民は本来は存在しないが、両者を「新農民」とみなしたために前歴を記載できなかったためと思われる。追加地獲得者一〇人とクラインガルテン獲得者一九人を合わせても三三人に満たないのは、一九五〇年前後から難民が小規模な土地の分割を受けたためであろう。StAE, B-Nr. 1–5/29–6296, Rat der Stadt Erfurt, Abt. Landwirtschaft, „Bodenreform“.

(88) ThHStA Weimar, BPA-SED Erfurt, Stadtbezirksleitung-SED Erfurt Nord IV/5.03/022, Bl. 258r.

(89) ThHStA Weimar, BPA-SED Erfurt, Stadtbezirksleitung-SED Erfurt Nord IV/5.03/022, Bl. 258r.

(90) StAE, B-Nr. 1–5/29–2029: Rat der Stadt Erfurt, Abt. Landwirtschaft, „Planteil. Landwirtschaft“.

(91) StAE, B-Nr. 1–5/29–2013, 19.3.1958; 22.7.1958. この報告は一九五八年までのマルバッハ地区における「集団化説得工作」の総評報告である。

(92) StAE, B-Nr. 1–5/29–2029, 7.1955. エアフルト市域で同様の「友好協定」が取り交わされた例は他にない。政治的に考えても不自然な現象でもある。市評議会議事録に「友好協定」を締結したという報告が記載されているものの協定文書自体が史料として残存しているわけではない。したがって、「友好協定」が単なる比喩にすぎない可能性も捨ててはならないだろう。本文では、「友好協定」が比喩であれ現実であれ、市当局と地区が対立状態に陥ったことを例証するものとして取り上げている。

(93) ThHStA Weimar, BPA-SED Erfurt, Stadtbezirksleitung-SED Erfurt Nord IV/5.03/022, Bl. 254r.

(94) ThHStA Weimar, BPA-SED Erfurt, SL-SED Erfurt IV/5.03/019, Bl. 330r.

(95) ThHStA Weimar, BPA-SED Erfurt, SL-SED Erfurt IV/5.03/019.

(96) 五〇年代を通じてアルント・ボーフムの経営それ自体の存続を確認できるが、経営面積に変動があった可能性を捨て切れない。五四年初頭に作成された市内の大農経営に関する分析報告書では五一年から五三年までの経営状態が個別に記載されているが、この中にはボーフムの名前も、所有者であるはずの妻の名前も出てこないのである。StAE, B-Nr. 1–5/29–4651, “4. Analyse über Einzelbauern” 考えられるのは、息子ヴェルレンなどに経営を分割して二〇ヘクタール以下の経営のみになったこと、あるいは、分析報告書が何らかの理由で本地区に関しては農業経営のみを扱い「野菜農民」を取り上げなかったことである。本文では、ボーフム親子の経営を一体として分析している。

(97) ThHStA Weimar, BPA-SED Erfurt, SL-SED Erfurt IV/5.03/019, Bl. 331r.

(98) ThHStA Weimar, BPA-SED Erfurt, SL-SED Erfurt IV/5.01–155, Bl. 2r; IV/5.01/101, Bl. 16r.

(99) ThHStA Weimar, BPA-SED Erfurt, SL-SED Erfurt IV/5.03/019, Bl. 334r.

(100) ThHStA Weimar, BPA-SED Erfurt, SL-SED Erfurt IV/5.03/019, Bl. 330r.

(101) マルバッハ地区を含む教区の神父は一九五〇年代半ばにズール県から赴任した人物であり、土地改革期の神父とは別人である。新神父は一九五四年以来ＳＥＤが教会の信仰告白に対抗して義務付けた「社会主義的青年式 Jugendweihe」のボイコットを訴えていた。

(102) ThHStA Weimar, BPA-SED Erfurt, SL-SED Erfurt IV/5.02/117, Bl. 42r.

(103) ThHStA Weimar, BPA-SED Erfurt, SL-SED Erfurt IV/5.03/019, Bl. 333r.

(104) ThHStA Weimar, BPA-SED Erfurt, SL-SED Erfurt IV/5.03/019, Bl. 331r。なお、当地区の「敵対勢力」の強力さについて、市評議

会は西ドイツの映像ないし音声放送を受信しているためではないかという疑いも表明している。一九五八年五月の段階で、当地区には「テレビ二五台、ラジオ三四〇台」があったという。ThHStA Weimar, BPA-SED Erfurt, SL-SED Erfurt IV/5.03/019, Bl. 334r.

(105) ThHStA Weimar, BPA-SED Erfurt, SL-SED Erfurt IV/5.01–91, Bl. 376r.

(106) ThHStA Weimar, BPA-SED Erfurt, SL-SED Erfurt IV/5.03/019, Bl. 336r.

(107) ThHStA Weimar, BPA-SED Erfurt, SL-SED Erfurt IV/5.01–155, Bl. 2r; IV/5.01/101, Bl. 16r.

(108) ThHStA Weimar, BPA-SED Erfurt, SL-SED Erfurt IV/5.03/021, Bl. 276r; IV/5.03/022, Bl. 259r.

(109) StAE, B-Nr. 5/102–4, Chronik des Kooperationsrates Erfurt-Stadt, Teil I, 1983, S. 00055–00056, 00147。一九五八年八月の段階でボーフムが提案していたGPG名称は「土地 Bodenfeld」であったが、ナチ農相ダレーの「血と土」の思想を想起させるという理由で市SED指導部により撤回させられた。この点からも、市SED指導部のGPG名称に対するこだわりが読み取れる。LPG名称は集団化に対する抵抗手段の一つであり、LPGの価値を貶めるような「飢餓」「墓場」などの名称を農民たちが選ぶ場合もあった。Bauerkämper, *Ländliche Gesellschaft*, S. 454.

(110) テーベは工業用燃焼機関工場「テーベ&シェーン」社の経営者の親族である。彼が親族やディッテルシュテット地区の園芸家ビューゼン兄弟と共に開発したキャベツ収穫用ベルトコンベアは、「エアフルト・キャベツ収穫ベルトコンベア」と名付けられて後にGPGに普及した。StAE, B-Nr. 5/102–4, Chronik des Kooperationsrates Erfurt-Stadt, Teil I, 1983, S. 0076.

(111) ThHStA Weimar, BPA-SED Erfurt, SL-SED Erfurt IV/5.03/022, Bl. 257r.

(112) ThHStA Weimar, BPA-SED Erfurt, SL-SED Erfurt IV/5.03/022, Bl. 257r.

(113) ThHStA Weimar, BPA-SED Erfurt, SL-SED Erfurt IV/5.01/101, Bl. 36r.

(114) StAE, B-Nr. 5/102–4, Chronik des Kooperationsrates Erfurt-Stadt, Teil I, 1983, S. 00060, 00065.

(115) ThHStA Weimar, BPA-SED Erfurt, SL-SED Erfurt IV/5.03/022, Bl. 257r.

(116) Benl, *Das Stadtarchiv Erfurt*, S. 224–225.

(117) StAE, B-Nr. 1–5/29–2013, 9.11.1957.「純粋な園芸村落」という評価は市評議会農業課によるものだが、一次史料をたどると村の農用地が完全に野菜生産のみに使われているわけではないことが分かる。例えば以下に登場する村土地改革委員長ペイザーは三ヘクタールほどを耕作しているが、野菜の他に穀物も生産しており、自ら「野菜農民」と称している。しかし本文では主要には野菜生産の村であったとみなして叙述を進める。

(118) StAE, B-Nr. 1–5/29–4534, 4.11.1945.
(119) StAE, B-Nr. 1–5/29–4534, 8.12.1945.
(120) StAE, B-Nr. 1–5/29–4535, 25.9.1945.
(121) StAE, B-Nr. 1–5/29–4535, 16.9.1945.
(122) StAE, B-Nr. 5/102–4, Chronik des Kooperationsrates Erfurt-Stadt, Teil I, 1983, S. 00061–00062.
(123) StAE, B-Nr. 1–5/29–4534, 12.10.1945.
(124) ThHStA Weimar, BPA-SED Erfurt, SL-SED Erfurt IV/5.01–46, Bl. 209r.
(125) StAE, B-Nr. 1–5/29–4534, 4.11.1945.
(126) StAE, B-Nr. 1–5/29–4534, 13.10.1945.
(127) StAE, B-Nr. 1–5/29–4534, 23.10.1945.
(128) StAE, B-Nr. 1–5/29–4534, 23.10.1945.
(129) StAE, B-Nr. 1–5/29–4535, 25.9.1945; 1–5/29–4534, 12.10.1945; 8.12.1945.
(130) StAE, B-Nr. 1–5/29–4534, 1945.12.8.
(131) ThHStA Weimar, BPA-SED Erfurt, SL-SED Erfurt IV/5.01–46, Bl. 208r.
(132) StAE, B-Nr. 1–5/29–6296, „Dittelstedt“, S. 5.
(133) StAE, B-Nr. 1–5/29–4535, 24.9.1945.
(134) StAE, B-Nr. 1–5/29–4534, 1.11.1945.
(135) StAE, B-Nr. 1–5/29–4534, 25.9.1945; 1.11.1945; 1–5/29–6296, „Dittelstedt“, S. 5.
(136) ThHStA Weimar, BPA-SED Erfurt, SL-SED Erfurt IV/5.01–46, Bl. 208r.
(137) ThHStA Weimar, BPA-SED Erfurt, SL-SED Erfurt IV/5.01/93, Bl. 107r-108r.
(138) ThHStA Weimar, BPA-SED Erfurt, SL-SED Erfurt IV/5.01/93, Bl. 107r.

(139) ThHStA Weimar, BPA-SED Erfurt, SL-SED Erfurt IV/5.01/93, Bl. 107r.

(140) ThHStA Weimar, BPA-SED Erfurt, Stadtbezirksleitung-SED Erfurt Nord IV/5.03/022, Bl. 264r。なお、本章では触れることができないが、ゾーニング計画の一環として市北部ギスペルスレーベン地区に「野菜コンビナート」を建造する計画も議論された。これは、大規模「野菜生産ＬＰＧ」に洗浄・乾燥・缶詰などの加工工場や流通ステーション、肥料製造所、種苗開発の実験農場などを連結させるという構想であった。ThHStA Weimar, BPA-SED Erfurt, SL-SED Erfurt IV/5.01/101, Bl. 79r。集団農場を前提とする点を除けば、ヴァルター・フンケの「農村的居住空間」構想と同様である。しかしこの「野菜コンビナート」構想も実現されないままに終わった。

(141) ThHStA Weimar, BPA-SED Erfurt, SL-SED Erfurt IV/5.01–91, Bl. 376r.

(142) ThHStA Weimar, BPA-SED Erfurt, SL-SED Erfurt IV/5.01/101, Bl. 79r.

(143) ThHStA Weimar, BPA-SED Erfurt, SL-SED Erfurt IV/5.01–91, Bl. 377r.

(144) ThHStA Weimar, BPA-SED Erfurt, SL-SED Erfurt IV/5.01–91, Bl. 377r.

(145) StAE, B-Nr. 5/102–4, Chronik des Kooperationsrates Erfurt-Stadt, Teil I, 1983, S. 00065; ThHStA Weimar, BPA-SED Erfurt, SL-SED Erfurt IV/5.01/110, Bl. 360r。このうち一人は、六〇年四月上旬に「共和国逃亡」し、一度帰還したのちに再び五月に西ドイツへ逃亡した。帰国と再逃亡の理由は「共和国逃亡者分析」という文書にも記載されていないが、時期的にはディッテルシュテット地区におけるＧＰＧ設立が避けられない状況であることを確認したうえで再逃亡したように思われる。

(146) StAE, B-Nr. 5/102–4, Chronik des Kooperationsrates Erfurt-Stadt, Teil I, 1983, S. 00065–00066.

(147) ThHStA Weimar, BPA-SED Erfurt, SL-SED Erfurt IV/5.01/108, Bl. 2r.

(148) 「安定化作業班」には「園芸機械化委員会」が設置され、六〇年五月末から実際に活動を開始した。しかし例えばギスペルスレーベン地区では園芸用地が「大面積経営の原則に適合していない。〇・二五ヘクタールとか〇・六五ヘクタールなどで機械を入れる効率が悪い」とされているように、耕地の小規模分散状態が最大の問題であった。これは、クラインガルテン規模の園芸地を多数集団農場に組み込んだためであり、実際に園芸が機械化されるのは、ＩＧＡの展示内容とは異なって六〇年代半ばに耕地分散が解消されて後のことである。ThHStA Weimar, BPA-SED Erfurt, SL-SED Erfurt IV/5.01/109, Bl. 38r; IV/5.01–155, Bl. 6r.

(149) クリスティアン・ライヒャルトとは、一八世紀エアフルト市の参事会員で、同市における「近代的職業園芸の父」とされる人物である。Czekalla, Eberhard, und Reiner Prass, „Christian Reichart und der Erwerbsgartenbau im 18. Jahrhundert", in: Baumann und Raßloff (Hg.), *Blumenstadt Erfurt*, Erfurt, 2011, S. 49–73.

(150) ThHStA Weimar, BPA-SED Erfurt, SL-SED Erfurt IV/5.01/109, Bl. 35r.

参考文献

（欧語文献）

Bauerkämper, A., Von der Bodenreform zur Kollektivierung. Zum Wandel der ländlichen Gesellschaft in der Sowjetischen Besatzungszone Deutschlands und DDR 19451952, in: Cotta, u.a. (Hg.), *Sozialgeschichte der DDR*, Stuttgart 1994.

Ders., (Hg.), *„Junkerland in Bauernhand"? Durchführung, Auswirkung und Stellenwert der Bodenreform in der Sowjetischen Besatzungszone*, Stuttgart 1996.

Ders., Legitimation durch Abgrenzung. Interpretation der Bodenreform und Kollektivierung im Kontext der deutschen Teilung, in: *Beiträge zur Geschichte der Arbeiterbewegung*, 38 Jg., Heft4, 1996, S. 55–56.

Ders., Zwangsmodernisierung und Krisenzyklen. Die Bodenreform und Kollektivierung in Brandenburg 1945–1960/61, in: *Geschichte und Gesellschaft*, Nr. 25, Heft4, 1999, S. 556–588.

Ders., Loyale „Kader"? Neue Eliten und SED-Gesellschaftspolitik auf dem Lande von 1945 bis zu den frühen 1960er Jahren, in: *Archiv für Sozialgeschichte*, Nr. 39, 1999, S. 265–298.

Ders., *Ländliche Gesellschaft in der kommunistischen Diktatur. Zwangsmodernisierung und Tradition in Brandenburg 1945–1963*, Köln 2002.

Ders., *Die Sozialgeschichte der DDR*. München 2005.

Beetz, S., *Dörfer in Bewegung. Ein Jahrhundert sozialer Wandel und räumliche Mobilität in einer ostdeutschen ländlichen Region*, Hamburg 2004.

Boldorf, M., *Sozialfürsorge in der SBZ/DDR 1945–1953. Ursache, Ausmaß und Bewältigung der Nachkriegsarmut*, Stuttgart 1998.

Dix, A., *„Freies Land". Siedlungsplanung im ländlichen Raum der SBZ und frühen DDR 1945–1955,* Köln 2002.

Ders., Nach dem Ende der „Tausend Jahre": Landschaftsplanung in der Sowjetischen Besatzungszone und frühen DDR, in: Radkau Joachim/ Uekötter, Frank (Hg.), *Naturschutz und Nationalsozialismus*, Frankfurt. a.M, 2003, S. 331–362.

Ders., Ländliche Siedlung als Strukturpolitik. Die Entwicklung in Deutschland Ost-West-Vergleich von 1945 bis zum Ende der Fünfizigerjahre, in: Langthaler, E. u.a. (Hg.), *Reguliertes Land.* Innsbruck 2005, S. 71–82.

Heinz, M., *Von Mähdreschern und Musterdörfern: Industrialisierung der DDR-Landwirtschaft und die Wandlung des ländlichen Lebens,* Berlin 2011.

Humm, A. M., *Aus dem Weg zum sozialistischen Dorf? Zum Wandel der dörflichen Lebenswelt in der DDR und der Bundesrepublik Deutschland 1952–1969*, Göttingen 1999.

Kluge, U. (Hg.), *Zwischen Bodenreform und Kollektivierung. Vor- und Frühgeschichte der „sozialistischen Landwirtschaft" in der SBZ/DDR vom Kriegsende bis in die fünfziger Jahre*, Stuttgart 2001.

Ders., *Agrarwirtschaft und ländliche Gesellschaft im 20. Jahrhundert,* München 2005.

Kocka, J./Sabrow, M. (Hg.), *Die DDR als Geschichte. Fragen-Hypothesen-Perspektiven*, Berlin 1994.

Kuntsche, S., Der Gemeinwirtschaft der Neubauern. Problem der Auflösung des Gutsbetriebs und des Aufbaus der Neubauernwirtschaften bei der demokratischen Bodenreform in Mecklenburg, Diss. Uni. Rostock 1970.

Langenhan, D., „Halte Dich fern von den Kommunisten, die wollen nicht arbeiten!". Kollektivierung der Landwirtschaft und bäuerlicher Eigen-Sinn am Beispiel Niederlausitzer Dörfer 1952 bis Mitte der sechtiger Jahre, in: Lindenberg, T. (Hg.), *Herrschaft und Eigen-Sinn in der Diktatur*, Köln 1999, S. 119–165.

Ders., „Wir waren ideologisch nicht ausgerichtet auf die industriemäßige Produktion". Machtbildung und forcierter Strukturwandel in der Landwirtschaft der DDR der 1970er Jahre, in: *Zeitschrift für Agrargeschichte und Agrarsoziologie*, Jg. 51(2003), Heft 2, S. 47–55.

Lindenberger, Th. (Hg.), *Herrschaft und Eigen-Sinn in der Diktatur. Studien zur Gesellschaftsgeschichte der DDR*, Köln 1999.

Ders., Der ABV als Landwirt. Zur Mitwirkung der Deutschen Volkspolizei bei der Kollektivierung der Landwirtschaft, in: Ebenda, S. 167–203.

Melis, D. van (Hg.), *Sozialismus auf dem platten Land. Tradition und Transformation in Mecklenburg-Vorpommern von 1945 bis 1952*, Schwerin 1999.

Ders./Bisnick, Henrik, *„Republikflucht". Flucht und Abwanderg aus der SBZ/DDR 1945–1961*, München 2006.

Middell, M./Wemheuer, F. (Hg.) *Hunger, Ernährung und Rationierungssysteme unter dem Staatssozialismus (1917–2006)*, Frankfurt/M.2011.

Nehrig, Ch., Zur sozialen Entwicklung der Bauern in der DDR 19451960, in: *Zeitschrift für Agrargeschichte und Agrarsoziologie*, 41 Jg. 1993, H. 1, S. 66–76.

Ders., Der Umgang mit den unbewirtschafteten Flächen in DDR. Die Entwicklung der Örtlichen Landwirtschafsbetriebe, in: *Zeitschrift für Agrargeschichte und Agrarsoziologie*, Jg. 51 (2003), Heft 2, S. 34–46.

Nelson, A., *Cold War Ecology: Forests, Farms, and People in the East German Landscape, 1945–1989* (Yale Agrarian Studies Series), Yale University Press 20

Oberkrome, W., *„Deutsche Heimat". Nationale Konzeption und regionale Praxis von Naturschutz, Landschaftsgestaltung und Kulturpolitik in Westfalen-Lippe und Thüringen 1900–1960*, Paderborn 2004.

Ders., *Ordnung und Autarkie. Die Geschichte der deutschen Landbauforschung, Agrarökonomie und ländlichen Sozialwissenschaft im Spiegel von Forschungsdienst und DFG*, Stuttgart 2009.

Scherstjanoi, E., *SED-Agrarpolitik unter sowjetischer Kontrolle 1949–1953*, München 2007.

Schier, B., *Alltagsleben im „Sozialistischen Dorf". Merxleben und seine LPG im Spannungsfeld der SED-Agrarpolitik 1945–1990*, Münster 2001.

Schöne, J., *Landwirtschaftliches Genossenschaftswesen und Agrarpolitik in der SBZ/DDR 1945–1950/51*, Stuttgart 2000.

Ders., *Frühling auf dem Lande? Die Kollektivierung der DDR-Landwirtschaft*, 2. Auflage, Berlin 2007.

Ders., *Das Sozialistische Dorf. Bodenreform und Kollektivierung in der Sowjetzone und DDR*, Leipzig 2008.

（日本語文献）

伊豆田俊輔「東ドイツの文化政策と知識人（1948–1953）―『フォルマリズム論争』を中心に―」『年報地域文化研究』一四号、二〇一〇年。

石井　聡『もう一つの経済システム―東ドイツ計画経済下の企業と労働者―』北海道大学出版会、二〇一〇年。

ヴェーバー・H（斎藤哲・星乃治彦訳）『ドイツ民主共和国史―社会主義ドイツの興亡―』日本経済評論社、一九九一年。

川喜田敦子「東西ドイツにおける被追放民の統合」『現代史研究』第四七号、二〇〇一年。

河合信晴「ドイツ民主共和国における個人的余暇の前提」『ドイツ研究』第四五号、二〇一一年。

菊池智裕「東独集団化期における「工業労働者型」農業生産協同組合の実態—南部チューリンゲン地方エアフルト市　1952–1960年—」『歴史と経済』第二一二号、二〇一一年。

同　「戦後東独エアフルト市における園芸の集団化—国際園芸展覧会を中心に—1945–1960/61 年—」『農業史研究』第四五号、二〇一一年。

熊野直樹・星乃治彦編『社会主義の世紀—「解放」の夢にツカれた人たち—』法律文化社、二〇〇四年。

クレースマン・Ｋ（石田勇治・木戸衛一訳）『戦後ドイツ史 19451955—二重の建国—』未来社、一九九五年。

クレム・Ｖ編著（大藪輝雄・村田武訳）『ドイツ農業史—ブルジョア的農業改革から社会主義農業まで—』大月書店、一九八〇年。

近藤潤三『東ドイツ（ＤＤＲ）の実像—独裁と抵抗—』木鐸社、二〇一〇年。

斎藤　哲『消費生活と女性—ドイツ社会史（1920–70）年の一側面』日本経済評論社、二〇〇七年。

白川欽哉「ソ連占領期の東ドイツにおける労働力事情」『秋田経済法科大学経済学部紀要』第三八号、二〇〇三年。

同　「ソ連占領下の東ドイツの経済構造—解体と賠償の影響—」同上第三九号、二〇〇四年。

谷江幸雄『東ドイツの農産物価格政策』法律文化社、一九八九年。

谷口信和『二十世紀社会主義農業の教訓—二十一世紀日本農業へのメッセージ—』農山漁村文化協会、一九九九年。

星乃治彦『社会主義国における民衆の歴史—１９５３年６月17日東ドイツの情景—』法律文化社、一九九四年。

村田　武『戦後ドイツとＥＵの農業政策』筑波書房、二〇〇六年。

第八章　アメリカ合衆国における戦時農林資源政策
――南東部における生産調整と土地利用計画を中心に――

名和洋人

アメリカ合衆国南東部における畜産：牧草地と森林地のなかで
(2010 年３月、ノースカロライナ州において筆者撮影)

アメリカ合衆国南東部の農業は、長年、綿花などの輸出向け商品作物の生産に大きく傾斜していた。しかし 1930 年代の世界的大不況以降、こうした作物は輸出先を失い収穫面積を激減させていく。これを契機に、基本的農作物の生産増大、牧草地と森林地の拡大、畜産の発展をみる。撮影時、かつて有力な輸出向け商品作物であったタバコの栽培が付近で散見されたものの、森林地と牧草地がランドスケープの多くを占めていた。

はじめに

アメリカ合衆国（以下、アメリカと略す）は、一九二九年十月のニューヨーク証券取引所における株価暴落を契機として大恐慌へと陥った。[1] アメリカ国内はもちろん世界が、長期にわたり深刻な影響を受けることになった。株価の下落だけでなく、一九二〇年代にすでに低迷著しかった農産物価格も、一九二九年末以降さらに下落の一途をたどる。物価全般の下落、国際貿易の縮小、企業さらには銀行の破綻、失業率の急上昇などが深刻化し、フーバー政権は急速に支持を失っていく。結局、一九三二年の大統領選挙で、フランクリン・ルーズベルト（Franklin D. Roosevelt）がフーバーに圧勝し、翌年、政権は共和党から民主党へと移行した。さて、ルーズベルト政権は以上のような深刻な事態に対処すべく、一九三三年の政権発足当初から次々と重要法案を成立させていく。例えば、緊急銀行救済法、テネシー川流域開発公社（以下ＴＶＡ）法、一九三三年農業調整法（Agricultural Adjustment Act of 1933）、全国産業復興法（National Industrial Recovery Act）などである。

これらのうち、一九三三年農業調整法に始まる一九三〇年代の生産調整政策については、余剰農産物の生産制限だけではなく、機械設備利用の増加、綿花のような労働集約的作物から粗放的作物へのシフト、土壌保全作物の栽培、小作人の追い出し、[2] などを推し進め、結局のところ中上位層農家を支援するものであったと指摘されている。[3]

他方、上述の全国産業復興法のなかで、資源管理や土地利用計画を担う機関が設置された。それが、全国計画委員会（National Planning Board：以下ＮＰＢ）である。その後このＮＰＢは、全国資源会議（一九三四–三五）（National Resources Board：以下ＮＲＢ）、全国資源委員会（一九三五–三九）（National Resources Committee：以下ＮＲＣ）、全国資源計画委員会（一九三九–四三）（National Resources Planning Board：以下ＮＲＰＢ）へと、職員をそのまま引き継ぎつつ改組するなかで、一貫して権限強化と業務範囲の拡大を図った。同委員会の主要任務は、（一）公共事業計画の策定・編成、（二）都市計画、州計画、地域計画策定の推進、（三）連邦計画事業の調整、（四）調査活動、の四項目であった。

さて、本章で課題となる戦時期の農林資源政策の分析に際しては、こうした資源管理や土地利用計画にも注目しなければならない。なぜなら、将来に向けて農林資源を適切に保全しなければならなかったほか、戦前・戦中・戦後と農産物需要が激変するなかで、供給量の計画的な目標設定が重要であったと考えられるからだ。そこで本章においては、第二次大戦期のアメリカにおける農林資源政策として、一九三〇年代から継続する生産調整政策に加えて、ＮＰＢ以降の一連の資源管理や地域計画、また土地利用計画についてもあわせて検討する。

我が国においては、第二次大戦期アメリカの農林資源政策にかかわる研究は、ＴＶＡに関連する領域で存在し、限界農地の適切利用、さらに上層農民の近代化と下層農民の工業雇用への吸収、が明らかにされている。しかし、ＴＶＡ以外の領域については十分分析されていない[4]。他方アメリカにおいては、当時の南部農業の展開動向について言及した研究も存在するが、ＮＲＰＢなどによる地域計画的側面については未解明の領域が多く残されている[5]。

さて本章においては、最初に一九三三年以降の生産調整政策に言及したのち（第一節）、一九四〇年代初頭のアメリカ戦時農業政策について整理する（第二節）。次いで、ＮＲＰＢが支援した南東部地域計画委員会（Southeastern Regional Planning Commission、以下ＳＥＲＰＣ）が一九四二年九月に発表した地域計画[6]、さらに、州や郡の土地利用計画を検討し、戦時期の生産調整目標と土地利用計画を具体的に把握する（第三節）。次いで、以上のような目標と計画に対して地域の農業が実際にどのように変化したのか、農業センサスを用いて検討していきたい（第四節）。

第一節　一九三〇年代の農業問題と生産調整政策

一. 大恐慌期における農業問題

一九二〇年代に至るまで、アメリカ農業は国内に生産力を一貫して蓄積してきた。あわせて機械化などにより農業構造変動を経験しつつあった。一九二九年末に発生した大恐慌以降、国内外の農産物需要は急減し、莫大な余剰生産力を国内に抱えるなかで農産物価格の急落と低迷に苦しむことになった。他の資本主義国と比較しても農産物過剰問題は一層深刻化した。

当時の農産物価格動向を見てみよう。(7) 一九〇九年から一九一四年の価格水準を一〇〇とすると、一九二九年には一四八の水準に達していたが、一九三二年には六五にまで低下した。一九三二年の農業所得水準も一九二九年から六四％下落した。農民は価格下落に伴う損失を生産増加によって埋め合わせようとしたため、価格の下落は一層進み、農業不況はますます深刻化した。

農民の多くは、第一次大戦期の過剰投資が災いし、すでに一九二〇年代に多額の負債を抱えていた。こうした状況下での大恐慌の発生は、農民の負債額をさらに累増させることになった。そのため限界農場の農民を中心として、農場を放棄して他の職業を求める事態が頻発し、小作人に転落する農民も出てきた。同時に雇用農業労働者の失職も目立つようになった。これを受けて、生産そのものを政策的に制限・調整する必要性が出てくることになった。(8) 他方で、土壌浸食問題が顕在化しつつあった。全農村地域の三分の一が何らかの土壌浸食被害を受け、残りの三分の二も上層土の二五～七五％を喪失していた。被害のひろがりは明らかであった。

二　生産調整政策の成立

一九三三年成立のルーズベルト政権が一九三三年農業調整法を成立させ、これを根拠に、連邦政府は農産物価格支持政策に踏みだした。[9] また、この生産調整政策の実施機関として農業調整局（Agricultural Adjustment Administration、以下AAA）を設置した。農業所得の改善、農民の購買力増大、加えて一般経済の回復を狙ったのである。以下、服部信司、[10] マレイ・ベネディクト（M. Benedict）、[11] あるいは久保文明[12]の研究に依拠しつつ、生産調整政策の概要を確認しておきたい。

まず農産物価格支持の基準は次の通り定められた。すなわち、基準年次（一九〇九年八月～一九一四年七月）を設定して、これらの基準年次と同程度の価格水準を価格支持基準（のちにパリティ価格と呼ばれる）として設定する。次いで、この基準に対する価格支持率を決めていくことになった。価格支持の対象となる作物は、「基本農産物」たる、小麦、綿花、トウモロコシ、豚、米、タバコ、ミルク及び乳製品の七項目となった。[13]

具体的には、次のような大きく三項目の政策措置が実施された。[14] それは第一に、生育中の綿花の半分近くが刈り倒されて市場から隔離されたことである。供給量の強制的削減である。第二に、アメリカ農務省によるトウモロコシと綿花に対する価格支持融資が実施された。この制度の概要は次のとおりである。農民は生産調整計画への参加を条件に、作物を担保として一定単価で期限九カ月の融資を得られる。その際は、（一）期限内に担保作物を市場に売却して融資を返済するか、（二）市場で売らずに担保流れとするか、二つの選択肢のうち一つを選ぶのである。市場価格が融資単価を下回れば、農民は担保流しし、つまり政府への農産物の引き渡しを選択するはずであるから、市場価格を融資単価の水準で支持できるというものである。この価格支持融資は一九三八年以降、他の基本農産物に拡大する。第三に、一九三四年産から三年間にわたって基本農産物（小麦、綿花、トウモロコシ、豚、米、タバコ、ミルク及び乳製品）の生産調整をすすめ、生産制限協力者に対する減反補償支払いを実施した。なお、第四に、これらの実施にあたっては、農産物の第一次加工業者への課税により財源を確保した。

なお、生産高を特に徹底的に統制する必要のあった、綿花とタバコについては、さらなる規制が導入された。[15] すなわち、AAAは一九三四〜三五年の綿花収穫について、従来の耕作面積の五五〜六五％に生産制限するよう、生産者に求めていたが、生産調整計画への参加は任意であったため、計画不参加を選択した農民が、他人の実行した減反によって有利となる問題が残存していたのである。そこで、綿花については一九三四年四月にバンクヘッド法（Bankhead Act）を、タバコについては同年六月にケア＝スミス法（Kerr-smith Act）を制定して規制した。この規制の内容を綿花に即して示せば次のとおりである。すなわち、売却時に過去の生産量を基準に決まった販売割当数量を遵守した生産者に対しては免税証明書を発行し、割当数量を超えて売却した分に対しては平均中央市場価格の五〇％という重税を課す、というものであった。タバコについても類似の規制をした。

以上のようにして開始された生産調整であったが、最高裁は、一九三六年一月に一九三三年農業調整法の加工税と生産制限の部分に対して違憲判決を下した。[16] その根拠として、農産物加工業者に課している加工税が連邦議会の課税権の正当な行使であるとは言えないこと、また生産調整政策自体、州に留保された権利の侵害であり、加工税は憲法違反の目的のための憲法違反の手段であること、を挙げたのであった。

三．生産調整政策の強化

こうしたなかでも、ルーズベルトらは生産調整の継続が必要不可欠との考え方を堅持し続けた。かつての共和党政権下で任命された最高裁判事の影響力が残存するなかで下された違憲判決に対し、代替法案の準備に直ちに着手した。ルーズベルト政権は、州権の侵害と見なされぬよう分権的体裁を整え、違憲とされた加工税に拠らずに生産調整を行えるような工夫を施すことで新法案を準備した。この法案は、さっそく一九三六年二月に成立する。これが、土壌を枯渇・損耗させる商品作物を除去して、代わりに土壌保全作物を植えた農民に対して助成金を支払おうとする、土壌保全および国内作付割当法（Soil Conservation and Domestic Allotment Act of 1936）である。ここで、土壌を枯渇・損耗させる商品作物とされたのが、小麦・トウモロコシ・綿花・タバコなどの余剰農産物であった。協力農民は生産制限ではなく土壌保全に対して直接支払を受け取ることになったのである。また、財源については、加工税が違憲とされたため一般財源から支出されることになった。同法は、違憲判決を回避しつつ、一九三三年農業調整法を引き継いで生産制限に協力した農民に直接支払いを継続していく性格を有していた。もっとも、一九三四年次いで一九三六年に干ばつが発生し、土壌保全そのものに対する関心が高まってきていたことも事実であった。たとえば、一九三五年には農務省に土壌保全部が設置されて、生産調整政策との連携が構想されつつあった。

しかし、この土壌保全および国内作付割当法は、連邦農務省による統制力を欠いていた。そのため同法が効果的に生産制限できないという問題が、すぐに生じてきた[17]。同時に、深刻な干ばつを経験して、生産縮小のみを視野に入れた政策の危険性も浮き彫りになってきた。実際、一九三六年九月、ルーズベルトは（一）個別農民の収入の保護に加えて、（二）消費者の保護の必要性を訴えている。これら政策目標の実現手段として、新たに一九三八年農業調整法（Agricultural Adjustment Act of 1938）が成立していく。同法は、違憲とされた加工税こそ除外したものの、一九三三年農業調整法に含まれていた規定をほぼ全て盛り込んだ。加えて、前述の通り価格支持融資が基本農産物全体に拡大されたほか、土壌保全を推進し恒久化していくものであった。先のバンクヘッド法のような販売割当制度も、かつて綿花とタバコのみに限られていた状況を脱し、他の基本農産物も制度対象に組み込まれて再導入され、規制強化が図られた。

こうして成立した一九三八年農業調整法の骨格は、第二次大戦中のみならず大戦後も長く保持され、アメリカの農業政策を支えていくことになる。また、後述するように、アメリカ農業を変革していく原動力ともなっていく。

第二節　アメリカ合衆国における第二次大戦期農業政策
―農務省の内部資料分析を中心に―

一・アメリカ参戦（一九四一年十二月）以前

さて、第二次大戦期の農業政策の重点は、どこにあったのであろうか。まずはアメリカ参戦以前の一九三九年九月から一九四一年十二月までの動向について見てみよう。ドイツがポーランドに侵攻した一九三九年九月以降の数ヵ月間にまとめられた、アメリカ合衆国農務省内部の政策検討用資料『戦時下における農産物輸出入取引の新たな方法、一九四〇年一月二十三日付』を見てみたい。[18]なお、本資料は、一九四〇年代前半に農務省農業経済局長を務めたH・R・トリー（H. R. Tolley）[19]が集積したもののうちの一つである。

この資料は、第二次大戦の勃発に伴い、「ヨーロッパの交戦国・中立国による戦時統制下では、国際貿易は一般的な意味での需要供給関係に左右されなく」なったこと、また「アメリカの重要輸出品、ある場合においては重要輸入品について自由市場は存在しなく」なった点を指摘している。[20]特に、アメリカの農産物がヨーロッパ市場を確保するうえで多大な困難が生じると述べており、国内の農業あるいは農民にマイナスの影響が発生することを懸念した。確かに本資料は、戦時農業政策の基本的な目標として、世界の農産物市場においてアメリカの生産者が一定のシェアを確保することを挙げている。[21]

さて、第二次大戦開始直後の一九四〇年一月に作成された本資料は、商品別の検討も行っている。アメリカ南部農業を長年支えてきた綿花とタバコに限定して紹介しよう。[22]綿花については、この時点ではドイツ軍によるフランス占領前ということもあり、イギリスやフランス市場への輸出拡大に焦点をあてて検討している。こうした問題意識のあり方を見るに、当時の農務省は、その後の戦況の逼迫を十分に想定できていない感が強い。綿花販売量を抑制することにより「アメリカは世界の綿花市場において支配的地位にあるので、イギリスやフランスが高価格で買わざるを得ないような状況をつくれ」るが、その場合「イギリスは消費量抑制で対処する可能性があるかもしれない」などといった問題を検討していた。タバコについては、「莫大なタバコの在庫が形成されている中で、タバコ購入時に支払うドルを節約するため、開戦直後にイギリスは購入を停止した」点を明らかにしていた。そのうえで、戦争が終結するなどで将来イギリスがタバコ市場に戻ったときの対処方針を議論している。

以上のように第二次大戦初期の一九四〇年一月の時点では、ヨーロッパでの戦争勃発により小麦などの価格上昇傾向となったものの、アメリカでの戦時生産統制の側面はほとんどみられない。むしろ、この時点ではアメリカの農産物の国外市場確保問題を重視しており、基本的に一九三〇年代農業政策の延長線上にあったと言えよう。一九三〇年代のニューディール政策のなかで進められてきた、生産調整、農家の低所得問題の改善、低所得者・失業者向けフードスタンプの実施なども同資料は、依然として重要な課題と位置づけていた。状況の推移に注視すべきとしたものの、アメリカが参戦したわけではないのだから統制は最小限とすること、戦時水準の統制を回避して民間貿易統制も可能な限り避けることなどを、一九四〇年一月二十三日付の資料は方針として明示したのである。[23]

二．アメリカ参戦（一九四一年十二月）以降

しかし、一九四一年十二月の日本軍の真珠湾攻撃を機にアメリカは第二次世界大戦に参戦することになり、状況が決定的に変化した。アメリカの戦時農業政策の骨格を確認するため、やはりアメリカ合衆国農務省の内部資料『食料分配計画についての部局間調整委員会報告書第一次草稿、一九四一年十二月十五日付』（以下、第一次草稿と略す）を検討してみよう。[24]この第一次草稿は、一九四二年一月七日付で農務省農業経済局長H・R・トリー

から農務省長官に抜粋のうえ、提出されたと見られる。その際トリーは、第一次草稿の意義について、農務省長官に対し、「多数の政策上の論点、それも緊急に決定しなければならない論点を取り上げている」とし、さらに「これらの論点をめぐる政策決定をすることで、農務省さらにはアメリカ合衆国の戦時活動に対して、関係機関は、一層の貢献をなしうる」と書面で伝えている。

この第一次草稿は、第一章「序文」、第二章「現状の農産物分配計画の評価と改善提案」、第三章「提案中の新計画」、第四章「農産物分配計画と他の農務省事業との関連性」、第五章「勧告内容の包括的要約」といった内容を備えている。

第一章「序文」によれば、戦時期の農産物供給計画は、ニューディール期の農業政策を応用しながら実現していくものと位置づけた。実際、第一次草稿は、農家の低所得問題の改善、低所得者・失業者向けフードスタンプの実施、学校給食計画を、総力戦体制に適合するよう改善提案を行っている。また、参戦前の一九四〇年の資料と異なり、こちらが農産物輸出問題よりも国内食料供給問題の分析に焦点を当てている点も見逃せない。

とりわけ第三章の「新計画」に注目すべき記述があったので、以下、紹介しよう。第三章を細かく見ると、A節が「栄養摂取と食物のための戦時計画」の分析にあてられていた。ここでは基本的食料の安定的かつ低価格供給と分配問題を検討し、そのうえでアメリカ国民が必要とする栄養素の確保について言及したものであった。B節では「食品廃棄の削減」についてまとめられている。C節が「地域的生産・消費計画（Local production and consumption programs）」である。D節は「備蓄」問題を扱っている。いずれの節も、戦時体制の中で不可欠の論点を取り上げているが、ここでは特にC節の内容を詳細に検討しなければならない。

戦時において地域的自給の向上を目指す主張を展開したのはいかなる理由からなのか。その理由はこうである。すなわち、アメリカの農業生産力は巨大である一方で、広大な国内で地域的分業が顕著に確立し、地域別にみると単一の商品作物生産に過度に傾斜していた。[25] こうした状況は長距離の農産物輸送を不可避とし、深刻な問題を内包することになる。すなわち「地域的生産・消費計画」を策定して、単一の商品作物生産を縮減するなかで多様性のある地域農業を確立しなければ、輸送車両・貨車・船舶などを多数必要としてしまい、石炭や電力などの輸送エネルギーも浪費されてしまう。あるいは、鉄道輸送量の増大によりアメリカの国内輸送能力が圧迫されてしまう。第一次草稿第三章C節は、これらの点を強く懸念していたと言える。事実、第一次大戦時にはエネルギー不足問題が発生していた。当時、燃料価格の上昇も顕著で、一九一五から一七年にかけて燃料油（重油、軽油）価格が一六〇％上昇し、石炭価格もトン当たり一・一三ドル（一九一三年）が二・九五ドル（一九一八年）へと急騰していた。[26]いずれにせよ一九四一年十二月の第一次草稿は、アメリカ国民の栄養目標を設定したうえで、この目標を達成できるような地域的多様性を備えた農業生産を実現すべきと明確に述べている。また、実現への具体策として、地域的購入販売体制への政府支援、学校給食、幼児給食の活用を挙げていた。

第三節　南東部地域計画に見る農畜産物生産方針

一．アメリカ南部の農業問題

一九三〇年代の農業不況は、南部地域に対し、極めて深刻な影響をもたらした。一九三〇年代ころまでの南部農村の状況は、秋元英一の研究などから知ることができるので以下で整理してみよう。[27]南北戦争（一八六一～六五年）以降、奴隷解放が行われ、およそ一八七〇年代ころから、綿花地帯においては分益小作制度（シェアクロッピング制）が長年つづいていた。この制度は、南北戦争後にプランテーション所有者が、分益小作人に、ラバ、綿花種子、農具、および住居としての小屋を与え、代わりに彼らが生産した作物の半分を受け取るというものであった[28]。なお、こうした分益小作人は元奴隷の場合が多かったが、白人も相当数存在した。一九〇〇年時点で、白人農民の二〇％が分益小作人であったとされている[29]。こうしたなかで小作人は、毎年、綿花が収穫されて現金化されるまでの間、信用買いによって食料や飼料などを農村商人から購入していた。ただし、この前貸し時の利息は高く、小作人は信用獲得に際してその年の秋の収穫物を担保とする必要が生じた。その際は、最も確実に換金可能な綿花の植え付けが農村商人から求められた。そのため小作人による農業生産の多角化や食料用穀物の栽培は進まなかった。南北戦争後、綿花地帯においては食料自給度が著しく低下し、自家消費分の食料すら、こうした商人に依存する傾向が強まっていたのであった。以上のような状況が長く継続したのは、一九二〇年代までは、綿花需要が国内・国外とも強く、綿花価格も相対的に高水準で推移していたことによるものであった。

しかし前述の通り、一九二九年末からの大恐慌の中で綿花価格は急落し、分益小作制存続の基礎条件の一つが失われていく。他方、大恐慌の激化に伴って、南部農村においては「帰農現象」が発生し、南部農村人口は一九三〇年から三五年にかけて約一三〇万人増加した[30]。そのため、安価な労働力は相変わらず豊富に存在し続け、分益小作制存続のもう一つの基礎条件は残存していた。こうした状況のもと、アメリカの他の地域とは異なって、綿花地帯の地主は資本不足もあって機械化の推進を躊躇する例が多くなったのである。

この事態を変化させる契機となったのが、一九三三年農業調整法であり、土壌保全および国内作付割当法、あるいは一九三八年農業調整法であった[31]。連邦政府が生産調整に乗り出すことで、綿花の収穫面積は大幅に減少していく。一九二六〜三二年の収獲面積は、平均値で四〇八〇万八〇〇〇エーカであったが、一九三三〜三九年には二七八六万九〇〇〇エーカとなった。実に四六・四％の減少を見た。

ここで、ＳＥＲＰＣが計画対象とした七州の第二次大戦以前の農業経済特性を確認しておこう[32]。なお七州とは、アラバマ（Alabama）、ジョージア（Georgia）、フロリダ（Florida）、ミシシッピ（Mississippi）、ノースカロライナ（North Carolina）、サウスカロライナ（South Carolina）テネシー（Tennessee）、である。これらアメリカ南東部七州は、一九四

表8-1　アメリカ南東部における農業の概要（1930年・1940年）

	単位	1930年	1940年	10年間の変動率
		（×1000）	（×1000）	
農場数	戸	1,568	1,465	△6.6
農場面積	エーカ	108,444	118,898	9.6
平均農場規模	エーカ	69.2	81.2	17.3
収穫耕地面積	エーカ	39,555	41,153	4.0
農場あたり収穫耕地面積	エーカ	25.2	28.1	11.5
自作農数	戸	631	691	9.5
小作農数	戸	937	774	△17.4
畜牛頭数	頭	4,171	5,457	30.8
牛乳生産量	ガロン	648,424	836,658	29.0
豚頭数	頭	3,715	5,394	45.2
綿	梱	6,671	4,967	△25.6

出典：*Regional Planning Part XI-The Southeast*, National Resources Planning Board, USGPO, 1942, p. 30.
原資料は *U.S. Census of Agriculture*, 1940.
注：綿（bales of cotton raised）の単位（梱）は500pounds＝22.5kgに相当。

〇年時点で人口が全国の七分の一（一八五〇万人）、土地面積は全国の十分の一を占めている。また一九三〇年から一九四〇年にかけて農業構造変動が進んでいる。この間、農場数が六・六％減少して平均農場規模が一七・三％拡大した。他方で、小作農が一七・四％減少し自作農が九・五％増加した。そのほか、綿花生産量が大幅に下落する一方で、牛・豚頭数の増加あるいは牛乳生産量が増加しつつある（表8-1）。

以上のような一九三〇年代の構造変動は存在するものの、温暖な気候、肥沃な土壌、豊富な降雨条件のなかで、南東部では植民地時代より商品作物生産を中心とした農業が展開し、一九四〇年時点でも依然としてかつての農業構造を引き継いでいた。地域人口も半数近くが農村に居住して、そのうちの六四％が商品作物、特に綿花やタバコの生産に従事していた。同時に、このような商品作物生産への特化が、いくつかの弊害をもたらしていた。それは第一に地力消耗と土壌劣化である。第二に、牛乳、卵、チーズ、バター、果物、野菜、肉類などの基本的食料を、域外から移入しなければならないことである。域外からの食料移入は、品質劣化の問題が生ずるばかりか、長距離輸送に伴う輸送コストすなわち電力消費や燃料消費の拡大、また鉄道輸送負荷の拡大に直結する。まさに、一九四一年十二月の農務省の内部資料、『第一次草稿』が問題視していた事態が、南東部において発生していたのである。

二. 全国計画委員会（ＮＰＢ）と土地利用計画

全国計画委員会（ＮＰＢ）は改組を繰り返しながら、アメリカにおける平時初の全国計画を練り上げていった。ＮＲＰＢ時代には個別委員会を、土地利用計画、多目的水利計画、鉱物政策、人口変化、産業資源、輸送、エネルギー、科学技術変化の影響、経済構造など多くの分野において設置した。なおＮＲＰＢの職員は、連邦政府各省庁から派遣された職員、大学教員などから構成されていた。

これらの計画業務のうち、土地利用計画領域の展開はいかなるものであったのか。そもそも、農業生産分野の計画業務は一九二〇年代に起源がある。そのころ、相対的に軽度とはいえ農業不況が顕在化しつつあったこともあり、農業分野の調査活動が民間主導で進められていた。一九三一年には、全国土地利用委員会が、農業大学関係者と農務省職員を構成メンバーとして設置されている。[33] また、一九三三年にＮＰＢが設置される以前より、農務省（Department of Agriculture、以下ＵＳＤＡ）は土地利用計画への模索を始めていた。[34]

またルーズベルト政権になり、一九三四年にＮＲＢ内に土地委員会（Land Commitee）が設置されている。この土地委員会の調査活動に際しては、農務省のスタッフを大量動員できる体制が整えられた。この土地委員会では、アメリカ全土における土地利用と関連政策について調査報告書を作成し、水資源や鉱物資源などの報告書とあわせて一九三四年に公表している。その内容は主に次のとおりであった。[35] 第一に、アメリカ国内の人口動向に関して、将来の出生率低下と人口高齢化を見通して、これが今後の食料需要動向に影響するとした。第二に、機械化に伴う農業労働者の減少傾向あるいは労働生産性の上昇傾向に触れている。あわせて道路整備や自動車の普及、農村電化の動向に言及した。第三に、農産物需要縮小を踏まえて農地面積の削減を提案している。第四に、農地以外の土地利用拡大、すなわち、森林、レクリエーション利用、野生生物利用を視野に入れた土地利用を提案している。第五に、土壌浸食防止の重要性を主張している。これらの点は、その後のＮＲＰＢの報告書においても繰り返される。

三　第二次大戦の南東部への地域的インパクト

ここで、第二次大戦勃発に伴う地域農業経済への影響を具体的に把握しよう。[36] 最初に枢軸国側の支配領域拡大に伴い海外市場を喪失しつつあった綿花である。綿花は一九四二年時点で軍需の拡大により一時的な価格上昇をみたが、ＳＥＲＰＣは戦争終結後の需要拡大の可能性は小さいとの判断を下す。[37] その理由として、枢軸国側で合成繊維開発が進展した点を挙げている。

同様に海外市場を喪失しつつあったタバコを見てみよう。[38] タバコ生産量のうち海外市場向けは、一九三〇年から一九四〇年にかけては生産量全体の三分の一を占めたが、一九四二年現在、全体の六分の一の水準に落ち込んでいる。結果として、年間生産量の一・五～三倍の持ち越し在庫が形成されてしまう事態が発生した。

代わりに、域内において基本的食料生産の増加が求められることになった。[39] なぜなら、第一に、第二次大戦勃発に伴い南東部には陸海軍関連施設が多数立地し、域内の食料需要が大きく拡大したからである。事実、南東部においては一九四〇年七月から一九四一年八月にかけて、陸軍訓練施設一五カ所、陸海軍パイロット養成所三六カ所、民間パイロット養成所一四カ所、武器庫・補給庫一〇カ所、造船所七カ所、弾薬製造所一〇カ所、ＴＶＡ等発電所五カ所などが国防関係支出により新設された。そのほか第二に、国防産業の発展に伴い都市部人口の増加が生じていたからである。第三に、同盟国支援・輸出用の食料生産拡大にアメリカは取り組まなければならないという事情もあった。[40] 第四に、（戦闘行為に伴う――筆者）食料や家畜の損耗を埋め合わせるためにさらなる食料生産拡大が必要とされた点にある。

四．南東部地域計画委員会（ＳＥＲＰＣ）による生産調整計画

ＮＲＰＢは各地方において地域委員会の設置を推進していた[41]。その一つとして、ジョージア州アトランタに設置されたＳＥＲＰＣは、対象とする七つの州にかかわる業務を行った[42]。ＳＥＲＰＣは、各州から二名の代表者の参加を求め、そのほか技術者、大学教員、ＴＶＡ職員などを招聘した。さらに農務省農業経済局（Bureau of Agricultural Economics, USDA）、農務省森林局（Forest Service, USDA）内務省国立公園局（National Park Service, U.S. Department of Interior）、連邦動力委員会（Federal Power Commission）等の協力機関を得ている。なお、後述の計画・勧告内容はＳＥＲＰＣ参加者の大筋合意を獲得していた。この点は本地域計画の実効性担保に結び付いたと考えられる。

以上のようにＳＥＲＰＣは、Ｈ・Ｒ・トリー主導の農務省農業経済局の参加を得ていた。このことはすなわち、農務省の政策方針との整合性確保が不可欠であることを意味する。実際、前節で見た農務省の戦時農業政策方針は、ＳＥＲＰＣが一九四二年九月に首都ワシントンのＮＲＰＢに提出した南東部地域計画[43]にも色濃く反映されることになった。

事実、地域農業の実情や戦時経済の状況を踏まえて、ＳＥＲＰＣは南東部地域計画において綿花やタバコを中心とした商品作物生産を転換して、多様性のある地域農業実現を目指すことを明記した。特に牛乳・卵・豚肉・野菜の生産が急務であるとしたのである。本シリーズの第Ⅱ巻第五章（白木沢）に見られるように、日本向け綿花輸出量が、ちょうど一九四一年に激減したところであった。戦時下の一九四二年九月、ＳＥＲＰＣは同年予定されていた農産物生産を一九四一年生産と比較して報告している。すなわち、前年比で牛乳と卵の生産量が一

表8-2　アメリカ南東部（7州）における1942年生産予定と1941年生産実績

	単位	1941年	1942年	1年間の変動率（％）
		（×1000）	（×1000）	
牛乳	パウンド	8,135,000	9,016,000	11
乳牛	頭	2,495	2,545	2
卵	ダース	288,084	320,343	11
とうもろこし	エーカ	17,954	18,200	1
オート麦	エーカ	1,724	2,281	32
干し草	エーカ	7,125	7,540	6
綿花	エーカ	9,063	8,616	△5
市場向け野菜（保存加工用除く）	エーカ	656	681	4
乾燥タバコ	エーカ	684	684	0
バーレータバコ	エーカ	71	69	△3
食用ピーナッツ	エーカ	1,335	2,373	78
豚	パウンド	1,538,380	1,458,794	△5
畜牛	パウンド	869,050	973,335	12
羊	パウンド	25,325	26,275	4
大豆	エーカ	328	571	74

出典：*Regional Planning Part XI-The Southeast*, National Resources Planning Board, USGPO, 1942, p. 33.
原資料は *Bureau of agricultural economics bulletin,* U.S. Department of Agriculture, September, 1941.
注：豚と畜牛は、屠殺前の家畜の体重をもとに算出。

一％拡大、畜牛の生産量が一二％拡大、火薬製造向けに化学肥料製造能力を振り向けるなかで代替的に地力増進を図ることのできる食用ピーナッツと大豆の生産面積がそれぞれ七八％、また七四％拡大、市場向け野菜生産面積が四％拡大、綿花生産面積が五％減、バーリータバコ生産面積が三％減などという変化が早速生じていた（表8―2）。また、畜産拡大に必要な飼料作物生産を以前にも増して重視すべきとし、一九四二年はオート麦（燕麦）生産面積が三二％拡大し、干し草生産面積も六％拡大するだろうと予測した。

なお、これらの変化は、一九四一年七月に連邦政府が八二万エーカの農地購入を実施した影響も反映したものであった[44]。連邦政府は購入した土地について、それまでの農業的利用を軍事的利用へ土地利用形態を変更し、農地面積を削減したのである。

さて、ＳＥＲＰＣは生産調整計画のなかで短期目標（一九四三〜四五年ころ）と長期目標（一

表 8-3　アメリカ南東部（7 州）における生産調整計画

	単位	1939 年実績	短期目標	長期目標
		（×1000）	（%）	（%）
農場数	戸	1,465	△ 4	△ 11
全耕地面積	エーカ	48,343	0	1
牧草地	エーカ	13,617	7	43
全農場面積	エーカ	118,898	1	3
とうもろこし	エーカ	18,148	2	△ 11
綿花	エーカ	8,859	△ 8	△ 9
タバコ	エーカ	1,167	△ 33	△ 21
ジャガイモ	エーカ	238	15	54
サツマイモ	エーカ	354	19	44
小麦	エーカ	1,067	15	57
オート麦	エーカ	1,475	42	225
その他穀物	エーカ	179	4	182
干し草	エーカ	6,046	15	80
食用ピーナツ	エーカ	1,311	29	4
土壌改良用ピーナツ	エーカ	936	13	56
大豆（大豆収穫用）	エーカ	313	28	64
トマト	エーカ	71	31	32
その他市場向け野菜	エーカ	402	17	17
畜牛	頭	5,611	13	53
牛肉生産量	パウンド	759,440	12	57
乳牛	頭	2,249	11	64
牛乳生産量	パウンド	689,573	13	80
豚	頭	5,781	12	31
豚肉生産量	パウンド	1,360,467	15	39
羊	頭	553	15	45
羊肉生産量	パウンド	15,953	24	97
羊毛生産量	パウンド	1,944	23	104
馬・ラバ	頭	2,307	△ 2	△ 5
鶏	羽	40,022	15	49
卵	ダース	222,705	23	82

出典：*Regional Planning Part XI-The Southeast*, National Resources Planning Board, USGPO, 1942, p. 58.
原資料は *U.S. Census of Agriculture, 1940; 1935 Regional Adjustment Study; Agricultural Marketing Service.*
注：短期目標、長期目標ともに 1939 年実績からの変化量目標を百分率で示した。
短期目標は、1943–45 年ころの達成を目指すもの。長期目標は 1960 年ころの達成を目指すもの。

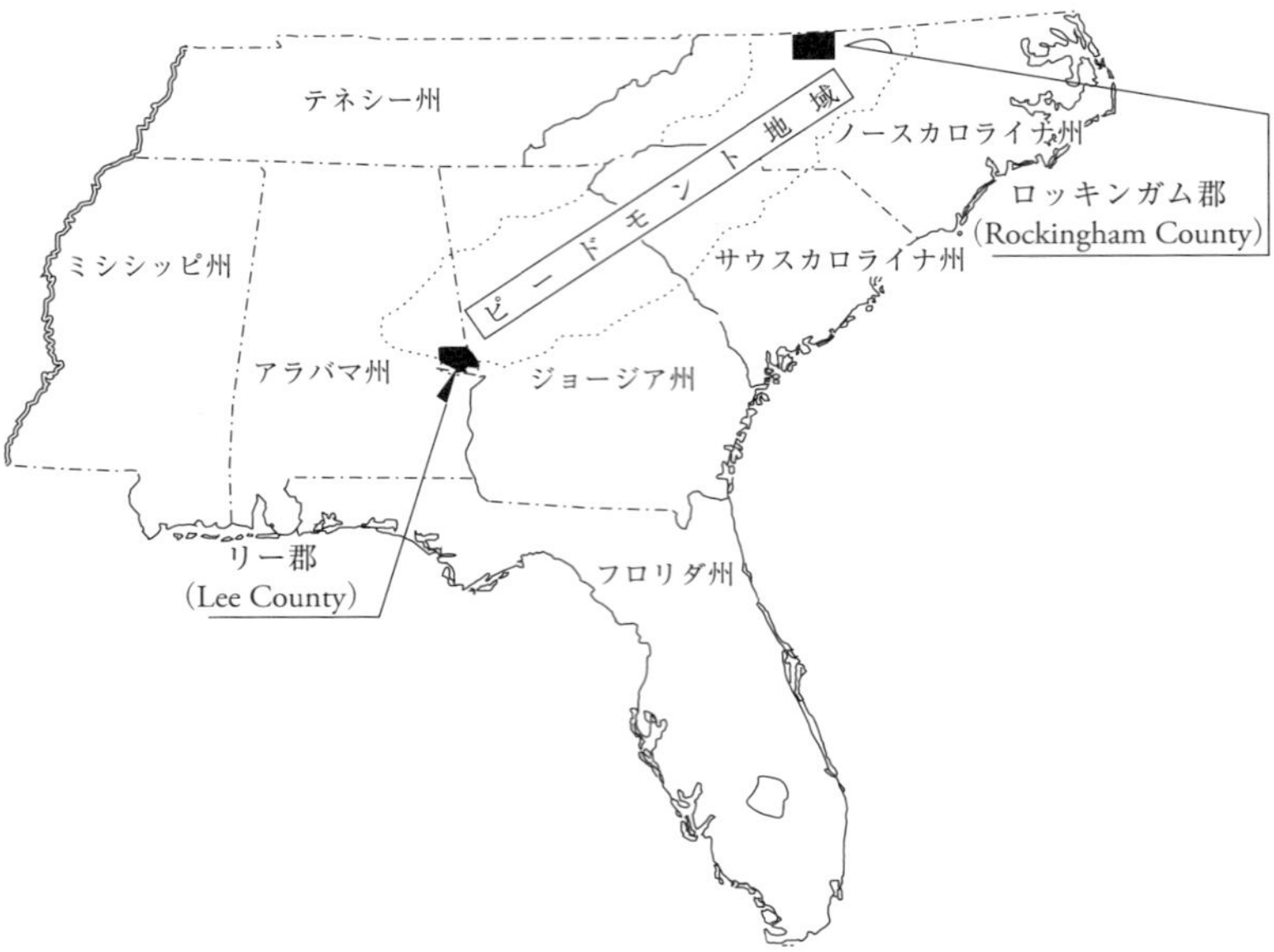

図８-１　アメリカ南東部（７州）とピードモント地域

出典：*Regional Planning Part XI-The Southeast*, National Resources Planning Board, USGPO, 1942, p.35 & 59 をもとに作成。

九六〇年ころ）を定めているのでこれを確認しておく[45]。まず、アメリカ南東部七州全体の品目別農畜産物生産目標を、（表８―３）のとおり定めた。一九四二年から見て数年後（一九四三～四五年）と一五～二〇年後（一九六〇年ころ）を目標とする品目別生産調整計画がここから見えてくる。

また、ＳＥＲＰＣはアメリカ南東部を自然地理的条件により一五の小地域区分に分割して（図８―１参照）、それぞれの小区域ごとに、数年後（一九四三～四五年）と一五～二〇年後（一九六〇年ころ）を目標とする生産調整計画もあわせて策定した。これらの小地域区分別計画のうち、ピードモント地域（PIEDMONT）の生産調整計画を例示的に挙げておきたい（表８―４）。

表 8-4　ピードモント地域における生産調整計画

	単位	1939 年実績	短期目標	長期目標
		(×1000)	(%)	(%)
農場数	戸	251	△ 4	△ 10
全耕地面積	エーカ	8,672	2	6
牧草地	エーカ	1,794	9	41
全農場面積	エーカ	21,140	0	0
とうもろこし	エーカ	2,811	2	− 12
綿花	エーカ	1,704	− 6	2
タバコ	エーカ	189	− 34	− 25
ジャガイモ	エーカ	27	4	19
サツマイモ	エーカ	70	29	50
小麦	エーカ	540	8	39
オート麦	エーカ	543	38	189
その他穀物	エーカ	35	9	317
干し草	エーカ	762	10	190
畜牛	頭	650	23	88
牛肉生産量	パウンド	68,456	20	57
乳牛	頭	369	18	99
牛乳生産量	ガロン	169,987	12	96
豚	頭	475	5	17
豚肉生産量	パウンド	140,466	8	21
羊	頭	12	8	0
羊肉生産量	パウンド	354	12	85
羊毛生産量	パウンド	43	2	− 2
馬・ラバ	頭	370	− 2	− 2
鶏	羽	7,000	16	80
卵	ダース	40,202	17	83

出典：*Regional Planning Part XI-The Southeast*, National Resources Planning Board, USGPO, 1942, p. 61.
　原資料は *U.S. Census of Agriculture, 1940; 1935 Regional Adjustment Study*.
注：短期目標、長期目標ともに 1939 年実績からの変化量目標を百分率で示した。
　短期目標は、1943–45 年ころの達成を目指すもの。長期目標は 1960 年ころの達成を目指すもの。

五．勧告内容：南東部地域計画委員会（ＳＥＲＰＣ）と州土地利用計画委員会

以上のような生産調整を実現するにあたり、ＳＥＲＰＣ報告書の中で具体的な勧告が行われていたので重要な点のみ紹介しておこう。(46)

第一に、商品作物生産の転換と土地利用適正化の観点から勧告が行われている。具体的には、（一）州農業委員会が各郡・各地区の農業委員会と連携しつつ、商品作物生産時の経営コスト低下が困難であるなどの問題をかかえる農場を特定して土地利用転換を促す、（二）連邦政府が財務省保証債券を発行して資金調達し農地購入を拡大する、（三）連邦資金により農村保全事業を実施して土地利用の適正化を図る、（四）土地利用転換に際して生じる離農者の再就職先を確保する、（五）小作地における借地料の統制、農地売買統制による土地の有効活用、（六）借地料の減免や土地改良投資資金の補てんを梃子とした小作地における土地改良投資の促進、（七）州政府の反発を抑えるため、連邦政府が土地を購入しても、その購入地への州政府課税を認める、などであった。

第二に、以上のような七項目の勧告の実現が前提となろうが、ＳＥＲＰＣは、あわせて人的資源の育成にかかわる勧告も行っている。すなわち、（一）牛乳などの基本食料確保による地域住民の健康増進、（二）農業労働者世帯が高出生率であり労働力供給源であることを考慮し、これら人的資源の質的改善、そのために（三）余剰若年労働力を抱える地域における職業教育、職業紹介の強化、また（四）農業労働者の低賃金問題改善と生活水準向上、（五）土壌保全事業、水資源保全事業、森林改良、公園・運動場整備、公共施設建設、流域開発などの戦争遂行に資する事業を準備し、ここで農村部の労働者の雇用を確保することであった。

なお、州レベルでも戦時農業計画が策定されている。一九四一年春ころの作成と見られるアラバマ州の計画書の勧告内容は、上位計画すなわち南東部地域計画委員会（ＳＥＲＰＣ）の報告書に沿ったものであったが、いくつか特徴的な点が見られた。(47) 以下、紹介しよう。

第一に、この報告書の序文には、連邦政府農務省長官が「アメリカの戦争準備また国内の団結のために州土地利用計画委員会の指導の必要性を痛感している」と述べたことが明記されている。この州政府の戦時農業計画あるいは戦時土地利用計画が連邦政府の要請に基づくものであることがわかる。第二に、綿花から他の作物への転換の際は強制力が発揮されるような手法は望ましくなく各農家の可能な範囲での実施が望ましい、とした。第三に、土壌保全に際しては、可能ならばエーカ単位で実施すべきとしており、厳密な実施を勧告している。第四に、国防産業関連工場の配置に際しては、「少数の大工場」ではなく「多数の小工場」を設置するようにし、その際には資源と労働力を有効利用するよう要請している。アラバマ州も含め南部には農村部に余剰労働力が大量に存在しており、この点で工場立地の要件を満たしていたと言える。第五に、農家への化学肥料供給を最低限にとどめて代わりに農家はマメ科植物の栽培面積を増やすことで地力を増進し、これにより余剰化した化学肥料生産能力を国防需要（主として火薬）に転換すべき、とした。第六に、家畜頭数の増加、食料・飼料生産の増加が必要な現在、各農場は最大の収入を得るべく、その全ての農地を使うようにすべき、と勧告した。

六．郡（カウンティ）レベルの土地利用計画―アラバマ州リー郡―

ここで、生産調整を具体化する際に有効と思われる郡レベルの土地利用計画が、一九四〇年六月に作成されているので、紹介しておきたい[48]。こうした郡レベルの計画がどの程度の郡で作成されたのか不明であり、報告書として入手できたものも一部である[49]。しかし、土地利用計画の詳細を知る上で重要であろう。

今回取り上げるリー郡（Lee County）は、上述のピードモント地域内に位置している。この郡の土地利用計画書を見ると、冒頭に、このような郡レベルの土地利用計画が全国的土地利用計画の一環であり、州や連邦などの関係機関の支援を受けたことが明記されている。リー郡内は八つの小地域に区分され、各地域代表者が郡の土地利用計画委員会を構成していた。

計画書の内容は次の通りであった。第一に、郡の概況が示されている。順に示せば、（一）位置、（二）歴史、（三）人口動態、（四）土壌特性、（五）地勢、（六）気候、（七）植生、（八）野生生物、（九）公共施設、（一〇）経済情勢、（一一）土地利用の現状、（一二）土地利用と土地所有上の問題点、である。これらのうち、特に最後の三項目の記述が充実している。ここから次のことがわかる。郡の主要収入源は第一に綿花、第二に家畜となっていた。一九三三農業調整法成立以降、綿花の栽培面積が減少傾向にあった。そのほか、農地を手放す農家の増加、家畜頭数の不足、土壌保全作物の不足による土壌劣化、が指摘されており、南部の典型的な農業問題が生じていた。今後については、以上を踏まえて、貧困農業地域における離農促進と経営規模拡大、土壌保全が必要であるとした。

第二に、以上の概況を踏まえたうえで、今後の土地利用方針を示している。この点を詳しく示そう。まず、郡全体の面積（三九万八〇〇〇エーカ）を確認したうえで、全農場面積を、そのうちの八二％の三二万七五〇〇エーカ、と計測している。そのうえで、この全農場面積として計測された土地を三分類した。すなわち、「農場経営に適さない」が二三％の七万五〇〇〇エーカ、「農場経営に適するか疑問」が一一％の三万七二〇〇エーカ、「農場経営に適する」が二〇万五〇〇〇エーカ、とされた。加えて、これらの三つの土地分類に該当する領域を地図上に明示したのである。つまり、地点ごとに今後の望ましい土地利用方向が具体的にわかるようにしたのである。なお、「農場経営に適する」とされた土地についても、より合理的な土地利用実現に向けた具体的方策を細かく提案していた。そのほか、郡の農業に対する総括的勧告をまとめていた。これらの内容は、地域特性を加味しているものの、大筋で上位計画に沿ったものであった。

第四節　地域農業の変貌

一．南東部七州における生産調整計画目標と実績の比較

さて、以上のようなSERPCによるアメリカ南東部の生産調整計画であったが、実際に当地の農業はいかなる変貌を遂げたのであろうか。表8-5はアメリカ南東部（七州）における重要農畜産物生産動向であり、農業センサスのデータをもとに作成している。まず、一九四〇年から四五年にかけての増減率（四〇―四五増減率）と表8-3の生産調整計画でみた短期目標を農畜産物ごとに比較して、短期目標が実現されたのか否か検討する。次いで、一九四〇年から五九年にかけての増減率（四〇―五九増減率）と今度は長期目標を農畜産物ごとに比較して、この長期目標が実現されたか否か考察していきたい。

まず、大幅な収穫面積削減の目標を掲げていた商品作物のタバコについてみてみよう。タバコは、三三％減の短期目標（一九四〇～四五）であったが実際には一七％減少にとどまった。長期目標（一九四〇～五九）は二一％減であったが現実にはこれを超えて四一％の減少を記録している。同様に商品作物の綿花は、八％減の短期目標（一九四〇～四五）となっていたが、現実には一七％も減少した。長期目標（一九四〇～五九）に至っては九％減の計画であったが五一％も減少してしまっている。

畜牛は、一三％の増加を短期目標（一九四〇～四五）で掲げていたが、現実には四一％増加した。長期目標（一九四〇―五九）は五三％増加の計画に対し、七三％もの増加をみた。豚は、短期（一九四〇～四五）に一二％の増加を目指したが、現実には二六％も拡大した。長期目標（一九四〇～五九）では三一％の増加を計画したが、これを大きく超えて五三％増加するに至る。鶏は、短期目標（一九四〇～四五）として一五％増を目指したが、現実には二

表 8-5　アメリカ南東部（7 州）における農畜産物生産動向

	1920 年	1925 年	1930 年	1935 年	1940 年	1945 年	1950 年	1954 年	1959 年	40–45 増減率（%）	40–59 増減率（%）
タバコ	734	651	1,029	720	1,166	972	929	1,015	690	△ 17	△ 41
綿花	15,221	13,453	15,765	9,917	8,859	7,367	9,150	6,102	4,338	△ 17	△ 51
オート麦	828	253	256	313	750	1,375	1,117	2,121	1,260	83	68
干し草	2,594	2,949	2,730	3,586	3,983	4,953	4,865	4,117	3,398	24	△ 15
ピーナッツ			1,913	2,548	2,882	2,997	1,942	1,173	1,003	4	△ 65
大豆（全用途）			805	1,268	2,604	1,544	1,498	2,033	2,828	△ 41	9
大豆（大豆収穫用）	64				289		635	1,270	2,312		700
畜牛	6,328	5,172	4,899	6,642	5,477	7,731	7,571	10,698	9,459	41	73
豚	9,645	5,738	5,801	5,995	5,394	6,777	7,128	6,510	8,235	26	53
鶏	43,738	45,903	36,399	45,724	41,312	50,176	40,136	44,574	55,341	21	34
牛乳	352	554	1,279		1,770	2,986	3,468	4,757	6,259	69	254
クリーム					16	11	8	5	1	△ 30	△ 94

出典：*U.S. Census of Agriculture*, 1959.

注：タバコ、綿花、オート麦、干し草、ピーナッツ、大豆の単位は、1000 エーカ。

　タバコ、綿花、オート麦は収穫面積。ピーナッツと大豆は栽培面積。

　大豆（全用途）とは、大豆収穫用、干し草用、サイレージ用、有機肥料用を含む。

　畜牛、豚、鶏の単位は、1000 頭または 1000 羽である。

　牛乳（Milk sold as whole milk）の単位は、100 万パウンドである。

　クリーム（Cream sold）の単位は、乳脂肪換算で 100 万パウンドである。

表 8-6　アラバマ州リー郡における土地利用と農畜産物生産の動向

	単位	1940 年	1945 年	1950 年	1954 年	1959 年
農場数	戸	2,715	2,492	2,059	1,940	1,199
農場面積率	%	80.2	70.7	71.8	70.3	54.8
農場面積	エーカ	313,990	276,957	281,086	275,221	214,750
平均農場規模	エーカ	115.7	111.1	136.5	141.9	179.1
耕作地面積	エーカ	173,023	125,348	119,222	102,261	
牧草地面積	エーカ		98,273	116,998	131,714	
森林地面積	エーカ	106,093	102,639	141,565	149,011	
トラクター	台	42	117	362	544	663
畜牛頭数	頭	12,108	16,239	16,539	23,011	17,600
豚頭数	頭	7,741	8,142	6,212	5,206	8,239
綿花収穫面積	エーカ	32,382	22,054	14,563	11,163	7,421

出典：*U.S. Census of Agriculture*, 1959.
注：耕作地、牧草地、森林地、綿花収穫面積の 1950 年の数値は、1949 年のものである。

一％もの増加をみた。長期では四九％の拡大を見込んでいたが三四％の増加にとどまった。

なお、表8-3の生産調整計画に示した一九三九年実績値のなかには、算出方法の不明な農畜産物、定義がセンサスとは異なるものがあった。あるいは年度経過に伴ってセンサスの調査手法や定義が変化した農畜産物も多かった。そのため、すでに比較した五項目（タバコ、綿花、畜牛、豚、鶏）以外の重要農畜産物については、目標と実績の厳密な比較はできないが、簡単に整理しておこう。

まず、オート麦（燕麦）であるが、短期的には目標（四二％増加）をはるかに上回った（八三％増加）が、長期的には目標（二二五％増加）を下回った（六八％増加）。干し草は、とくに長期目標での乖離が大きい。すなわち、一九四二年の想定では八〇％の増加目標を掲げていたが現実には一五％減少している。ピーナッツについては、長期目標では収穫面積拡大を意図していたが六五％という大幅な減少に見舞われていた。他方、大豆（大豆収穫用）は、長期目標（六四％増加）に対して、実績は極めて大幅な拡大となった（七〇〇％増加）。大豆（全用途）の実績は、一九四五年さらに一九五〇年に大きく減少したが、一九五〇年代に拡大し、一九五九年には一九四〇年の水準を超えた。牛乳については、短期目標、長期目標を大幅に超える増加実績となった。

二．地域農業変貌の要因

以上のように、南東部の生産調整は当初目標を大幅に超えて実現した。確かに、ＮＲＰＢの南東部地域計画は詳細なもので、その中における農畜産物生産方針も様々な点に配慮したものであった。しかし、こうした農業生産上の大変化を促した要因について、さらに検討を深めよう。

連邦政府の生産調整政策の導入で生じた変化を整理しよう。地主は綿花収穫面積を急減させる中で、それまでと同数の小作人を保持する必要がなくなった。こうして、小作人の追い出しが徐々にはじまる。加えて、生産調整実施時の減反補償支払いも、小作人不在の場合、小作人と分割する必要がなく、地主が独占できる。また、この減反補償支払いは機械化資金に利用される例が多く、これもさらなる小作人追い出しの要因となった。もしも除草や収穫などで季節的に労働力を必要とするときは、そのときだけ賃金労働者を雇用することで対応した。こうして、小作人の中には都市部へ流出するものも出現しはじめた。

そもそも、当時の農業政策策定者や研究者の農村貧困問題に対する関心は薄く、農務省次官も、小作は農業構造変動の中で農村を離れざるを得なくなるだろう、と考えていた[50]。事実、当時の農務省所属の経済学者によれば、生産調整政策をはじめ当時の農業政策は、ほとんどが中上位層の経営体を支援するものであった[51]。ただし一九三〇年代中は、綿花地帯における以上のような農業経営上の変化は、後の時代と比較すれば全面的な進展には至らなかった[52]。事実、小作人の追放も比較的小規模で、安価な労働力の存在が機械化を妨げることもあった。

緩慢であった経営上の変化を急加速したのが、国防産業における労働需要の急増であった。ピート・ダニエル（Pete Daniel）やギルバート・ファイテ（Gilbert C. Fite）の研究からは、この点をめぐる背景と実態が見えてくる[53]。一九四一年五月、サウスカロライナ州農業労働者委員会は、多数の農業労働者が都市部に移住してしまった点を指摘し、そのうえで「現在農場で支払われている賃金で、かつての農業労働者の家族が季節農業労働のために戻ってくるかは、疑わしい」と表明している[54]。国防産業が良好な労働条件を用意して、農村部の労働力を吸収したのである。連邦政府や民間商業銀行の資金供給体制が整うなかで[55]、労働力不足の農村においては、一層の機械化が進展した。あわせて、国防産業の拡張による都市住民の増加、また陸海軍施設の増設もあって、新たな食料需要に対応する必要も出てきた。こうして南部の農場は、綿花などの輸出向け商品作物の生産面積をさらに縮小し、穀物や市場向け野菜の生産、酪農あるいは畜産へと経営を変化させた。

アメリカの参戦直後に生じた動きとしては、綿花生産の減少が継続する中で、畜牛の頭数増加が目立ったほか、大豆やピーナッツなどの油糧作物の増加が顕著に見られている[56]。これは、土壌保全を実施する農民に対して直接支払いをすることで、綿花栽培面積の削減を促したためである。牧草や大豆やピーナッツなどの被覆作物は、土壌改良や浸食防止に有効で、なおかつ輸出向け商品作物でもなかった。そのため、一九三六年の土壌保全および国内作付割当法以降、地力増進作物として分類されており、直接支払いの対象となっていた。[57]

なお、畜牛の頭数増加にあわせて商業的な酪農の拡大が生じた。これは、ニューディール期より進捗し第二次大戦期以降に一般化した農村部への電力供給とこれに伴う冷蔵設備の普及、ウィスコンシン州からホルスタイン種を導入して搾乳量の増大に努めたこと、などに拠るところも大きかった。[58]

ピーナッツや大豆などの油糧作物は、かねてから飼料用として重視されていたが、戦時中は火薬製造優先により肥料供給が限られる中で、これを代替し地力増進に貢献した。ノースカロライナ、ミシシッピ、テネシー、アーカンソーの四州が、とくに綿花を大幅に油糧作物である大豆に転換した。戦時中、これら四州の大豆の収穫面積は一九四三年ころにピークとなるが、その後は一時的に減少する。[59]また、表8-5からわかる通り、一九四〇年以降の二〇年間を見ると、大豆は有機肥料や飼料向けの栽培を超えて、大豆収獲用としての役割を果たすようになった。

一九五〇年に南東部七州の綿花収穫面積が一旦回復するなどの揺り戻しもあった（表8-5参照）。しかし機械化を進めて経営規模を拡大し、あわせて労働生産性を上昇させせつつ農業生産を多様化する流れは、ほぼ一貫して継続した。国内外のライバル産地の台頭もあり、一九五〇年代にはいって、七州の綿花収獲面積は急減していく。戦時中の一九四五年五月にメンフィスにおいて「コットンベルトにおける戦後の農業あるいは経済にかかわる問題」とのテーマで会議が開催されている。この会議には四五名の農業教育関係者、科学者、経済学者などが参加したが、南部経済について研究を推進することを確認したうえで、（一）南部における効率的農業確立に向けた生産調整、（二）南部における工業化推進、の二点を、今後の重要課題として挙げていたのであった。[60]

三. 綿花地帯における土地利用と農畜産物生産実績—アラバマ州リー郡—

ＳＥＲＰＣが各小地域区分ごとに生産調整計画を策定していたが、より細かく、郡レベルの土地利用計画も一九四〇年に策定されていた。そこで、さきに取り上げたアラバマ州リー郡の農業動向を、ＳＥＲＰＣの長期計画目標年度の一九六〇年までの範囲で、農業センサスを用いて追跡しよう。

最初に、土地利用動向について見よう。農場面積の総計は、一九四〇年には約三一万四〇〇〇エーカに達していたが一〇万エーカ減少し、およそ二一万五〇〇〇エーカとなった。そのため、郡の土地面積全体に占める農場面積の割合は、八〇・二％から五四・八％にまで低下した。前述の郡レベルの土地利用計画書で「農業経営に適する」とされた農場面積（二〇万五〇〇〇エーカ）に匹敵する水準にまで農場面積を削減したことがわかる。実際の土地利用についても、耕作地が一七万三〇〇〇エーカ（一九四〇年）から一〇万二〇〇〇エーカ（一九五四年）へ減少した。他方で、牧草地が九万八〇〇〇エーカ（一九四五年）から一三万二〇〇〇エーカ（一九五四年）へと増加し、森林地も、一〇万六〇〇〇エーカ（一九四〇年）から一四万九〇〇〇エーカ（一九五四年）へと、こちらも大幅に拡大した。

次に、農場数の推移を見よう。一九四〇年には二七一五戸であったが急減し、一九五九年には一一九九戸となる。これとあわせて、平均農場面積も拡大し、一一五・七エーカ（一九四〇年）から一七九・一エーカ（一九五九年）となっている。なお、農場面積一〇〇〇エーカ以上の農場数の推移は、一九四〇年以降、一三（一九四〇年）、二四（一九四五年）、二八（一九五〇年）、三八（一九五四年）、三五（一九五九年）となっており、おおむね増加傾向にある。こうした動きは、機械化の結果でもあり、事実トラクター台数の増加は顕著である。

さらに、ピードモント地域の生産調整計画（短期目標・長期目標）を踏まえつつ、農畜産物の生産実績を見てみたい。綿花収穫面積は、一九四〇年時点で三万二〇〇〇エーカであったが、一九四五年までに三二％減（短期目標値は六％減）、一九五九年までに七七％減（長期目標値は二％増）であった。こうした生産調整を行った一方で、牧草地の拡大が生じたため、畜牛・子牛（Cattle and calves）の頭数は大きく伸びている。一九四〇年を基準として一九四五年までに三四％増（短期目標値は二三％増）、一九五四年までに九〇％増で、その後の一九五九年には一九五〇年水準にまで低下して、四五％増（長期目標値は八八％増）という結果であった。豚については一九四〇年代前半の第二次大戦期は拡大して五％増（短期目標値も五％増）、その後は増減を繰り返すが、一九五九年までで六％増（長期目標値は一七％増）となった。いずれにしても、当該地域の生産調整計画は、リー郡においておおむね達成されている。

四．タバコ地帯における農畜産物生産実績―ノースカロライナ州ロッキンガム郡―

タバコについても生産調整計画があったことから、短期目標（一九四〇～四五）に関してのみ、事例分析を試みたい。やはりピードモント地域のなかで、ノースカロライナ州ロッキンガム郡（Rockingham County）を取りあげ、変化の大きな農畜産物の生産動向に限定して見てみよう[61]。同郡では、一九四〇年時点ではタバコの収穫面積が大きく二万一三二八エーカを占めていた。これは当時のロッキンガム郡の全収穫耕地面積七万五二四七エーカの二八・三％に相当する。それが一九四五年になると一万五九七一エーカにまで減少している。減少率で約二五％である。ピードモント地域の短期目標値の三四％減には達しないものの、大きな減少率である。

他方、飼料・土地改良用のハギ（マメ科ハギ属）の収穫面積が顕著に拡大したのである。一九四〇年に七三三五エーカであったものが、五年で一万一三五五エーカにまでおよそ五五％も拡大した（計画では一〇％増）。飼料用のオート麦の収穫面積も一三三七エーカから二四一二エーカへと八〇％増加した（計画では三八％増）。これに合わせて畜牛頭数の増加が生じている。一九四〇年に六三六三頭であったものが八五五六頭にまでおよそ三四％の増加をみている（計画では二三％増）。豚も五一六七頭から六七七三頭へと三一％増加となった（計画では五％増）。こちらの郡では、生産調整計画（短期目標）をはるかに上回る変化を遂げている。

おわりに

本章においては、アメリカ合衆国における戦時農林資源政策を解明するにあたり、当時の生産調整政策を踏まえつつ土地利用計画を検討し、あわせて地域農業の変貌を確認した。

第二次大戦期のアメリカの農業政策は、参戦前については、一九三〇年代と同様に海外輸出市場の喪失に規定され、輸出向け商品作物の生産制限を意図するものであった。しかし、一九四一年十二月に参戦すると、それまでに蓄積した農業政策を基礎に、畜産などの基本的食料生産を増強し、戦時農産物需要に対応しようとする傾向を強めるようになった。その際は、戦時経済が急速に拡大する中で農畜産物の生産と消費、また輸送に不可欠な化石燃料や交通手段などを節約する狙いから、「地域的生産・消費計画」の必要性が浮上し、地域的自給の強化が重要な課題となった。

他方、ＮＲＰＢの指導下にあったＳＥＲＰＣは、一九四二年に南東部地域計画を策定している。その内容は、当地の自然条件や南部農業の問題点、あるいは大戦による影響を踏まえつつ、参戦後の農務省の戦時農業政策方針に対応しようとするもので、南東部七州全体さらには小地域区分別に詳細な生産調整計画を策定し、品目別の短期目標（一九四三〜四五年ころ）と長期目標（一九六〇年ころ）を設定したものであった。これら目標値は、「地域的生産・消費計画」の達成に資するものとなった。また、こうした生産調整にあたっては、（一）州政府、（二）より下位の政府レベルである郡が協力し、時には詳細な土地利用計画を策定し、準備する例も見られた。

実際に、農業センサスから明らかになった農畜産物生産の実績は、短期目標との関連で言えば、おおむね実現していた。特に、輸出向け商品作物である綿花の収穫面積の計画を超える減少、また畜牛、豚、鶏の目標値を大きく超える増加は注目に値しよう。牛乳生産量も目標値を大きく超えて増加した。もっとも、このように実績が目標を大幅に超える理由についてはさらに検討を要すると思われる。また、郡レベルで確認した土地利用動向も、一九四〇年ころに策定された土地利用計画上の目標をおおむね達成するものであった。なお、長期目標との関連で言えば、畜産に関しては目標値を超える実績が目立ったが、目標には到達しない農畜産物も一部存在した。これは、一九四二年時点には予期し得ない経済環境が第二次大戦後に生じたことにもよると考えられる。この点に関しては今後の課題となろう。

生産調整政策の充実が輸出向け商品作物の削減を促す中で、機械化・経営の大規模化・農畜産物生産の多様化を進め、小作人や農業労働者を追い出した。他方で、拡張著しい国防産業が彼らを大量に雇用した。この国防産業は大豆の大量栽培で余剰となった化学肥料製造能力を確保し、これを火薬製造用に転換した。「地域的生産・消費計画」を一つの重要な柱とする戦時農林資源政策は、輸出向け商品作物の過剰生産問題の緩和を意図しつつ、それまで農畜産物の生産流通局面に投入されていた輸送能力、労働力、あるいは化石燃料さらには火薬（化学肥料）製造能力を引きあげて、他部門において急増するこれらの需要に対応しようとしたものと言えるであろう。

注

（1）以下の記述は主として次の文献による。Clawson, M., *New Deal Planning: The National Resources Planning Board*, Johns Hopkins UP, Baltimore, 1981, pp. 2–5.

（2）南部における小作には様々な形態が存在する。農業センサスの定義によれば、（1）土地を借りて借地料を払うキャッシュ、（2）借地料を収穫物で払うシェア、(3)借地料を収穫物と現金とで払うシェア・キャッシュ、(4)地主が機械・役畜などの生産手段を準備するなかで土地を借りるクロッパー、などの形態がある。本章においては、これらを区別せず全て小作とする。

(3) Daniel, P., *Breaking the land: the transformation of cotton, tobacco, and rice cultures since 1880*, paperback edition, Urbana: University of Illinois Press, 1986, pp. 239–255; 秋元英一『ニューディールとアメリカ資本主義―民衆運動史の視点から―』東京大学出版会、一九八九年、二〇九～二三三頁。アメリカ経済研究会編『ニューディールの経済政策』慶應通信、一九六五年。楠井敏朗『アメリカ資本主義とニューディール』日本経済評論社、二〇〇五年、一〇二～一一六頁。そのほか、一九三〇～四〇年代のミシシッピ州における農業の資本主義的発展あるいは、同州デルタ地域におけるプランテーションの経済構造変化については、次の研究がある。藤岡惇『アメリカ南部の変貌：地主制の構造変化と民衆』青木書店、一九八五年、一〇三～一七四頁。

(4) ニューディール期以降一九九〇年初頭までの南部について、綿花生産衰退と畜産の発展さらには地域の工業化に言及した研究として次のものがある。藤岡惇『サンベルト　米国南部―分極化の構図―』青木書店、一九九三年。

(5) Fite, G., *Cotton Fields No More: Southern Agriculture, 1865–1980*, University Press of Kentucky, 1984, pp. 163–206; そのほか、全国資源計画委員会（ＮＲＰＢ）の起源、歴史、組織構造、活動概要などを明らかにした研究があるものの、一九四〇年代前半の戦時農業生産調整についての言及は不十分であるのが現状である。Clawson, *op. cit.*, pp. 108–111.

(6) *Regional Planning Part XI—The Southeast*, National Resources Planning Board, USGPO, 1942.（以下 *Regional Planning Part XI* と略す）

(7) 以下の記述は次の資料による。アメリカ経済研究会編、前掲書、一三六～一三七頁。

(8) 服部信司『アメリカ農業・政策史 1776–2010―世界最大の穀物生産・輸出国の農業政策はどう行われてきたのか―』農林統計協会、二〇一〇年、四九頁。

(9) 以下の記述は次の資料による。アメリカ経済研究会編、前掲書、一四三～一四四頁。

(10) 服部、前掲書、二〇一〇年。

(11) ベネディクト・M『アメリカ農業政策史』（訳：農林水産業生産性向上会議　監修：山口辰六郎）農林水産業生産性向上会議、1958年（原書名：Benedict, M., *Can we solve the farm problem?: an analysis of federal aid to agriculture*, NY: Twentieth Century Fund, 1955）

(12) 久保文明『ニューディールとアメリカ民主政―農業政策をめぐる政治過程―』東京大学出版会、一九八八年。

(13) 服部、前掲書。

(14) 以下の記述は次の文献による。ベネディクト、前掲書、二六四―二六六頁。服部、前掲書、五〇～五一頁。

(15) 以下の記述は次の文献による。オルソン・J他『アメリカ経済経営史事典』(土屋慶之助・小林健一・須藤功監訳)創風社、二〇〇八年、三六二～三六三頁(原書名：Olson, J. & Wladaver-Morgan, S., *Dictionary of United States Economic History*, Greenwood Pub Group, 1992). ベネディクト、前掲書、二七二～二七三頁。

(16) 以下の記述は次の文献による。久保、前掲書、二二八～二二九、二四八頁。ベネディクト、前掲書、二八四～二八八頁。

(17) 久保、前掲書、二三〇～二四〇頁。ベネディクト、前掲書、二八八～二九二頁。

(18) Alternative methods of dealing with exports and imports of farm products under the war condition (January 23, 1940 付)

(19) 農務省農業経済局長の H. R. Tolley が、農務長官宛に一九四二年一月七日に、報告書『First draft of report of interbureau coordinating committee on food distribution programs (December 15, 1941)』を提出している。報告書提出時に添付された手紙から、H. R. Tolley の農務省内における職責が判別できる。

(20) Alternative methods of dealing with exports and imports of farm products under the war condition (January 23, 1940), pp. 1–2.

(21) 一九四〇年一月二十三日付の農務省内部資料は、戦時農業政策の基本的目標として、そのほか次の三項目を明示した。すなわち(一)外国政府の独占的な価格支配が行われている農産物について、そのアメリカ国内価格が国際価格に影響される事態を極力回避すること、(二)外国の戦時統制により輸入農産物価格が過度に上昇する問題からアメリカ国内の消費者を保護すること、(三)外国政府が戦費確保のためアメリカ国内においてダンピング販売する問題から国内生産者を保護すること、であった。

(22) *Ibid.*, pp. 5–6.

(23) *Ibid.*, p. 7.

(24) First draft of report of interbureau coordinating committee on food distribution programs (December 15, 1941).

(25) *Ibid.*, pp. III–11 & III–12.

(26) Pisani, D., *Water and American government: the Reclamation Bureau, national water policy, and the West, 1902–1935*, Berkeley, University of California Press, 2002, p. 209.

(27) 以下の記述は次の文献による。秋元、前掲書、一九三～二〇八頁。

(28) オルソン、前掲書、一七六頁。
(29) 服部、前掲書、二九頁。
(30) 以下の記述は次の文献による。秋元、前掲書、二〇九～二一八頁。
(31) 以下の記述は次の文献による。同書、二一九～二三三頁。
(32) *Regional Planning Part XI*, pp. 29–30.
(33) Clawson, *op. cit.*, p. 34.
(34) *Ibid.*, pp. 108–109.
(35) National Resources Board, *A report on national planning and public works in relation to natural resources and including land use and water resources with findings and recommendations*, USGPO, December 1, 1934, pp. 89–251; Clawson, M., *op. cit.*, pp. 109–111.
(36) *Regional Planning Part XI*, p. 31.
(37) *Ibid.*, pp. 31–32.
(38) *Ibid.*, p. 32.
(39) *Ibid.*, pp. 33–35.
(40) 食料・農産物以外にも、航空機、兵器、艦船、各種軍需品、軍需物資、工業施設など、多額の援助をイギリスを中心とした同盟国に対してアメリカは行った。河村哲二『第二次大戦期アメリカ戦時経済の研究―「戦時経済システム」の形成と「大不況」からの脱却過程―』御茶ノ水書房、一九九八年、一八三頁。
(41) この地域委員会とは別に、各州が独自に設置した州計画委員会（全国委員会の末端組織ではない）への財政・情報・人材面の支援も小規模ながら行っていた。Clawson, M., *op. cit.*, pp. 189–194.
(42) *Regional Planning Part XI*, pp. III–V.
(43) *Ibid.*
(44) 連邦政府の土地購入により三二八五家族の移転が必要となった。*Ibid.*, pp. 33–34.
(45) *Ibid.*, pp. 57–74.
(46) *Ibid.*, pp. 78–81.

(47) The state land-use planning committee, *Preliminary report on a unified Alabama agricultural program to meet the impact of war*, 1941.
(48) Alabama Land-use Planning Program, *Lee County, Alabama, Land-use Planning Report: Area Mapping, Description, Classification, and Recommendations*, June, 1940.
(49) アラバマ州については、全六七郡のうち一〇郡の土地利用計画書を確認している。これらは、同州における農学研究を長年支えてきた、アラバマ州立オーバーン大学（Auburn University）図書館において確認したものである。
(50) Daniel, *op. cit.*, pp. 240–241.
(51) *Ibid.*, p. 241.
(52) 秋元、前掲書、二三〇頁。
(53) Daniel, *op. cit.*, pp. 239–255; Fite, G., *Cotton Fields No More: Southern Agriculture, 1865–1980*, University Press of Kentucky, 1984, pp. 163–206.
(54) Daniel, *op. cit.*, pp. 242–243.
(55) Fite, *op. cit.*, p. 182.
(56) *Ibid.*, p. 165.
(57) ベネディクト、前掲書、三八二～三八三、四二五頁。
(58) Fite, *op. cit.*, pp. 198–199.
(59) アーカンソー、ミシシッピ、テネシー、ノースカロライナの四州の状況である。*Ibid.*, p. 165.
(60) *Ibid.*, p. 175.
(61) *U. S. Census of agriculture, 1945.*

参考文献

（英語文献）

Alexander, Donald C., *The Arkansas plantation, 1920–1942*, New Haven, Yale University Press; London, H. Milford, Oxford University Press, 1943.

Arnold, Thurman W., *Democracy & free enterprise: the Baxter memorial lectures delivered at the University of Omaha*, Norman, University of Oklahoma Press, 1942.

Bartlett, Roland W., *Security for the people: Ways of maintaining full employment and high farm income*, Champaign, Ill., Garrard Press, 1949.

Berle, Adolf A., *New directions in the new world*, New York, London, Harper & Brothers, 1940.

Boyan, Edwin A., *Handbook of war production*, New York and London, McGraw-Hill book company, Inc., 1941.

Clawson, Marion, *New Deal Planning: The National Resources Planning Board*, Johns Hopkins University Press, Baltimore, 1981.

Craf, John R., *A survey of the American economy, 1940–1946*, New York, North River Press, 1947.

Daniel, Pete, *Breaking the land: the transformation of cotton, tobacco, and rice cultures since 1880*, Urbana, University of Illinois Press, 1985.

Davis, Charles S., *The cotton kingdom in Alabama*, Montgomery, Alabama state Department of archives and history, 1939; reprint, Philadelphia, Pa., Porcupine Press Inc., 1974.

Fite, Gilbert C., *Cotton fields no more: Southern agriculture, 1865–1980*, Lexington, Ky., University Press of Kentucky, 1984.

Flynn, Harry E., *Conservation of the nation's resources*, New York, The Macmillan Company, 1941.

Fulmer, John L., *Agricultural progress in the Cotton Belt since 1920*, Chapel Hill, University of North Carolina Press, 1950.

Gibbons, Faye, *Breaking new ground: the history of the Autauga Quality Cotton Association*, Montgomery, Black Belt Press, 1993.

Harris, Seymour E., *The economics of American defense*, New York, W. W. Norton, 1941.

Clonts, Howard A., *Land Ownership and Use in Alabama*, A Thesis submitted to the Graduate Faculty of Auburn University in Partial Fulfillments for the Degree of Mater of Science, Auburn, Alabama, August 24, 1963.

Johnson, Charles S., *The collapse of cotton tenancy: Summary of Field studies & statistical surveys, 1933–35*, Chapel Hill, The University of North Carolina Press, 1935.

Kirkendall, Richard S., *Social scientists and farm politics in the age of Roosevelt*, Columbia, University of Missouri Press, 1966.

Licher, Richard, *America's natural wealth; a story of the use and abuse of our resources*, New York and London, Harper & brothers, 1942.

Pisani, Donald J., *Water and American government: the Reclamation Bureau, national water policy, and the West, 1902–1935*, Berkeley, University of California Press, 2002.

Smolensky, Eugene, *Adjustments to Depression and War 1930–1945*, Scott, Foresman & Co., 1964.

Stickney, Hazel L., *The Conversion from Cotton to Cattle Economy in the Alabama Black Belt, 1930–1960*, Clark University, Ph. D. diss., 1961.

Tolley, Howard R., *The farmer citizen at war*, New York, Macmillan, 1943.

United States. Bureau of Agricultural Economics, *The German settlement in Cullman County, Alabama, an agricultural island in the Cotton Belt*, Washington, 1941.

United States. National resources planning board, *Industrial location and national resources*, Washington, D.C., U.S. Govt. Print. Off., 1943.

United States. National resources planning board, *National resources development report for 1942*, Washington, D.C., U.S. Govt. print. Off., 1942.

United States. National resources planning board, *National resources development report for 1943*, Washington, D.C., U.S. Govt. print. Off., 1943.

United States. National resources planning board, *Regional Planning Part XI: The Southeast*, U.S. Govt. Print. Off., 1942.

United States. Office of War Mobilization; Baruch, Bernard M.; Hancock, John M., *Report on War and Post-War Adjustment Policies February 15, 1944*, Washington: U.S. Govt. Print. Off., 1944.

United States. *Census of agriculture*. 〈http://www.agcensus.usda.gov/Publications/index.php〉

Warken, Philip W., *A history of the National Resources Planning Board, 1933–1943*, New York, Garland Pub., 1979.

Wilcox, Walter W., *The farmer in the second World War*, Ames, Ia., The Iowa State College Press, 1947.

（日本語文献）

秋元英一『アメリカ経済の歴史―一四九二―一九九三―』東京大学出版会、一九九五年。

同　『ニューディールとアメリカ資本主義―民衆運動史の観点から―』東京大学出版会、一九八九年。

アメリカ経済研究会編『ニューディールの経済政策』慶應通信、一九六五年。

オルソン・J他（土屋慶之助・小林健一・須藤功監訳）『アメリカ経済経営史事典』創風社、二〇〇八年。

河村哲二『第二次大戦期アメリカ戦時経済の研究―「戦時経済システム」の形成と「大不況」からの脱却過程―』御茶ノ水書房、一九九八年。

楠井敏朗『アメリカ資本主義とニューディール』日本経済評論社、二〇〇五年。

久保文明『ニューディールとアメリカ民主政―農業政策をめぐる政治過程―』東京大学出版会、一九八八年。

小林健一『TVA実験的地域政策の軌跡―ニューディール期から現代まで―』御茶の水書房、一九九四年。

服部信司『アメリカ農業・政策史一七七六―二〇一〇：世界最大の穀物生産・輸出国の農業政策はどう行われてきたのか』農林統計協会、二〇一〇年。

藤岡惇『アメリカ南部の変貌―地主制の構造変化と民衆―』青木書店、一九八五年。

同　『サンベルト　米国南部―分極化の構図―』青木書店、一九九三年。

ベネディクト・M（農林水産業生産性向上会議訳、山口辰六郎監修）『アメリカ農業政策史』農林水産業生産性向上会議、一九五八年。

終章　農林資源開発と総力戦の比較史

――「資源」概念と現代――

野田公夫

はじめに

総力戦体制とは、戦争遂行の力としての「国力」を最大にするための体制であった。これを昭和の日本で急浮上した「資源」という言葉を使って表現すれば「持てる全てのものの資源化」が要請された時代だといえた。戦争と資源化の要請は農林業に何をもたらしたのか、あらゆるものが「資源」として再把握されたとき、自然に依拠した再生産（生命）性を本質とする農林業はいかなる変化を被ることになったのか――このことを明らかにすることが第一の課題であった。「自然に依拠した、再生産（生命）性をもった営み」であることは、一方では、その後環境問題が深刻化するなかでクローズアップされた「保全」「保育」や「持続性」などの考え方が自明の問題として含みこまれていたことを意味し、他方では、かかる伝統的な「保全」「保育」の思想と拙速な「資源化」要請との間には強いコンフリクトが生じたであろうからである。

第二次世界大戦の直接被害をほとんど受けずむしろ世界に向けての物資供給基地となった戦勝国アメリカはともかく、同じ「持たざる国」であってもドイツと日本では戦時食糧問題のあり方には大きな落差があった。ドイツは「パンとバター」をともかくも戦時末期まで供給し続けたが、日本は早々と「主食」の米すら供給できなくなり、牛乳に至っては一九四四年秋には「食品としての価値を失った」のであった。日・米・独三国における戦時農業・食糧問題の実態と要因を主に農業生産（供給）サイドの問題に即して比較・解明すること、これが第二の課題であった。そして、これら三国の戦時農業問題のあり方は、各々の戦後農業問題（したがって農政）のあり方にも大きな影響を与えたはずであり、この点の見通しを提示することも本課題に含まれるものであった。

さらに「資源」という言葉は、昭和戦前期（一九三〇年代）の日本において「時の言葉」となったという興味深い事実があった。他方、欧米諸国にはそれに対応する言葉は古くから存在しており、一九三〇年代に顕著な浮上をみせたり格別新たな意味をまとうことなどなかった。内容的にも、欧米諸国の「資源」が専ら物質概念として使われていたのに対し、日本のそれはより広く「人」も「資源」に含めていたという顕著な特徴があった（「人的資源」）。そして戦前期日本資源論がもっていたこれらの特質を、〝包括性・動態性をもち未来につながる卓抜なアイデア〟として高く評価する考え方が出されたのが近年の特徴であった。以上のような研究状況に鑑み、各章の検討をふまえ「人的資源」概念が実際に果たした役割を明らかにしつつ、「人」を「資源」概念で把握することの意味を併せ考えること、これが第三の課題であった。

以下、まずは諸章の内容を概括（第一節）したうえで、戦時期農林資源開発（第二節）および資源概念理解について三国間比較の要点をとりまとめ（第三節）、最後に資源という概念の社会的性格を、その質点にかかる力学を重視しつつ検討することとしたい（第四節）。

第一節　本書が明らかにしたこと

一・日本（内地）における農業資源開発と総力戦（第Ⅰ部―一）

第Ⅰ部では日本にかかわる五つの論考を収録した。

野田公夫「第一章　農林資源問題と科学動員」が明らかにしたことは次のようなことである。戦時日本の農林資源開発は、農村問題の重みと極端な傾斜生産方式の制約から「生産構造変革なき開発」として遂行されざるを得ず、既存の生産構造を前提にした範囲での土地改良と労働力へのテコ入れ（訓練と共同作業化）に集中した。資源化の鍵であるはずの科学動員も上記制約のもとで見るべき効果はあげられず、むしろ「軍需物資への代替資源化」を促進して農産物不足を激化させるという「逆方向のベクトル」として機能し、生産構造変革をともなう農林資源開発の試みは帝国圏（とくに満洲）に委ねられた（本シリーズ第Ⅱ巻）。伊藤淳史「第二章　「石黒農政」における戦時と戦後―資源としての人の動員に着目して―」は、経済更生運動における農政対象としての「人」の発見以降農政の軸になった「農民政策」の展開過程を追った。準戦時下の「農村中堅人物養成（一九三四年～）」から戦時下の「満洲分村移民（三八年～）」「労働の共同化（三九年～）」「農民訓練（四〇年～）」「生活の共同化（四一年～）」さらには戦時最末期の「食糧増産隊（四三年～）」「同拡充（四四年～）」と続く流れをみればその政策的重要性は理解できよう。第一章野田論文のいう「生産構造変革なき開発」とは、具体的には以上のような諸政策によって担保され遂行されたものであった。さらに、敗戦は食糧危機を一層激化させたために食糧増産隊は継続措置となり、修錬農場は経営伝習農場に引き継がれた（その後農業大学校へと系譜した）。さらには失業対策・増産対策のみならず満洲移民の「善後処置」として戦後開拓も取り組まれた。続く五〇年代には「二三男問題」という当該期固有の「農村過剰人口」問題が現出したため、その対策として農村建設青年隊や南米移民等が政策化された。農民政策は性格を大きく変えつつも戦後に分厚くつながったのである。本論文は農民政策という日本個性的な農業政策（日本的「人的資源論」の政策的具体化）を抽出し、それを戦後も視野に収めて戦前との異同を論じた点に大きな貢献があったが、同時に戦時農民政策の中核的指導者集団であるいわゆる「内原グループ」内部に孕まれていた思想的差異をクリアに浮かび上がらせることにもなった。あたかも一枚岩であるかのように見えていた同グループは、「戦後」すなわち敗戦・帝国の崩壊・象徴天皇制などという新しい舞台に置かれた途端、その政治的・社会的スタンスを見事に分解させたからである。このことは戦前期農政・農政思想の歴史的評価に関する再検討を要請するとともに、「人的資源論」にしても「農民政策」にしても、そのニュートラルな語感とは裏腹に、極めて多元的なイデオロギーにまとわりつかれたものであったことに改めて注意を喚起するであろう。

岡田知弘「第三章　戦時期日本における資源動員政策の展開と国土開発―国家と「東北」―」は、資源動員政策がもたらした様々な問題を明らかにしつつ戦後への脈絡を示した。資源動員政策は国土計画行政・国土開発政策と「不即不離の関係」をもちつつ遂行されていくが、同時にそれは「物的・人的資源を調査、動員、活用する政策立案・実施主体」を必要とし「国家機構のみならず地方制度・地方行政組織」の再編を課題化した。そして「空襲に備えたアウタルキー経済体制を構築する目的で、道州制論に代表される広域行政組織の必要が説かれるようになった」という。徹底した生産力的合理化を追求する総力戦体制が「国土計画」を必要とするに至ることは容易に想像できても、同時に「道州制」という戦後を飛越し現代に再浮上する地域像が提示され、敗戦直前には擬似的な形であったにせよ実現していたことは驚きであろう。岡田論文が提示した論点は多岐にわたるが、「比較」という視点からいえば国土計画の日本的特質に関する次の指摘が興味深い。それは独（空間再編）・ソ（ゴスプラン）・米（ＴＶＡほか）などの先行事例を参照したものではあったが、「星野（星野直樹満洲国総務長官……野田）らは……満洲の総合立地計画の根本的な考え方がドイツのような「空間の再編成」とは全く異なるものであり、「建設開発の為の諸施策を地域的に配備する」という点にあることを特に強調した」との指摘である。この文面から推測する限り、ドイツにおける「空間編成の理念」を退け「物理的＝生産力的効率性」に特化した（その意味では戦時が要求する短期合理性をもった）ところに満洲開発の意義と固有性を見出しているが[1]、日・独の差が歴然と示したように、「理念の欠落」こそ日本の総力戦体制期（から今に至るまで）を貫く最も本質的な弱点であったようにみえる。「比較」という見地からは「アメリカの資源理解をモデファイした松井春生の資源保育論」にも興味がわくが、これは第四節にて再論したい。なお、国土開発が目指すものは国土総体の底上げでは決してなく、東京をさらに頂点化する国家的再編であったことを「東北振興事業」を通じてクリアに示した。同事業は東北が被った大災害（恐慌期の連続凶作と三陸津波）に対する「振興」を標榜していたが、そこに「東北地域の総合的発展」という観点は無く、首都圏に対する「電力と食糧の供給基地」へと従属的に再編されたのである。その後も同じ論理が貫かれたことは、三・一一大震災に破壊的要素を付け加えたフクシマ原発が東京電力のものであったことに象徴的に示されているであろう。「資源開発に貫き続ける中央のヘゲモニー」――岡田論文が注意を喚起したのはかかる論点に他ならない。

安岡健一「第五章　基地反対闘争の政治―茨城県鹿島地域・神の池基地闘争にみる土地利用をめぐる対立―」は戦後の軍事基地反対運動を取り上げた。土地制約が厳しい日本では、広大な面積を要する飛行場建設は容易ではない。したがって、戦時日本では、農民利用林野はむろんしばしば既耕地すら犠牲にしてすすめられた（したがって、「農地をめぐる基地反対闘争」というもの自体が多分に日本的・アジア的なのであろう。多くは敗戦により半ば自生的に農地に復したが、これが新・旧農民間の軋轢を生むケースも多かった）。対象事例は、敗戦後に開拓地に設定され多くの入植者が営農を開始した地域に、自衛隊（一九五四年設置）が再基地化を要請したところに起ったものである。戦時中軍用飛行場にされた広大な土地をどのようなものとして受け継ぐのか――引き続き基地として使いたい国家、農業総合開発による農業の振興を構想する農民たち、基地化の経済効果に期待をいだく商業者たち、そしてそのはざまで揺れるもう一つの農民たちという、地域が抱え込まざるをえなかった深い対立とその経過および結果を考察した。基地反対運動の背後には農民の生活向上要求があり、それを土地の農民的資源化（総合開発）によって実現したいという願望と展望があったという。基地をめぐる農民運動を取り上げたものは多数あるが、一九五〇年代という「時代」とその時代における「農村／農地」の意味と可能性を見つめることを通じてその意味を考えようとしているところに本論文の特色がある。具体的に言えば、食糧確保が国民的課題でありえた時代、このようななかで農業の未来を語ることができ、そこに豊かになる夢を持ちえた時代において、「土地」をめぐる対抗の意味を考えることであった。それは、「資源になる」とは決して一義的なものではなく、多様な形態と意味がありえ、それ自体が時間とともに移りうる――このような時代／諸環境の動態過程のなかで「資源化」をめぐる対抗の歴史的な意味を考えることだといえるかもしれない。

二．日本林政は森林資源をどのように捉えてきたか（第Ⅰ部―二）

大田伊久雄「第四章　森林の資源化と戦後林業へのアメリカの影響」に若干の紙幅を割きたい。林業は農業の数十倍の再生産サイクルをもつために、資源論的にみるとはるかに長いタイムスパンで考察する必要があるうえ、徹底して私的な所有に委ねられた農地とは違い、ほぼ半ばが国有林に編入されるという特異な性格をもっていた。さらには、再生産期間が長いことは簡単に過伐に向かいやすくかつ再生産性も失いやすいなどの特徴につながり、農業とは区別して論じられる必要があるためである。以下編者の関心の限りで、幾つかの論点を概括したい。

興味深いのは、地租改正の一環として行われた林野官民有区分により「国家財産としての国有林」が成立したことが、その後の森林資源問題のありように決定的な影響を及ぼしたという指摘である。ここでの論点は、「国有」という所有形態それ自体ではなく「国有」の意味づけかた——強いて言えば「何のための国有であったのか」である。大田によれば、日本はドイツ林学に範をとったにもかかわらず国・公・私有林を統括する統一森林署を設置したドイツ方式に学ばなかったので、所有形態（財産）の相違がそのまま森林管理の分断に帰結した。ここには単なる制度設計のミスにとどまらず、国有林および森林総体に対する眼差しの差——森林総体の適切な管理を目指すドイツと専ら国家財源（伐採して高値で売れればよい）として位置づけられた日本との違いがある。かかる「眼差しの差」はアメリカとの比較においてさらに一層クリアとなる。開拓過程において私有林の荒廃問題に直面したアメリカでは森林保全を担うものとして国有林が位置づけられ大きな期待を集めた。したがってフォレスターたちの森林保全思想とその使命感は極めて高いものであったが、他方日本では、一部ではドイツ恒続林思想の影響を受けながらも定着せず、戦時期には山林局自らが簡単に過伐に走ったからである。これは（恒続林思想に支えられた）ドイツのみならず、世界恐慌以後森林改良に顕著な成果をあげ国有林の「資源」価値を飛躍的に高めたアメリカとも真逆の、ある種異様な動きであった。大田の表現を借りれば、日米の森林対応は一九三〇年代が明瞭な「岐路」となったのであり、アメリカは一層の保全に向かい日本は歯止め無き濫伐に向かったのである。資源論的にみて興味深い今ひとつの点は、（西尾隆に依拠して）戦前期日本林政を貫く「暗部」として「技官は長官にしない」という人事慣行があったことを指摘していることである。これが日本林政を「現場への目線を欠落させた空論」にした制度的歪みであり、さらには現場を預かる技官たちのルサンチマンを増幅する火床になったという。ちなみに西尾は、山林局自体の戦時の逸脱（恒続林思想から国家の要請に迎合した過伐への急転換）を生んだ背景にもなったとしている。かかる逸話もまた、「国有林」が「管理すべき国家財産」として設定され、それゆえに「帳簿上の管理」こそが重視されたという歴史的経緯と無縁ではないように思われる。

戦後については、「〈林政統一〉こそ……農地改革に比肩する〈山林改革〉であった」という荻野敏雄の言葉を肯定的に引用している。これは「戦後改革に山林改革はなかった」という「通説」への批判であり、農業とは異なる形態をもつ大きな改革があったことへの注意喚起である。確かに、森林資源の中核である国有林が〈農林省山林局所管〉〈宮内庁帝室林野局所管〉〈内務省北海道庁所管〉〈拓務省（大東亜省）所管〉と、異なった管理主体により四分割されていたのは異常であった。これもまた、ドイツが地盤所有形態を越えて森林総体を統一的に管理したことや、アメリカが国有林を森林資源保全・改良の場として位置づけたこととは明瞭に相違しているが、その背景にはやはり、森林が各々の所管庁の「財産」として位置づけられてきたという事情があったのであろうか。アメリカのフォレスターたちが主導した戦後林業改革は、現場（森林）を熟知した技官の山林局長官登用の途を開くとともに「林政統一」を実現することにより、はじめて森林の現場と理念に向き合った政策を遂行しうる組織的条件を整えた。その上に成立したのが、森林計画制度を導入し森林組合制度を統制的性格から協同組合的性格へと刷新した一九五一年森林法であったという。かかる基盤のうえでこそ大規模な「拡大造林」の実施が可能になり、世界に冠たる一〇〇〇万ヘクタール規模の人工林を築くことができたというのである。

また、「森林資源」という言葉は大正時代に使われだしたが、山林局文書中に登場するのは一九三七年が初出であるという。山林局統計における「林野面積・林野蓄積」という表現が「森林資源」に置き換えられたのである。大田は「そこには、森林を軍事資源として位置づけようとした意図」があったといい、これらの制約を取り除いた戦後改革のうえに実現した上述の「拡大造林」こそ、日本林政史上「再生産可能な自然資源として」森林が「資源化」された初めての出来事であったというのである。しかし、その直後に到来した木材自由化（一九六四年）と円高は国産材の競争力（すなわち経済性）を奪い、生み出された膨大な人工林の保育は殆ど不可能になった。日本において、大田の言う「再生産視点からの森林資源化」がはじめて実行に移された途端、今度は成木になるまでに幾度も人の手が入ることを前提にした「人工林」であるがゆえに「再生産」が不能になるという極端な逆説のなかに、世界最高クラスの森林比率をもつ日本が置かれることになったといえよう。ここでは「利用しない」ことが「資源破壊」を引き起こしたのである。

三．ドイツ・アメリカにおける農林資源開発と総力戦（第Ⅱ部）

第Ⅱ部ではドイツ・アメリカにかかわる三本の論考を収録した。

足立芳宏「第六章　戦時ドイツの農業・食糧政策と農林資源開発」は、ドイツの「主食」たるパンとバターおよび畜産物（肉とミルク）を確保するための、巨大な農業生産構造の改編、すなわち大規模な土地利用転換と、それを代替バター（マーガリン）化するための科学動員、さらには労働力不足対策としてのモータリゼーションと外国人労働力の投入などにより大規模な資源化を達成し、戦時末期まで食生活水準を維持したことを明らかにした。「農林資源化」を最も包括的かつ典型的に実現した事例であるといえよう。ナチスの農林資源開発については、改めて第二節で取り上げることにしたい。菊池智裕「冷戦期における農業・園芸空間の再編―戦後東独における農林資源開発の構想と実態―」は戦後東ドイツにおける社会主義農業形成過程と理念の分析である。むろん戦後東独農業における最重要の変化は、社会主義的集団化のドイツ的形態＝LPGの建設であるが、これまでの研究はグーツ所有者の逃亡や難民の大量流入など村落／農業状況が激変した農業中核地帯である北部に集中してきた。本章のユニークネスは、南部の／近郊農村の／農業状況の連続性が高い園芸地帯における集団化（園芸生産組合：GPG）を取り上げたことである。確かにそこでは、足立芳宏が明らかにした北部・グーツ・穀作地帯の集団化[2]とは大きく異なる困難が山積みであった。集団化用の土地ファンドという点では、農民村落的な性格が強いため「戦争犯罪人・戦争協力者」の土地が主たる対象になったが、後者の基準は多分に主観的・状況的であるため種々の抜け穴があり不平等と混乱を招いたのである。農民の意識においては、収益性も高く自立性に富んだ彼らが集団化を忌避する気持ちははるかに強かった。さらに農業経営の集団化適性についてみれば、もともと小地片でしかない園芸地の統合は至難であったし、労働集約的な園芸作の集団化による生産性上昇はさほど期待できなかった。したがって極めて多様な抵抗がうまれ、SED（ドイツ社会主義統一党）の集団化政策はほんろうされつくし、結局ここではＧＰＧを立ち上げることができず、近隣ＬＰＧに吸収されることを通じてのみ集団化を「達成」しえたのである。しかし、以上のような困難に苛まれながらも集団化努力が続けられたのは、「野菜ベルト」の創出により社会主義園芸の成果を、技術のみならず専門化のもたらす合理的空間編成として誇示したいという強い願望のためでもあった。(3) 専門化による合理性の追求や理想的な地域空間編成という理念はナチスのそれを想起させるものであるが、それに加えて「理想的農村＝合理的集団経営」という社会主義性が示される必要があったのであろう。社会主義ドイツは、ナチスから科学動員と空間編成の思想を受け継ぎつつ、それを社会主義的にアレンジする（＝ＬＰＧ／ＧＰＧ建設）努力を続けたのであった。

他方、日・独両国に対するアメリカの異質性は際立っている。名和洋人「第八章　アメリカ合衆国における戦時農林資源政策―南東部における生産調整と土地利用計画を中心に―」によれば、世界大戦がアメリカ農政に及ぼした最大の困難は農産物世界市場の崩壊すなわち輸出市場の喪失であった。したがって主たる課題は生産規模の削減と生産作目の再編であり、食糧自給力の強化が必須課題であった日本・ドイツとの差は明瞭であったのである。具体的には、海外市場向け商品作物（名和が取り上げた南東部七州ではタバコと綿花）栽培を削減し、国内市場向け食糧作物と畜産に切り替えることであり、農産物の地域自給圏を設定し戦争被害への対応力を強めるとともに輸送を合理化し資源ロス、エネルギーロスを削減することであった。その具体的意味は次節で再論することにしたい。

第二節　比較農林資源開発論―日本・ドイツ・アメリカ―

一．日本―生産構造変革なき農林資源開発―

日本内地における農林資源開発は「生産構造変革なき増産努力」に終始した結果、最大の投入資源は労働力（人的資源）に限定されており、ムラの共同性（農事実行組合）を動員した労力濫費の様相を呈した。水田のもつ装置としての安定性に支えられて、肥料不足にもかかわらず主食の米はなんとか生産量を維持したが、人びとの摂取カロリー量は戦時体制下に漸減し続け一九四四年後半からは「食糧危機」の状況を呈した。他方林業では、それまでアクセスが困難であった奥地林を資源化するため木材搬出のための林道敷設に努力が注がれ、その延伸に比例して伐採量を拡大せしめた。戦時末期には再生産どころか災害可能性すら無視して濫伐がすすめられ、実際戦後には戦時濫伐に起因する水害を多発させることになった。

日本内地の農林資源開発に大きな制約があったため、戦争が要求する生産力拡大に対応できず、結局はその負荷を「分配率の変更」を通じて人びとの側に転化することになった。また、科学動員の掛け声は大きかったが戦時農業の革新に貢献したものは乏しく、それどころか逆に、軍需資源の不足を農林産物によって代替することに主たる努力が向けられた。各々ははなはだ矮小で、しばしば戯画的ですらあったが、日本農業における科学動員はこの領域において最も多彩な「成果」に彩られたのである。日本における「農林産物の資源化」は農林省サイド（農業生産力増進）ではなく商工省サイド（農外への転用・代替工業資源化）でこそ「花開いた」とも表現できようか。ドイツ農業とは対照的に、日本農業における科学動員が「農林産物の（本来の用途を離れた）軍需資源化」に帰結し、（誰も知らないところで）食糧不足を激化させたことは記憶されるべき「悲劇」であった。

以上のような内地農業の現実にあって、農業生産構造変革の実験場は、「無主の地」が広がる（と強弁された）満洲に設定された。一九三六年以降満洲農業移民は「国策」として位置づけられ、一〇〇万戸の農家を移住させ、一戸一〇ヘクタールという内地のほぼ一〇倍規模の経営面積をもった大規模農家の育成が計画された。しかしそれは、本シリーズ第Ⅱ巻の今井良一論文が明らかにしたように、「実験」とよぶにはあまりにも無謀で無残なものであった。そもそも農林業は地域個性的であり、したがって地域適合的農法を生み出すためには（開拓地北海道の農法形成過程が証明しているように）数十年を要するのであり、（工業と同じような?）「近代」の単純な移転などできるものではなかったのである。

二．ドイツ―科学動員と生産構造変革の遂行―

足立芳宏論文（第六章）がクリアに示したように、ナチス期ドイツの農林資源開発の達成度には目を見張らせるものがあった。その特色を一言でいえば、〈農業生産構造変革のダイナミックな遂行とその裏打ちをなした科学動員の決定的な役割〉である。また、戦時インフレが許容範囲内で制御されており、その基盤のうえに農産物価格政策が効果的に機能していたことが印象的である。「供出あっての配給」という「生殺与奪の縛り」以外に有効な統御法がなかった日本に比べ、はるかに生産者のモチベーションに根差した効果的な食糧確保方策であったのである。この点について、ナチスの「成功」が第一次大戦期統制経済不全の厳しい反省（強権的統制の無力）のうえにあったのに対し、日本の「失敗」は第一次大戦期ドイツ帝国の単なる模倣でしかなかったからだとの指摘があることは知っておいてもよかろう。(4) 日本の「失敗」とは、供給能力の決定的不足と、それがゆえの「闇経済」の蔓延による配給体制の機能不全であった。

そもそも、農業の苦難（＝飢餓）として描かれる日本（とアジア）の戦時体制とは逆に、西欧では、戦時こそ「農それを可能にした経済編成・技術体制も異なることを明白に示す事実であろうからである。

（食糧供給能力―水準と安定度―） ドイツのパン供給量は、戦時下でも減らなかったと足立論文は言う。麦供給量が水準を維持し、一九三八／三九年における空前の豊作を機に備蓄を充実できたからである。翻って日本をみると、そのわずか数年前には、朝鮮半島から大量の米が流入し、農村不況から回復途上にあった内地稲作農業に大打撃を与えており、この時史上初めて米の「減反（作付制限のことである）」が検討されたのである（三四年）。そして、そのわずか五年後 ―― ドイツでパン穀物が大豊作を実現した三九年には事態は一変、西日本と朝鮮半島における大旱魃に直面して主食需給関係は一気に不足基調に転じたのであった。あっという間に「（減反を必要とするほどの）過剰」が「（主食供給を危うくするほどの）不足」に転じたのである。前者は日・独における倉庫・保蔵設備（＝流通過程制御能力）の歴然とした差を、後者は水不足の影響を緩和する条件（取水源の抜本的強化を主軸とする水利基盤）の決定的な不備を明るみに出したのである。先に、日本は〈農業生産構造変革なき食糧確保〉という困難に直面していたと述べたが、以上をふまえれば、ここでいう「生産構造」には生産過程の延長である「貯蔵」能力や、同じく生産過程の前提である「水利」条件を含めて考えた方がリアリティを増すであろう。さらに、「主食＝米」市場がこれほどまで不安定であることには、制度の不備というだけではなく「市場の分厚さ（＝生活水準）」

業保護に基づく戦後増産政策の起点」であると理解されていることに注目すべきであろう。実際、国土が戦場になったドイツが、オスト・プロイセンへのソ連軍の侵入（一九四四年秋）までは食糧供給を維持していたのである。戦時体制突入以降、食料消費水準の好転を経験しないまま敗戦前一年にして崩壊状況を迎えた日本の感覚からすれば、やはり驚嘆に値するといわざるをえない。のみならず、占領下にあったフランスおよび執拗なドイツ空爆下にあったイギリスでも、極端な（＝日本的・アジア的な）食糧事情の悪化は起こらなかったということも、私たちの戦争イメージからすれば驚きである。〝日本（アジア）の戦争は飢餓とほぼ同義であったが、ヨーロッパはそうではなかった〟ことは明記されるべきである。国家と社会の関係、すなわち社会の自立度が違うこと、そして

の不足という社会・経済の発展水準自体の問題もあるのであろう。

ドイツの食糧事情を支えた今一つの大きな柱が帝国圏からの輸入であった。輸入が最終段階まで現実的方途たりえたのは、大陸国家の強みであった。[5] また本国内部においても、東エルベのグーツ経営を中心にすでに三〇年代にトラクターを基軸とする農業生産体制の機械化（と化学化）がすすみ、労働力不足を克服／緩和する用意が整っていたことが大きい。農業機械化の端緒段階を迎えながらも、「傾斜生産」の中でその「芽」を生かせず、逆に生産過程の自給化（自給肥料と共同作業）で凌がざるをえなかった日本との差は、ここでも歴然としていた。バター供給量もまた戦前を上回ったという。戦時酪農を支えたのは農民的酪農場を再編した新しい基礎単位である酪農区域に対する国家投資であったとすれば、ここでも国家政策（傾斜生産）が農業投資を抑圧する方向でしか発動されなかった日本との違いが歴然とするであろう。かかる分岐を深部において決定づけたのは国家に対する社会の成熟段階（食糧確保を当然のこととして主張する力量）なのであろうか。

（旺盛な資源開発力と科学動員） 菜種（油糧作物）と根菜（飼料作物）も注目される。菜種は近代的生産手段によった穀作や酪農とは異なり、土地利用方式の変更によって新しい供給力を獲得した。ドイツ菜種は古い栽培歴を持っていたが、世界恐慌段階では「ほぼゼロ」にまで衰退していた。ナチスは「消えた菜種」を劇的に回復させ、戦時末期には最盛期（一九世紀半ば）の水準を実現したという。菜種は国内資源保護の一環として輸入が禁止されたマーガリン製造のための大豆の代替原料として役立っただけではなく、その絞りかすは飼料としてドイツ畜産を支えたのである。

これらの革新を支えたのが旺盛な科学動員であった。大豆はドイツ社会にとって馴染みある食糧とはいえなかったが、それが含有する「高い植物性蛋白」が重視されたという――いかにも「科学主義」的であろう。足立が言うように、同じ大豆を専ら搾油原料や緑肥・家畜飼料として位置づけたアメリカと、「人間が直接食する新たな蛋白食品」として開発・利用したドイツとの対比が興味深い。ここには同じ作物をめぐる、「持てる国」と「持たざる国」との科学動員方向の対称的なあり方が浮かび上がっているからである。ドイツでは、大豆食品の開発が初期電撃作戦の大成功に貢献したという「神話」まで登場したというが、日本軍においては通常戦力のサポートに開発食料が貢献したというトピックすら存在しない。あるとすれば逆に、「食べなくても頑張った」精神力への賞賛であろう。日本では、農業（「原始」産業）のみならず軍（「合理化」の極点）ですら、その中軸は「人的資源」であり、しかもそれは「裸の労働力」に矮小化されていたのである。

食糧としての大豆に注目したのは早く、ドイツに適した新品種を開発するための研究がすでに第一次大戦前から開始されていたという。以来、優良大豆の育種と栽培技術の開発をすすめ、すでに一九三〇年代にはルーマニアなどドイツ帝国圏を中心に見るべき成果を収めていた。「食に対する戦略性」―良きも悪しきも米に収斂した日本では見出し難い視野と決意であろう。

（農業労働力の確保策） 農業資源開発におけるいま一つの制約条件は労働力不足にあったが、ナチスの特徴は、これをポーランド人・ウクライナ人などの外国人労働者によって埋め合わせたことである。この点でも、農業・農村とりわけ農地所有に対する外国人の侵入に大きな忌避感を示した日本との違いが明瞭である。この違いをあえて「人的資源」という用語を用いて表現すれば、〈農業資源開発における鍵として「人的資源」を位置付けつつも結局は労力濫費に帰結し、最終的には生産の場であるムラからの忌避すら招いた日本〉と〈「人的資源」概念を人種主義的に適用し、肉体労働を外国人労働力に「平然と」割り振ったドイツ〉ということになろうか。(6)

三．アメリカ―原料農産物輸出型路線の転轍―

アメリカ農業は、先に述べたように、世界市場を相手にした商品作物（名和論文が扱った南東部七州ではタバコと綿花）の巨大な輸出大国として成長してきたという点で、日本・ドイツとは全く性格を異にしていた。戦時日本・

ドイツが直面した困難が「輸入」の困難であったとすれば、アメリカの困難は「輸出」の困難であった。

名和によれば、かかる状況に対する方策は、「基本的食料農産物」への作目転換と「地域自給的な農業圏」の設定であった。後者は、「輸送車両・貨車・船舶など」の使用を抑え「石炭や石油などの輸送エネルギー」の「浪費」を抑制するためであった（第一次大戦期の教訓）。前者は、南東部七州における上記商品作物への特化が、「牛乳・卵・チーズ・バター・果物・野菜・肉類」の移入を余儀なくさせていたことを背景にしている。「基本的食料」とは地域自給力を失っていたこれら農産物、とりわけ畜産であった。同時にこれらの政策は、労働力と化学肥料の使用を減らし軍需産業と軍需物資（火薬）に振り向ける機能をもっていた。いずれも戦争の影響は明らかではあったが、総力戦対応としての固有性ははるかに薄かったといってよかろう。なお、「基本的食料の地域自給化」は深刻な国内対立の種にもなりかねない。もともと自国食料を満たしていたアメリカの農地にさらに「基本的食料」を付加すれば、過剰生産を引き起こすことは間違いないからである。これらの難問に対する切り札こそが「畜産へのシフト」、要するに「食生活の高度化（肉と乳製品あるいは卵の潤沢な供給）」と「飼料畑さらには草地化による土地利用の粗放化」を同時に達成することであった。人と土地の間に〈広大な土地を要求する大量の大家畜〉を介在させることにより、労働力不足にもかかわらず農地を管理しえ、大量の厩肥によって地力の維持も実現できるからである。基本的食料への転換理由に、「商品作物の単一生産が生んだ地力消耗と土壌劣化」をあげているのは、かかる対応方向の合理性を強調したものであったように思う。アメリカ農業は、日本・ドイツのような総力戦体制を極めて緩和された形態でしか経験せず、基本的に市場とコストおよび土地利用のレベルで処理しえたといってよかろうか。

四．戦後への脈絡

（アメリカ） アメリカが戦後に引き継いだものは、「世界市場を相手にしうる食糧農産物の大産地化」であったといえよう。ここには、〈帝国圏を総動員して食糧確保に向かわざるをえなかった日・独〉とは異なり、むしろ〈過剰展開した輸出商品作物（嗜好品生産）を制限し食糧農産物生産に「撤退」することによって調整しえたアメリカ〉という大きな（余裕の）差があった。実際、戦争の終了とともにアメリカが直面したのは巨大化した小麦生産力がもたらす過剰問題であった。しかし東西に分断された戦後世界はアメリカを西側世界の盟主に押し上げる一方、旧来のヨーロッパの食糧基地であった中東欧を東側陣営に分離させることによりヨーロッパにとってのアメリカ農業の存在をより大きなものとし、また日本をはじめとするアジア諸国の飢餓を救いうるほぼ唯一の存在にもなったのである。戦時アメリカが経験した食糧生産への農業転換は、このような世界情勢のなかで、戦後世界最大の食糧農産物輸出大国になる強力な土台となったのであった。

（ドイツ） 他方ヨーロッパ世界が戦後に引き継いだものを総称すれば、「国家支持のもとでの農業増産政策」であった。総力戦体制下のドイツは、とりわけダイナミックな生産構造変革と科学動員によって特色づけられたが、その戦後にも、かかる歴史的経験が多分に影響を及ぼしたと考えられる。そして、科学動員に裏付けられた生産構造変革は、戦後ヨーロッパ農業を特色づけるとともに現代世界農政の基本政策となった「農業構造改革」の最初の主張（マンスホルト・プラン）がドイツ人によってなされる歴史的前提になったと思われる。そしてヨーロッパ（EU）農業自体が「構造政策」の最も典型的な成功者として、戦後世界農業史に記録されることになったのである[7]。

また、ナチス期には政治・経済・社会の全領域がおぞましい人種主義のもとにあった。敗戦はそれがもたらした災禍の徹底検証と厳しい他者批判・自己批判を巻き起こしたが、その一部を構成していたエコロジカルな要素は旧ナチによる「有機農業」として戦後に継承されたという。[8] さらに、足立論文・菊池論文が明らかにしたように、敗戦と社会主義化という、いわば二重の断絶を経験した東ドイツ（ドイツ民主共和国）においても、農業集団化（LPG）の過程には、ナチス期の農業生産構造変革と科学動員およびその結合物としてのギガントマニア経験が、[9] 深部において作動していたことは否定しがたいであろう。そして、よりひろくいえば、総力戦体制における科学動員（科学の能動性に対する高い評価）は、社会主義圏においてこそ最も典型的なかたちで継承されたといえよう。

（日本）「過剰人口問題」と「傾斜生産」に挟撃されて農業生産構造を再構成できなかった日本では、敗戦とともにいち早く農地改革（自作農化）による単位農家の強化・安定化をはかった。農地改革はイエ・ムラという伝統的農業主体の理念と調整能力を最大限活用しつつ実施され、同時代に数多実施された世界の土地改革と比べれば、驚異的な達成を実現した。これは総力戦体制下に蓄積されてきた生産＝耕作者重視という社会・政策動向の一つの結論であり、敗戦による「断絶」というよりも敗戦により促進され徹底された「連続」というべきものであった。

むしろ大きな「断絶」は市場の側から来た。世界市場との関連でいえば、麦類を自由化し米麦二毛作として一つの水準を築きつつあった水田農業の根幹を崩壊させた。国内市場との関連では、（時代は下るが）経済復興にともなう地価高騰（土地資産化）に対処しえず、かつ労働市場の発展を農業経営合理化に結び付けられず総兼業化に結果した。これらはいずれも戦時体制下にすでに問題化しており、岡田論文（第三章）が明らかにしたように、農工調整や国土計画の必要が認知されるに至っていたが、本格的対処をする以前に敗戦を迎えたのであった。かつて戦時体制に突入しながらも、農業恐慌のトラウマから増産対策よりは農村インフレを期待するという大きなミスをおかしたのと同様、土地市場と労働力市場における新たな動き（のスピードと大きさと影響）に対する認識が甘かった。実際、国家レベルでは高度経済成長以前には地価上昇への期待の方が大きかったのであり、[10] 戦時体制突入期と同様、政治・経済の大局をにらみつつ判断する力量に欠けていたのである。したがってアメリカやドイツのような戦後農林資源開発における能動性は乏しく、農振法を「農業の側の領土宣言」と称したように、「維持（領土保全）」のレベルに終始した。ただし、かかる現実は半ば日本が「中進国」であるがゆえの困難であり、これまで「中進国性」すなわち「中進国」固有の問題領域をとらえてこなかった社会科学総体の限界でもあったように思う。(11)

第三節 「資源論」「資源概念」における日本と西欧

（ドイツと日本） 興味深いことに、日本的な意味での「（包括的な）農業資源化」に顕著な成功を収めたのはナチスドイツであった。そこでは、驚くほどに戦略的かつ実際的——すなわち開発目標が明確でありその意味も国家の名において明確に定義され正当化されていた。第一次大戦で学んだ教訓として、ここでは「食生活を確保する」こと、具体的には「パンとタンパク質（ハム・ソーセージ）と脂肪（バター）」を「社会が要求するレベルで確保することは国家の責任である」という命題が国家・社会双方の強い了解事項になっていたのであり、ゆえに戦略的な見通し・目標と決意をもって追及された。注目したいのは、そのような達成を支えたものこそ（日本流にいえば）「人的資源（ドイツ市民社会）」に対する強い配慮であり、「資源（化）」などという抽象名詞ではなく明瞭な対象と方法、要するに「物的なもの（原料）」の「具体的合理的動員」であったことである。(12)

多くの点で対極にあったともいえる日本では、問題をドイツのようにクリアには示せなかった。むしろ日本における資源とは「〈富源〉の乏しさを隠す絶好の隠れ蓑」であり、より積極的には「〈富源〉小国が資源大国になれる」という危うい〈希望〉にすがり、国をあげての「能動性」を引き出すための武器であったようにみえる。「資源（そして「保育」も）」はこのようなものとしてこそ大きな意味をもったのであり、現実性・具体性をもってははなはだ語りにくい概念であったうえ、傾斜生産の犠牲になった諸産業では、実際には「人的資源」以外に頼るものがなかった。しかもそれは、押しなべて老齢化・女性化した、要するに適性を無視した単なる「数」として割り振られ動員された「人的資源」であり、最終的には「精神」の力以外に依拠すべき資源性を発見できないようなものであった。

このように考えれば、日本における資源概念が、ドイツ(をはじめとする西欧)に比べ包括的・抽象的であり、西欧とは異なり「人的資源」を含むものにならざるをえなかったことは当然であるといってよい。それを視野の広さ深さおよび人間の能力と主体性の尊重に途を開くものとは言い難く、主要には人を絡め取る「魔法の力」として機能したというべきであろう。先に述べたように、(日本的な意味での「人的資源」という概念がなかった)ドイツでは、人びとは「大砲のみならずバターを」を当然の権利としてつきつけることで総力戦体制を構築しえたが、皮肉なことに「人的資源」とみなされた日本の人びとは、「自らの生活」を権利として主張することすら剝奪されたまま(=大正デモクラシーの人権思想を体化することができないまま)まさに資源(経済的・生産力的価値)として浪費されたのである。

他方、西欧社会における「資源」概念の形成史からすれば、「人の能動性や主体性」を「資源論」に含める必要はなく、それは別途に論ずべきものであったといえるのかもしれない。昭和の日本では、資源という名称を課す重要部局・部署が設置され、まさに「資源」は日本の総力戦を彩るキーワードになったが、アメリカでもドイツでもresourceやressourceにはそれに相当する使用例はないようである。ドイツであれば物的資源は「原料(Rohstoff・むろんここには「人」は含まれない)」と表現されるか、個々の資源内容を具体的に明示するのが普通であり、集合名詞・抽象名詞である「資源」を課すことはないという。[13] そうであれば、日本の「資源」概念は西欧諸国の使用法に比べると自立度/能動性が極めて高く、もともと包括的な性格(=抽象性)を顕著に帯びるものとして登場したということになろう。

(三国比較) 本書が対象とした三つの国における「資源」概念の位置／特質を（やや乱暴ではあるが）一言で表現すれば次のようになろう。①経済編成の遅れと科学動員の不全から「生産構造変革なき資源開発」を強いられたがゆえに、「成るもの」「生み出しうるもの」としての集合名詞・抽象名詞「資源」に過剰な期待がかけられた日本。②（農業）開発の目標も意味づけも明瞭であったために、あえて抽象名詞「資源」を用いる必要はなく、むしろ具体的な科学動員（原料 Rohstoff の開発と動員）と政策（計画）としてこそ「開発」を語りえたドイツ。③総力戦体制よりは大恐慌下の失業対策・国土開発すなわち市場経済再建の方策とシンボルとしてこそ「資源」を語る意味があったアメリカ、戦時体制とは輸出市場の剥奪と食糧自給圏の確立要請を意味し、畜産ベースの土地利用への転換で対応しえたアメリカ。

以上のような特色づけが許されるとすれば、戦前期には「資源」概念の意味にも位置にも大きな落差があったのであり、総力戦体制と「資源」概念とを直結させせうるのは日本だけであったということになる。世界恐慌からの回復や総力戦体制への対応のなかで、日・独・米それぞれにおいて「実体としての資源」は一つの切り札として重視されていたが、集合名詞・抽象名詞としての「資源」概念がかくもクローズアップされたのは日本のみであったのである。[14]

第四節　戦前期日本の資源論とりわけ「人的資源論」をめぐって

一．戦前期日本の資源論における「保育」概念について

私は戦前期日本や松井春生の資源論を系統的に検討したことはないが、岡田論文（第三章）と大田論文（第四

章）に触発されて、若干のコメントを付加したい。松井春生は著書『日本資源政策』においてconservationに「保育」という訳語をあて、「資源の保育」と題する単独章をもうけている。[15] かつて一読した時には、アメリカのconservationが森林を対象に論じられていたこともあり、「意識して育む」という語感のある「保育」という語を選んだのは、生物資源（再生産性）への配慮を含ませたからだと受けとめたのだが、岡田論文（第三章）によって訂正された。

岡田論文によれば、「保育」とは、conservationにdevelopmentの意味を含ませるという明確な意図によって選ばれた言葉であり、それは「本来のconservationはせいぜい「保持」という意味しかない」がこれでは「大陸的な豊かさを前提にした概念であり日本には相応しくない」と考えたからであった。もちろんdevelopmentをどのような意味で使おうとしているのかを検討する必要があるが、急ぎ読み返した限りでは、松井のいう「保育」はほぼ「資源化」（富源を資源にする）に等しいと言ってよいと思われる。まさに「開発＝資源化」developmentなのである。生物資源のもつ再生産性に配慮したのではなく、今まで「ある」富源を（大陸的豊かさに恵まれぬがゆえに）人為によって資源化「する」ことを「保育」とよび「富源小国を資源大国にする」希望を提示しているにすぎないのである。むろん、生態均衡系に対する洞察を欠いたまま「保育」developmentにむかえば、conservation「保持」どころか多大な資源破壊を招きかねない。事実、大田論文（第四章）は、日米の森林観（森林に対する態度）には一九三〇年代という「岐路」があり、世界恐慌からの復興施策（ニューディール）として取り組まれた「市民保全部隊（CCC）による森林改良が大きな成果」をあげ、以後「順調に森林整備がすすんだアメリカ」と、それとは正反対に「森林が劣化する方向に向か」い、さらには極端な濫伐にまで至った日本という対立が存在したことを指摘している。conservationの原義と訳語をめぐる「断絶」は、松井の意図を越え、かかる「岐路」の鮮明化に寄与したのかもしれないのである。[16]

岡田論文が、戦時日本が国土計画を求め、その受け皿として地方制度刷新を要求した理由と力を、「なる」「する」

決意を示す「保育」という概念の登場と関連させて説明したのは興味深い。「保育」という言葉に秘められた深い（＝現在の語感からは想像しがたい）「政治性」[18]を理解すべきであろうと思う。

二．「人的資源論」を懸念する声

佐藤の著書が刊行される前年（二〇一〇年）に、正反対の主張が吉田敏浩『人を〝資源〟と呼んでいいのか―「人的資源」の発想の危うさ―』（現代書館）として提出されていた。本書はジャーナリスティックな性格が強いうえ現在的問題意識（一九九九年に護衛艦「さわぎり」でおきた自衛官自殺事件）のもとに叙述されたものであるが、人を〝資源として濫費する〟思想と行動の源を佐藤のいう日本的な戦前期の資源論（人的資源論）に求めているという点で、佐藤にとって本来は検討されるべき内容を含んでいたと思う。吉田は人的資源の考え方が国家総動員法（もしくは国家総動員体制）の中軸を構成していたことを重くみ、この延長上に人軽視・人命無視の現代日本社会をとらえているのである[18]。

むろん佐藤は、このような軍と総動員の論理を肯定しているわけではなく、「人（の能力と主体性）を資源としてみる」発想が形をなすうえでの時代背景として位置づけているに過ぎないと思われる[19]。しかし、氏が評価すべき対象と考える学的内実をもった人的資源論と、国家総動員体制の骨格をなした人的資源動員論とを峻別する思想的・論理的核心（思想的分岐点）が何なのかを詰めないまま両者を「併記」していることに、根本的な問題があるように思う。社会科学において生み出される概念には時代の文脈が刷り込まれることを避けることはできず、したがって時代文脈から離れて「概念だけ」（もしくは「単なるヒント」以上のもの）を取り出すことはできないからである。

三．資源論および人的資源論をどう評価すべきか

戦前期日本で生まれた資源論および人的資源論の意味を考えるためには、それが機能した現実・実態から照射することとともに、かかる概念の性格を論理的に検討することの二つが、ともに必要であろう。前者すなわち「実態」という側面からみれば、本書の分析から、「人」という視点が加わったことは〈動員対象としての位置づけを強化した以上の現実的効果をもたらさなかった〉と結論づけてもよいように思う。保全／再生産という思想についても、近代林業にかかる観点を持ち込んだのは（日本ではなく）ドイツの恒続林思想であったうえ、それもまた戦時要請の前には簡単に潰え去ったのであった。

では後者、「概念（論理）」という側面からみるとどうであろうか。資源という概念をめぐる問題とは、およそ次のようなことである。「資源」とは「万物の有用性と有用化」にかかわる概念であるが、現代世界における「有用性」は基本的には市場において経済的価値として判定されるものであり、しかも経済的価値の増殖を求める衝動には際限がないから容易に主客が転倒し、「資源化」自体が自己目的化しうる。「資源」という概念は、〈それまで市場性を持たなかったもの〉に〈新たに市場性を発見したり生み出そうとする〉強力なモチベーションに突き動かされた、最も介入的・能動的な衝動を必然的に帯びるのである。したがって市場世界の拡大とともに資源概念も拡散し、今や人的資源どころか教育資源とか文化資源などという言い方も一般的になっている。これを「教育や文化が重視されてきた証拠」ととらえ、この延長上に教育と文化の豊富化を期待するのは楽観的にすぎよう。むしろ、「人間そのもの」に関わる領域までが「市場化・産業化の波に呑み込まれつつある不気味さ」を考える感受性―「資源概念の限界」への自覚―が必要とされているのではないだろうか。「エコ」という語の流行に「環境問題の関心と理解の深まり」を感じる人はもはやいないであろうが、人的資源・教育資源・文化資源などという問題の立て方は、それよりもはるかに不気味なズレを持っている。

「人的資源」という概念を生み出した日本戦時において「人の濫費・磨滅」が起こったのは不思議ではない。日本戦時が必要とした国力（その基底となる生産力）を、「傾斜生産」という厳しい条件下で達成するうえでの最大の「有用性」が「労力の濫費」にあったからである。ここでは「人」を「資源」と看做したことが、「人」から「基本的人権」を奪ったのである。「資源」という概念は、「有用性」という一見普遍性をもった価値観と、それを実現するための「過度の介入性（現代であれば市場の、戦時であれば国力の）」を併せもつところに根本的な危うさを持っている。資源概念がもつ「人びとにとっての有用性」という側面にポジティブな意味を与えるためには、資源概念外在的な、より根本的な価値規範・価値体系――基本的人権であるとか、市場原理の相対化であるとか、人間にとっての豊かさや喜びとは何かなど――のなかに包み込む努力が不可欠であると思う。かかる条件が伴わないと、「資源」概念の暴走は止まらないのではないか――それは「万物に有用性＝市場性すなわち資源性」を見出すことこそがグローバル化世界における至上命題であり、その衝動が無限に強まっていくことは確実だからである[20]。

おわりに――農林資源問題から未来を考える――

先に佐藤の戦前期日本資源論／人的資源論を批判したが、分析的で静態的な近代科学すなわち西欧的思惟に対する批判には同意できる部分もある。現代における地球と科学の危機は総合性・動態性を把握できぬ思惟の産物でもあることは間違いないであろう。ここでは「これから」を意識して、若干の論点について述べてみたい。

一・資源化と農林業

総力戦体制は再生産資源である農林業の全面的「資源化」を意図したことによって時代を画した。しかし少なくとも農林業（二次的自然）に即していえば、「保全・保育の思想」は決して資源概念の登場によってもたらされたのではない（ここでの「保育」は松井の意味ではなく再生産性を含ませた意味で用いる―以下同じ）。明瞭に「逆」である。それは、農林業は本来的に再生産を前提にして存在していたからであり、近代的思惟形式をとっていないにせよ極めて厳格な「保全・保育の思想」に裏打ちされてこそ農林業は存続できたからである。自然災害をふせぐ手立てにも乏しい時代の「保育」システムは現代よりはるかに厳格なものであり、一つの「地域規範」として成立し継承されてきた。「農林産物の資源化に伴って成立した保全・保育思想」があるとすれば、それはかかる伝統的保全・保育慣行の「屍（資源化の犠牲ということである）」のうえに成立したものであろう。

近年では、科学技術の発展（化学肥料・農薬・除草剤・土壌改良剤さらにはコンクリートによる土木工事）が「保全」代替能力を高めた結果、あたかも「当面の問題」は回避できたかのような外観をうみ、そのことがより広範囲な自然破壊すら招いているという現実がある。[21]〈科学技術による問題の糊塗〉と〈目立たなくなったがゆえにむしろ拡大する破壊〉という、まさに〈資源論的な悪循環〉が形成されつつあるという側面があるのである。林業では経済材であると判断された杉・檜の人工的単相林が適地を超えて拡大したうえ、その後の輸入材急増（これも資源化の一局面である）による資源価値喪失の結果、保育が追い付かず再生産が不可能なまま「山自体の死滅」を招ねきかねない状況にある。ここには「資源化」の引き起こした「保全（単相林の育成）ゆえの崩壊」とでもいうべき側面が含まれているといえようか。

「資源現象」と「資源思想」が生み出しつつある「（現代の）保全・保育」は、それが画期的な科学技術の成果であるにしても、所詮巨大な生態均衡系（宇宙規模・地球規模はむろんであるが、地域規模においてすら）のなかの微々たる「部分均衡」にすぎない――そのことを忘れないことが肝要であろう。伝統的諸慣行は、超長期における試行錯誤の積み重ねであるがゆえに、科学技術の解明した「部分均衡」をはるかに凌ぐ包括性を有している場合が多い。その意味で、資源論・資源思想はなによりもまず、これまでの人類が蓄積してきた膨大で多様な「破壊と再生の経験」である農業史・林業史および地域史から深く学ぶ必要があるであろう。

二．代替可能資源としての農林産物

総力戦体制下に農林産物が、私たちの想像の及ばぬレベルでさまざまな工業資源代替物として動員されたことを述べた。それは実際の成果がいかに陳腐であったとはいえ、農林産物が極めて高い資源汎用性をもつこと、および移植と保育による拡大再生産が可能な資源であることがもたらした現象として注目に値する。他方、かかる能力が市場に捉えられることにより、現在過熱状態すら呈しているのが石油代替資源としてのバイオエタノールである。それは糖質原料・でんぷん質原料からはじまり、今やセルロース原料（廃材や稲わら）までも対象に含みつつある（第二世代バイオマス）。そして、「今更ながら」とでも言いたくなる「食糧（人々の生活）との競合」「行き過ぎた土地開発＝森林破壊」や「土地利用の一面化（土地の生態的荒廃）」を引き起こしつつあるという現状がある。資源化への欲求は、（戦時体制下の日本と同じように）化石燃料と鉱物資源の絶対的限界に怯え、再生産資源（農林産物）の資源化に向かいつつあるが、それが巨大な別種の再生産の危機を生んでいるといってよいであろう。そして、その危機をいち早く認知した者たちによって行われているのが、たとえば巨大規模の土地占拠＝ランドラッシュである。市場に解き放たれた「資源」概念は、かかる事態を収拾するうえですでに「限界」にきているのかもしれない――今、「資源」概念を相対化しうる「知」の創造が求められているように思うのである。

三．「資源」問題と現代―地域という視座―

かかる事態を少しでも打開していく基本方向は、地域という社会単位が農林資源の管理と開発の主体にすわることではないだろうか――最後にこの点について述べてみたい。本書の安岡論文（第五章）は軍事基地設置をめぐる闘争を土地の資源化方向をめぐる争いとしてとらえ、岡田論文（第三章）は度重なる災害に直面した東北地方の振興を標榜した東北振興事業が、実は東京資本への電力供給地・原料供給地へと再編する意図のもとに遂行されたことを明らかにした。三・一一フクシマもまた昭和初期に引かれたかかる電力供給地化の直接の延長上にあったのである。二つの論考が示したのは、「地域」は資源化＝資源開発をめぐる具体的・現実的な対抗の場であったということであり、それはまた、人びとが資源化をめぐる問題を自らの問題として理解でき展望できる場であるということでもあった。

一で述べたように、「資源保全・資源保育の科学」が提供できるものが広域の自然改造にとってはあまりにも小さな「部分均衡」にすぎないのであれば、かかる「暴力」に対抗するためには、「開発」の基本単位を「部分均衡」がそれなりに意味をもちうるレベル（それをひとまず「地域」とよぼう）に縮小することが最も有効な手立てになるように思う。ここでいう「地域」とは、長期にわたる生態破壊と再生および均衡を〈共通の歴史〉として体現してきた範囲のことである。「地域資源の一般均衡」を熟知したかかる範域においてこそ、より主体的な、それゆえに包括的・動態的な資源再生・保育および資源管理の具体的方途を生み出しうるであろう。先に「資源」論の前提として「基本的人権」という思想が踏まえられなければならないと述べた。岡田論文・安岡論文が扱った問題を前向きに受け止めていくには、かかる「基本的人権」の思想を「地域主権」の思想へとつなげていくことが必要となるのではないか――「地域主権」という概念の定着と習熟によってこそ、かかる観念に確実に裏打ちされてこそ、「資源」をめぐる問題状況は人びとにとってより身近で意味のあるもの、すなわち生態均衡性／再生産性／それゆえに持続性を含みこんだものになっていくであろうからである。「資源」の意味が地域と地域主体という視点から深められていくことが不可欠なのであり、かかる営為によってこそ「資源論」は一つの可能性を得るように思うのである。(22)

注

(1) 「国土」は日本的な表現であり、ドイツの場合、ナチの時期といえども州の自立性は高く、併合地・占領地を別として、戦時「再編成」構想は州政府を主体として担われていた。以上、足立芳宏氏の御教示による。この点から言えば、「国土計画」という発想も空間的視点を欠いた単なる「集積」も、ともに「日本的」ということになろう。

(2) 足立芳宏『東ドイツ農村の社会史―「社会主義」経験の歴史化のために―』京都大学学術出版会、二〇一一年。

(3) 農業に馴染のない読者のために付言しておく。菊池論文では一貫して「農業と園芸」というように両者を全くの別物として記していることに注意されたい――日本とは違い、園芸（耨耕作物・中耕農業）は農業（犂耕作物・休閑農業）ではないのである。日本で両者を区別しないのは、日本の農業はすべて中耕農業（西欧における園芸）だからである。農法論的にも、西欧農業は構造改革（大規模化）適性が高かったが、日本・アジア農業は（ドイツの園芸地帯と同様に）低かったのである。野田公夫『〈歴史と社会〉日本農業の発展論理』農山漁村文化協会、二〇一二年を参照されたい。

(4) 松家仁『統制経済と食糧問題―第一次大戦期におけるポズナン市食糧政策―』成文社、二〇〇一年、二一三～七頁。日本戦時体制は、農産物をはじめとする消費物資供給能力に決定的な限界があったため、統制で縛る以上の手立てが打ちにくかった。その結果は、インフレの蔓延であった。戦時下の「闇経済」はどこにもあったが、アメリカ・イギリスはむろんドイツと比べても、日本の闇経済（戦時インフレ）問題ははるかに深刻であった。

(5) 島国日本の戦争末期の状況は次のようなものであった。日本農業研究所編『石黒忠篤伝』一九六九年によれば、一九四五年三月には満洲から二八万トンの大豆その他雑穀がプサンにまで届いておりながら日本内地に運ぶことができなかったという（三四〇～三四二頁）。日本の食糧自給圏および食糧自給圏構想の貧弱さを象徴する事実だといってよかろう。

(6) 日本でも、とくに植民地朝鮮の人々が農業労働者として雇用されていたが、地縁共同体的性格が強い農村社会にあっては「農家」

になる道は厳しく制約されていた。しかし戦時末期の労働力不足と日本人農家の脱農傾向の強まりは、かれらを小作農として迎え入れ、さらに一部は農地所有者になる事態すらうんでおり、政策担当者にとっては深刻な問題として把握されていた。以上は、安岡健一「戦前期日本農村における朝鮮人農民と戦後の変容」『農業史研究』四四号、二〇一〇年三月。

(7) 前掲野田『日本農業の発展論理』を参照されたい。

(8) 藤原辰史『ナチスドイツの有機農業――「自然との共生」はなぜ「民族の抹殺」に加担したのか――』柏書房、二〇〇五年。

(9) この表現は阪本楠彦『幻影の大農論』農山漁村文化協会、一九八〇年による。

(10) 梶井功『土地政策と農業』家の光協会、一九七九年、一八二～三頁。

(11) この用法は中村哲から借用した。ただし中村の場合は、経済発展の段階を示す概念として用いており、したがって「中進国」は「先進国」化する途上にある国として使っているが、私は世界経済システムのなかで「中進国」がはらむ固有の「緊張」とそれがうみだす独特の「制度化」を重視する。経済的に発展しても容易には解消されない固有の特質を国家・経済・社会に付与する類型的性格を重視するのである。なお、「中進」とは、世界資本主義への自主的参入が「先進」より遅く、「後進」より早いということ、すなわち「早期後発」資本主義だということである。前掲野田『日本農業の発展論理』を参照されたい。

(12) このような「明瞭な」「合理性」が深く人種主義に根差すものであったこと、および強力なイデオロギー的「確信」に支えられたがゆえの「明瞭さ」であり「合理性」であったことに留意すべきであろう。かかる「合理性」が、ダレーを中心とする一部のナチス高官が自らの思想の現実的体現物として精力的に取り組んだバイオダイナミクス農法に象徴されるような、独特の生態学的世界観に基づく「合理性」であったこともまた想起すべきかもしれない――佐藤流にいえば、「現代の有機農業や環境思想の源にはナチスのイデオロギーと実践がある」と言ってもよいことになってしまいかねないのではないか。前掲藤原書では、「自然との共生」という思想が「民族の抹殺」に動員されることになった原因を「人よりも自然を高い位置においたから」だと説明している。

(13) ドイツについては足立芳宏（第六章）、アメリカについては名和洋人（第八章）による。足立は、Ressoucen は近年の学術用語であり、一九三〇年代は物的資源である Rohstoff が用いられたという。

(14) したがって、戦前期における「資源」という語のイメージを収斂させるのは決して簡単なことではないばかりか、①は現実の暗部をロマンティシズムで覆いかねず、②は権威主義的「理性」の過剰な強さを感じさせ、③は市場原理への無邪気な開放につながる可能性が大である、といえるかもしれない。

西欧と日本における「資源概念の位置」の違いについて付言しておきたい。佐藤によれば、日本語の「資源」に対応する英語圏の用語である resource は一七世紀から存在しており、「十九世紀までには現在の用法が定着した」という。「一九世紀までには」とは「遅くとも一八世紀中に」と言い換えてよいのであろうか。類義語の登場が古いというだけではなく、「現在の用法が定着した」のが一七〇〇年代のことだということになろう。そうであれば、英語圏における「（一八世紀的現実をベースにした）現代の用法」と二〇世紀の日本で急浮上した（総力戦体制期の）「資源」概念とが同じ性格をもったものであるとは、そもそも考えにくいのではないか。日本における「資源」概念は、英語圏の resource やドイツ語圏の Ressource, Hilfsmittel, Quelle やフランス語圏の ressource に比すべき概念として登場したとしても、それは明瞭に「時代の刻印」を受けた「違うもの」として見つめ直す必要があるのではないかと思う。

(15)

松井春夫『日本資源政策』千鳥書房、一九三八年。第三章は「資源の保育」であり、第一節　総説、第二節　人的資源の保育、第三節　物的資源の保育、第四節　国力の総合的発展の四節からなる。なお第一章は「資源の意義」であり、第一節　総説、第二節　人的資源、第三節　物的資源（其の一）、第四節　物的資源（其の二）、第五節　其の他資源からなっている。戦前期を代表する資源論として、以下本章から、松井の資源概念をやや詳しく紹介しておきたい。

松井によれば、「広義の意味での資源」カテゴリーが確立したのは昭和二年の資源局においてである（第一節）。およそ次のように説明している。資源という言葉は当初狭い意味（金融における事業資金や財源、工業における原料、および天然資源や富源の同義語として）で使われてきたが、「昭和二年五月内閣に資源局が設置せられ、其の官制の規定乃至其の後制定施行せられたる資源調査法令等に於ては……もっと広い意味に使用し、今や普通の用例として理解せられるやうになった……即ち、物的資源に止まらず、人的資源を含む所の、凡そ国社会の存立繁栄に資する一切の源泉を指摘し、其れが独立の資用《ママ》関係に立つ限り、有形、無形の別を問はないのである」（一七頁）。

では「人的資源」とは何か、その意義はどこにあるのか。この点についてはおよそ次のように述べる（第二節）。「凡そ社会存立の要素は、人と天然である……人的資源は物的資源同様、国防の根幹である……人的資源が、最大限度に其の能率を発揮するが為には、左の四条件を具有してゐなければならぬ。（一）人口の集中……（二）人種、言語、宗教或は国体観念上の合致……（三）技術的能力……指導力、鞏固なる責任観念及組織的なる能力……（四）組織力……」（一八～九頁）。まさに、総力戦を担うものとしての「民族的な凝集性と意志力をもった人口」こそが、「人的資源」として捉えられているといってよかろう。さらに、「人的資源として第一に考へられるのは、身体であり、第二は心意である」という。「身体」とは体力・健康のみならず「日本人独特のコツ」を通じて獲得できる種々の能力、および手芸力・技術力等を広く含むものである。体力・健康とは「主として個別的観察に基づくものであるが、之を総合的に考察すれば、種族の問題となる。随って人種の問題となり、人口問題ともなる」(二〇頁)といい、体力・健康は個人の問題をはるかに超えて「人種」的課題として位置づけられている。革新官僚にして「国家的」と言わないところが面白い。「人口問題は……少なくとも資源論的見地に於ては、なほ新しき角度よりして、各種の心的並に物的諸要素との関連に於て、再検討せられねばならぬであらう」(二一頁)。そして、人的資源第二の要素である「人間の精神的方面の活動……心意の問題」とは次のようなものである。「第一に……言ふ迄もなく智能の作用……又自制心、克己心」および「民性の進歩的なるか、保守的なるか」など。後者には次のような説明が付されている。「単に進歩的なることのみを以て、佳しと為すことはできない……民族の発展、国家の繁栄の為には保守性も亦重要な要素」(二二頁)だからである。「即ち従来の歴史的価値を十分に玩味し之を了得したる後に、泣きの涙で別れるといふが如き、所謂「別れの時」を体得したる進歩にして、始めて真実の意味に於ける進歩とならう」(同)。「心意に付て、第二に問題となるのは、道徳である」。「之こそ一国資源中での最も重要なるものと見るべきである」。「国の信の有無大小の如きは、正に其の国存栄の決定的要素」であり、それは「身体関係の個別観が、体力の問題であり、総合観が種族の問題を形作るやうに、心意の総合的発現は社会心意である。遺伝、言語又は社会的利害関係等を通じて、社会的統一関係の内容を成すものである」。

以上をふまえて、本節（人的資源）は次のように締めくくられる。「而して、種族の問題と社会心意の問題との契合に成るものが、即ち民族の問題である。一面には血の問題たるを失はぬが、又最も心の問題である。一国の民族問題としては、其の構成が単純なるか、複雑なるかに依り、又其の由緒が遠いか否かに依って、種々関係する所、大なるものがある。一般に、其の由緒は古く複雑にして、而も今日に於て渾一されてゐるものが最も善しとせられる。我が皇国の如き、殆ど万邦に比なき所である」(二三頁)。ここには、基本的人権という思想がないのは当然であるが、抽象的にせよ心身の個人的な成長・発展を含意する隙間すら全く残されていないといえよう。

(16)「第三章　資源の保育」に記述された「人的資源の保育」とは、「最も統一鞏固なる民族」の場における「交互作用」と「総合渾一」(四五頁)において果たされるもの、他方「物的資源の保育」とは「之を一言にして云へば、社会的資用関係の開発促進ということに帰着するであろう」(同) ものだという。ここで示されているのは、「持てる国アメリカ」のおおらかさとは無縁な「民族的国力の統制的増進」であり、「保育」という言葉から理解する通常の意味合いからは極めて遠いものであった。

(17) ここでは、「時代の要求する文脈」「その語を質点とした種々の力学の存在」とでもいうような意味である。

(18) 吉田敏浩『人を〝資源〟と呼んでいいのか――「人的資源」の発想の危うさ――』現代書館、二〇一〇年。吉田は本書冒頭で「暫定総動員期間計画ニ包含スベキ資源分類表」が人を七三の職種に分類し各々に「資源名」「資源番号」が付されていることを指摘し、ここに人を動員対象として物と同一視する強い思想の登場をみている。

(19) 佐藤前掲書では、「埋もれた日本の資源論を再発見することは、私にとって知の権力関係を問うことであると同時に、過度に分業化された学問の世界で「もう一つの知」を展望する確かな足場を組むことでもある」(xiii頁) とか、「たしかに、日本での資源の概念が根づいた背景には、国力増強に資する物的資源への関心が強かった。しかし、その一方で当時の政策立案者の多くは「持たざる国」という自覚をもっていたからこそ、知恵と工夫から生まれる技術力を「資源」にこめていた。日本の場合は、工業原料となるべき「物的資源」の不足が明らかであったために、相対的に「人的資源」の重要性に重きを置く文化が育まれた。科学技術の重視はもちろんのこと、戦争中の過剰な精神論も、天然資源の不足という自己意識にその源をたどることができるのかもしれない。このように昭和初期から太平洋戦争が終わるまでの資源論は、全面的な動員を可能にする国権の強化という一大目的を求心力にしながらも、潜在的生産力に関心をもち続けていた点に特徴があった」(七五頁) などと指摘されている。

(20) 佐藤の議論は、概念のもつ機能を抽象的・並列的にしかみないために「無矛盾」になっているようにみえる。右注の記述もそうであるが、「はじめに」に記された次の記述もそうである。そこでは、「「上から目線」=「悪」とは限らない」(ⅳ頁) とし、以下のように述べている。「歴史的に見ると、政府による資源の動員には、暴力的な側面が確かにあった。日本の戦前・戦中にみられた国家総動員体制は、その端的な例である。しかし自然の富を国民の福祉に転換しようと真剣に考えた政治家や官僚も少なからず存在した……国益を前面に出して人間を後回しにする思想に対して最も強力に批判してきたのは、政府と近い関係にあった資源論の担い手たちであった。環境保護の名の下に国家権力による民衆への介入が増している今日、現場への押し付けではない、新しい統合の理念として資源論を再評価してみる価値があるのではなかろうか」(ⅳ〜ⅴ頁)。

「「下から目線」=「善」とは限らない」というコメントであれば一〇〇%賛成であるが、力関係が決定的に違う場合において「(介入性をもつとは……野田) 限らない」と主張するのであれば、「上からの目線」がいかなる事実をどのような価値観に基づいて見つめ、かつ自らの意見をどのように論理構成しているか、「介入を是とする」人々の事実認識と論理構成とはどこがどう違うのかについての具体的吟味が必要であろう。権力者（「過剰な介入者」）は「いい人」であることと十分両立するし、「善意」によって行使される権力こそが一番悲劇的であるからである。ちなみに、本書第二章の伊藤淳史論文の後半部は、いわば「戦時期農業問題のトップリーダーたち」が如何に「〈善意〉もしくは〈無自覚〉に基づく犯罪」を重ねていたかを問い直したものといってもよいし、第三章の岡田知弘論文は、故郷のことを真面目に考えていたからこそ巻き込まれたかもしれない東北振興（中央集権的地域開発史）がもたらしたものをどのように理解するのかを問題にしたものともいえる。さらに、直近の藤原辰史『稲の大東亜共栄圏―帝国日本の〈緑の革命〉―』吉川弘文館二〇一二年は、その全編を、現在もなお讃えられるような（優秀で誠実な）農学者たちが深く内在化していた「生態学的帝国主義」の告発に費している。まずもって、これらの論点に立ち向かうことが必要であろうと思う。「何が妥当か」ということ自体は「抽象的真理」のレベルで語られるべきではなく、現実の土俵のうえで論じられるべきであることについて、前掲野田『日本農業の発展論理』および同「E・トッドの世界類型論（『新ヨーロッパ大全』を中心に）に寄せて―日本農業史研究者の読み方―」『新しい歴史学のために』四八五号二〇一二年一〇月を参照されたい。

(21) このことは、伝統的農業が直ちに環境保全的であったことを意味するものではない。江戸時代の農業を環境保全型農業の源流であるかのように主張する論調がある。「人工の化学物質が物質循環を壊していない」という点ではそのとおりであるが、耕地面積の一〇倍前後の草山を必要とする当時の農業は、大規模な土壌流出をひきおこし水害の危険を増すということからすれば、環境破壊的農業であったといえる。いずれの時代も固有の「環境」問題を抱えていたのである。農業発展とはかかる問題をクリアしつつ新たな問題に遭遇し、新たな問題に遭遇しつつその問題の解決を見出すことの繰り返しであり、祖田修が「形成均衡」とよぶようなものである（祖田修『農学原論』岩波書店、二〇〇〇年）。農業がかかる対応を生み出したのは、それが同じ地片のうえに営まれる「再生産」を本質的特徴にしているからである。そしてもちろん、環境破壊を「見えにくくする」ための今一つの重要方策は世論（社会）の弱い国／地域への「移転」であった。

(22) 「エコ」が個人の生活のあり方（ミクロ）に目を向けさせ、「地球環境問題」が地球総体（マクロ）に注意を促したとすれば、資源や環境・持続性という視点を重視した場合には地域（メゾ）という単位がクローズアップされるであろう。それは、「資源」の側からみれば、地域的に偏在しているという意味で「地域資源」として存在していることが一般的であり、「地域」の側からみれば地域内にある様々な資源が「地域資源」としての関係性をもって存在しているからであり、「環境」視点からみれば、一つのゆるい再生産単位・生態均衡系を形成している単位であろうからである。そして、「人びと」にとっては、そこは生活を営む場として状況を知悉しているとともに、深い愛着と「よりよいものにしたい」という強いモチベーションを安定して保持しうる対象であるからである。さらに、先に述べたように、資源が経済的利害を随伴する以上「ヘゲモニー」という論点が避けられないが、地域レベルの小単位であれば工夫次第で若干なりとも「人びと」が制御の余地を獲得できるのではないかと思われるのである。

参考文献

足立芳宏『東ドイツ農村の社会史―「社会主義」経験の歴史化のために―』京都大学学術出版会、二〇一一年。

飯沼二郎『農業革命の研究―近代農学の成立と破綻―』農山漁村文化協会、一九八五年。

岡田知弘『日本資本主義と農村開発』法律文化社、一九八九年。

梶井功『土地政策と農業』家の光協会、一九七九年。

坂根嘉弘『日本戦時農地政策の研究』清文堂、二〇一一年。

阪本楠彦『幻影の大農論』農山漁村文化協会、一九八〇年。

祖田修『農学原論』岩波書店、二〇〇〇年。

トッド、E　石崎晴己・東松秀雄訳『新ヨーロッパ大全Ⅰ・Ⅱ』藤原書店、一九九三年（原著刊行一九九〇年）。

日本農業研究所編『石黒忠篤伝』、一九六九年。

野田公夫『〈歴史と社会〉日本農業の発展論理』農山漁村文化協会、二〇一二年。

野田公夫編著『戦時日本の食料・農業・農村　戦時体制期』農林統計協会、二〇〇三年。

藤原辰史『ナチスドイツの有機農業―「自然との共生」はなぜ「民族の抹殺」に加担したのか―』柏書房、二〇〇五年。

松井春夫『日本資源政策』千鳥書房、一九三八年。

松家仁『統制経済と食糧問題―第一次大戦期におけるポズナン市食糧政策―』成文社、二〇〇一年。

ヤング、L　加藤陽子・川島真・高光佳江・千葉功・古市大輔訳『総動員帝国』岩波書店、二〇〇一年（原著刊行一九九八年）。

吉田敏浩『人を〝資源〟と呼んでいいのか―「人的資源」の発想の危うさ―』現代書館、二〇一〇年。

あとがき

実は、共同研究の成果を二巻にわけて刊行することは想定していなかった。当たり前のように、一六人共同の作品として、やや分厚めの一冊としてとりまとめるつもりでいたのである。「比較史と帝国圏に内容を振り分けて農林資源開発史論シリーズの二巻本としてはどうですか」というアドバイスを下さったのは京都大学学術出版会編集長の鈴木哲也さんだった。なるほどそれがいいかもしれないと納得し急遽二分冊に変更したものの、私にとっては序章・終章が「倍」に増えただけでなく、内容もそれに対応した具体性をもつものに代える必要ができたので、おおいに狼狽することにもなった。編者の未熟が一層露呈してしまったのではないかと恐れている。

いつも思うことではあるが、文字にすることの効用は絶大である。「無理にでも活字にしてみる」と、問題意識も問題理解もうんと深くなり視野も広がる。そんなわけで、提出された諸原稿を読んでみて、「これをもとにもう一度ディスカッションをし直してみたい」という強い思いにかられたのである（実際、同時並行的に執筆せざるをえなかった終章＝総括にこれらの成果を十分汲みとりきれていない）。

むろんそれを果す余裕はないが、せめて若い研究者には、現代社会の一側面を「農林・資源」という視角から見つめてみるという、なお「未完」と言わざるをえない本書の問題意識を、それぞれの視野のどこかに定置していただけたら嬉しく思う。そして、読者になっていただいた方々には、本書が、これから一層多用されるであろう「資源」というタームのもつ魔力（ニュートラルな装いに隠された深い政治性）と、農林資源のもつ再生産性（それゆえに持ちうる批判的・創造的視野）という特質の意味に対し、深い注意を向けるうえでの一助になれば幸いである。「はじめに」にも記したように、グローバル化時代とは、地球総体を「資源」とみなすことにより、まかり間違えば人々をかつてない規模での「疎外」に追いやる、巨大なリスクをはらんだ時代であると思うからである。

お世話になった方々に謝意を記したい。何よりも、本巻七人の共同研究者・執筆者の方々に心からお礼を申し上げる。極めて多忙ななか六年に及ぶ共同研究にご参加いただき、この夏には本当に無理をお願いして原稿をとりまとめていただいた。「予定より早く出せそう」と言われるほど順調に諸作業が進んだのは、みなさんの献身的なご協力があってこそである。また、先のアドバイスを通じて本書の具体的な「かたち」をつくっていただいた京都大学学術出版会鈴木哲也編集長と、着実な仕事ぶりで刊行過程を強力に支えていただいた同編集室の斎藤至さんに種々お世話になった。心よりお礼を申し上げる。

最後に、同僚の足立芳宏さんに感謝したい。この共同研究を構想する直接のきっかけになったのは、「野田さん、時代にとって意味のある共同研究をたちあげてくださいよ」という足立さんの言葉であったし、「共同研究をしたならやはり書物として世に問わないと」と、本書刊行に向け背中を押していただいたのも足立さんである。そして、出版にかかわるあらゆる「雑務」を、驚異的な忍耐力と卓越した処理能力をもって、まさに「完遂」していただいた。形式上研究代表者である私が編者になっているが、実態からいえば足立さんとの共編として然るべきものである。

本書のもととなった共同研究には、日本学術振興会科学研究補助金「農林資源開発の比較史的研究―戦時から戦後へ―」基盤研究（B）二〇〇七年度～二〇〇九年度（研究代表者　野田公夫、研究課題番号　19380126）、および「農林資源問題と農林資源管理主体の比較史的研究―国家・地域社会・個人の相互関係―」基盤研究（B）二〇一〇年度～二〇一二年度（研究代表者　野田公夫、研究課題番号　22380120）の支援を受けた。また本書刊行にあたっては、日本学術振興会二〇一二年度科学研究費補助金研究成果公開促進費（学術図書）および同年度京都大学教育研究振興財団研究成果物刊行助成による支援を受けた。記して感謝申し上げる。

二〇一二年一二月

執筆者を代表して

野田　公夫

structure'. Because it was impossible to restructure the agricultural sector of Japan, which was made up of a vast number of subsistence farms, development of agricultural and forestry resources in the Japanese homeland was difficult to achieve. In addition, because 'scientific mobilisation' aimed at 'converting agricultural and forestry produce into munitions' in order to supplement the lack of industrial materials, the scarcity of agricultural and forestry produce was aggravated further.

2) Germany also experienced difficulties in importing food due to the war, but Germany may be characterised as tackling the problem by concentrating heavily on science mobilisation and having achieved a number of remarkable results from an increase in food production to the development of alternative foodstuffs. In its own way, Germany made use of the lessons learnt from World War I, in which they were said to have 'won the war but lost on the food front'. It can be considered that this wartime experience led to the agricultural policy in post-war Germany described as 'state-led agricultural development'.

3) The agricultural sector of the United States faced the opposite problem to that confronted by Japan and Germany, namely 'export difficulties'. Accordingly, the focus of U.S. wartime agricultural policy was placed on conversion to commercial crops for the world market. This involved increasing production of basic foodstuffs, especially livestock farming, and the formation of food self-sufficiency areas in each region. The strengthening of livestock farming was attempted to increase meat and dairy supply as well as manure production as a countermeasure to a shortage of chemical fertiliser supply. There is no denying that the U. S. agriculture sector was adversely affected to a certain extent by the war, but its response does not really represent a series of measures for a total war situation. Instead, it prepared the ground for the post-war metamorphosis of the United States into a food export giant by expanding food supply capacity.

4) The term 'resources' attracted much attention in Japan in the 1930s. In addition to excessively emphasising one aspect of resources as 'something that human beings can produce', human beings were included in the category that could be turned into resources, thus creating the concept of 'human resources'. This was a phenomenon not seen in either Germany or the United States. This rhetoric was highly important for a resource-poor Japan under the total war system and this line of thinking naturally resulted in a tremendous waste of natural resources and human beings.

consumption programs were necessary for reducing long distance transportation.

In 1942, a branch of the Federal Government called the National Resources Planning Board (NRPB) formulated a southeast regional plan to resolve these issues based on natural and social conditions, regional agricultural problems, and the effects of the war. This plan, titled *Regional Planning Part XI, The Southeast*, provided direction and a framework for wartime agricultural adjustments. In addition, the plan developed agricultural adjustment programs from cotton and tobacco to grains, vegetables, pasture, and livestock based on local needs. The programs indicated (a) detailed short-term production goals or adjustments for the southeast region that could be expected by 1943–1945; and (b) detailed long-term goals or adjustments that would run up to approximately 1960. The Agricultural Census survey clearly showed that most of the short-term goals and some long-term goals were achieved.

Agricultural adjustment policies established in the 1930s such as the Agricultural Adjustment Act (AAA) played significant roles in achieving the goals of the programs. These policies encouraged reducing the number of commercial crops for export. At the same time, landowners received AAA payments from the Federal Government for regulating and controlling these crops. These payments allowed farmers to buy tractors or other machines, which in turn promoted agricultural mechanization. Moreover, livestock production, the diversification of agriculture and large-scale management were developed. Awhile later, sharecroppers and agricultural workers were evicted, although many were subsequently hired by defense industry.

Conclusion
NODA, Kimio
A comparative History of Agricultural and Forestry Resources Development and Total War: The 'Resources' Concept and the Contemporary World

The current volume has revealed the following findings:

1) A comparative analysis of agricultural and forestry resources development under a total war system in Japan, Germany, and the United States has characterised the case of Japan as 'agricultural and forestry resources development without reforming the production

in the city. This chapter focuses on more than this process, farms for vegetable producers and gardening plots for non-farmers. This village had many non-farmer residents so that parts of the Güter were divided into several small-sized plots. However, these plots were abandoned when the city experienced economic revival, partly in thanks to the exhibition in 1948. These abandoned plots had been built, in part, by the LPG and became an impediment to the mechanization or radicalization of agriculture.

The latter two villages prioritized reconstructing themselves to land reform as part of a denazification campaign (Entnazifizierung). As a result, simple vegetable farmers persisted but their form of production conflicted with both the production zoning policy following the 1955 exhibition and with the collectivization of gardening founded by the Gardening Production's Collective (GPG). They were promoted by the exhibition held in 1961, but eventually the SED compromised with them.

This chapter criticizes the simple dualism of "traditional farmers" versus "SED power." We recognize the garden exhibition as a model of development in between both factors and point out that socialist development of agricultural resources was characteristically more tradition-dependent than universally science-centralism.

Chapter 8
NAWA, Hirohito
Wartime Agricultural and Forest Resource Policy in the United States: A Case Study of Agricultural Adjustments and Land Use Planning in the Southeast

This article analyzes American agricultural policies during World War II. During the war prior to the Pearl Harbor attack on December 7, 1941, policies were mainly aimed at regulating and controlling agricultural production, especially cash crops such as cotton and tobacco grown for export. After Pearl Harbor, there was an increased demand for basic agricultural products such as livestock and grain. Under these circumstances, the Federal Government was trying to supply basic agricultural products by controlling cash crop production. In order to maintain the vast supply of war materials, the Federal Government had to improve efficiency in the production, distribution, and consumption of agricultural products, limit transportation costs, and conserve fossil fuels. Local production and soybeans under contract, which allowed the short-term export of soybeans to Germany.

Chapter 7
KIKUCHI, Tomohiro
Reconstruction of Agricultural Territory during the Cold War: Concepts and Reality on the Development of Agricultural Resources in Postwar East Germany

When we think of the socialist development of agricultural resources, we imagine an ideological, scientific, and large-scale invention initiated by a socialist party, such as the Socialist United Party of Germany (SED) in the German Democratic Republic (GDR). In this chapter, we discuss socialist developments based on a small-scale analysis from a micro-historical perspective, focusing on concrete reality about people, land, and space. This standpoint enables us to see not only some continuity in the developmental policy from wartime to post-wartime, but also how specific features of local agriculture and gardening (e.g., vegetable, flower, or seed production) were built into state policy or socialism.

We may assume that such a link between policy and local conditions can also be embodied as an ideal in an exhibition if it is organized politically. The examples we discuss are selected from Erfurt, the biggest city in Thuringia, which is traditionally recognized as a "garden exhibition city." These exhibitions began in the mid-nineteenth century and were modified politically in the NSDAP-period, for example the "All German Gardening Exhibition" (Reichsgartenschau), which was reestablished post-wartime. The atmosphere of this exhibition gradually became politicized. At first, it could be described as civil and local in character, but eventually it was a reflection of the GDR's socialist state in response to cold war policies. Moreover, these exhibitions were held to remodel and transform the entire city.

We describe the processes of change from the period of land reform (1945) to collectivization (1952–1960) in several villages. The first village contained large-scale agricultural enterprises of over 100 hectares in size (Guts) and two other villages were dominated by small-scale vegetable farmers (Gemüsebauer), sustained by gardening, producing grain, or stockbreeding. The Güter was formerly divided into new farmers' enterprises prior to the founding of the first Agricultural Production's Collective (LPG) involving the installation of new dairy equipment. In addition, the Nazi government enriched the basic feed for dairy cows by including "sugar beet flake" and oil cake of rapeseed (whose cultivation was dramatically increased under Nazi agricultural policy). Silo equipment was also distributed more widely. A significant decrease in the number of cows and in milk production per cow did not occur during the Second World War.

In contrast with cows, pig farming rapidly decreased during wartime. On the German family farm, potatoes and rye could feed both pigs and people. Therefore, it was impossible for the Nazi administration to stimulate the increased production of both meat and potatoes/rye through price control. Because these crops were preferentially used to feed people, the Nazis were forced to reduce the overall number of pigs, which resulted in a critical restriction in the meat supply for consumers. Furthermore, poor potato crops in 1941 and 1943 exacerbated the food shortage. It has been suggested that a shortage of agricultural labor contributed significantly to the poor yield in root crops such as potato and sugar beet during World War II.

Following the expansion of the war to the Eastern Front, the Nazi agricultural administration strengthened their direct control over the management of German farms. However, this forced intervention need not be emphasized, considering that the agricultural price policy had worked well prior to the autumn of 1944. In England, which had a capitalist agricultural industry, food production increased dramatically during World War II after a raise in the wages of agricultural workers led to a rise in food prices through corporate regulation. Because Germany was abundant with family farms, Nazi agricultural policy was primarily concerned with keeping farmers from using crops for feeding people instead of animals and controlling forced labor from eastern Europe.

Motivated by their ideology of food independence, Nazi Germany advanced many agricultural research programs through agricultural faculties in universities, research branches in the German army, and public and private institutes. In this chapter, we present the case of the Nazi soybean project, based on newly published research by Joachim Drews. Soybean was a valuable crop due to its high levels of both vegetable fat and protein. First, many institutes of crop science were engaged with improving the plant for domestic cultivation, which had not yet been successful. Second, people endeavored to develop new soybean varieties for emergency or back-up food supplies, especially for soldiers. Finally, IG Farben founded a soybean company in Romania and forced the peasants to grow issue caused deeply political conflicts on some levels because it was coupled with other issues, such as the land deficiency of Japan and pacifism. The people were convinced that a better future lay ahead. At the end of the struggle, not only did each village change but these changes spread indirectly to all of Japanese society. These changes were not the result of ideology (conservative or progressive) but instead of pacifism and the people's demand for development.

Chapter 6
ADACHI, Yoshihiro
Agricultural Policy and Resource Development in the Third Reich: The Nazi German Food Independence during the Second World War

It is well known that Nazi Germany took control of the food supply in order to maintain the total war system. In contrast to the situation in East Asia, a serious food shortage did not arise in the Altreich (territories of Germany before 1938) during the Second World War. In addition, in advocating the ideology of food supply independence, the Nazi regime had invested a large amount of government funding in many research projects on agricultural and food resource development that had been promoted since the Four Year Plan of 1936. This was accompanied by the mobilization and reorganization of German agricultural institutes. Chapter 6 discusses the characteristics of German agricultural and food policy during the Second World War, as well as the practice of agricultural resource development in the Third Reich. It uses as an example the case of the Nazis' soybean program in Romania that intended to plant this new oil-rich food crop there. Germany was the most important supplier of soybean to Manchuria before the great depression.

In regard to the grain supply, we point out the significance of the forced requisition of food from the occupied regions in the east. However, changes in the domestic agricultural structure were based on the Nazis' preference for both fat and protein over grain. The Nazi administration forced dairy farmers to enhance their milk production by increasing the government purchase price while also taking measures to modernize the German dairy farm system. This included the requisition of the farmer's centrifuge to facilitate efficient delivery of their milk to the dairy and the reorganization of the regional dairy system

Chapter 5
YASUOKA, Kenichi
The Politics of Struggle against the Construction of a National Military Base: Conflict over Land Use in the South Kanto Region during the High-Growth Period

This chapter sheds light on the struggle against the construction of military bases in rural villages during the high growth period in Japan. Earlier investigations of military base issues in Japan have mainly focused on the construction and expansion of military bases by the United States. However, we need to be aware that there were some differences between the Americans and Japanese in regard to the decisions on which land would be used. Therefore, this chapter focuses on three factors: the agricultural administration, pacifist labor unions, and villagers living in the area of concern.

In the 1950s, a deficiency of land caused serious problems in regard to the food supply. Postwar Japan had lost its colonial landholdings that had been forcibly turned into resource supply bases. The amount of staple food imports depleted foreign exchange reserves so that development was restricted. The result was that the Japanese government, especially the Department of Agriculture and Forestry (DOAF), strongly pursued self-sufficiency in terms of food. This situation became another serious issue of national security.

In this chapter, we focus on the construction of a naval base on land previously used by the military, known as Gonoike (神 之 池), in Kashima district of the south Ibaraki Prefecture in the South Kanto region. The socialist, pacifist labor unions played an important role in this event. Under the pacifist constitution, the mainstream Japanese labor union connected with the Japan Socialist Party had decided that the "Four Principles for Peace" contained opposition against the rearmament of Japan. In the case of Gonoike, labor unions also strongly supported the villagers. The most essential agents in the conflict were the farmers and settlers, who obtained their own land as a result of postwar land reforms and reclamation. These groups maintained strong communal relations based on the production of rice, wheat, and sweet potato.

Ten years after Japan's defeat in World War II, people were confident that their efforts towards forming national development policies would create a better society. Numerous conflicts arose in Japan during the period when rearmament was being discussed. This

However, the situation changed drastically in the 1930s, when forests were logged beyond their limit and widely degraded under the total war system. The principle of a sustained yield, which was once pursued as part of modern forest management, was forgotten. The efforts of resourcing the forests following the Meiji Restoration were entirely lost by the end of the war.

Japan and the United States simultaneously introduced scientific forestry based on European models. The first forest legislation, national forest system, higher education in forestry, and other forestry related organizations and institutions were established around the turn of the twentieth century. The second section of this chapter compares the forest policies and national forest management in both countries. In addition, it evaluates an interesting study related to Japan and the United States, in which the forest status of Japan was described in detail by American researchers just before the end of the war.

The third section of this chapter discusses the influence of American forestry on the forest policy of postwar Japan. After World War II, the General Headquarters of the Supreme Commander for the Allied Powers (GHQ/SCAP) occupied the country for seven years. Forests and forestry governance in Japan were controlled by the Forestry Division of the Natural Resources Section of GHQ/SCAP and many American foresters came to work for this organization during the occupation. The first significant accomplishment was assigning a forester, instead of a lawyer, to be chief of the Forestry Agency. The second achievement was the incorporation of nationally owned forests under the new Forestry Agency. All of these results were achieved through thorough consideration of American experiences. Revision of the forest law and national movements of reforestation were also important results. It was interesting that the strict regulation of private forests under the new forest legislation was a situation the American foresters desired but were never able to accomplish in their own country.

resources available in the country. Local administrative organizations and government systems, which were closely related to state institutions involved in drafting and planning policy, were also necessary. In fact, regional administrative units were organized during the war such that "chihosokanfu," also known "as a doshusei in fact," were finally established.

In this chapter, the connections between the organizational formation of regional administration, resource policy, and national land planning (national land development policy) is examined once more from a historical perspective. By evaluating these connections with a historical perspective specific to each region, we can better understand the historical facts. By focusing on "Tohoku,"—the stage of the Tohoku promotion project—we were able to clarify how the state perceived "Tohoku" and how development and resource mobilization were conducted. The Tohoku promotion project, known in Japanese as Tohoku shinkojigyo, was developed as a national policy, having been triggered by the poverty caused by the Showa Sanriku tsunami and consecutively poor harvests during the Showa depression. This chapter also examines the historical process that created the regional structure of "Tohoku as an electricity provider for Tokyo" that became clear through the nuclear disaster at the Tokyo Electric Power Company's Fukushima Daiichi power plant during the aftermath of the East Japan earthquake and tsunami in 2011.

Chapter 4
OTA, Ikuo
Resourcing of Forests and the Influences of the United States on Postwar Forest Policy in Japan

The first section of this chapter analyzes the early stages in the development of forestry in Japan. Resourcing of forests in Japan began in the late 1800s, after the Meiji Restoration. The government imported the concept of scientific forestry from Germany and consequently created forestry schools. A national forest system, with forest management practices was also created modeled after the one in Germany. The afforestation of destroyed land and the conversion from broadleaved forests into coniferous forests was accomplished. Such development of forest resources expanded step-by-step into municipal and private forests during the first three decades of the twentieth century.

of the ministry. They shared common traits as idealistic, social reformers. In contrast, Kato Kanji and Hashimoto Denzaemon did not get involved in postwar peasant policies. In regard to the superiority of the Japanese Empire, Kato and Hashimoto had advocated emigration to the Empire's territory. Therefore, these men lacked a motive for involving themselves in policymaking after the collapse of the Empire.

(4) Based on the continuation of land policy, some scholars have overestimated the "Ishiguro Agricultural Policy." However, if we consider the continuation of peasant policy, it is difficult to evaluate it positively. Within the framework of Japan's agricultural policy, bureaucrats in the wartime ministry used all available means for relieving the peasants, such as the control of farmland and their emigration to Manchuria. Consequently, these set the preconditions for postwar agricultural policies such as land reform and postwar emigration.

Chapter 3
OKADA, Tomohiro
National Land Development and the Development of the Resource Mobilization Policy during Wartime Japan: The State and "Tohoku"

Resource policy in Japan developed between the Showa prewar period and the wartime period as a part of the state's total resource mobilization policy. After the war, it was transformed as New Dealers from the General Headquarters (GHQ) of the occupation forces, introduced by America's resource policy.

Simultaneously with the development of its resource policy, the national land development and national land planning administration in Japan were formed during the war. The resource mobilization policy and the national land planning administration (national land development policy) did not exist parallel to one another. This is mainly because in order to survey, mobilize, and utilize human or material resources within the country, it would have been necessary to first develop land for resource exploitation and formulate a plan for national land development.

However, it was not possible to carry out both resource mobilization and national land development under these two policy systems alone. Policymaking and enforcement agencies are necessary for surveying, mobilizing, and utilizing human and material

Chapter 2
ITO, Atsushi
"Ishiguro Agricultural Policy" in the Wartime and Postwar Periods: Focusing on the Mobilization of Human Resources

The purpose of this chapter is to reexamine Japan's agricultural policy between the 1930s and the 1950s with a focus on "peasant policy," which specifically targeted the peasant population as a human resource. The author pays special attention to the activities of the "Uchihara group," the brains behind agricultural policy in prewar and wartime Japan. We examine existing studies concerning peasant policy and point out various omissions. First, research in agricultural history has dealt exclusively with land and food policy, whereas peasant policy has been overlooked. Second, in discussions on the "Ishiguro Agricultural Policy," named after the leading figure in the Ministry of Agriculture and Forestry, disputes have only arisen over the evaluation of land policy. This excludes the discussion of peasant policies such as agricultural emigration and discipline. Overcoming these omissions, we try to clarify the following issues: the actual state of peasant policies (Section 1); the development of peasant policies in the postwar period (Section 2); and a reexamination of the characteristics of Japan's agricultural policies (Section 3), including the "Uchihara group" (Section 4).

We present the following findings:

(1) The distinguishing feature of Japan's agricultural policy was the wartime regime's devotion to mobilizing human resources. Nevertheless, there were great discrepancies between the intentions and the results of these wartime peasant policies. For example, the close-knit rural community formed barriers against labor mobilization by outsiders.

(2) From an institutional and personal perspective, there had been clear continuities between wartime mobilization and postwar peasant policies. In contrast to the ministry's continuities, peasant policies changed markedly from the optimal relocation of human resources in Imperial Japan to a countermeasure against agricultural problems in postwar Japan.

(3) Our investigation has revealed differences among members of the "Uchihara group" in the postwar period. Ishiguro Tadaatsu, Kodaira Gon'ichi, and Nasu Shiroshi continued to participate in policymaking as executive officers of the extra-governmental organization

certain range, would in fact provide favourable conditions for the solving of the crises in rural communities. The Ministry's view was supported by the wildly optimistic war forecasts at the beginning of the Second Sino-Japanese War. The second reason was that the lack of resources and delayed economic growth made it imperative to adopt extremely unbalanced production (concentration of capital on strategic industries), which led to the capital invested in the agricultural sector drying up. The third reason was that the dispersal of munitions factories to regional areas ruined fertile agricultural lands and encouraged farmers to leave farming.

2) There were some achievements in agricultural development. First, testing and research systems at a national and prefectural level were set up. Also put in place were propagation and guidance systems directed by the Agricultural Association, a body tasked to give farmers guidance regarding agriculture. Second, thanks to the success in breeding a stronger variety, self-sufficiency in wheat was achieved just before the country was plunged into a total war system (1935). Third, accumulation of research on agricultural technology at a regional level led to the publication of Criteria for Improving Cultivation by Region in 1943. Fourth, the three rounds of urgent measures to increase food production taken by the government in 1943 and 1944 led to land improvement of about half of all the paddy fields in Japan in the last three years of the war.

3) Nevertheless, it is necessary to draw attention to the fact that the mobilisation of scientific technology, which should have been the driving force in carrying out the radical 'resourcing programmes', headed in a direction that was contrary to increasing agricultural and forestry production. In Japan, where the lack of resources was endemic, efforts were concentrated on converting agricultural and forestry produce into war resources. The variety of produce turned into munitions was beyond imagination. This speaks vividly of the difficulties wartime Japan was facing. At the same time, it also demonstrates the strengths and possibilities of organic resources, which have both vast applicability and reproducibility.

'resourcing' has exerted upon agriculture and forestry? This volume examines this question.

The current volume perceives one aspect of the total war system period as a period of development of agricultural and forestry resources. It sets the challenge of clarifying the ideal state of a total war system from the viewpoint of agricultural and forestry resources development. It approaches this challenge by a comparative historical study of Japan, Germany, and the United States. We already know that the same total war system brought about vastly different results in these countries. In Japan, it led to the accelerated deterioration of the food supply situation and finally brought about a food crisis. Germany managed at least to maintain its food supply until East Prussia was invaded. The United States, on the other hand, realised increased food production to the extent that the problem of over-supply during the postwar years was created. What mechanisms brought about these differing situations?

Furthermore, it was only in Japan that the term 'resources' suddenly gained currency under the total war system. Another peculiarity of Japan, which is of great interest, is that in Japan, the term 'resources' was not limited to nature, but also included human beings (human resources). The second aim of the volume is to consider the significance of this phenomenon.

Chapter 1
NODA, Kimio
Agricultural and Forestry Resources Development in Japan: Total War without Reforming the Agricultural and Forestry Production Structure

1) In Japan, not enough efforts were made to develop agricultural and forestry resources. This was in spite of the lessons learned from the food crisis in Germany at the end of World War I, the large-scale, nationwide riots commonly known as the rice riots, and the fact that poverty in the Tohoku region brought about the coup d'état by young army officers and was a factor that contributed to Japan's decision to advance into the Continent 'war'.

The prime reason for this was that the Ministry of Agriculture and Forestry, which had a hard time coping with the Showa recession, was of the view that increasing pressure on the supply and demand of agricultural produce, as long as it was contained within a

English Summary

The Century of Agricultural and Forest Resource Development: A Comparative History of "Resourcing" and the Total War System (A History of Agriculture-Forest Resource Development, Vol. 1)

Edited by NODA, Kimio

Kyoto University Press, 2013

Introduction
Noda, Kimio
The Century of Agricultural and Forestry Resources Development: Its Challenges and Structure

It was in the 1930s that the term 'resources' started being used in Japan. In this volume, 'resources' is defined as 'raw nature that is discovered to have some economic value'. Science and technology was expected to play a decisive role in turning 'raw nature' into 'resources'. The term 'resources' gained rapid currency in Japan, which was under a system of total war, because it was believed that the power of science would increase Japan's scarce 'resources'. In short, the rhetoric 'from a resource-poor country to a resource-rich country' brought a sense of 'hope' to Japan during the total war system.

Agriculture and forestry is fundamentally different from other industries in that its subject material is nature and it is adapted to nature. Agriculture and forestry are unique enterprises heavily defined by the diversity of natural and social conditions. They work with organisms, which reproduce. For these reasons, throughout a long history of trial and error, human beings have developed a thorough knowledge of various environments and have developed the skills to effectively adapt to these environments. How have the relationships between the state, society, and humans, in relation to agriculture and forestry industries (how humans and nature relate to each other), been affected by the pressures that

[か行]

[さ行]

索　引

[A–Z]

AAA（Agricultural Adjustment Act）農業調整法　408–410

CCC（Civilian Conservation Corps）市民保全部隊　197

GHQ（General Headquarters）連合国最高司令官総司令部　191–193, 202–209

GPG（Gärtnerische Produktionsgenossenschaft）園芸生産協同組合　348, 353, 371–372, 378

IGA（Internationale Gartenbauausstellung）国際園芸博覧会　349, 353, 367, 369

KPD（Kommunistische Partei Deutschlands）ドイツ共産党　361–364, 373

LPG（Landwirtschaftliche Produktionsgenossenschaft）農業生産協同組合　347, 371–372

MTS（Maschine-Traktoren-Station）機械・トラクター・ステーション　318

NPB（National Planning Board）全国計画委員会　405, 417

NRPB（National Resources Planning Board）全国資源計画委員会　405, 417, 429, 434

NRS（Natural Resources Section）天然資源局　197

SED（Sozialistische Einheitspartei Deutschlands）ドイツ社会主義統一党　351, 368, 379, 381

SERPC（Southeastern Regional Planning Commission）南東部地域計画委員会　406, 415, 418–421, 431

TVA（Tennessee Valley Authority）テネシー川流域開発公社　405, 418

USDA（US Department of Agriculture）アメリカ農務省　419

[あ行]

石黒忠篤　77, 92

石黒農政　15, 77–78, 90, 95, 102–104, 445

石原治良　82, 85, 106–107

IG ファルベン社（ドイツ）　306, 312–316, 321, 330

岩片磯雄　50

園芸生産協同組合（東ドイツの）　348
　→ GPG

東ドイツ（の）　344, 355, 360, 365, 368–373, 377, 382, 387, 391
　── 園芸・園芸家 Gärtner　344, 376–377, 416, 458, 353
　── 菜園（クラインガルテン Kleingarten）　345, 357–359, 379, 387
　── 果物・野菜・野菜農民 Gemüsebauer　345, 350–352, 377, 382, 385, 390
　── 花卉　345, 349–352, 371, 377, 382, 385
　── 野菜コンビナート　384, 397

機械・トラクター・ステーション
　→ MTS

大槻正男　34, 61, 65, 94, 111

小畑忠良　13, 21

オランダ「飢餓の冬」　316, 335

第 8 章
名和　洋人（なわ　ひろひと・1971 年生）
名城大学経済学部准教授（アメリカ経済論・経済政策論）
「カリフォルニア州における大規模水資源開発事業とその地域的インパクト：1930～1970 年を中心に」『歴史と経済』第 196 号、2007 年
「エネルギー政策 ── 気候変動対策とエネルギー安全保障をめぐって」藤木剛康編『アメリカ政治経済論』ミネルヴァ書房、2012 年

【著者紹介】

序章・第 1 章・終章
野田　公夫（編者略歴参照）

第 2 章
伊藤　淳史（いとう　あつし・1973 年生）
京都大学大学院農学研究科助教（近現代日本農業史）
"Emigration Policy in Postwar Japan"『農林業問題研究』第 46 巻第 2 号、2010 年
「農業労務者派米事業の成立過程」『農業経済研究』第 83 巻第 4 号、2012 年

第 3 章
岡田　知弘（おかだ　ともひろ・1954 年生）
京都大学大学院経済学研究科教授（地域経済学）
『日本資本主義と農村開発』法律文化社、1989 年
『震災からの地域再生』新日本出版社、2012 年

第 4 章
大田　伊久雄（おおた　いくお・1960 年生）
愛媛大学農学部教授（森林・林業政策学）
『アメリカ国有林管理の史的展開』京都大学学術出版会、2000 年
「フランス森林法典の改正と森林公社改革」「ポーランドの森林・林業」『ヨーロッパの森林管理』（石井寛・神沼公三郎編著）日本林業調査会、2005 年

第 5 章
安岡　健一（やすおか　けんいち・1979 年生）
日本学術振興会特別研究員（PD）（同志社大学）（近現代日本農業史）
「戦後日本農村の変容と海外農業移民・序説」『寄せ場』第 22 号、2009 年
「戦前期日本農村における朝鮮人農民と戦後の変容」『農業史研究』第 44 号、2010 年

第 6 章
足立　芳宏（あだち　よしひろ・1958 年生）
京都大学大学院農学研究科准教授（近現代ドイツ農業史）
『近代ドイツの農村社会と農業労働者』京都大学学術出版会、1997 年
『東ドイツ農村の社会史』京都大学学術出版会、2011 年

第 7 章
菊池　智裕（きくち　ともひろ・1978 年生）
福島大学経済経営学類准教授（近代ドイツ農村社会史・農業史）
「東独集団化期における「工業労働者型」農業生産協同組合の実態—南部チューリンゲン地方エアフルト市　1952-1960 年—」『歴史と経済』第 212 号、2011 年
「戦後東独エアフルト市における園芸の集団化—国際園芸展覧会を中心に 1945-1960/61 年—」『農業史研究』第 45 号、2011 年

編者略歴

野田公夫（のだ　きみお・1948 年生）

京都大学大学院農学研究科教授
専攻：近現代日本農業史、世界農業類型論
主要業績
『戦間期日本農業の基礎構造―農地改革の史的前提―』文理閣、1989 年
『〈歴史と社会〉日本農業の発展論理』農山漁村文化協会、2012 年

（農林資源開発史論　Ⅰ）
農林資源開発の世紀―「資源化」と総力戦体制の比較史―

2013 年 2 月 28 日　初版第一刷発行

編　者　　野　田　公　夫
発行人　　檜　山　爲　次　郎

発行所　京都大学学術出版会

京都市左京区吉田近衛町69番地
京都大学吉田南構内（〒606-8315）
電　話（075）761-6182
FAX（075）761-6190
URL http://www.kyoto-up.or.jp
振　替 01000-8-64677

ISBN 978-4-87698-259-2
Printed in Japan

印刷・製本　㈱クイックス
定価はカバーに表示してあります